职业技能鉴定石油石化行业题库试题选编

有机合成工

中国石油化工集团公司职业技能鉴定指导中心　编

中国石化出版社

内 容 提 要

《有机合成工》为《职业技能鉴定石油石化行业题库试题选编》丛书之一，由中国石油化工集团公司职业技能鉴定指导中心按照石油石化行业《有机合成工职业资格等级标准》及《职业技能鉴定国家题库开发技术规程》组织编写。内容包括：有机合成工初级工、中级工、高级工、技师及高级技师的职业资格等级标准、鉴定要素细目表、理论知识试题和技能操作试题，是有机合成工进行职业技能鉴定的必备学习资料。

图书在版编目（CIP）数据

有机合成工／中国石油化工集团公司职业技能鉴定指导中心编．—北京：中国石化出版社，2008（2021.6重印）
（职业技能鉴定石油石化行业题库试题选编）
ISBN 978-7-80229-745-6

Ⅰ．有… Ⅱ．中… Ⅲ．有机合成-职业技能鉴定-习题
Ⅳ．0621.3-44

中国版本图书馆CIP数据核字（2008）第150667号

中国石化出版社出版发行
地址：北京市东城区安定门外大街58号
邮编：100011　电话：(010)57512500
发行部电话：(010)57512575
http://www.sinopec-press.com
E-mail:press@sinopec.com
北京柏力行彩印有限公司印刷
全国各地新华书店经销

*

787×1092毫米 16开本 28印张 693千字
2021年6月第1版第5次印刷
定价：65.00元

《职业技能鉴定石油石化行业题库试题选编》
编　委　会　名　单

前　　言

为进一步加强石油石化行业技能操作队伍建设的基础工作，满足培训、鉴定工作需要，根据有关职业技能鉴定工作协议，中国石油化工集团公司职业技能鉴定指导中心和中国石油天然气集团公司职业技能鉴定指导中心共同组织，开发(修订)了167个工种的石油石化行业题库。其中，中国石油化工集团公司职业技能鉴定指导中心牵头组织了44个工种题库的开发(修订)，并于2008年6月正式启用。

为满足员工学习专业知识、提高操作技能的需要，我们选编了题库的部分试题，按职业(工种)出版《职业技能鉴定石油石化行业题库试题选编》丛书。该丛书内容包括石油石化行业职业资格等级标准、鉴定要素细目表、理论知识试题和技能操作试题等，其中，理论知识试题和技能操作试题各占总题量的70%左右。

《有机合成工》分册由吉林石化主编，南化公司、辽河油田等单位参编。主要执笔人：赵伟、张丽、金翠英、李俊胜等，参审人员：焦富和、赵福宝、孙先丽等。

由于水平有限，书中难免有遗漏或欠妥之处，敬请谅解并提宝贵意见。

中国石油化工集团公司职业技能鉴定指导中心

目录

第一部分　初级工

第二部分　中级工

第三部分　高级工

第四部分 技师/高级技师

第一部分

初 级 工

一、石油石化职业资格等级标准(初级工工作要求)

职业功能	工作内容	技能要求	相关知识
一、工艺操作	(一)开车准备	1. 能检查岗位的开车流程 2. 能切换并确认开车流程 3. 能使用开车所需工器具 4. 能使用蒸汽、氮气、水和风等介质 5. 能完成排污操作 6. 能配合分析工采样 7. 能协助完成装置气密、吹扫、置换等操作 8. 能投用蒸汽伴热线 9. 能协助进行反应器的开车准备 10. 能进行催化剂的装填	1. 岗位工艺流程 2. 原料、产品及公用工程介质的物理、化学性质 3. 装置开车吹扫、置换、气密方案 4. 采样注意事项 5. 催化剂装填方案
	(二)开车操作	1. 能协助进行点火、升降温操作 2. 能参与反应器、分离器、换热器等设备的开车操作 3. 能进行离心泵的开车操作	1. 机泵的开车程序 2. 各种反应器、分离器、换热器等设备的结构与用途
	(三)正常操作	1. 能完成日常的巡回检查 2. 能填写相关岗位记录 3. 能进行离心泵的切换操作 4. 能发现异常工况并汇报处理 5. 能检查核对现场压力、温度、液(界)位、阀位等 6. 能改控制阀副线操作 7. 能进行反应系统排风设施操作 8. 能完成排凝液操作 9. 能协助进行原料、助剂的配制	1. 岗位操作法 2. 巡检内容及制度 3. 有机合成化工岗位工艺要求 4. 有机反应操作步骤 5. 催化剂作用 6. 化工原料、助剂的性质和配制方法 7. 交接班相关规定
	(四)停车操作	1. 能按指令清洗、吹扫、置换岗位的工艺系统 2. 能停运动、静设备 3. 能参与进行装置全面停车 4. 能使用安全防护器材、消防器材	1. 安全、环保、消防器材使用原则 2. 吹扫方案 3. “三废”排放标准 4. 有毒、有害物质允许浓度
二、设备使用与维护	(一)使用设备	1. 能使用并调节阀门 2. 能参与装置的塔、罐、釜、换热器、分离器、反应器等设备操作 3. 能投用液位计、安全阀、压力表、温度计等 4. 能看懂设备铭牌 5. 能使用有毒、有害、可燃气体报警仪 6. 能投用疏水器 7. 能使用调节反应器加料阀门 8. 能使用调节温控、压力装置	1. 不同型号阀门结构、性能、特点 2. 泵的类型结构、性能 3. 液位计、安全阀、压力表等的使用要求 4. 有毒、有害、可燃气体报警仪操作说明 5. 各类有机反应器、分离器、换热器的投用步骤

续表

职业功能	工作内容	技能要求	相关知识
	（二）维护设备	1. 能完成机、泵的盘车操作 2. 能添加和更换机、泵的润滑油、润滑脂 3. 能完成设备、管线日常的监护工作 4. 能完成机泵、管线的防冻防凝工作 5. 能更换阀门盘根 6. 能确认机泵检修的隔离和动火条件 7. 能更换压力表、温度计和液位计等	1. 典型有机合成化工岗位设备常用润滑油(脂)的规格、品种和使用规定 2. 机泵的润滑要求 3. 机泵盘车规定 4. 机泵密封要求 5. 防冻防凝方案
三、事故判断与处理	（一）判断事故	1. 能判断现场机泵、管线、法兰泄漏等一般事故 2. 能发现主要运行设备超温、超压、超电流等异常现象 3. 能判断岗位的简单事故原因	1. 设备运行参数 2. 装置生产特点及危害性 3. 事故相关预案分析
	（二）处理事故	1. 能使用消防器材扑灭初起火灾 2. 能使用气防器材进行急救和自救 3. 能处理所在岗位的跑、冒、滴、漏事故 4. 能报火警，打急救电话 5. 能参与处理装置停原料、水、蒸汽、电、风、燃料等各类突发事故 6. 能处理普通离心泵的抽空、泄漏事故 7. 能处理压力表、流量表、温度计和液位计等仪表指示失灵事故	1. 跑、冒、滴、漏事故处理方法 2. 事故处理相关预案 3. 消防、气防报警程序 4. 现场中毒急救方法 5. 压力表、流量表、温度计和液位计等仪表测量原理
四、绘图与计算	（一）绘图	1. 能识读岗位工艺流程图和装置原则流程图 2. 能识读设备简图	识图方法
	（二）计算	1. 能完成常用单位的换算 2. 能计算原料的加入量和产品的产出量	常用单位的换算

二、理论知识鉴定要素细目表

行业通用理论知识鉴定要素细目表

鉴定范围						鉴定点		
一级		二级		三级		代码	名称	重要程度
代码	名称	代码	名称	代码	名称			
A	基本要求	B	基础知识	A	记录填写基础知识	001	运行记录的种类	X
						002	运行记录的填写要求	X

续表

鉴定范围						鉴定点		
一级		二级		三级		代码	名称	重要程度
代码	名称	代码	名称	代码	名称			
				B	识图基础知识	001	工艺流程图管线的表示方法	X
						002	工艺流程图管件的表示方法	X
						003	工艺流程图阀门的表示方法	X
						004	工艺流程图仪表电气控制点的表示方法	X
				C	安全环保基础知识	001	石化行业生产的不安全因素	X
						002	国家安全生产的方针	X
						003	三级安全教育的内涵	X
						004	头部的防护	X
						005	眼睛和面部的防护	X
						006	脚部的防护	X
						007	手部的防护	X
						008	耳部的防护	X
						009	口鼻的防护	X
						010	皮肤的防护	X
						011	机械设备对人体伤害的防护	X
						012	厂内交通安全知识	X
						013	石化行业防火防爆十大禁令的内容	X
						014	尘毒物质的分类	X
						015	职业中毒的种类	X
						016	急性中毒的现场抢救	X
						017	高处作业的防护措施	X
						018	石化行业污染的来源	X
						019	石化行业污染的途径	X
						020	石化行业污染的特点	X
						021	清洁生产的定义	X
						022	清洁生产的内容	X
						023	燃烧的三要素	X
						024	干粉灭火器的适用范围	X
						025	泡沫灭火器的适用范围	X
						026	1211 灭火器的适用范围	X
						027	ISO 14000 系列标准的含义	X
						028	HSE 管理体系的概念	X
						029	建立 HSE 管理体系的意义	X
						030	石化行业事故处理的原则	X

续表

鉴定范围						鉴定点		
一级		二级		三级		代码	名称	重要程度
代码	名称	代码	名称	代码	名称			
				D	质量基础知识	001	标准化的概念	X
						002	标准等级划分的类别	X
						003	标准的使用范围	X
						004	ISO 9000 族标准的特点	X
				E	计算机基础知识	001	计算机硬件的组成	X
						002	计算机的安全防护	X
						003	Word 文档的录入与排版	X
						004	计算机浏览器的使用	X
						005	电子邮件的收发	X
				F	法律常识	001	《劳动法》关于劳动者权益的规定	X
						002	劳动合同包含的条款	X
						003	劳动争议解决的途径	X
						004	《劳动法》关于劳动者工作时间的规定	X
						005	《劳动法》关于劳动安全卫生的规定	X
						006	《产品质量法》关于生产者的产品质量责任	X
						007	《产品质量法》关于生产者的产品质量义务	X
						008	《安全生产法》对从业人员的规定	X
						009	《消防法》关于对公民责任的规定	X
B	相关知识	F	培训与指导	B	鉴定与考评	001	职业技能鉴定的定义	X
						002	职业技能鉴定的目的	X
						003	职业资格等级的划分	X
						004	职业资格证书的用途	X
						005	职业、岗位与工种的关系	X

职业通用理论知识鉴定要素细目表(有机合成工)

鉴定范围						鉴定点		
一级		二级		三级		代码	名称	重要程度
代码	名称	代码	名称	代码	名称			
A	基本要求	B	基础知识	G	化学基础知识	001	质量的概念	X
						002	质量守衡定律的概念	X
						003	体积的概念	X
						004	物质的量的概念	X
						005	气体的标准摩尔体积的概念	X

续表

鉴定范围						鉴定点		
一级		二级		三级		代码	名称	重要程度
代码	名称	代码	名称	代码	名称			
						006	相对密度的概念	X
						007	液体密度的概念	X
						008	液体密度的单位	X
						009	相对密度的概念	X
						010	气体密度的概念	X
						011	气体密度的单位	X
						012	温度的概念	X
						013	放热反应的概念	X
						014	吸热反应的概念	X
						015	元素化合价的概念	X
						016	化学反应方程式的表示方法	X
						017	溶解的概念	X
						018	结晶的概念	X
						019	根据溶解度的大小对物质进行分类	X
						020	饱和蒸汽压的概念	X
						021	饱和溶液的概念	X
						022	酸碱盐的概念	X
						023	氧化反应的概念	X
						024	还原反应的概念	X
						025	氧化剂的概念	X
						026	还原剂的概念	X
						027	氢氧化钠的性质	X
						028	pH 值的概念	X
						029	溶液的概念	X
						030	溶液的酸碱性	X
						031	溶解度的概念	X
						032	硫酸的性质	X
						033	稀硫酸的性质	X
						034	硝酸的性质	X
						035	氢氧化钠的性质	X
						036	水硬度的概念	Y
						037	有机化合物的概念	X
						038	烃的概念	X
						039	乙炔的性质和用途	X

续表

鉴定范围						鉴定点		
一级		二级		三级		代码	名称	重要程度
代码	名称	代码	名称	代码	名称			
						040	乙烯、丙烯的性质和用途	X
						041	丁二烯的性质和用途	X
						042	芳烃的概念	X
						043	苯、甲苯、二甲苯的性质和用途	X
						044	天然气的主要成分	Y
						045	石油的主要成分	Y
				H	化工基础知识	001	压强的概念	X
						002	表压的概念	X
						003	真空度的概念	X
						004	绝压的概念	X
						005	压强单位之间的换算	X
						006	吸收的基本概念	X
						007	固体流态化的基本概念	Z
						008	分离的基本概念	X
						009	过滤的概念	X
						010	热量传递的基本方式	X
						011	导热基本概念	X
						012	对流基本概念	X
						013	辐射基本概念	X
						014	冷凝的概念	X
						015	冷却的概念	X
						016	分子筛的概念	X
						017	质量分数的概念	X
						018	气体摩尔分数的概念	X
						019	液体物质的量比的概念	X
						020	泡点的概念	X
						021	露点的概念	X
						022	沸点的概念	X
						023	精馏的概念	X
						024	回流比的概念	X
						025	精馏段的概念	X
						026	提馏段的概念	X
						027	全回流概念	X
						028	灵敏板的概念	X
						029	工业常用的板式塔类型	Z

续表

鉴定范围						鉴定点		
一级		二级		三级		代码	名称	重要程度
代码	名称	代码	名称	代码	名称			
						030	压缩比的概念	Z
						031	压缩过程的分类	Z
						032	雷诺数的概念	X
						033	蒸发的基本概念	X
						034	真空泵的概念	X
						035	真空泵的特点	Y
						036	物料平衡概念	Y
						037	能量平衡概念	Y
						038	黏度的概念	X
						039	黏度的单位	X
						040	体积流量的表示方法	X
						041	质量流量的表示方法	X
						042	体积流速的概念	X
						043	质量流速的概念	X
						044	热交换器的概念	X
						045	冷凝器的概念	X
						046	稳定传热的概念	X
						047	稳定传热过程中逆流传热的概念	X
						048	稳定传热过程中并流传热的概念	X
						049	换热方式的种类	X
						050	原料利用率的概念	X
						051	产品产率、收率的概念	X
						052	反应物转化率的概念	X
						053	催化剂的概念、组成及对反应速度的影响	X
				I	计量基础知识	001	国际单位制中的基本单位	X
						002	国际单位制的基本导出单位	X
						003	国际单位制的辅助单位	Y
						004	国家选定的非国际单位制	X
				J	化工机械与设备知识	001	常用金属材料的种类	Y
						002	常用阀门的种类	X
						003	常用泵的种类	X
						004	常用压缩机的种类	X
						005	常用压力容器的种类	X

续表

鉴定范围						鉴定点		
一级		二级		三级		代码	名称	重要程度
代码	名称	代码	名称	代码	名称			
						006	常用气体的输送设备的种类	Y
						007	常用液体的输送设备的种类	Y
						008	换热器的种类	X
						009	常用法兰的种类	X
						010	常用垫片的种类	X
						011	疏水器的种类	X
						012	压力容器安全附件的种类	Z
						013	常用流量计种类	X
						014	常用分离设备种类	X
				K	电工基础知识	001	电路的基本概念	X
						002	电压的概念	X
						003	电流的概念	X
						004	电功率的概念	Y
						005	电阻基本概念	Y
						006	电感的基本概念	X
						007	电容的基本概念	X
						008	防火防爆电气设备的标识	X
						009	防止触电的基本措施	X
						010	电动机运行的主要参数	X
						011	静电的危害	Y
						012	电磁感应的基本常识	Z
						013	触电人员的救护	Y
				L	仪表基础知识	001	测量仪表的基本概念	Y
						002	测量误差的概念	Y
						003	仪表精度的概念	X
						004	仪表灵敏度的概念	X
						005	自动化控制中，简单调节系统的组成	Z
						006	常用液位计的种类	X
						007	温度测量仪表的分类	X
						008	流量测量仪表的分类	X
						009	玻璃液位计的测量原理	X
						010	双金属温度计的测量原理	X

工种理论知识鉴定要素细目表

鉴定范围						鉴定点		
一级		二级		三级		代码	名称	重要程度
代码	名称	代码	名称	代码	名称			
B	相关知识	A	工艺操作	A	开车准备	001	有机物的分类	X
						002	有机物的特点	X
						003	催化剂的作用	X
						004	有机化工生产的特点	X
						005	循环水的使用要求	X
						006	仪表空气的使用要求	X
						007	蒸汽的种类	X
						008	氮气置换的目的	X
						009	蒸汽的引入检查要点	X
						010	系统送电检查要点	X
						011	蒸汽的性质	X
						012	氧化反应的条件	X
						013	燃烧具备的条件	X
						014	氮气的物化性质	X
						015	物料管线吹扫的原则	X
						016	安全用电的原则	Y
						017	静电的危害	X
				B	开车操作	001	离心泵的切换程序	X
						002	过滤器的切换方法	X
						003	物料管线吹扫方法	X
						004	催化剂装填后处理程序	Y
						005	过滤机的启动方法	X
						006	精馏塔塔顶换热器的作用	Y
						007	精馏塔塔底换热器的作用	X
						008	搅拌器的作用	X
						009	进料缓冲罐的作用	X
						010	消除管线“水击”的方法	X
						011	搅拌器的控制方法	X
						012	离心泵启动的条件及方法	X
						013	换热器的投用方法	X
						014	巡回检查机泵内容	X
						015	罐区的巡检内容	X
						016	取样的注意事项	X

续表

鉴定范围						鉴定点		
一级		二级		三级		代码	名称	重要程度
代码	名称	代码	名称	代码	名称			
						017	过滤机进料的条件	X
						018	结晶器温度的控制	X
						019	干燥器启动的条件	X
						020	泵交出检修前的处理措施	X
				C	正常操作	001	结晶的作用	X
						002	干燥的作用	X
						003	干燥器温度调整方法	X
						004	反应器升温方法	X
						005	干燥产物的分析方法	X
						006	贮罐切换的注意事项	X
						007	机泵切换的注意事项	X
						008	过滤机压力控制方法	X
						009	反应器压力控制方法	X
						010	调节阀的作用	X
						011	氮封的作用	X
						012	反应尾气处理的方法	X
						013	调节再沸器温度的方法	X
						014	增加过滤机进料的方法	X
						015	离心泵流量的控制方法	X
						016	换热器投用的注意事项	X
						017	换热器温度的调节方法	X
						018	压力表的使用方法	X
						019	压力计读表方法	X
						020	温度计读表方法	X
				D	停车操作	001	紧急停车的处理要点	X
						002	停车处理程序	X
						003	停车后物料的处理原则	X
						004	有机化工生产中常见的毒性物质	X
						005	停车后设备置换清洗的注意事项	Y
						006	停车后物料管线吹扫的注意事项	X
						007	过滤机停车方法	X
						008	反应器停车的要求	Y
						009	添加盲板的要求	X
						010	装置检修时开启人孔的条件	X

续表

鉴定范围						鉴定点		
一级		二级		三级		代码	名称	重要程度
代码	名称	代码	名称	代码	名称			
						011	停工设备、管线处理的一般要求	X
						012	设备停工前具备的条件	X
						013	设备停车后的清洗和置换方法	X
						014	工艺向检修交出的原则	X
						015	停车后固废处理方法	X
						016	管线、设备动火的条件	X
						017	机泵的停车操作要点	X
		B	设备操作	A	设备使用	001	截止阀的优点	X
						002	截止阀的缺点	Y
						003	启动离心泵的注意事项	X
						004	启动屏蔽泵的注意事项	Y
						005	化学反应器的类型	X
						006	停运离心泵的注意事项	X
						007	停运屏蔽泵的注意事项	X
						008	常用流量计的分类	X
						009	液位计的分类	X
						010	常用仪表的分类	X
						011	常用换热器的分类	X
						012	计量泵的用途	X
						013	机泵检修条件	X
						014	换热器操作知识	X
						015	阀门的分类	X
						016	液位计的使用要求	Y
						017	蝶阀的适用范围	X
						018	球阀的适用范围	X
						019	截止阀的适用范围	X
						020	闸阀的适用范围	X
						021	换热器的分类	X
						022	浮头换热器的适用范围	X
						023	列管换热器的适用范围	X
						024	垫片的用途	X
						025	泵入口过滤器的作用	X
						026	阀门安装旁通阀的作用	X
						027	现场呼吸阀的检查要点	X

续表

鉴定范围						鉴定点		
一级		二级		三级		代码	名称	重要程度
代码	名称	代码	名称	代码	名称			
						028	阀门型号的代号含义	X
						029	泵的铭牌标识	X
						030	压缩机的铭牌标识	X
						031	电机铭牌标识	X
						032	温度计分类	X
						033	往复泵的适用范围	X
						034	离心泵的适用范围	X
				B	设备维护	001	润滑油的三级过滤内容	X
						002	备用机泵的盘车要求	X
						003	机泵检修前的工艺处理要求	X
						004	备用机泵的防冻检查的内容	X
						005	润滑剂的作用	X
						006	推车式干粉灭火器的使用	X
						007	二氧化碳灭火器的使用	X
						008	温度计的安装方法	X
		C	事故判断与处理	A	事故判断	001	离心泵密封泄漏严重的原因	X
						002	泵内有异音的原因	X
						003	离心式风机电机超负荷的原因	X
						004	氮气中断的现象	X
						005	仪表空气中断的现象	X
						006	系统蒸汽压力下降的现象	X
						007	循环水压力下降的现象	Y
						008	搅拌机停止运转原因	Y
						009	阀门启闭失效原因	Y
						010	填料泄漏原因	Y
						011	离心式压缩机供油温度的现象	Y
				B	事故处理	001	反应器超温的处理方法	Y
						002	反应器超压的处理方法	Y
						003	循环水中断的处理方法	Y
						004	轴承温度高的处理方法	Z
						005	干燥器温度低的处理方法	Y
						006	蒸汽压力低的处理方法	Y
						007	精馏塔塔顶压力高的原因	Y
						008	透平润滑油压力低的原因	X

续表

鉴定范围						鉴定点		
一级		二级		三级		代码	名称	重要程度
代码	名称	代码	名称	代码	名称			
						009	泵的机械密封发生泄漏的处理方法	Y
						010	蒸汽管线内有液击声音的处理方法	Y
						011	过滤机压力不足的处理方法	Y
						012	调节阀操作不动的处理方法	Y
						013	防止离心泵汽蚀的措施	Y
						014	火灾的报警方法	Y
						015	推车式干粉灭火器的使用	X
						016	二氧化碳灭火器的的使用方法	X
						017	换热器传热效果差的处理方法	Z
						018	急性中毒现场抢救原则	Z
						019	离心泵抽空的处理方法	Y
						020	物料管线的泄漏处理方法	Y
						021	电机超温事故处理方法	Y
						022	蒸发系统蒸汽中断处理方法	Y
						023	结晶器出料口堵塞的处理方法	X
						024	常用的灭火方法	X
						025	事故处理的原则	Z
		D	绘图与计算	A	绘图	001	工艺流程图管线的表示方法	Y
						002	工艺流程图管件的表示方法	Y
						003	工艺流程图阀门的表示方法	Y
						004	工艺流程图仪表控制点的表示方法	Y
				B	计算	001	物质的量的计算	Z
						002	压力单位换算	Z
						003	温度单位换算	Y
						004	体积单位换算	Z
						005	质量单位换算	Z

三、理论知识试题

行业通用理论知识试题

判断题

1. 岗位交接班记录不属于运行记录。 (√)
2. 填写记录要求及时、准确、客观真实、内容完整、字迹清晰。 (√)
3. 工艺流程图中，主要物料(介质)的流程线用细实线表示。 (×)

正确答案：工艺流程图中，主要物料(介质)的流程线用粗实线表示。

4. 在工艺流程图中，表示法兰堵盖的符号是。 (✓)

5. 在工艺流程图中，符号表示的是减压阀。 (×)

正确答案：在工艺流程图中，符号表示的是减压阀。

6. 带控制点的工艺流程图中，表示压力调节阀的符号是。 (×)

正确答案：带控制点的工艺流程图中，表示压力调节阀的符号是。

7. 石化生产中存在诸多不安全因素。事故多，损失大。 (✓)

8. 防护罩、安全阀等不属于安全防护设施。 (×)

正确答案：防护罩、安全阀等均属于安全防护装置。

9. 安全检查的任务是发现和查明各种危险和隐患，督促整改；监督各项安全管理规章制度的实施；制止违章指挥、违章作业。 (✓)

10. 女工在从事转动设备作业时必须将长发或发辫盘卷在工作帽内。 (✓)

11. 从事化工作业人员必须佩戴防护镜或防护面罩。 (×)

正确答案：从事对眼睛及面部有伤害危险作业时必须佩戴有关的防护镜或面罩。

12. 穿用防护鞋时应将裤脚插入鞋筒内。 (×)

正确答案：穿用防护鞋的职工禁止将裤脚插入鞋筒内。

13. 对于从事在生产过程中接触能通过皮肤侵入人体的有害尘毒作业人员，只需发放防护服。 (×)

正确答案：对于从事在生产过程中接触能通过皮肤侵入人体的有害尘毒作业人员，需发放防护服，并需有工业护肤用品，涂在手臂、脸部，以保护职工健康。

14. 在超过噪声标准的岗位工作的职工，要注意保护自己的听力，可戴上企业发给的各种耳塞、耳罩等。 (×)

正确答案：在超过噪声标准的岗位工作的职工，要注意保护自己的听力，一定要戴上企业发给的各种耳塞、耳罩等。

15. 口鼻的防护即口腔和鼻腔的防护。 (×)

正确答案：口鼻的防护即呼吸系统的防护。

16. 人体皮肤是化工生产中有毒有害物质侵入人体的主要途径。 (✓)

17. 一般情况下，应将转动、传动部位用防护罩保护起来。 (✓)

18. 在设备一侧的转动、传动部位要做好外侧及内侧的防护。 (×)

正确答案：在设备一侧的转动、传动部位要做好外侧及周边的防护。

19. 各种皮带运输机、链条机的转动部位，除装防护罩外，还应有安全防护绳。 (✓)

20. 在传动设备的检修工作中，只需在电气开关上挂有“有人作业，禁止合闸”的安全警告牌。 (×)

正确答案：在传动设备的检修工作中，电气开关上应挂有“有人作业，禁止合闸”的安全警告牌，并设专人监护。

21. 限于厂内行驶的机动车不得用于载人。 (✓)

22. 严禁在生产装置罐区及易燃易爆装置区内用有色金属工具进行敲打撞击作业。 (×)

正确答案：严禁在生产装置罐区及易燃易爆装置区内用黑色金属工具进行敲打撞

击作业。

23. 烟、雾、粉尘等物质是气体，易进入呼吸系统，危害人体健康。 (×)

正确答案：烟、雾、粉尘等物质是气溶胶，易进入呼吸系统，危害人体健康。

24. 烟尘的颗粒直径在 0.1μm 以下。 (√)

25. 职业中毒是指在生产过程中使用的有毒物质或有毒产品，以及生产中产生的有毒废气、废液、废渣引起的中毒。 (√)

26. 毒物进入人体就叫中毒。 (×)

正确答案：毒物对有机体的毒害作用叫中毒。

27. 低毒物质进入人体所引发的病变称慢性中毒。 (×)

正确答案：低浓度的毒物长期作用于人体所引发的病变称慢性中毒。

28. 急性中毒患者呼吸困难时应立即吸氧。停止呼吸时，立即做人工呼吸，气管内插管给氧，维持呼吸通畅并使用兴奋剂药物。 (√)

29. 急性中毒患者心跳骤停应立即做胸外挤压术，每分钟 30~40 次。 (×)

正确答案：急性中毒患者心跳骤停应立即做胸外挤压术，每分钟 60~70 次。

30. 休克病人应平卧位，头部稍高。昏迷病人应保持呼吸道畅通，防止咽下呕吐物。 (×)

正确答案：休克病人应平卧位，头部稍低。昏迷病人应保持呼吸道畅通，防止咽下呕吐物。

31. 高处作业人员应系用与作业内容相适应的安全带，安全带应系挂在施工作业处上方的牢固挂件上，不得系挂在有尖锐的棱角部位。 (√)

32. 高处作业可以上下投掷工具和材料，所用材料应堆放平稳，必要时应设安全警戒区，并设专人监护。 (×)

正确答案：高处作业严禁上下投掷工具和材料，所用材料应堆放平稳，必要时应设安全警戒区，并设专人监护。

33. 高处作业人员不得站在不牢固的结构物上进行作业，可以在高处休息。 (×)

正确答案：高处作业人员不得站在不牢固的结构物上进行作业，不得在高处休息。

34. 燃烧产生的废气是石化行业污染的主要来源之一。 (√)

35. 工艺过程排放是造成石化行业污染的主要途径。 (√)

36. 成品或副产品不会造成石化行业的污染。 (×)

正确答案：成品或副产品的夹带也会造成石化行业的污染。

37. 石化行业污染的特点之一是污染物种类多、危害大。 (√)

38. 清洁生产通过末端治理污染来实现。 (×)

正确答案：清洁生产通过应用专门技术，改进工艺、设备和改变管理态度来实现。

39. 清洁的服务不属于清洁生产的内容。 (×)

正确答案：清洁的服务属于清洁生产的内容之一。

40. 引起闪燃的最高温度称为闪点。 (×)

正确答案：引起闪燃的最低温度称为闪点。

41. 燃点是指可燃物质在空气充足条件下，达到某一温度时与火源接触即行着火，并在移去火源后继续燃烧的最低温度。 (√)

42. 自燃点是指可燃物在没有火焰、电火花等火源直接作用下，在空气或氧气中被加热

而引起燃烧的最高温度。 （×）

正确答案：自燃点是指可燃物在没有火焰、电火花等火源直接作用下，在空气或氧气中被加热而引起燃烧的最低温度。

43. 干粉灭火器能迅速扑灭液体火焰，同时泡沫能起到及时冷却作用。 （√）

44. 抗溶性泡沫灭火剂可以扑灭一般烃类液体火焰，但不能扑救水溶性有机溶剂的火灾。 （×）

正确答案：抗溶性泡沫灭火剂可以扑灭一般烃类液体火焰，同时能扑救水溶性有机溶剂的火灾。

45. 1211 灭火器仅适用于扑灭易燃、可燃气体或液体，不适用于扑灭一般易燃固体物质的火灾。 （×）

正确答案：1211 灭火器不仅适用于扑灭易燃、可燃气体或液体，也适用于扑灭一般易燃固体物质的火灾。

46. ISO 14000 系列环境管理标准是国际标准化组织（ISO）第 207 技术委员会（ISO/TC207）组织制定的环境管理体系标准，其标准号从 14001 到 14100，共 100 个标准号，统称为 ISO 14000 系列标准。 （√）

47. HSE 管理体系是指实施安全、环境与健康管理的组织机构、职责、做法、程序、过程和资源等而构成的整体。 （√）

48. HSE 中的 S（安全）是指在劳动生产过程中，努力改善劳动条件、克服安全因素，使劳动生产在保证劳动者健康、企业财产不受损失、人民生命安全的前提下顺利进行。 （×）

正确答案：HSE 中的 S（安全）是指在劳动生产过程中，努力改善劳动条件、克服不安全因素，使劳动生产在保证劳动者健康、企业财产不受损失、人民生命安全的前提下顺利进行。

49. 建立 HSE 管理体系可改善企业形象，取得经济效益和社会效益。 （√）

50. 建立 HSE 管理体系不能控制 HSE 风险和环境影响。 （×）

正确答案：建立 HSE 管理体系可有效控制 HSE 风险和环境影响。

51. 对工作不负责任，不严格执行各项规章制度，违反劳动纪律造成事故的主要责任者应严肃处理。 （√）

52. 标准化是指在经济、技术、科学及管理等社会实践中，对事物和概念通过制订、发布和实施标准达到统一，以获最佳秩序和社会效益。 （×）

正确答案：标准化是指在经济、技术、科学及管理等社会实践中，对重复性事物和概念通过制订、发布和实施标准达到统一，以获最佳秩序和社会效益。

53. 任何标准，都是在一定条件下的“统一规定”，标准化的统一是相对的。 （√）

54. 对已有国家标准、行业标准或地方标准的，鼓励企业制订低于国家标准、行业标准或地方标准要求的企业标准。 （×）

正确答案：对已有国家标准、行业标准或地方标准的，鼓励企业制订高于国家标准、行业标准或地方标准要求的企业标准。

55. 按约束力分，国家标准、行业标准可分为强制性标准、推荐性标准和指导性技术文件。 （√）

56. 只要企业活动和要素具有“重复性”，都可以进行标准化。 （√）

57. 2000 版 ISO 9000 族标准可适用于所有产品类型、不同规模和各种类型的组织，并可

根据实际需要增加某些质量管理要求。（×）

正确答案：2000 版 ISO 9000 族标准可适用于所有产品类型、不同规模和各种类型的组织，并可根据实际需要减少某些质量管理要求。

58. ISO 9000 族标准是质量保证模式标准之一，用于合同环境下的外部质量保证。可作为供方质量保证工作的依据，也是评价供方质量体系的依据。（√）

59. 计算机内存是可以由 CPU 直接存取数据的地方。（√）

60. 杀毒软件对于病毒来说永远是落后的，也就是说，只有当一种病毒出现后，才能产生针对这种病毒的消除办法。（√）

61. 在计算机应用软件 Word 中输入文字，当打满一行时，必须按一下 Enter 键换到下一行继续输入。（×）

正确答案：在 Word 中输入文字，当打满一行时，不需按一下 Enter 键，系统可自动换到下一行继续输入。

62. 中国大陆地区的顶级域名是"cn"。（√）

63. 使用应用程序 Outlook Express 可以同时向多个地址发送电子邮件，也可以把收到的邮件转发给第三者。（√）

64.《劳动法》规定，对劳动者基本利益的保护是最基本的保护，不应由于用人单位所有制的不同或组织形式不同而有所差异。（√）

65. 依据《劳动法》的规定，劳动争议当事人对仲裁裁决不服的，可以自收到仲裁裁决书之日起三十日内向人民法院提起诉讼。一方当事人在法定期限内不起诉又不履行仲裁裁决的，另一方当事人可申请人民法院强制执行。（√）

66. 劳动安全卫生工作"三同时"是指：新建工程的劳动安全卫生设施必须与主体工程同时设计、同时施工、同时投入生产和使用。（×）

正确答案：劳动安全卫生工作"三同时"是指：新建、改建或扩建工程的劳动安全卫生设施必须与主体工程同时设计、同时施工、同时投入生产和使用。

67.《产品质量法》规定，生产者不得生产国家明令淘汰的产品；不得伪造或者冒用认证标志等质量标志。（√）

68. 产品质量义务分为积极义务和消极义务，"生产者不得伪造产地，不得伪造或者冒用他人的厂名、厂址"属于产品生产者的积极义务。（×）

正确答案：产品质量义务分为积极义务和消极义务，"生产者不得伪造产地，不得伪造或者冒用他人的厂名、厂址"属于产品生产者的消极义务。

69. 从业人员在发现直接危及人身安全的紧急情况时，有权停止作业或者在采取可能的应急措施后撤离作业场所。（√）

70.《消防法》第四十八条规定：埋压、圈占消火栓或者占用防火间距、堵塞消防通道的，或者损坏和擅自挪用、拆除、停用消防设施、器材的，处警告、罚款或者十日以下拘留。（×）

正确答案：《消防法》第四十八条规定：埋压、圈占消火栓或者占用防火间距、堵塞消防通道的，或者损坏和擅自挪用、拆除、停用消防设施、器材的，处警告或者罚款。

71. 职业技能鉴定是按照国家规定的职业标准，通过政府授权的考核鉴定机构对劳动者的专业知识和技能水平进行客观、公正、科学规范地评价与认证的活动。（√）

72. 职业技能鉴定是为劳动者颁发职业资格证书。（×）

正确答案：职业技能鉴定是为劳动者持证上岗和用人单位就业准入提供资格认证的活动。

73. 职业技能鉴定考试是以社会劳动者的职业技能为对象，以规定的职业标准为参照系统，通过相关知识和实际操作的考核作为综合手段，为劳动者持证上岗和用人单位就业准入提供资格认证的活动。 （✓）

74. 职业资格证书分一级、二级、三级、四级、五级五个级别。 （✓）

75. 职业资格证书是劳动者的专业知识和职业技能水平的证明。 （✓）

76. 职业资格证书是劳动者持证上岗和用人单位录用员工的资格认证。 （✓）

77. 职业是指从业人员为获取主要生活来源所从事的社会工作类别。 （✓）

78. 一个职业可以包括一个或几个工种，一个工种又可以包括一个或几个岗位，它们是一种包含与被包含的关系。 （✓）

单选题

1. 运行记录填写错误需要更正时，必须采用(C)。

A. 撕页重写　　B. 用刀片刮去重写　　C. 划改　　D. 涂改

2. 化工管路图中，表示蒸汽伴热管道的规定线型是(C)。

［HJ］ A. 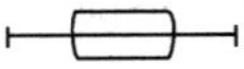　B. 　C. 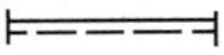　D. 

3. 化工管路图中，表示热保温管道的规定线型是(A)。

A. 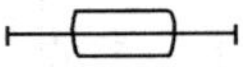　B. 　C. 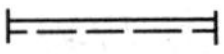　D. 

4. 在工艺流程图中，下列符号表示活接头的是(C)。

A. 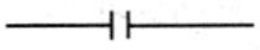　B. 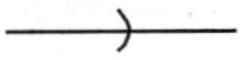　C. 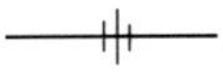　D. 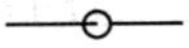

5. 在工艺流程图中，表示法兰连接的符号是(D)。

A. 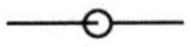　B. 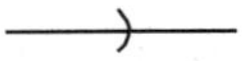　C. 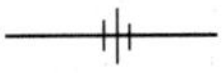　D. 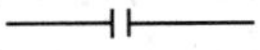

6. 在工艺流程图中，表示闸阀的符号是(B)。

A. 　B. 　C. 　D. 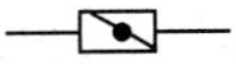

7. 在工艺流程图中，表示球阀的符号是(D)。

A. 　B. 　C. 

D. 

8. 在工艺流程图中，表示截止阀的符号是(A)。

A. 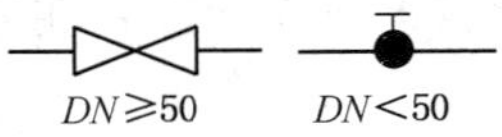

B. 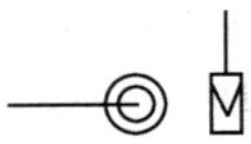

C. 
D. 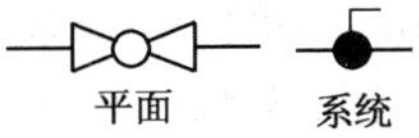

9. 带控制点的工艺流程图中，仪表控制点以(A)在相应的管路上用代号、符号画出。

A. 细实线　　B. 粗实线　　C. 虚线　　D. 点划线

10. 带控制点的工艺流程图中，表示指示的功能符号是(C)。

A. T　　B. J　　C. Z　　D. X

11. 带控制点的工艺流程图中，表示电磁流量计的符号是(B)。

A. 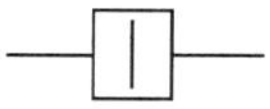　　B. 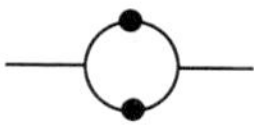

C. 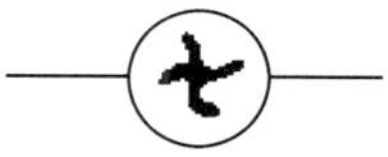　　D. 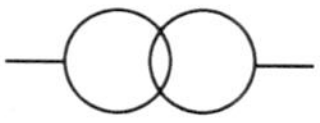

12. 石化生产存在许多不安全因素，其中易燃、易爆、有毒、有(A)的物质较多是主要的不安全因素之一。

A. 腐蚀性　　B. 异味　　C. 挥发性　　D. 放射性

13. 石化生产的显著特点是工艺复杂、(C)要求严格。

A. 产品　　B. 原料　　C. 操作　　D. 温度

14. 我国安全生产的方针是“(C)第一，预防为主”。

A. 管理　　B. 效益　　C. 安全　　D. 质量

15. “防消结合，以(D)为主”。

A. 管　　B. 消　　C. 人　　D. 防

16. “三级安全教育”即厂级教育、车间级教育、(A)级教育。

A. 班组　　B. 分厂　　C. 处　　D. 工段

17. 工人的日常安全教育应以“周安全活动”为主要阵地进行，并对其进行(B)的安全教育考核。

A. 每季一次　　B. 每月一次　　C. 每半年一次　　D. 一年一次

18. 为保护头部不因重物坠落或其他物件碰撞而伤害头部的防护用品是(A)。

A. 安全帽　　B. 防护网　　C. 安全带　　D. 防护罩

19. 从事(B)作业时，作业人员必须穿好专用的工作服。

A. 电焊　　B. 酸碱　　C. 高空　　D. 气焊

20. 从事计算机、焊接及切割作业、光或其他各种射线作业时，需佩戴专用(C)。

A. 防护罩　　B. 防护网　　C. 防护镜　　D. 防护服

21. 从事有(B)、热水、热地作业时应穿相应胶鞋。

A. 硬地　　B. 腐蚀性　　C. 检修作业　　D. 机床作业

22. 从事(A)作业时应穿耐油胶鞋。

A. 各种油类　　B. 酸碱类　　C. 机加工　　D. 检查维护

23. 从事酸碱作业时，作业人员需戴(C)手套。

A. 布　　B. 皮

C. 耐酸碱各种橡胶　　D. 塑料

24. 线手套或(B)手套只可作为一般的劳动防护用品。

A. 皮　　B. 布　　C. 橡胶　　D. 塑料

25. 耳的防护即(A)的保护。

A. 听力　　B. 耳廓　　C. 头部　　D. 面部

26. 工作地点有有毒的气体、粉尘、雾滴时，为保护呼吸系统，作业人员应按规定携带戴好(A)。

A. 过滤式防毒面具　　B. 防护服

C. 口罩　　D. 防护面罩

27. 从事易燃、易爆岗位的作业人员应穿(B)工作服。

A. 腈纶　　B. 防静电　　C. 涤纶　　D. 防渗透

28. 从事苯、石油液化气等易燃液体作业人员应穿(D)工作服。

A. 耐腐蚀　　B. 阻燃　　C. 隔热　　D. 防静电

29. 各种皮带运输机、链条机的转动部位，除安装防护罩外，还应有(A)。

A. 安全防护绳　　B. 防护线　　C. 防护人　　D. 防护网

30. 厂内行人要注意风向及风力，以防在突发事故中被有毒气体侵害。遇到情况时要绕行、停行、(C)。

A. 顺风而行　　B. 穿行　　C. 逆风而行　　D. 快行

31. 不能用于擦洗设备的是(D)。

A. 肥皂　　B. 洗衣粉　　C. 洗洁精　　D. 汽油

32. 不属于有毒气体的是(C)。

A. 氯气　　B. 硫化氢　　C. 二氧化碳　　D. 一氧化碳

33. 属于气体物质的是(A)。

A. 氯气　　B. 烟气　　C. 盐酸雾滴　　D. 粉尘

34. 引起慢性中毒的毒物绝大部分具有(A)。

A. 蓄积作用　　B. 强毒性　　C. 弱毒性　　D. 中强毒性

35. 急性中毒现场抢救的第一步是(C)。

A. 迅速报警　　B. 迅速拨打 120 急救

C. 迅速将患者转移到空气新鲜处　　D. 迅速做人工呼吸

36. 酸烧伤时，应用(B)溶液冲洗。

A. 5%碳酸钠　　B. 5%碳酸氢钠　　C. 清水　　D. 5%硼酸

37. 高处作业是指在坠落高度基准面(含)(A)m 以上，有坠落可能的位置进行的作业。

A. 2　　B. 2.5　　C. 3　　D. 5

38. 一般不会造成环境污染的是(B)。

A. 化学反应不完全　　B. 化学反应完全

C. 装置的泄漏　　D. 化学反应中的副反应

39. 不属于石化行业污染主要途径的是(C)。

A. 工艺过程的排放　　B. 设备和管线的滴漏

C. 成品运输　　D. 催化剂、助剂等的弃用

40. 不属于石化行业污染特点的是(B)。

A. 毒性大　　B. 毒性小　　C. 有刺激性　　D. 有腐蚀性

41. 清洁生产是指在生产过程、产品寿命和(A)领域持续地应用整体预防的环境保护战略，增加生态效率，减少对人类和环境的危害。

A. 服务　　B. 能源　　C. 资源　　D. 管理

42. 清洁生产的内容包括清洁的能源、(D)、清洁的产品、清洁的服务。

A. 清洁的原材料　　B. 清洁的资源

C. 清洁的工艺　　D. 清洁的生产过程

43. 不属于燃烧三要素的是(C)。

A. 点火源　　B. 可燃性物质

C. 阻燃性物质　　D. 助燃性物质

44. 气体测爆仪测定的是可燃气体的(D)。

A. 爆炸下限　　B. 爆炸上限　　C. 爆炸极限范围　　D. 浓度

45. MF4 型手提式干粉灭火器的灭火参考面积是(B)m^2。

A. 1.5　　B. 1.8　　C. 2.0　　D. 2.5

46. MF8 型手提式干粉灭火器的喷射距离大于等于(B)m。

A. 3　　B. 5　　C. 6　　D. 7

47. MFT70 型推车式干粉灭火器的灭火射程在(D)m。

A. 8~10　　B. 17~20　　C. 30~35　　D. 10~13

48. MPT100 型推车式干粉灭火器的灭火射程在(A)m。

A. 16~18　　B. 14~16　　C. 12~14　　D. 18~20

49. MY2 型手提式 1211 灭火器的灭火射程是(C)m。

A. 1　　B. 2　　C. 3　　D. 4

50. MY0.5 型手提式 1211 灭火器的灭火射程在(D)m。

A. 3　　B. 4.5　　C. 2.5　　D. 2

51. ISO 14000 系列标准的核心是(B)标准。

A. ISO 14000　　B. ISO 14001　　C. ISO 14010　　D. ISO 14100

52. HSE 管理体系是指实施安全、环境与(C)管理的组织机构、职责、做法、程序、过程和资源等而构成的整体。

A. 生命　　B. 过程　　C. 健康　　D. 资源

53. 建立 HSE 管理体系可提高企业安全、环境和健康(A)。

A. 管理水平　　B. 操作水平　　C. 使用水平　　D. 能源水平

54. 事故处理要坚持(C)不放过的原则。

A. 二　　B. 三　　C. 四　　D. 五

55. 违章作业、违反纪律等造成的一般事故，对责任者应给予(D)。

A. 警告处分　　B. 记过处分　　C. 行政处分　　D. 处罚

56. 标准化包括(C)的过程。

A. 研究、制定及颁布标准　　B. 制定、修改及使用标准

C. 制定、发布及实施标准　　D. 研究、公认及发布标准

57. 根据《中华人民共和国标准化法》的规定，我国的标准分为(B)四级。

A. 国际标准、国家标准、地方标准和企业标准

B. 国家标准、行业标准、地方标准和企业标准

C. 国家标准、地方标准、行业标准和企业标准

D. 国际标准、国家标准、行业标准和地方标准

58. 我国在国家标准管理办法中规定国家标准的有效期一般为(C)年。

A. 3　　B. 4　　C. 5　　D. 7

59. 2000 版 ISO 9000 族标准适用的范围是(D)。

A. 小企业　　B. 大中型企业

C. 制造业　　D. 所有行业和各种规模的组织

60. 在电脑的存储设备中，数据存取速度从快到慢的顺序是(B)。

A. 软盘、硬盘、光盘、内存　　B. 内存、硬盘、光盘、软盘

C. 软盘、硬盘、内存、光盘　　D. 光盘、软盘、内存、硬盘

61. 计算机硬件系统最核心的部件是(C)。

A. 内存储器　　B. 主机　　C. CPU　　D. 主板

62. 键盘是计算机的一种(D)设备。

A. 控制　　B. 存储　　C. 输出　　D. 输入

63. 计算机病毒会给计算机造成的损坏是(B)。

A. 只损坏软件　　B. 损坏硬件、软件或数据

C. 只损坏硬件　　D. 只损坏数据

64. 一张加了写保护的软磁盘(C)。

A. 不会向外传染病毒，但是会感染病毒

B. 不会向外传染病毒，也不会感染病毒

C. 不会再感染病毒，但是会向外传染病毒

D. 既向外传染病毒，又会感染病毒

65. 计算机防病毒软件可(B)。

A. 永远免除计算机病毒对计算机的侵害

B. 具有查病毒、杀病毒、防病毒的功能

C. 消除全部已发现的计算机病毒

D. 对已知病毒产生免疫力

66. 在计算机应用软件 Word 编辑中，以下键盘命令中执行复制操作的命令是(B)。

A. Ctrl+A　　B. Ctrl+C　　C. Ctrl+X　　D. Ctrl+V

67. 在计算机应用软件 Word 中常用工具栏中的“格式刷”用于复制文本和段落的格式，若要将选中的文本或段落格式重复用多次，应进行(A)操作。

A. 双击格式刷　　B. 拖动格式刷

C. 右击格式刷　　D. 单击格式刷

68. 使用 IE 浏览某网站时，出现的第一个页面称为网站的(C)。

A. WEB 页　　B. 网址　　C. 主页　　D. 网页

69. 在浏览 WEB 网页的过程中，如果你发现自己喜欢的网页并希望以后多次访问，应当使用的方法是(A)。

A. 放到收藏夹中　　B. 建立浏览　　C. 建立地址簿　　D. 用笔抄写到笔记本上

70. 发送电子邮件时，不可作为附件内容的是(B)。

A. 可执行文件　　B. 文件夹　　C. 压缩文件　　D. 图像文件

71. 某电子邮件地址为 new@ public. bta. net. cn，其中 new 代表(A)。

A. 用户名　　B. 主机名　　C. 本机域名　　D. 密码

72.《劳动法》规定，所有劳动者的合法权益一律平等地受我国劳动法的保护，不应有任何歧视或差异。这体现了对劳动者权益(B)的保护。

A. 最基本　　B. 平等　　C. 侧重　　D. 全面

73.《劳动法》规定，(A)的保护是对劳动者的最低限度保护，是对劳动者基本利益的保护，对劳动者的意义最重要。

A. 最基本　　B. 全面　　C. 侧重　　D. 平等

74. 依据《劳动法》规定，劳动合同可以约定试用期。试用期最长不超过(C)个月。

A. 12　　B. 10　　C. 6　　D. 3

75. 能够认定劳动合同无效的机构是(B)。

A. 各级人民政府　　B. 劳动争议仲裁委员会

C. 各级劳动行政部门　　D. 工商行政管理部门

76. 我国劳动法律规定，集体协商职工一方代表在劳动合同期内，自担任代表之日起(A)年以内，除个人严重过失外，用人单位不得与其解除劳动合同。

A. 5　　B. 4　　C. 3　　D. 2

77. 依据《劳动法》的规定，发生劳动争议时，提出仲裁要求的一方应当自劳动争议发生之日起(D)日内向劳动争议仲裁委员会提出书面申请。

A. 三十　　B. 四十　　C. 五十　　D. 六十

78. 依据《劳动法》的规定，用人单位与劳动者发生劳动争议，当事人可以依法(B)，也可以协商解决。

A. 提起诉讼　　B. 申请调解、仲裁、提起诉讼

C. 申请仲裁　　D. 申请调解

79. 我国《劳动法》规定，安排劳动者延长劳动时间的，用人单位应支付不低于劳动者正常工作时间工资的(B)的工资报酬。

A. 100%　　B. 150%　　C. 200%　　D. 300%

80. 我国劳动法律规定的最低就业年龄是(C)周岁。

A. 18　　B. 17　　C. 16　　D. 15

81. 依据《劳动法》的规定，用人单位必须为劳动者提供符合国家规定的劳动安全卫生条件和必要的劳动防护用品，对从事有(B)危害作业的劳动者应当定期进行健康检查。

A. 身体　　B. 职业　　C. 潜在　　D. 健康

82.《产品质量法》规定，因产品存在缺陷造成人身、缺陷产品以外的其他财产损害的，应当由(D)承担赔偿责任。

A. 生产者和销售者共同　　B. 销售者

C. 消费者　　D. 生产者

83. 产品质量义务中的行为人必须为一定质量行为或不为一定质量行为的(C)性，是义务区别于权利的质的差异和主要特征。

A. 必然　　B. 重要　　C. 必要　　D. 强制

84.《安全生产法》规定，从业人员有获得符合(A)的劳动防护用品的权利。

A. 国家标准、行业标准　　B. 行业标准、企业标准

C. 国家标准、地方标准　　D. 企业标准、地方标准

85. 不属于《安全生产法》规定的从业人员安全生产保障知情权的一项是(D)。

A. 有权了解其作业场所和工作岗位存在的危险因素

B. 有权了解防范措施

C. 有权了解事故应急措施

D. 有权了解事故后赔偿情况

86. 下列说法不正确的是(C)。

A. 任何单位和个人不得损坏或者擅自挪用、拆除、停用消防设备、器材

B. 任何单位和个人不得占有防火间距、不得堵塞消防通道

C. 营业性场所不能保障疏散通道、安全出口畅通的，责令限期改正；逾期不改正的，对其直接负责的主管人员和其他直接责任人员依法给予行政处分或者处警告

D. 阻拦报火警或者谎报火警的，处警告、罚款或者十日以下拘留

87. 以机动车驾驶技能为例，个人日常生活中驾驶是属于(B)。

A. 职业技能　　B. 生活技能　　C. 操作技能　　D. 肢体技能

88. 职业技能鉴定考试的主要目的是(A)。

A. 为劳动者持证上岗和用人单位就业准入资格提供依据

B. 为劳动者提供就业证书

C. 检验劳动者的技能水平

D. 测量劳动者职业技能的等级

89. 职业技能鉴定考试属于(D)。

A. 常模参照考试　　B. 上岗考试

C. 取证考试　　D. 标准参照考试

90. 职业资格证书初级、中级、高级、技师、高级技师对应的级别分别是(A)。

A. 五 、四、三、二、一　　B. 一、二、三、四、五

C. 二、三、四、五、六　　D. 六、五、四、三、二

91. 职业资格证书是由(B)机构印制。

A. 各级教育部门　　B. 劳动保障部门

C. 劳动者所在的劳资部门　　D. 职业技能鉴定部门

92. 可以作为劳动者就业上岗和用人单位准入就业的主要依据是(C)。

A. 毕业证书　　B. 介绍信

C. 职业资格证书　　D. 成绩单

93. 职业具有社会性、稳定性、规范性、群体性和(A)等特点。

A. 目的性　　B. 开放性　　C. 先进性　　D. 实用性

职业通用理论知识试题(有机合成工)

判断题

1. 在国际单位制中质量的单位是 kg。(√)

2. 同一物体在地球上和月球上的质量是不相同的。(×)

正确答案： 同一物体在地球上和月球上的质量是相同的。

3. 参加化学反应的各物质的质量总和等于反应后生成的各物质的质量总和。(√)

4. 化学反应前、后，原子的种类、数目和质量均发生了变化。 (×)

正确答案：化学反应前、后，原子的种类、数目和质量均不改变。

5. 使用摩尔时，基本单元可以是分子、原子、离子、电子及其他粒子，或这些粒子的特定组合体。 (√)

6. 在标准状况下，1mol 理想气体所占的体积都是 22.4mL。 (×)

正确答案：在标准状况下，1mol 理想气体所占的体积都约为 22.4L。

7. 在标准状况下，2g 氢气的体积比 16g 氧气的体积大。(相对原子质量:H-1,O-16)。 (√)

8. 某储罐中有液体 $10m^3$，若其质量为 8t，则该液体的密度为 $800kg/m^3$。 (√)

9. $1kg/m^3=10^{-2}kg/cm^3$。 (×)

正确答案：$1kg/m^3=10^{-6}kg/cm^3$。

10. 在一定温度下，液体的密度与纯水的密度之比，称为相对密度。 (×)

正确答案：在一定温度下，液体的密度与 277K 时纯水的密度之比，称为相对密度。

11. 气体密度都可近似地按理想气体状态方程来计算。 (×)

正确答案：在温度不太低和压力不太高的情况下，气体密度可近似地按理想气体状态方程来算出。

12. 液体密度几乎不受温度和压力的影响，而气体密度受温度和压力影响较大。 (×)

正确答案：液体密度几乎不受压力影响，但它随温度改变而改变，而气体密度受温度和压力影响较大。

13. 温度越高，物质的热量就越大。 (×)

正确答案：温度越高，物质内部分子热运动就越快。

14. 化学反应过程中不管放出还是吸收的热量，都属于反应热。 (√)

15. 化学反应过程中吸收热量的反应叫吸热反应。 (√)

16. 对于吸热反应，温度升高，有利于化学平衡向逆反应方向进行。 (×)

正确答案：对于吸热反应，温度升高，有利于化学平衡向正反应方向进行。

17. 在单质中，元素的化合价为零。 (√)

18. 溶解过程是吸热过程。 (×)

正确答案：溶解过程可以是吸热过程，也可以是放热过程。

19. 物质的溶解过程包括物理过程和化学过程，同时伴随着吸热和放热过程。 (√)

20. 溶解在溶剂中的溶质微粒由于不断运动，被溶质表面吸引而重新回到溶质表面上来，这个过程叫做结晶。 (√)

21. 气液两相平衡时，液面上方蒸气产生的压力称为液体的饱和蒸气压。 (√)

22. 电解质全部电离时生成的阴离子全部是氢氧根离子的化合物叫做碱。 (√)

23. 元素化合价升高的过程叫做还原。 (×)

正确答案：元素化合价升高的过程叫做氧化。

24. 在氧化还原反应中，得到电子的物质叫还原剂。 (×)

正确答案：在氧化还原反应中，得到电子的物质叫氧化剂。

25. 高锰酸钾、浓硫酸、氯气、氧气是常用的还原剂。 (×)

正确答案：高锰酸钾、浓硫酸、氯气、氧气是常用的氧化剂。

26. 氢氧化钠是白色固体，暴露在空气中不易潮解。 (×)

正确答案： 氢氧化钠是白色固体，暴露在空气中易潮解。

27. pH=1，则氢离子浓度为 1mol/L。（×）

正确答案： pH=1，则氢离子浓度为 0.1mol/L。

28. 一种或一种以上的物质分散到另一种物质里，形成均一、稳定的化合物，叫溶液。（×）

正确答案： 一种或一种以上的物质分散到另一种物质里，形成均一、稳定的混合物，叫溶液。

29. 溶液的碱性越强，[H^+]就越大。（×）

正确答案： 溶液的碱性越强，[H^+]就越小。

30. 20℃时，把 10g 食盐溶解在 100g 水里，所以 20℃时食盐在水中的溶解度是 10g。（×）

正确答案： 20℃时，把 10g 食盐溶解在 100g 水里，但不一定形成饱和溶液，所以 20℃时食盐在水中的溶解度不一定是 10g。

31. 40℃时，25g 水中溶解 16g 硝酸钾就达到饱和，该温度下硝酸钾的溶解度是 16g。（×）

正确答案： 40℃时，25g 水中溶解 16g 硝酸钾就达到饱和，该温度下硝酸钾的溶解度是 64g。

32. 浓硫酸具有强烈的吸水性、脱水性、氧化性和腐蚀性。（√）

33. 纯的硝酸为无色、易挥发、无刺激性气味的液体，能与水以任意比例混合。（×）

正确答案： 纯的硝酸为无色、易挥发、具有刺激性气味的液体，能与水以任意比例混合。

34. 发烟硝酸由于挥发出的 NO_2 遇到空气中的水蒸气，形成微小的硝酸雾滴而产生"发烟"现象。（√）

35. 铁、铝等金属在冷的硝酸中由于产生"钝化"现象，可以用铁制或铝制容器盛放硝酸。（×）

正确答案： 铁、铝等金属在冷的浓硝酸中由于产生"钝化"现象，可以用铁制或铝制容器盛放浓硝酸。

36. 硬水的软化通常有药剂软化法和离子交换法两种。（√）

37. 脂肪烃化合物没有苯环结构。（√）

38. 只有碳和氧两种元素的原子所构成的有机混合物分子叫做烃。（×）

正确答案： 只有碳和氢两种元素的原子所构成的有机化合物分子叫做烃。

39. 丙烯跟溴化氢起加成反应时，1-溴丙烷是主要产物。（×）

正确答案： 丙烯跟溴化氢起加成反应时，2-溴丙烷是主要产物。

40. 二甲苯是乙苯的同分异构体，但它不是苯的同系物。（×）

正确答案： 二甲苯是乙苯的同分异构体，它也是苯的同系物。

41. 天然气是一种重要的化工原料，它是主要成分为氢气的混合物。（×）

正确答案： 天然气是一种重要的化工原料，它是主要成分为甲烷的混合物。

42. 石油不溶于水，密度比水大。（×）

正确答案： 石油不溶于水，密度比水小。

43. 石油大部分是液态烃，同时在液态烃里溶有气态烃和固态烃。（√）

44. 真空度表示绝对压强比外界大气压小了多少。（√）

45. 绝对压强是指流体的真实压强。它是以绝对温度下测得的流体的压强。（×）

正确答案：绝对压强是指流体的真实压强。它是以绝对真空为基准测得的流体的压强。

46. 固体流态化是一种使固体颗粒通过与流体接触而转变成类似流体状态的操作。(√)

47. 旋风分离器是利用离心力的作用，将固体颗粒从气体中分离出来的设备。(√)

48. 过滤操作包括过滤、洗涤、去湿及卸料四个阶段。(√)

49. 在化工生产中，流体在冷凝器中的冷凝，绝大部分属于膜状冷凝。(√)

50. 混合物中某组分的质量与其他组分的质量之比为质量分数。(×)

正确答案：混合物中某组分的质量与混合物的质量之比为质量分数。

51. 对理想气体混合物，各组分的摩尔分数在数值上不等于各组分在混合气体中的体积分数和压力分数。(×)

正确答案：对理想气体混合物，各组分的摩尔分数在数值上等于各组分在混合气体中的体积分数和压力分数。

52. 没有回流，任何蒸馏操作都无法进行。(×)

正确答案：没有回流，任何精馏操作都无法进行。

53. 把精馏塔进料板以下划为精馏段。(×)

正确答案：把精馏塔进料板以下划为提馏段。

54. 间接加热的蒸馏釜，相当于一块理论板。(√)

55. 全回流时，精馏塔同样具有精馏段与提馏段。(×)

正确答案：全回流时，精馏塔不具有精馏段与提馏段之分。

56. 全回流时，任意板间截面上升蒸气组成与下降液体组成相等。(√)

57. 蒸发操作一般都是在溶液的沸点以上进行的。(×)

正确答案：蒸发操作一般都是在溶液的沸点以下进行的。

58. 真空泵分干式和湿式两大类，干式真空泵可以达到的真空度比湿式产生的真空度低。(×)

正确答案：真空泵分干式和湿式两大类，干式真空泵可以达到的真空度比湿式产生的真空度高。

59. 真空泵就是获得低于大气压强的一种机械设备。(√)

60. 能量衡算的主要依据是能量守恒定律。(√)

61. 气体的体积随温度和压力的改变而变化，当气体的流量以体积流量表示时，须注明温度和压力。(√)

62. 质量流量是单位时间内通过导管任一截面的流体质量。(√)

63. 质量流量 W 与体积流量 V 的关系为：$W=V/\rho$。(×)

正确答案：质量流量 W 与体积流量 V 的关系为：$W=V\cdot\rho$。

64. 流量一定时，流速与管道截面成反比。(√)

65. 质量流速不仅与质量和管道的截面积有关，而且与流体的温度、压强也有关。(×)

正确答案：质量流速与质量和管道的截面积有关，与流体的温度、压强无关。

66. 在相同条件下，并流传热比逆流传热平均温差大。(×)

正确答案：在相同条件下，逆流传热比并流传热平均温差大。

67. 两流体沿相同方向流动称为并流。(√)

68. 收率是转化率与产率的乘积。(√)

69. 使催化剂失去活性的现象称为催化剂中毒。 (√)

70. 减压阀在安装时需考虑介质的流向。 (√)

71. 截止阀不具有方向性。 (×)

正确答案： 介质通过截止阀应低进高出，所以截止阀有方向性。

72. 离心泵的流量是恒定的。 (×)

正确答案： 离心泵的流量不是恒定的，随其排出管路系统特性的不同而不同。

73. 压力容器按照设计压力分为低压容器、中压容器、高低容器三类。 (×)

正确答案： 压力容器按照设计压力分为低压容器、中压容器、高压容器、超高压容器四类。

74. 低压容器属于第一类压力容器。 (×)

正确答案： 低压容器因介质毒害程度也可能属于第二、三类压力容器。

75. 离心式通风机的工作原理与离心式压缩机基本相同。 (√)

76. 离心式通风机的进气口的作用是改善气流进入叶轮时的流动状态。 (√)

77. 隔膜泵属于容积式泵。 (√)

78. U 形管式换热器的管程数必须是偶倍数。 (√)

79. 石棉橡胶板垫片属于非金属软垫片，其密封性能与工作温度和压力有关。 (√)

80. 缠绕式垫片是金属与非金属材料的组合垫片，具有金属的回弹能力、耐热性、柔软性，不具有多道密封作用。 (×)

正确答案： 缠绕式垫片是金属与非金属材料的组合垫片，既具有金属的回弹能力、耐热性，又具有非金属的柔软性，缠绕式垫片具有多道密封作用。

81. 工作压差的大小直接影响疏水阀的疏水量：工作压差大，疏水量也大；工作压差小，疏水量也小。 (√)

82. 安全阀的压紧弹簧有惯性作用，使阀的开启和闭合均有滞后现象，不能适应急剧的化学反应迅速升压所需的快速泄放要求。 (√)

83. 工业生产中，实现固液分离的过程可分为过滤、沉降和旋流分离三类。 (×)

正确答案： 工业生产中，实现固液分离的过程可分为过滤、沉降两类。

84. 离心沉降强化了沉降过程，对那些在重力沉降中无法分离的细小颗粒可特别有效地予以分离。 (√)

85. 电路由四个部分组成，即电源、负载、连接导线和控制设备。 (√)

86. 在直流电路中，电流流出的一端为电源的负极。 (×)

正确答案： 在直流电路中，电流流出的一端为电源的正极。

87. 电源电动势和电源端电压的方向相同。 (×)

正确答案： 电源电动势和电源端电压的方向相反。

88. 电动势与电压的单位都是伏特。 (√)

89. 大小始终保持不变的电流称为直流电流。 (×)

正确答案： 大小和方向都始终保持不变的电流称为直流电流。

90. 大小和方向都随时间作周期性变化的电流称为交流电。 (√)

91. 某“220V、60W”的用电器，正常工作时的电功率是 60W。 (√)

92. 功率越大的电器，需要的电压一定越大。 (×)

正确答案：同一电压等级的设备功率越大，需要的电流一定越大。

93. 电阻的单位是欧姆。 (√)

94. 在电路中，电容元件主要消耗有功功率。 (×)

正确答案：在电路中，电容元件不消耗有功功率。

95. 电流的频率越高，电容元件的容抗值越大。 (×)

正确答案：电流的频率越高，电容元件的容抗值越小。

96. 所谓0区是指在正常情况下，爆炸性气体混合物可能出现的场所。 (×)

正确答案：所谓0区是指在正常情况下，连续出现或长期出现爆炸性气体混合物的场所。

97. 在全部停电或部分停电的电气设备上工作，必须完成停电、验电、装设接地线、悬挂标示牌和装设遮栏后，方能开始工作。 (√)

98. 低压回路停电更换熔断器后，恢复操作时，可不必戴手套和护目镜。 (×)

正确答案：低压回路停电更换熔断器后，恢复操作时，必须戴手套和护目镜。

99. 电气设备的保护接零和保护接地是为防止人身触及绝缘损坏设备引起触电的技术措施。 (√)

100. 电动机的额定功率是指电动机额定工作状况下运行时轴上能输出的机械功率。 (√)

101. 静电的主要危害是易引起爆炸和火灾、电击或人身触电，妨碍生产或降低产品质量。 (√)

102. 静电电压不会很高，不会引起人身触电。 (×)

正确答案：静电电压有时会很高，超过安全电压时会引起人身触电。

103. 导体运行方向与磁力线垂直时感应电动势为零。 (×)

正确答案：导体运行方向与磁力线平行时感应电动势为零。

104. 触电急救的第一步是使触电者迅速脱离电源。 (√)

105. 如口对口人工呼吸难以进行，可改为胸外挤压法。 (×)

正确答案：如口对口人工呼吸难以进行，可改为口对鼻人工呼吸。

106. 测量结果与真值的百分数是绝对误差。 (×)

正确答案：测量结果与真值之差是绝对误差。

107. 温度是衡量物体冷热程度的一个物理量。 (√)

108. 流量测量仪表以测量方式分可以分为直接测量和间接测量。 (√)

109. 流量测量仪表以测量目的分可以分为瞬时流量和体积流量。 (×)

正确答案：流量测量仪表以测量目的分可以分为瞬时流量和累计流量。

单选题

1. 下列关于质量的说法，不正确的是(C)。

   A. 质量是物体的一种属性

   B. 质量的国际单位是 kg

   C. 质量可以用台秤称量

   D. 物体的质量不随位置、形状的改变而改变

2. 在反应 A+B ══ C+D 中，已知 A、B 两种物质各 9.8g，A、B 充分反应后生成 16.1g C，0.2g D，B 完全反应，则 A、B 反应时质量比为(B)。

   A. 9.8∶9.8　　B. 6.5∶9.8　　C. 6.3∶9.8　　D. 16.3∶9.8

3. 在化学反应 A+B ═══C+D 中，*a*g A 与 B 完全反应生成 *m*g C 和 *n*g D，则参加反应的 B 的质量为(C)g。

A. $(m+n)$
B. $(m+n+a)$
C. $(m+n-a)$
D. $(m+n)/a$

4. 体积是物质占有(B)的大小。

A. 面积　B. 空间　C. 质量　D. 表面

5. $1m^3$=(C)L。

A. 10　B. 100　C. 1000　D. 10000

6. 物质的量的单位是(A)。

A. mol　B. kg　C. m^3　D. g

7. 2molH_2SO_4 含有(D)个氧原子。

A. 4　B. 8　C. $4\times6.02\times10^{23}$　D. $8\times6.02\times10^{23}$

8. 物质的量是表示组成物质的(B)多少的物理量。

A. 单元数目
B. 基本单元数目
C. 所有单元数目
D. 阿伏加德罗常数

9. 阿伏加德罗常数是(C)。

A. 9.023×10^{23}　B. 6.023×10^{21}　C. 6.023×10^{23}　D. 9.023×10^{21}

10. 气体标准摩尔体积的单位是(A)。

A. L/mol　B. L/kmol　C. m^3/mol　D. kg/mol

11. 气体的标准状态是指(A)。

A. 0℃和 1atm
B. 20℃和 1atm
C. 25℃和 1atm
D. 0℃和 1.0MPa

12. 单位体积物体的质量称为(A)。

A. 密度　B. 比容　C. 相对密度　D. 比热容

13. 物质的密度与(D)。

A. 质量成正比
B. 体积成反比
C. 质量和体积均有关
D. 质量和体积均无关

14. 密度的国际单位为(A)。

A. kg/m^3　B. kg/cm^3　C. kg/dm^3　D. g/m^3

15. 溶质均匀地扩散到溶剂各部分的过程是(B)。

A. 结晶　B. 溶解　C. 溶解度　D. 萃取

16. 与固体的溶解相反的过程称为(C)。

A. 萃取　B. 过滤　C. 结晶　D. 溶解

17. 液体的饱和蒸气压与(C)有关。

A. 质量　B. 体积　C. 温度　D. 面积

18. 在一定温度下，达到溶解平衡的溶液叫做(A)。

A. 饱和溶液　B. 平衡溶液　C. 不饱和溶液　D. 浓溶液

19. 下列化合物属于酸的是(A)。

A. H_2SO_4　B. NH_4Cl　C. $NaHCO_3$　D. NaOH

20. 下列关于氧化、还原反应的说法，不正确的是(C)。
A. 氧化、还原反应总是同时发生
B. 还原反应得到电子，元素化合价降低
C. 氧化反应得到电子，元素化合价降低
D. 氧化反应过程中得到的电子等于还原反应过程中失去的电子

21. pH 值是氢离子浓度的(A)。
A. 常用对数的负值　B. 自然对数的负值
C. 自然对数的正值　D. 常用对数的正值

22. 水溶液中，$[H^+]>[OH^-]$，溶液的 pH 值(B)7。
A. >　B. <　C. =　D. ≈

23. 在酸性溶液中，$[H^+]$(A)$[OH^-]$。
A. 大于　B. 小于　C. 等于　D. 无法确定

24. 一定的温度、压力下，一定体积或质量的饱和溶液中所含溶质的量称为(D)。
A. 溶解性　B. 水解度　C. 溶度积　D. 溶解度

25. 一定温度下，将 Bg 饱和氯化钾溶液蒸干，得到氯化钾晶体 Ag，则该温度下，氯化钾的溶解度是(D)g。
A. A　B. $\frac{100A}{B}$　C. $100(B-A)$　D. $\frac{100A}{B-A}$

26. 浓硫酸与氢氧化钠反应，体现了它的(A)。
A. 酸性　B. 强氧化性　C. 脱水性　D. 还原性

27. 浓硝酸应该装在棕色瓶中，存放在黑暗且阴凉的地方。这主要是因为浓硝酸具有(A)。
A. 不稳定性　B. 氧化性　C. 还原性　D. 硝化性

28. "硬水"是指水中所溶的(C)离子较多的水。
A. 钙和钠　B. 镁和铁　C. 钙和镁　D. 钙和铁

29. 有机化合物不具有的特点是(D)。
A. 一般热稳定性较差　B. 绝大多数是非电解
C. 绝大多数易于燃烧　D. 大部分易溶于水

30. 在有机物中，一般都含有(C)元素。
A. 氧　B. 氮　C. 碳　D. 氯

31. 有机化合物一般都具有(C)、熔点较低、难溶于水及反应速率较慢的特性。
A. 不易燃烧　B. 不燃烧　C. 易燃烧　D. 阻燃性

32. 乙炔在纯氧中燃烧，放出大量的热，温度可达(A)℃，因而常用于焊接或切割金属材料。
A. 3000~4000　B. 2000~3000　C. 1000~2000　D. 500~1600

33. 通常用来衡量一个国家石油化工发展水平的标志是(B)。
A. 石油产量　B. 乙烯产量　C. 丙烯产量　D. 汽油产量

34. 芳烃是指含有一个或多个(C)结构的烃。
A. 碳　B. 氧　C. 苯环　D. 氢

35. 室内空气污染的主要来源之一，是室内装饰材料、家具、化纤地毯等不同程度都释放出有毒有害气体，主要是(D)。

A. 一氧化碳　　B. 二氧化碳

C. 甲醇　　D. 甲苯和苯的同系物及甲醛

36. 下列对于甲苯的说法，不正确的是(D)。

A. 甲苯属于芳香烃　　B. 甲苯燃烧时火焰明亮并有浓烟

C. 甲苯可用于制造 TNT 炸药　　D. 甲苯分子中含有 6 个碳原子

37. 天然气的主要成分是(B)。

A. 乙烷　　B. 甲烷　　C. 丙烷　　D. 丙烯

38. 石油属于(C)。

A. 化合物　　B. 单质　　C. 混合物　　D. 纯净物

39. 下列变化属于物理变化的是(D)。

A. 石油的裂化　　B. 石油的裂解　　C. 煤的干馏　　D. 石油的分馏

40. 流体静力学是研究流体内部(C)的变化规律。

A. 重力　　B. 浮力　　C. 压力　　D. 密度

41. 应用柏努利方程式计算时，使用压强为(C)。

A. 表压　　B. 绝压

C. 表压、绝压均可，但必须一致　　D. 上游截面用表压，下游截面用绝压

42. 表压是指工程上用测压仪表以当地大气压为基准测得的流体的压强值，即：(A)。

A. 表压=绝对压-大气压　　B. 表压=绝对压+大气压

C. 表压=大气压-绝对压　　D. 没有关系

43. 某设备入口真空表读数为 45mmHg，出口压力表读数为 700mmHg，两处绝对压强差为(B)mmHg。

A. 760　　B. 745　　C. 715　　D. 655

44. 1mm H_2O 柱等于(B)Pa。

A. 0.981　　B. 9.81　　C. 1.033　　D. 100

45. 1mmHg 柱等于(A)Pa。

A. 133.3　　B. 9.81　　C. 1.033　　D. 76

46. 1 标准大气压等于(C)Pa。

A. 1.033×10^5　　B. 9.81　　C. 1.013×10^5　　D. 1.013

47. 吸收的基本依据是利用气体混合物中各组分(B)不同，从而使其分离。

A. 密度　　B. 在吸收剂中溶解度

C. 产生的压强　　D. 体积

48. $P-P^*$ 差值越大，吸收速率(A)。

A. 越大　　B. 越小

C. 不发生变化　　D. 越大幅度波动，不平稳

49. 根据双膜理论，在相界面上可吸收组分以(C)进入液相界面。

A. 过渡流方式　　B. 湍流方式

C. 分子扩散方式　　D. 对流扩散方式

50. 化工生产中应用最广泛的换热方法是(B)。
A. 直接混合式　B. 间壁式　C. 蓄热式　D. 热管式
51. 一般说来(A)。
A. 固体的导热系数比液体大，而气体导热系数比液体小
B. 液体导热系数比固体、气体导热系数大
C. 气体导热系数比液体导热系数大
D. 固体导热系数比液体小，比气体大。
52. 在传热过程中，λ 被称为(C)。
A. 传热膜系数　B. 给热系数　C. 导热系数　D. 传热系数
53. 锅炉炉管对水的传热以(B)为主。
A. 传导　B. 对流　C. 辐射　D. 辐射和对流
54. 在对流传热中，(C)α 值最大。
A. 自然对流　B. 强制对流　C. 泡核状沸腾　D. 膜状沸腾
55. (B)传热不需要任何媒介。
A. 导热过程　B. 辐射　C. 对流　D. 冷冻
56. 质量 1kg 的蒸气完全冷凝为同温度的液体所放出的热量称为(B)。
A. 比热容　B. 潜热　C. 交换热　D. 热负荷
57. 比热容的单位是(A)。
A. J/(kg · K)　B. W/(kg · K)　C. W/(m · K)　D. W/(m^2 · K)
58. 在某冷凝器内，以 300K 的冷却水来冷凝某精馏塔上升的有机物饱和蒸气，已知有机物蒸气的温度为 348K，冷却水出口温度为 313K，冷热流体的平均温差是(C)K。
A. 48　B. 35　C. 41.5　D. 13
59. 当工艺上要求被加热的流体的终温不高于或被冷却的流体终温不低于某一定值时，换热器应采用(D)操作。
A. 折流　B. 错流　C. 逆流　D. 并流
60. 混合物中任一组分的质量分数均(B)1。
A. 大于　B. 小于　C. 等于　D. 无法判断
61. 150kg 纯酒精与 100kg 水混合后而成的溶液，酒精的质量分数为(B)。
A. 0.7　B. 0.6　C. 0.5　D. 0.4
62. 气相中某一组分的蒸气分压和它在与气相平衡的液相中的摩尔分数之比，称为该组分的(D)。
A. 气液比　B. 亨利系数　C. 相对挥发度　D. 挥发度
63. 氨水的质量分数为 25%，氨对水的物质的量比为(B)。
A. 0.450　B. 0.353　C. 0.305　D. 0.243
64. 溶液开始沸腾，产生第一个气泡，相应的温度称为(A)。
A. 泡点　B. 露点　C. 滴点　D. 浊点
65. 在 $X-Y$ 图中，液相线又称为(C)。
A. 气液平衡线　B. 操作线　C. 泡点线　D. 露点线

66. 利用液体混合物各组分沸点不同，使组分分离的操作称为(B)。

A. 蒸发　　B. 蒸馏　　C. 干燥　　D. 萃取

67. 利用沸点-组成图，可以说明(D)原理。

A. 蒸发　　B. 干燥　　C. 吸收　　D. 蒸馏

68. 相对挥发度(C)的溶液，都可以用普通蒸馏的方法分离。

A. 等于 1　　B. 只有大于 1　　C. 小于 1 和大于 1　　D. 只有小于 1

69. 降低精馏塔的操作压力，可以(B)。

A. 降低操作温度，改善传热效果　　B. 降低操作温度，改善分离效果

C. 提高生产能力，改善传热效果　　D. 提高操作温度，改善分离效果

70. 精馏塔最适宜的回流比是最小回流比的(D)倍。

A. 1.8~3　　B. 2~2.5　　C. 1.5~2.5　　D. 1.1~2

71. 精馏塔操作中，回流的作用是(C)。

A. 补充塔板上轻组分和下降液　　B. 增加产品产量

C. 作为实现部分冷凝的冷却剂　　D. 节约动力消耗

72. 精馏操作中，回流比越大，分离效果(A)。

A. 越好　　B. 越差　　C. 不发生变化　　D. 发生波动

73. 精馏段的操作线方程式为(C)。

A. $y = R_x/(R+1) + 1/(R+1)$　　B. $y = R/(R+1) + X_p/R$

C. $Y = R \cdot X/(R+1) + X_p/(R+1)$　　D. $y = x/R + X_p/(R+1)$

74. 精馏塔提馏段操作线方程式为 $y = XL'/(L'-W) - (C)X_w$

A. $X_p/(L'-W)$　　B. $1/(L'-W)$　　C. $W/(L'-W)$　　D. $(L'-W)/W$

75. 精馏塔在(A)情况下，采用全回流操作。

A. 搞实验和开车　　B. 停车　　C. 正常生产　　D. 任何

76. 全回流时操作线方程的操作线斜率(C)1。

A. 大于　　B. 小于　　C. 等于　　D. 无法判断

77. 筛板塔的缺点是(A)。

A. 操作强度小，筛孔易堵塞　　B. 生产能力小

C. 造价高　　D. 阻力大

78. (B)的结构特点是在塔板上钻有许多均匀分布的小孔。

A. 泡罩塔　　B. 筛板塔　　C. 浮阀塔　　D. 舌形塔

79. 压缩机的压缩比越大，排气(C)。

A. 压力越低　　B. 体积越大　　C. 温度越高　　D. 温度越低

80. 往复压缩机吸气量与活塞扫过容积之比，称为(D)。

A. 压缩比　　B. 送气系数　　C. 余隙　　D. 容积系数

81. 水以 2m/s 的流速在内径为 30mm 的钢管中流动，水的黏度为 1mPa·s，密度为 $1000kg/m^3$，其雷诺准数为(C)。

A. 40000　　B. 50000　　C. 60000　　D. 70000

82. (D)没有单位。

A. 密度　　B. 黏度　　C. 压头　　D. 雷诺准数

83. 雷诺准数(C)时，流体流动类型肯定是湍流。

A. 小于 1000　B. 小于 2000　C. 大于 4000　D. 2000~4000

84. 在蒸发操作中，当蒸气压强与溶剂蒸气的压强处于平衡时，汽化就(B)进行。

A. 能继续　B. 不能继续　C. 逆向进行　D. 无法判断

85. 通过加热使溶液中的一部分(C)汽化并除去的操作，称为蒸发。

A. 溶质　B. 杂质　C. 溶剂　D. 不溶物质

86. 旋片式真空泵产生真空度的大小，取决于系统中物料或真空油的(C)以及泵内机件的加工精度。

A. 密度　B. 黏度　C. 蒸气压　D. 温度

87. 为了消除余隙的影响，往复真空泵在(D)设置一个平衡气道。

A. 活塞上　B. 活门上　C. 汽缸左端　D. 汽缸左右两端

88. (C)真空泵由于转速低、排量不均匀、结构复杂、零件多、易磨损等缺点，近年来已经被其他形式的真空泵所取代。

A. 水环式　B. 旋片式　C. 往复式　D. 喷射式

89. (B)，由于它的结构简单，没有活门，经久耐用，化工生产应用也很广泛，主要用于抽吸设备中的空气或其他无腐蚀、不溶于水和不溶固体颗粒的气体。

A. 往复式真空泵　B. 水环式真空泵　C. 旋片式真空泵　D. 所有真空泵

90. 实际流体流动时，流体分子之间产生内摩擦力的特性称为(B)。

A. 流动性　B. 黏性　C. 惯性　D. 惰性

91. 流体黏度与温度的关系是(D)。

A. 温度对流体黏度无影响

B. 温度升高，黏度增大

C. 温度升高，黏度下降

D. 液体的黏度随温度升高而下降，气体的黏度随温度升高而增大

92. 流体流动状态相同的情况下，流体黏度越大，阻力(A)。

A. 越大　B. 越小　C. 越不变　D. 越波动

93. 在国际单位制中，黏度的单位是(C)。

A. P　B. cP　C. Pa · s　D. $kg \cdot s/m^2$

94. 质量流量 G 与体积流量 Q 的关系为(B)。

A. $G=u \cdot Q$　B. $G=Q \cdot \rho$　C. $G=Q \cdot V$　D. $G=Q \cdot u$

95. 用截面积为 $0.1m^2$ 的管道来输送相对密度为 1.84 的硫酸，要求每小时输送硫酸 662.4t，则该管道中硫酸的体积流量(A)m^3/s。

A. 0.1　B. 1　C. 1.84　D. 1840

96. 体积流速的单位(A)。

A. m/s　B. $kg/(m^2 \cdot s)$　C. m^3/s　D. kg/s

97. 质量流速的单位是(D)。

A. kg/s　B. $kg/(m \cdot s)$　C. $kg/(m \cdot s^2)$　D. $kg/(m^2 \cdot s)$

98. 工业上用来实现冷热流体热量交换的设备，称为(B)。

A. 酸蛋　B. 换热器　C. 干燥器　D. 蓄热器

99. 管式换热器适用于(C)场合。

A. 要求占地小　　B. 多管程

C. 中小流量，传热量不大　　D. 多壳程

100. U形管式换热器的缺点是(D)。

A. 补偿能力

B. 不易实现多壳程

C. 不适用高压流体

D. 在同体积下提供的传热面积小，管内不易清洗

101. 换热器内，冷热两流体的温度都不变的称为(A)

A. 恒温传热　　B. 变温传热　　C. 逆流传热　　D. 对流传热

102. 在传热过程中，传热面上各点的的温度因位置不同而不同，但不随时间而改变的，称为(B)。

A. 不稳定传热　　B. 稳定传热　　C. 变温传热　　D. 恒温传热

103. 在换热器内，用热水加热某溶液，已知热水的进口温度为363K，出口温度为333K，冷溶液从298K被加热至338K。如果逆流换热其平均温差为(C)K。

A. 60　　B. 35　　C. 30　　D. 25

104. 当工艺要求被加热的流体终温不高于或被冷却的流体终温不低于某一定值时，换热器应采用(A)操作。

A. 并流　　B. 逆流　　C. 折流　　D. 错流

105. 在锅炉中，有(B)种传热方式。

A. 2　　B. 3　　C. 1　　D. 说不清楚有几种

106. 化工生产中，冷、热流体的传热往往通过换热器的间壁进行，两种流体的温度都不很高，(D)不显著，一般可以不考虑。

A. 导热　　B. 对流传热　　C. 散热损失　　D. 辐射传热

107. 工业生产中冷、热两种流体在换热过程中，若两流体不能直接接触，采用换热器应为(B)。

A. 直接混合式　　B. 间壁式　　C. 蓄热式　　D. 并流式

108. 锅炉炉管对水的传热以(B)为主。

A. 传导　　B. 对流　　C. 辐射　　D. 辐射和对流

109. 原料的理论用量占实际用量的百分比叫(B)。

A. 产率　　B. 原料利用率　　C. 收率　　D. 选择性

110. 锌与硫酸作用，制取483g硫酸锌用了200g锌，锌的原料利用率为(C)。(相对原子质量Zn：65.4，S：32，O：16，H：1)

A. 41.4%　　B. 89.5%　　C. 97.8%　　D. 99.8%

111. 实际产品量占理论计算量的百分比称为(A)。

A. 产率　　B. 收率　　C. 转化率　　D. 原料利用率

112. 今有碳酸钠53g和氢氧化钙溶液作用，实际得氢氧化钠38g，产品收率为(C)。(相对原子质量Na：23，C：12，O：16，H：1)

A. 98%　　B. 97%　　C. 95%　　D. 90%

113. 参加反应的原料量与投入反应器的原料量的百分比。称为(B)。
A. 产率　B. 转化率　C. 收率　D. 选择性

114. 用乙烷裂解生产乙烯。在一定条件下，通入反应器的乙烷为5000kg/h，裂解气中含未反应的乙烷为2000kg/h，得到乙烯量为2016kg/h。乙烯的转化率为(C)。
A. 30%　B. 65%　C. 60%　D. 70%

115. 凡是能改变反应速度而本身的组成和质量在反应前后保持不变的物质称为(B)。
A. 活化剂　B. 催化剂　C. 促进剂　D. 阻化剂

116. 国际单位制中长度的基本单位名称是(A)。
A. 米　B. 千米　C. 厘米　D. 毫米

117. 国际单位制中质量的基本单位符号是(C)。
A. mg　B. g　C. kg　D. t

118. 国际单位制中时间的基本导出单位符号是(D)。
A. min　B. s　C. a　D. h

119. 下列材料中不属于黑色金属的是(D)。
A. 铁　B. 铬　C. 锰　D. 铜

120. 下列材料中不属于有色金属的是(C)。
A. 铝　B. 镍　C. 锰　D. 铜

121. 铸铁是含碳量高于(D)的铁碳合金。
A. 0.5%　B. 1%　C. 1.5%　D. 2%

122. 下列阀门中属于闸板阀的是(C)。
A. J41H-1.6　B. Q41F-2.5　C. Z41H-4.0　D. H41H-2.5

123. 下列阀门中属于减压阀的是(D)。
A. Z61H-2.5　B. J41H-4.0　C. Q41F-1.6　D. Y43H-4.0

124. 在要求输送量准确而又便于调节的工况下应选用(C)。
A. 离心泵　B. 往复泵　C. 计量泵　D. 屏蔽泵

125. 下列不属于动力(速度)式压缩机的是(C)。
A. 离心式　B. 混流式　C. 单螺杆式　D. 轴流式

126. 1.6MPa≤最高工作压力<10MPa的压力容器属于(B)。
A. 低压容器　B. 中压容器　C. 高压容器　D. 超高压容器

127. 下列不属于压力容器受压元件的是(D)。
A. 圆筒壳　B. 封头　C. 密封元件　D. 吊耳

128. 下列压力容器中属于分离容器的是(C)。
A. 再沸器　B. 氮气储罐　C. 空气干燥器　D. 精馏塔

129. 下列不属于气体输送设备的是(D)。
A. 通风机　B. 鼓风机　C. 压缩机　D. 水环真空泵

130. 风机的排气压力(B)。
A. <0.1MPa　B. <0.2MPa　C. <15kPa　D. <50kPa

131. 鼓风机的排气压力介于(D)。
A. 50kPa~0.2MPa　B. 15kPa~0.1MPa
C. 35kPa~0.1MPa　D. 15kPa~0.2MPa

132. 下列泵中不属于容积式泵的是(C)。
A. 活塞泵　B. 柱塞泵　C. 离心泵　D. 齿轮泵
133. 下列换热器中不属于管壳式的是(D)。
A. 固定管板式　B. 浮头式　C. U形管式　D. 套管式
134. 下列换热器中温度补偿作用差的是(A)。
A. 固定管板式　B. 浮头式　C. U形管式　D. 填料函式
135. 下列容器中不属于换热器的是(D)。
A. 蒸发器　B. 冷热交换器　C. 再沸器　D. 空气干燥器
136. 连接Z41H-6.4DN80阀门的法兰的密封面型式是(C)。
A. 突面　B. 全平面　C. 凸面　D. 凹面
137. 采用ANSI 150#W. N. R. F标准的法兰与管道的连接方式是(B)。
A. 带颈平焊　B. 带颈对焊　C. 管螺纹　D. 承插焊
138. HG管法兰配用的石棉橡胶板垫片通常的使用温度(C)℃。
A. ≤100　B. ≤200　C. ≤300　D. ≤400
139. HG管法兰配用的石棉橡胶板垫片通常的使用压力是(B)MPa。
A. ≤1.6　B. ≤2.0　C. ≤2.5　D. ≤5.0
140. 下列阀门中(D)不属于机械型疏水阀。
A. 浮桶式疏水阀　B. 倒吊桶式疏水阀
C. 自由浮球式疏水阀　D. 圆盘式疏水阀
141. 下列疏水阀中(B)属于热静力型疏水阀。
A. 浮桶式疏水阀　B. 波纹管式疏水阀
C. 自由浮球式疏水阀　D. 圆盘式疏水阀
142. 下列管件中不属于压力容器安全附件的是(D)。
A. 安全阀　B. 爆破片　C. 液位计　D. 人孔盖
143. 下面不是容积式流量计的是(D)。
A. 椭圆齿轮流量计　B. 腰轮计量表
C. 旋转活塞式计量表　D. 金属转子流量计
144. 下列设备中属于机械分离设备的是(D)。
A. 离心泵　B. 往复式压缩机　C. 空气干燥器　D. 离心卸料离心机
145. 下列设备中属于沉降离心机的是(D)。
A. 活塞推料离心机　B. 板框式压滤机
C. 上悬式离心机　D. 蝶式离心机
146. 下列设备中不属于过滤离心机的是(B)。
A. 离心卸料离心机　B. 螺旋卸料沉降离心机
C. 螺旋卸料离心机　D. 活塞推料离心机
147. 电路中形成电流的必要条件是有(C)存在，而且电路必须闭合。
A. 电阻　B. 电流　C. 电源　D. 用电器
148. 电路通常有通路、开路、(A)三种状态。
A. 短路　B. 断路　C. 直流电路　D. 交流电路

149. 对于电压的叙述，下列选项中不正确的是(A)。
A. 电压就是电位
B. 电压是在电场中，将单位正电荷由高电位移向低电位点时，电场力所作的功
C. 电压的单位是伏特
D. 电压为电场中任意两点间的电位差

150. 在国际单位制中，电压的主单位是(B)。
A. 安培(A) B. 伏特(V) C. 焦耳(J) D. 千伏(kV)

151. 下列对于电流的叙述，错误的是(C)。
A. 在电场力的作用下，自由电子或离子发生的有规则的运动称为电流
B. 正电荷定向移动的方向称为电流的正方向
C. 自由电子定向移动的方向称为电流的正方向
D. 单位时间内通过导体某一截面积的电荷量的代数和称为电流强度

152. 电流在单位时间内所做的功叫(B)。
A. 电工 B. 电功率 C. 功 D. 功率

153. “W”是(C)的单位，称“瓦特”或“瓦”。
A. 电能 B. 电量 C. 电功率 D. 电流

154. 电阻用字母(A)表示。
A. R B. L C. I D. C

155. 导体对电流的阻碍作用叫(D)。
A. 电感 B. 电抗 C. 电容 D. 电阻

156. 当一段导体的电阻率与截面积一定时，导体的电阻与其(C)。
A. 长度无关 B. 长度的二次方成正比
C. 长度成正比 D. 长度成反比

157. 一段导线其阻值为 R，若将其从中间对折合并成一条新导线，其阻值为(B)。
A. $(1/2)R$ B. $(1/4)R$ C. $4R$ D. $2R$

158. 电感的国际单位是(B)。
A. 法拉(F) B. 亨利(H) C. 欧姆(Ω) D. 瓦特(W)

159. 电容器在刚充电瞬间相当于(A)。
A. 短路 B. 开路 C. 断路 D. 通路

160. 电容器电容的国际单位是(C)。
A. 亨利(H) B. 瓦特(W) C. 法拉(F) D. 安培(A)

161. 电容器中储存的能量是(D)。
A. 热能 B. 机械能 C. 磁场能 D. 电场能

162. 手持式电动工具标有“回”字符号的属于(B)。
A. Ⅰ类 B. Ⅱ类 C. Ⅲ类 D. Ⅱ类和Ⅲ类

163. 爆炸性气体混合物发生爆炸必须具备的条件是(A)。
A. 一定的浓度和足够的火花能量 B. 一定的温度和足够的火花能量
C. 一定的浓度和足够的电流能量 D. 一定的浓度和足够的温度

164. 工厂用隔爆型电器防爆型式的标志为(C)。

A. e　B. O　C. d　D. p

165. 对要停电的设备和线路要断开(C)而且要有明显断开点。

A. 熔断器　B. 隔离开关　C. 所有的电源开关　D. 断路器

166. 保证电气安全的组织措施的内容是(A)。

A. 工作票制度、工作许可制度、工作监护制度、工作间断、转移、终结制度

B. 工作票制度、工作许可制度、悬挂地线

C. 工作监护制度、工作间断转移、终结制度、验电、断路器

D. 工作许可制度、工作监护制度、悬挂标示牌

167. 电气设备未经验电，装设接地线，一律视为(B)。

A. 无电，可以用手触及　B. 有电，不准用手触及

C. 无危险电压　D. 既可认为有电，也可认为无电

168. 电动机正常运行时电压允许波动范围为额定电压的(A)。

A. −5%~+10%　B. ±15%　C. ±10%　D. ±5%

169. 一台异步电动机铭牌数据中额定转速为975r/min，则此电动机的磁极数是(A)极。

A. 6　B. 3　C. 4　D. 8

170. 油罐车在车上用金属链子从车体起直接垂到路面上是为了(B)。

A. 减小电阻　B. 泄放静电荷　C. 等电位连接　D. 防止触电

171. 由线圈中磁通变化而产生的感应电动势的大小正比于(C)。

A. 磁通的变化量　B. 磁场强度　C. 磁通变化率　D. 磁感应强度

172. 通电导线在磁场中受力的方向用(A)定则来判断。

A. 左手　B. 右手　C. 右手螺旋　D. 左手或右手

173. 当铁心线圈断电的瞬间，线圈中产生感应电动势的方向(B)。

A. 与原来电流方向相反　B. 与原来电流方向相同

C. 不可能产生感应电动势　D. 条件不够无法判断

174. 发现有人触电而附近没有开关时，可用(B)切断电路。

A. 电工钳或电工刀　B. 电工钳或铁锨

C. 电工刀或铁锨　D. 电工刀或斧头

175. 当触电人有呼吸但心跳停止时，应立即采用(B)进行抢救。

A. 人工呼吸　B. 胸外心脏按压

C. 人工呼吸和胸外心脏按压　D. 送医院救护

176. 测量技术是研究(D)的一门科学。

A. 测量原理　B. 测量技术　C. 测量工具　D. 以上三项

178. (D)不是过程检测中要测量的热工量。

A. 温度　B. 压力　C. 液位　D. 速度

179. (D)不是过程检测中要检测的电工量。

A. 电压　B. 电流　C. 电阻　D. 重量

180. 人们通过测量所获得的数据信息是(A)。

A. 测量值　B. 标准值　C. 给定值　D. 基准值

181. 按误差出现的规律，误差可分为系统误差、过失误差、(C)。
A. 相对误差　B. 绝对误差　C. 随机误差　D. 干扰误差

182. 看错刻度线造成的误差属于(C)。
A. 系统误差　B. 随机误差　C. 疏忽误差　D. 干扰误差

183. 仪表位置安装不当造成的误差属于(A)。
A. 系统误差　B. 随机误差　C. 疏忽误差　D. 干扰误差

184. 仪表的精度级别指的是仪表的(D)。
A. 误差　B. 基本误差
C. 最大误差　D. 基本误差的最大允许值

185. 1.5 级仪表的精度等级可写为(A)级。
A. 1.5　B. ±1.5　C. −1.5　D. +1.5

186. 如要精确测量，因而必须单独进行标定的有(D)。
A. 标准孔板　B. 标准喷嘴　C. 标准文丘里管　D. 圆缺孔板

187. 灵敏度数值越大，则仪表越(A)。
A. 灵敏　B. 不灵敏　C. 平稳　D. 准确

188. 一个控制系统是由(A)两部分组成。
A. 被控对象和自动控制装置　B. 被控对象和控制器
C. 被控变量和自动控制装置　D. 被控变量和控制器

189. 过程控制系统的两种表达式是(B)。
A. 传递图和结构图　B. 方框(块)图和仪表流程图
C. 仪表流程图和结构图　D. 传递图和方框(块)图

190. 控制系统按基本结构形式可分为(C)。
A. 简单控制系统、复杂控制系统　B. 定值控制系统、随动控制系统
C. 闭环控制系统、开环控制系统　D. 连续控制系统、离散控制系统

191. 定值控制系统是(D)固定不变的控制系统。
A. 输出值　B. 测量值　C. 偏差值　D. 给定值

192. 按(A)区分，物位测量仪表可分为直读式、浮力式、静压式、电磁式、声波式等。
A. 工作原理　B. 仪表结构　C. 仪表性能　D. 工作性质

193. 物位测量仪表是指对物位进行(D)的自动化仪表。
A. 测量　B. 报警
C. 测量和报警　D. 测量、报警、自动调节

194. 温度测量仪表按其测量的方式可分为(B)。
A. 接触式和压力式　B. 接触式和非接触式
C. 非接触式和光学式　D. 非接触式和红外线

195. 按测量原理分类不包括的有(B)。
A. 容积式　B. 瞬时测量　C. 速度式　D. 差压式

196. 玻璃液位计是根据(A)原理工作的。
A. 连通器　B. 静压式　C. 浮力式　D. 电磁波

197. 在玻璃液位计的上下阀内往往装有(A)球，保证自动密封作用。

A. 钢 B. 铁 C. PVC D. 以上选择都不对

198. 玻璃液位计可(B)否测量气体。

A. 可以 B. 不可以 C. 视具体情况而定 D. 以上选择都不对

199. 双金属温度计是利用(C)原理工作的。

A. 感温液体受热膨胀 B. 压力随温度变化

C. 固体受热膨胀 D. 以上选择都不对

工种理论知识试题

判断题

1. 有机化合物按照碳原子结合方式的不同进行分类为链状化合物和环状化合物。 (√)

2. 有机化合物化学反应复杂，伴有副反应发生，但反应速度较快，容易完成。 (×)

正确答案：一般情况下，有机化合物化学反应复杂，伴有副反应发生，但反应缓慢，不易完成。

3. 大多数有机物易溶于水。 (×)

正确答案：大多数有机物难溶于水。

4. 有机化合物熔点低，一般小于300℃。 (√)

5. 催化剂自身不参加反应，所以催化剂才能保持数量和化学性质稳定。 (×)

正确答案：催化剂是参与了反应的，但反应终了时，催化剂本身未发生化学性质和数量的变化。

6. 催化剂能增加反应达平衡的时间。 (×)

正确答案：催化剂能缩短反应达平衡的时间。

7. 有机化工生产中易燃、易爆、有毒是现代化工企业不必解决的问题。 (×)

正确答案：有机化工生产中易燃、易爆、有毒仍然是现代化工企业首要解决的问题。

8. 化工生产是由原料物质主要经化学变化转变为产品物质的过程，同时伴有能量的传递和转换。 (√)

9. 循环冷却水系统在运行过程中，会有各种物质沉积在换热器的传热管表面，影响传热效果。 (√)

10. 蒸汽按压力大小分为高压蒸汽、中压蒸汽、低压蒸汽等。 (√)

11. 系统进行氮气置换时，氮气置换的最高压力不应超过该系统的操作压力。 (×)

正确答案：一般情况下，系统进行氮气置换时，常压系统的充氮最高压力可以达到0.15MPa。

12. 最经济、最广泛应用的氧化剂是氧气。 (×)

正确答案：最经济、最广泛应用的氧化剂是空气。

13. 一切燃烧反应均是氧化还原反应。 (√)

14. 必须进入高浓度氮(>90%)的环境进行抢险操作的，不用佩戴供氧式呼吸器。 (×)

正确答案：必须进入高浓度氮(>90%)的环境进行抢险操作的，应戴好供氧式呼吸器。

15. 在吹扫有机物料的管线时，应该启动物料的输送泵，以便同时吹扫泵内的杂质。 (×)

正确答案：在吹扫有机物料的管线时，不能启动物料的输送泵。

16. 化工工业上可以使用氮气灭火。 (√)

17. 在我国通常采用 36V、24V、12V 和 6V 为安全电压。 (√)

18. 为限制静电的产生和积累，化工装置通常采用金属材料代替非金属材料。 (√)

19. 备用泵开泵前应先打开泵的入口阀及密封阀，检查泵体内是否已充满液体。 (√)

20. 过滤器的进出口压差达到设计指标时，需进行过滤器切换。 (√)

21. 过滤器在切换时先停运行过滤器再启动备用过滤器。 (×)

正确答案：过滤器在切换时先启动备用过滤器，检查运行正常后，再停运行过滤器。

22. 对物料管线实施吹扫必要时铺设临时管线。 (√)

23. 对催化剂的升温一定要超过催化剂自身所能允许的温度。 (×)

正确答案：对催化剂的升温不能超过催化剂自身所能允许的温度。

24. 降低塔顶换热器中冷却剂用量可以降低塔顶压力。 (×)

正确答案：增大塔顶换热器中冷却剂用量可以降低塔顶压力。

25. 增大塔底换热器中加热介质的用量可以降低塔顶压力。 (×)

正确答案：降低塔底换热器中加热介质的用量可以降低塔顶压力。

26. 可以通过塔底换热器控制塔釜温度，调节气相回流。 (√)

27. 液体搅拌是石化工业中不常见的一种操作。 (×)

正确答案：液体搅拌是石化工业中经常使用的一种操作。

28. 搅拌器的使用是化工生产中实现传质传热的有效手段。 (√)

29. 进料缓冲罐能减少物流波动。 (√)

30. 设备具备开车条件后，可以开电机使搅拌运转。 (×)

正确答案：设备具备开车条件后，用微动方法启动搅拌，若无异常，再开电机使搅拌运转。

31. 蒸汽换热器在投用前先进行暖管的目的是使设备受热均匀，消除水击现象，保护设备。 (√)

32. 在设备超温、超压的情况下不准启动搅拌。 (√)

33. 离心泵启动前，必须进行手动盘车。 (√)

34. 离心泵启动前，不需检查储罐的液面。 (×)

正确答案：离心泵启动前，应检查储罐的液面，防止液面过低泵打不上来料。

35. 进行机泵巡检时不需检查泵出口压力。 (×)

正确答案：进行机泵巡检时需要检查泵出口压力。

36. 换热器清洗后再次投用时，一定要进行空气吹扫，发现加热管有泄漏，则要更换。 (×)

正确答案：换热器清洗后再次投用时，一定要进行水压试验，试验发现加热管有泄漏，则要更换。

37. 对机泵巡检主要是检查机泵运行情况，如振动、温度、压力等。 (√)

38. 搞好设备卫生、管道及附件上的卫生，地面、设备要保持清洁无杂物。 (√)

39. 石油液化气、烃类、液氯等可以使用常用的采样设备和规定的采样方法进行。 (×)

正确答案：石油液化气、烃类、液氯等必须用特殊采样设备和规定的采样方法进行。

40. 间歇式过滤机通常是在压力下和真空下操作的。 (√)

41. 干燥器启动前的排风系统必须运行正常。 (√)

42. 结晶器的温度控制不稳定会造成结晶的物料颗粒不均。 (√)

43. 流化床干燥器不需设置除尘系统。 （×）

正确答案：流化床干燥器必须设置除尘系统。

44. 对于输送物料温度较高的机泵应进行快速降温处理。 （×）

正确答案：对于输送物料温度较高的机泵应按工艺要求进行降温处理。

45. 机泵带有冷却水的检修前一定将冷却水停掉并放净。 （√）

46. 结晶对产品的晶形、晶粒大小及粒度范围等加以规定。 （√）

47. 固定床反应器通过加热介质温度及流量的调节，实现反应器和催化剂的均匀升温及热量的传递。 （√）

48. 对流干燥是化工工业上最常见的干燥方法。 （√）

49. 产品的干燥有利于储藏、运输以及产品中有效成分的降低。 （×）

正确答案：产品的干燥有利于储藏、运输以及产品中有效成分的提高。

50. 干燥器温度的调整完全取决于干燥物料的水分。 （√）

51. 在干燥过程中所取的样品温度较高，不需降温即可称取样品。 （×）

正确答案：在干燥过程中所取的样品温度较高，分析时必须在干燥器中将温度降至室温后，称取样品。

52. 对储罐实施切换前要检查阀门、压力表、液位计、安全装置等完好。 （√）

53. 泵切换时入口压力高可能使离心泵发生气缚。 （×）

正确答案：泵切换时入口进入空气会造成使离心泵发生气缚。

54. 在过滤操作过程中压力控制是非常重要的因素。 （√）

55. 在进料量一定的情况下，反应器的压力一般是不变的。 （×）

正确答案：在进料量一定的情况下，反应器的压力是随反应温度的变化而变化的。

56. 反应器的压力是控制反应程度的重要指标。 （√）

57. 再沸器操作时，必须严格控制进出口温度，不需检查进出口管线和介质流道是否结垢。 （×）

正确答案：再沸器操作时，必须严格控制进出口温度，定期检查进出口管线和介质流道是否结垢。

58. 过滤机的进料可根据进料泵的进口阀门进行流量调节。 （×）

正确答案：过滤机的进料可根据进料泵的出口阀门的开度进行流量调节。

59. 减小过滤机的阻力，如滤布清洗干净等，则过滤的进料量可以相对提高。 （√）

60. 调节离心泵进口阀的开度以改变管路流体阻力，从而达到调节流量的目的。 （×）

正确答案：调节离心泵出口阀的开度以改变管路流体阻力，从而达到调节流量的目的。

61. 使用换热器，要防止骤冷骤热，使用压力可以超过铭牌规定。 （×）

正确答案：使用换热器，要防止骤冷骤热，使用压力不可超过铭牌规定。

62. 泵的工作流量恰好与管路所需流量相等，不需调节其流量。 （√）

63. 投用后应定时检查压力表、温度计、安全液位计以及有关阀门是否齐全好用。（√）

64. 换热器操作时，必须严格控制进出口温度，不需检查进出口管线和介质流道是否结垢。 （×）

正确答案：换热器操作时，必须严格控制进出口温度，定期检查进出口管线和介质流道是否结垢。

65. 反应器的温度在停车后要严格控制，以免发生超温现象。（√）

66. 装置出现停电突发事故，可以按正常停车处理。（×）

正确答案： 装置出现停电突发事故，可以按紧急停车处理。

67. 装置停工要做到不超温、不超压、不跑料、不损坏设备。（√）

68. 生产装置停工清理出的“三废”物品要与环保部门联系处理，避免环境污染和损害他人身体健康。（√）

69. 装置检修停车时，原料系统应倒空。（√）

70. 生产装置停工装置区内交通干道要通畅，不允许乱堆、乱放、乱停。（√）

71. 生产装置停车放料期间动火时要安排得力人员现场监护。（×）

正确答案： 属于易燃易爆的化工装置停车放料期间严禁动火。

72. 高浓度的苯对呼吸系统有麻醉作用。（×）

正确答案： 高浓度的苯对中枢神经系统有麻醉作用。

73. 长期接触丙烯可引起头昏、乏力、全身不适、思维不集中。（√）

74. 停车后，置换作业应在抽堵盲板前完成。（×）

正确答案： 停车后，置换作业应在抽堵盲板之后进行。

75. 停车后置换清洗的取样点一般在置换终点和死角点附近，在置换流程图上标明取样点的位置。（√）

76. 停车后对可能附着易燃易爆、有毒介质残留物的设备用清洗置换的方法一般可以清除干净。（×）

正确答案： 停车后对可能附着易燃易爆、有毒介质残留物的设备用清洗置换的方法一般清除不尽，还应进一步进行吹扫作业。

77. 停车后，设备及管线吹扫后，必须分析合格。（√）

78. 过滤机内物料处理完毕后，方可进行停车操作。（√）

79. 板式压滤机必须进行排渣操作。（√）

80. 停车后，反应器内装填的催化剂需使用氧气进行置换，并对其实施保护。（×）

正确答案： 停车后，反应器内装填的催化剂需使用惰性气体进行置换，并对其实施保护。

81. 停车时首先切断反应器进料，关闭进料阀门，停进料泵。（√）

82. 为了保证安全生产，一套装置停工检修，必须把许多互相连通的管线用盲板加以隔绝。（√）

83. 带压设备泄压时，可允许打开人孔。（×）

正确答案： 带压设备压力泄尽排空后，方可允许打开人孔。

84. 对管线设备中存有的易燃、易爆、有毒的物料应进行彻底置换。（√）

85. 对进设备作业的人员、工具材料要登记，作业前后应清点，防止遗留在设备内。（√）

86. 设备的降温速度应按工艺要求进行，可用冷水直接降温。（×）

正确答案： 设备的降温速度应按工艺要求进行，不能用冷水直接降温，以防止设备变形、损坏。

87. 对于输送酸碱的管线应进行中和清洗处理。（√）

88. 采用蒸煮、酸洗、碱洗等置换方法将沉积的易燃易爆、有毒物质清除干净。（×）

正确答案：采用蒸煮、酸洗、碱洗等化学清洗方法将沉积的易燃易爆、有毒物质清除干净。

89. 凡运行中的设备带有压力或盛有物料时不能检修，必须通过安全处理，解除危险因素后，才能检修。 (√)

90. 设备停车处理后，即可进行检修。 (×)

正确答案：设备停车处理后，只有在分析合格、达到安全要求后，方可进行检修。

91. 更换出的废催化剂，按生产厂家要求可做回收处理。 (√)

92. 停泵前需与相关岗位和人员取得联系。 (√)

93. 动火分析的取样点要有代表性，取样气体必须与动火时的气体相同。 (√)

94. 有冷却水的机泵停止运行后，将冷却水停掉，打开导淋排净积水。 (√)

95. 截止阀具有良好的调节性能。 (√)

96. 截止阀的密封性能较闸阀差。 (√)

97. 截止阀适用于黏度大、含有颗粒、易沉淀的介质。 (×)

正确答案：截止阀不适用于黏度大、含有颗粒、易沉淀的介质。

98. 离心泵启动后，可以通过出口阀门调节泵的流量。 (√)

99. 屏蔽泵启动前未排气，泵的流量不受影响。 (×)

正确答案：屏蔽泵启动前未排气会造成汽蚀，泵不上量。

100. 搅拌釜式反应器只适用于液液相物料的反应。 (×)

正确答案：搅拌釜式反应器适用于各种相态物料的反应。

101. 停运屏蔽泵的操作中，关闭电机后再关闭出口阀门。 (×)

正确答案：停运屏蔽泵的操作中，先关闭出口阀门后再关闭电机。

102. 离心泵停运后，不用关闭入口阀门。 (×)

正确答案：离心泵停运后，应关闭入口阀门。

103. 屏蔽泵是离心泵的一种形式，停运步骤是一样的。 (√)

104. 根据仪表的信号形式可以分为模拟仪表、数字仪表、气动仪表。 (×)

正确答案：根据仪表的信号形式可以分为模拟仪表、数字仪表。

105. 离心泵交付检修前，只需关好进出口阀门、停电机即可。 (×)

正确答案：离心泵交付检修前，不仅要关好进出口阀门、停电机，还需要做好其他确认工作。

106. 混合式换热器是化工生产中应用最为广泛的换热器形式。 (×)

正确答案：间壁式换热器是化工生产中应用最为广泛的换热器形式。

107. 板式换热器是间壁式换热器的一种。 (√)

108. 截止阀既能进行流量调解，又能做为切断阀门使用。 (√)

109. 蝶阀不适用于制成较大口径阀门。 (×)

正确答案：蝶阀适用于制成较大口径阀门。

110. 蝶阀适用于温度小于 80℃、压力小于 1.0MPa 的原油及水等介质。 (√)

111. 球阀有浮动球式和固定球式两种结构形式。 (√)

112. 与截止阀相比，闸阀更适宜制成大口径的。 (√)

113. 闸阀较截止阀结构简单，密封面易磨损，不易修理。 (×)

正确答案：闸阀较截止阀结构复杂，密封面易磨损，不易修理。

114. 列管式换热器是化工厂中使用最广泛的一种间壁式换热器。它是由一个圆筒形壳体和壳体内许多平行的管束所构成。 (√)

115. 浮头式换热器的紧凑性差，传热效率低。 (√)

116. 浮头式换热器的造价较同样传热面积的固定管板式换热器低。 (×)

正确答案：浮头式换热器的造价较同样传热面积的固定管板式换热器高。

117. 列管式换热器主要由外壳、封头、管板和管箱组成。 (×)

正确答案：列管式换热器主要由外壳、封头、管板和管束组成。

118. 列管式换热器分为浮头式、U 形管式、固定管板式、板式等几种。 (×)

正确答案：列管式换热器分为浮头式、U 形管式、固定管板式、填料函式等几种。

119. 垫片的材质依使用介质的不同而不同。 (√)

120. 常用的垫片如橡胶石棉垫、金属缠绕垫、金属齿形垫等，以金属齿形垫应用广泛。 (×)

正确答案：常用的垫片如橡胶石棉垫、金属缠绕垫、金属齿形垫等，以金属缠绕垫应用广泛。

121. 备用泵入口过滤器的出入口阀应关死。 (√)

122. 安装旁通阀的目的是为了保护切断阀，减少阀瓣上的受力，便于阀门的开闭。 (√)

123. 在启动前需要预先加热的切断阀，不需加装旁通阀。 (×)

正确答案：在启动前需要预先加热的切断阀，需加装旁通阀。

124. 阀门最常采用的连接方式是法兰式连接。 (√)

125. 离心泵的扬程与升扬高度是一个概念。 (×)

正确答案：离心泵的扬程与升扬高度不是一个概念。

126. 活塞式压缩机的主机是由运动机构、工作机构、机身及润滑系统组成的。 (×)

正确答案：活塞式压缩机的主机是由运动机构、工作机构、机身组成的。

127. VW22/7 型空气压缩机的标识中，“22”表示额定排气量是 $22m^3/min$。 (√)

128. 电机铭牌标识上查不到电机的转速。 (×)

正确答案：电机铭牌标识上能查到电机的转速。

129. 双金属温度计金属套管的端部应有一定的自由空间，安装时套管的端部必须与管壁接触，不允许对套管端部施加压力。 (×)

正确答案：双金属温度计金属套管的端部应有一定的自由空间，安装时套管的端部不可以与管壁接触，不允许对套管端部施加压力。

130. 往复泵是典型的容积式泵，它的工作原理与离心泵完全不同。 (√)

131. 往复泵的排出压力可无限高。 (√)

132. 往复泵的流量可以通过改变排出阀的开度来调节。 (×)

正确答案：往复泵的流量不能通过改变排出阀的开度来调节，一般采用旁路回流法调节流量。

133. 往复泵安装底阀的目的是为了灌泵。 (×)

正确答案：往复泵安装底阀的目的是为了避免活塞与泵缸干磨。

134. 离心泵运行中，润滑油温度应不大于 60℃，不能有乳化、变质。 (√)

135. 离心泵叶轮切小后，对应的流量、扬程等不变化。（×）

正确答案： 离心泵叶轮切小后，对应的流量、扬程等变小。

136. 润滑油的减震作用是指带走磨损下来的碎屑。（×）

正确答案： 润滑油的冲洗作用是指带走磨损下来的碎屑。

137. 选用润滑油黏度的原则是：轴径线速度越快，选用润滑油黏度越高。（×）

正确答案： 选用润滑油黏度的原则是：轴径线速度越快，选用润滑油黏度越低。

138. 设备润滑“五定”中“定点”是指加换油要定时间点。（×）

正确答案： 设备润滑“五定”中“定点”是指定加换油的润滑点。

139. 通过盘车，可以检查机泵叶轮和泵壳是否有摩擦。（√）

140. 由于进行了日常盘车，正常切换的离心泵启动时就不必盘车了。（×）

正确答案： 进行了日常盘车，正常切换的离心泵启动时也必须盘车，以防发生抱轴现象。

141. 冬季里，长期停用的备用泵，需要放净泵内液体，以免天寒冻坏泵壳。（√）

142. 冬季里，长期停用的备用泵，做好防冻工作就可以了。（×）

正确答案： 冬季里，长期停用的备用泵，不仅要做好防冻工作，还要定期盘车。

143. 可以作为电绝缘油的精制矿物油，是因为其电阻大的缘故。（√）

144. 生产区内宜设置干粉型灭火器。（×）

正确答案： 生产区内宜设置干粉型灭火器和泡沫型灭火器。

145. 使用二氧化碳灭火器时一只手持喇叭筒对着火源，另一只手打开开关即可喷出。（√）

146. 扑灭电气类火灾时，可用二氧化碳灭火器、干粉灭火器。（√）

147. 先启动电机再打开离心泵入口阀门的操作不会造成机械密封泄漏。（×）

正确答案： 先启动电机再打开离心泵入口阀门的操作会造成机械密封泄漏。

148. 离心泵运行时泵内有杂音对泵的影响不大，无需查明原因。（×）

正确答案： 离心泵运行时发现泵内有杂音，应立即查明原因。

149. 造成离心式风机电机超负荷的原因只能是转子组件与机壳等静部件有摩擦。（×）

正确答案： 造成离心式风机电机超负荷的原因不止一个，可能是转子组件与机壳等静部件有摩擦。

150. 改变叶轮的几何形状也会造成离心风机的电机超负荷。（√）

151. 氮气中断时，装置氮气总线的压力迅速下降。（√）

152. 仪表空气中断时，装置区内的仪表空气总线的压力迅速下降。（√）

153. 仪表空气中断时，仪表气动调节阀操作正常。（×）

正确答案： 仪表空气中断时，仪表气动调节阀失灵。

154. 打开仪表气动调节阀的气源管线上的排放阀，仪表空气无正常的压力和流量。（√）

155. 系统蒸汽压力下降时，对减压使用的蒸汽无影响。（×）

正确答案： 系统蒸汽压力下降时，对减压使用的蒸汽也会有影响。

156. 循环水压力下降时，由于循环水的压力降低，导致循环水冷却器进水流量也随之下降。（√）

157. 造成搅拌器停转的原因可能是电机轴齿轮脱落或减速机皮带损坏。（√）

158. 搅拌器刮内件也会造成搅拌器停转。（×）

正确答案： 搅拌器刮内件不会造成搅拌器停转。

159. 截止阀内漏的原因可能是介质有颗粒或阀芯腐蚀。（✓）

160. 发生离心式压缩机供油温度高的现象时，首先应检查油冷却器的冷却水系统。（✓）

161. 反应温度是化学反应最重要的条件，所以必须采取有效的措施防止反应超温引发事故。（✓）

162. 对于氧化还原反应，应严格控制反应压力，防止因压力超高发生爆炸事故。（✓）

163. 循环水长时间中断，不会影响装置的正常运行。（×）

正确答案： 循环水长时间中断，可能会造成装置停车。

164. 发现轴承温度升高后，应马上检查油位、冷却水循环情况及轴承箱内是否有杂音并立即倒泵解决。（✓）

165. 离心泵抽空现象处理结束后，不需检查机械密封情况。（×）

正确答案： 离心泵抽空现象处理结束后，应检查机械密封是否泄漏，必要时交检修。

166. 皮碗损坏可能导致压滤机压力不足。（✓）

167. 为保证离心泵的正常操作，避免发生汽蚀，泵的安装位置尽可能高。（×）

正确答案： 为保证离心泵的正常操作，避免发生汽蚀，泵的安装位置不能太高。

168. 当液体输送温度较高或液体沸点较低时，为保证泵运行避免汽蚀，泵有可能安装于储罐液面以下。（✓）

169. 发生火灾后，要积极扑灭火灾，情况严重时可以拨打火警电话向消防队报告。（×）

正确答案： 发生火灾后，要在积极扑灭初起火灾的同时，迅速拨打火警电话向消防队报告，以得到专业消防队伍的支援，防止火势进一步扩大和蔓延。

170. 使用干粉灭火器时应倒置稍加摇动，打开开关药剂即可喷出。（×）

正确答案： 使用干粉灭火器时拉出圈环，压下手把，干粉即可喷出。

171. 当发生中毒事故时应迅速将患者转移到空气新鲜处，松开衣领腰带，保证呼吸畅通，清除患者身体各部位的毒物。（✓）

172. 如果需停料动火处理，必须把管线的物料放净，若为易燃易爆物料，动火前一定要置换吹扫合格。（✓）

173. 检修蒸汽管线，检修前不必做泄压降温处理。（×）

正确答案： 检修蒸汽管线，检修前必须做泄压降温处理，防止发生事故。

174. 电动机运行时的允许温度范围由电动机所使用的绝缘材料的极限温度决定。（✓）

175. 可燃物质的燃点越高，越容易着火。（×）

正确答案： 可燃物质的燃点越低，越容易着火。

176. 在工艺流程图上，不同物料线交错时，主物料线断开，辅助物料线不断。（×）

正确答案： 在工艺流程图上，不同物料线交错时，主物料线不断，辅助物料线断。

177. 在带控制点工艺流程图中，仪表控制点的图形符号用一个中实线的圆表示，并用中实线连向设备或管路上的测量点。（×）

正确答案： 在带控制点工艺流程图中，仪表控制点的图形符号用一个细实线的圆表示，并用细实线连向设备或管路上的测量点。

178. 氯化钠的摩尔质量是 56.5。（×）

正确答案： 氯化钠的摩尔质量是 58.5。

179. 1bar 相当于 0.01MPa。 (×)

正确答案：1bar 相当于 0.1MPa。

180. 用 500L 水和 25kg $NaHCO_3$ 配制成的溶液浓度为 5%。 (×)

正确答案：用 500L 水和 25kg $NaHCO_3$ 配制成的溶液浓度为 4.76%。

单选题

1. 下列物质属于有机物范畴的为(A)。
A. 苯 B. 二氧化碳 C. 硫酸 D. 氢氧化钠

2. 有机物的种类繁多，其重要原因之一是(B)。
A. 含有碳元素 B. 同分异构现象 C. 碳为 4 价 D. 碳链长

3. 有机物中都含有(A)元素。
A. C B. O C. P D. S

4. 有机化合物的特性是(B)。
A. 易快速发生化学反应 B. 易燃烧
C. 易导电 D. 熔点皆高于 500℃

5. 催化剂的作用(A)。
A. 提高反应速率 B. 延长反应时间 C. 增加产品杂质 D. 增加操作难度

6. 由于催化剂具有(C)，所以每个反应都有其所需的催化剂。
A. 活性 B. 寿命 C. 选择性 D. 周期

7. 化工生产的特点为(D)。
A. 工艺简单易操作 B. 危险性小 C. 无毒无害 D. 易燃易爆

8. 化工生产是通过一定的(B)来实现。
A. 反应 B. 工艺流程 C. 单元操作 D. 控制

9. 为确保各水冷却器内充满水，装置引入循环水时应(C)。
A. 全开水冷却器的进出口阀门
B. 先打开水冷却器的出口阀门进行排气，然后再打开其进口阀门
C. 先打开水冷却器的进口阀门进行排气，然后再打开其出口阀门
D. 没有具体要求，可以根据需要随时打开水冷却器的进出口阀门

10. 循环水系统中最常见的并能造成危害的微生物大致分为细菌、真菌和(A)。
A. 藻类 B. 硫酸还原菌 C. 黏泥 D. 病毒

11. 循环冷却水水质在使用过程中应保证(D)。
A. 无真菌 B. 无溶解杂质
C. 无藻类 D. 以上三种物质控制达到要求

12. 工业循环冷却水的使用温度要满足(B)。
A. 换热设备的操作要求 B. 换热介质的工艺要求
C. 循环水处理能力要求 D. 冷却器能力要求

13. 仪表空气使用前需进行(C)处理。
A. 化学 B. 中和 C. 干燥 D. 水洗

14. 仪表空气干燥的目的是(C)。
A. 净化 B. 除尘 C. 除去水分 D. 增加流速

15. 仪表空气的露点一定要低于(D)。
A. 常温　B. 环境温度　C. 工作温度　D. 环境最低温度

16. 相同压力下，过热蒸汽的温度比饱和蒸汽的(A)。
A. 高　B. 低　C. 相同　D. 以上都不对

17. 通常所说蒸汽的压力等级是根据产汽的(C)大小划分的。
A. 温度　B. 管束　C. 压力　D. 流量

18. 氮气置换合格后设备内的气体排放，应排入(C)。
A. 主火炬系统　B. 排放气火炬系统
C. 排入大气　D. 主火炬或排放气火炬均可

19. 易燃、易爆物质在投料前的设备应使用(B)进行置换。
A. 二氧化碳　B. 氮气　C. 氧气　D. 空气

20. 由于氮气的(B)性质比较稳定，氮气置换可以防止物料发生爆炸的危险。
A. 物理　B. 化学　C. 溶解　D. 置换

21. 投用蒸汽伴热时，给汽点排水后给汽的目的是为了防止管线内低温冷凝水与高温蒸汽接触产生(B)。
A. 振动　B. 汽锤　C. 热交换　D. 水击

22. 投用蒸汽伴热时，给汽点缓慢给汽暖管是防止局部管线受热而产生的(C)，损坏管件的焊缝、弯头。
A. 应力　B. 拉力　C. 胀力　D. 张力

23. 投用蒸汽伴热时操作正确的是(A)。
A. 打开疏水器后排空、给汽点排水、缓慢给汽、排水暖管、见汽后投用疏水器
B. 给汽暖管、打开疏水器后排空、缓慢给汽、见汽后投用疏水器
C. 不用排水直接投用疏水器
D. 开大给汽阀、尽快排水后、投用疏水器。

24. 蒸汽引入后应检查管线、阀门有无(C)，要及时消除漏点。
A. 振动　B. 水击　C. 泄漏　D. 更换

25. 电气灾害的主要形式是(B)。
A. 火灾和爆炸　B. 漏电　C. 设备故障　D. 接触不良

26. 为防止出现漏电引起的触电事故，电气设备应安装(B)。
A. 绝缘　B. 漏电保护器　C. 障碍　D. 以上都不对

27. 0.6MPa 饱和蒸汽温度为(B)℃。
A. 160　B. 164　C. 196　D. 296

28. 水蒸气的饱和蒸气压的大小主要与(D)有关。
A. 密度　B. 压力　C. 体积　D. 系统温度

29. 在 1 标准大气压下，水的沸点是 100℃，那么 100℃时，水的蒸气压是(A)。
A. 1 标准大气压　B. 小于 1 大气压
C. 大于 1 大气压　D. 1MPa

30. 在氧气中有机物发生充分燃烧的最终氧化产物为(A)。
A. 二氧化碳和水　B. 一氧化碳和水　C. 酯　D. 酸

31. 氧化反应通常使用(C)，加快反应速度。
A. 助滤剂　B. 水处理剂　C. 催化剂　D. 助剂

32. 燃烧具备的条件为(A)。
A. 可燃物、助燃物、点火源　B. 可燃物、助燃物
C. 可燃物　D. 点火源

33. 可燃物质与氧或氧化剂化合时放出光和热的化学反应称为(C)。
A. 化学爆炸　B. 爆炸　C. 燃烧　D. 放电

34. 吸入高浓度氮气可引起人(A)。
A. 窒息　B. 昏迷　C. 头晕　D. 都不对

35. 氮气的化学性质比较(C)，工业上通常为保护物料给储罐加氮封。
A. 活泼　B. 易溶解　C. 稳定　D. 易氧化

36. 一般情况下，用(B)吹扫有机物料管线。
A. 仪表空气　B. 氮气　C. 压缩空气　D. 苯

37. 吹扫有机物料管线以下说法不正确的是(D)。
A. 不可以直接吹扫流量计　B. 吹扫前应先用水冲洗管线
C. 用压缩空气吹扫有机物料管线　D. 管线内物料可直接吹扫至地面

38. 在吹扫有机物料管线时，要集中(B)。
A. 用水　B. 用气　C. 用处理液　D. 洗液

39. 对地电压为(C)V 以上为高压电。
A. 380　B. 360　C. 250　D. 180

40. 进入容器作业须使用(A)V 以下的安全灯。
A. 36　B. 32　C. 50　D. 25

41. 化工装置用来消除静电危害的主要方法为(C)。
A. 泄漏法　B. 中和法　C. 接地法　D. 释放法

42. 在有汽油、苯、氢气等易燃物质的场所，要特别注意防止(C)。
A. 中和　B. 稀释　C. 静电危害　D. 还原

43. 切换离心泵时首先要(B)。
A. 关闭运行泵的出口阀　B. 对备用泵进行运行前检查
C. 关闭运行泵电源　D. 关闭运行泵的进口阀

44. 泵在切换时如果泵体内未充满液体，则会发生(D)。
A. 停泵　B. 停电　C. 汽蚀　D. 气缚

45. 切换过滤器时首先要(D)。
A. 关闭运行设备的旁路阀　B. 关闭运行设备的进口阀
C. 开启运行设备的出口阀　D. 对备用设备进行运行前检查

46. 过滤器停运时首先要(B)。
A. 缓慢关闭设备的出口阀　B. 缓慢关闭设备的进口阀
C. 关闭运行设备的旁路阀　D. 关闭导淋阀

47. 物料管线进行吹扫时，应注意(A)的正确排放位置。
A. 排气　B. 空气　C. 氮气　D. 蒸汽

48. 对控制阀带有旁通的物料管线进行吹扫时，可通过(D)进气。

A. 控制阀　　B. 短节　　C. 设备　　D. 旁通

49. 新安装物料管线必须将管线内残存的(B)吹净。

A. 氮气　　B. 杂质　　C. 物料　　D. 惰性气体

50. 对于固定床反应器，进料前需将催化剂的温度控制至(A)。

A. 反应温度　　B. 活化温度　　C. 进料温度　　D. 脱膜温度

51. 固定床催化剂装填完毕必须对催化剂进行(D)，才可使用。

A. 催化处理　　B. 升温处理　　C. 降温处理　　D. 活化处理

52. 对于固定床反应器，催化剂装填结束，催化剂床层内的(C)必须接线测试。

A. 压力　　B. 温度　　C. 测温点　　D. 压差

53. 在化工生产中，采用板式过滤机操作时一般情况为两台以上(C)。

A. 交替操作　　B. 同时操作

C. 交替或同时操作　　D. 连续操作

54. 过滤机可根据物料的性质，为增加过滤效果在进料前先进行(C)的预涂。

A. 洗液　　B. 滤液　　C. 水　　D. 助滤剂

55. 带式过滤机必须首先启动(D)。

A. 进料　　B. 进水　　C. 进气　　D. 真空

56. 减少塔顶换热器的冷却介质量，可以使精馏塔塔顶液相(A)降低。

A. 回流量　　B. 塔釜温度　　C. 塔釜液位　　D. 塔的压差

57. 在精馏操作中，通过塔顶换热器向塔内提供(C)。

A. 蒸气　　B. 冷却水　　C. 下降的回流液体　　D. 重组分

58. 向精馏塔的塔顶换热器通入的换热介质是(A)。

A. 冷却介质　　B. 加热介质　　C. 处理的物料　　D. 废气

59. 通过塔顶换热器的冷凝，可以得到较纯净的(A)产品。

A. 塔顶　　B. 塔底　　C. 塔釜　　D. 塔间

60. 化工生产中，要提高精馏塔塔顶温度，应调整(D)。

A. 进料量　　B. 塔釜液位

C. 塔压　　D. 塔顶换热器加热介质量

61. 化工生产中，欲降低精馏塔塔釜温度，一般应当减少塔底换热器的(D)。

A. 入料量　　B. 塔釜液位　　C. 塔顶气相温度　　D. 加热介质量

62. 精馏塔的塔釜温度升高则塔顶产品中(D)含量增加。

A. 轻组分　　B. 最易挥发组分　　C. 最难挥发组分　　D. 重组分

63. 精馏塔的塔釜温度过低，可以通过(C)增加加热介质量调节。

A. 冷却器　　B. 预热器　　C. 再沸器　　D. 冷凝器

64. 为促进液体与容器壁之间的传热并防止局部过热，设备需要添加(C)。

A. 填料　　B. 挡板　　C. 搅拌器　　D. 叶轮

65. 工业上用固体碱配制各种浓度的液碱溶液，通常使用带有搅拌的设备以达到混合(A)。

A. 均匀　　B. 分层　　C. 溶解　　D. 溶化

66. 为达良好的反应效果，反应器需设(D)确保进料稳定。

A. 过滤器　B. 旁路阀　C. 混合器　D. 进料缓冲罐

67. 进料缓冲罐的位置应设在进料泵(D)。

A. 之下　B. 之上　C. 之后　D. 之前

68. 蒸汽加热器投用时错误操作的是(C)。

A. 低点排凝　B. 暖管

C. 直接投用调节阀来控制暖管速度　D. 缓慢开启蒸汽阀

69. 通入蒸汽时，必须进行(A)，防止出现水击。

A. 排凝　B. 排汽　C. 排空气　D. 排氮气

70. 容器为空容器、空罐加料(液体)时，其搅拌器(D)。

A. 慢慢转动　B. 启动　C. 快速转动　D. 不启动

71. 当液体物料超过设备底层桨叶时可以启动(C)。

A. 离心泵　B. 电机　C. 搅拌器　D. 传动器

72. 在搅拌过程中，搅拌转速不能随意(D)，否则容易导致电机超负荷、物料飞溅事故。

A. 不变　B. 保持　C. 降低　D. 提高

73. 离心泵启动时，应检查泵的轴承温度不得大于(B)℃。

A. 60　B. 65　C. 70　D. 75

74. 离心泵开车前，关闭出口阀门的目的是(B)。

A. 防止离心泵超负荷

B. 防止电机长时间超电流而跳电或者损坏电机

C. 离心泵出口泄漏时能及时停车，避免发生严重泄漏

D. 防止离心泵启动时因过大的流量而产生汽蚀

75. 离心泵启动前必须首先(A)。

A. 灌泵　B. 关闭入口阀　C. 打开出口阀　D. 加热

76. 离心泵启动时出口阀(A)。

A. 完全关闭　B. 半开　C. 全开　D. 微开一点

77. 蒸汽加热器的升温速率一般不大于(B)℃/h，防止因降温不均匀出现泄漏。

A. 20　B. 30　C. 40　D. 50

78. 换热器投用时，对设备进行排气的目的是(C)。

A. 防止换热器内有空气的存在而产生液击水

B. 防止换热器内有空气存在，减少换热器的传热面积，并防止形成气阻液击水

C. 防止换热器内有空气存在，减少换热器的传热面积，并防止形成气阻

D. 防止换热器内有空气存在形成气阻

79. 列管式换热器投用时，先开冷态工作液阀门和放空阀，向其注液，当液面达到规定位置时缓慢或数次开启(A)阀门。

A. 加热剂　B. 冷却剂　C. 导淋　D. 旁路

80. 换热器放空阀的作用是排出(B)。

A. 液体　B. 不凝气体　C. 氮气　D. 惰性气体

81. 属于机泵巡检内容的是(B)。

A. 设备卫生　B. 泵出口压力　C. 介质温度　D. 介质黏度

82. 在机泵巡检时无法发现的是(D)。

A. 电机电流增大　B. 泵体振动超标　C. 出口压力变化　D. 介质黏度大

83. 机泵巡检其压力表指示的(B)是否在规定范围，不可超过表的警戒线使用。

A. 温度　B. 压力　C. 扬程　D. 流量

84. 罐区内设备和进出料管线的伴热系统应作为一项重要巡检内容，检查(B)是否好用。

A. 压力表　B. 疏水器　C. 阀门　D. 温度计

85. 检查罐区内阀门、压力表、液位计，特别是为保护储罐设置的(A)灵敏好用。

A. 安全装置　B. 调节阀　C. 截止法　D. 进料阀

86. 对罐区经常巡回检查阀门、法兰等(C)情况，及时消漏堵漏。

A. 卫生　B. 安全　C. 泄漏点　D. 伴热

87. 物料输送泵的(A)情况，也是罐区巡检的主要内容。

A. 运转　B. 启动　C. 检修　D. 更换

88. 物料分析取样时采样量至少要满足(C)次以上重复检测的需要。当需要留有备份时，应加倍。

A. 1　B. 2　C. 3　D. 4

89. 采集和处理固体样品，不得破坏样品的代表性，不改变样品的组成和不受(A)。

A. 污染　B. 干扰　C. 破坏　D. 净化

90. 进入过滤机的物料结晶点低于常温时，必须进料管线加(D)，防止出现结晶堵塞管线。

A. 过滤器　B. 搅拌　C. 输送泵　D. 伴热

91. 过滤操作要保证过滤机的进料(B)均匀，否则会影响过滤、洗涤效果。

A. 状态　B. 速率　C. 质量　D. 时间

92. 结晶器的冷却水应调节至适量，防止物料(B)，出现粒度过大和结块。

A. 冷却　B. 结晶　C. 加热　D. 蒸发

93. 在物料结晶过程中，要确保结晶温度均匀，必须保证(B)运转正常。

A. 放料阀　B. 搅拌器　C. 进料阀　D. 过滤机

94. 在结晶操作中，严格控制结晶器冷却水的进出口(D)，以此控制结晶速度。

A. 压力　B. 速度　C. 速率　D. 温差

95. 流化床干燥器通常使用风机将加热的(A)送入干燥器内，与湿物料接触后，水分被蒸发。

A. 空气　B. 水蒸气　C. 物料　D. 废气

96. 凡需要检修的机泵必须和运行系统进行可靠的(D)，这是化工检修必须遵循的安全规定。

A. 吹扫　B. 置换　C. 清洗　D. 隔离

97. 机泵交付检修前必须(B)，由电气人员实施操作。

A. 切断接电线　B. 切断电源　C. 切断进料　D. 关闭出口阀

98. 结晶过程发生的先决条件是(B)。

A. 溶液达到饱和状态　　B. 溶液达到过饱和状态

C. 溶液达到不饱和状态　　D. 溶液量增加

99. (B)是溶液中的溶质呈晶体状态析出。

A. 蒸发　　B. 结晶　　C. 蒸馏　　D. 吸收

100. 对固体原料的干燥，可以提高设备的(C)。

A. 使用能力　　B. 运转周期　　C. 生产能力　　D. 使用寿命

101. 为满足工艺要求，对中间产品进行(D)，以提高后期产品的质量和产量。

A. 萃取　　B. 蒸发　　C. 蒸馏　　D. 干燥

102. 干燥后的物料水分高，应提高(B)的温度或流量。

A. 氮气　　B. 加热介质　　C. 循环水　　D. 导热油

103. 干燥时若排气系统出现故障，则物料中水分无法排出，会导致产品(A)含量过高。

A. 水分　　B. 灰分　　C. 纯度　　D. 有机物

104. 固定床反应器一般升温前需向反应器内装填(C)，以此实现反应器的升温。

A. 氮气　　B. 催化剂　　C. 加热介质　　D. 导热油

105. 反应器升温就是使物料达到(C)温度，使反应进行。

A. 吸收　　B. 蒸馏　　C. 反应　　D. 结晶

106. 干燥过程中取样分析物料的水分，如果其水分达到控制指标的要求，则干燥(D)。

A. 水分过高　　B. 水分过低　　C. 不合格　　D. 合格

107. 干燥器取样一定要使用经过干燥后的器皿盛装样品，以防止样品出现污染，导致分析结果出现(B)。

A. 疏忽　　B. 误差　　C. 遗漏　　D. 失误

108. 储罐切换时的正确方法(A)。

A. 先打开备用罐进出物料阀门，再关闭原储罐进出物料阀门

B. 先打开原储罐进出物料阀门，再关备用罐进出物料阀门

C. 两者同时进行

D. 没有先后顺序

109. 对储罐实施切换前要检查备用罐的(C)，是否满足生产操作要求。

A. 材质　　B. 规格　　C. 液位　　D. 阀门

110. 备用泵经检查符合启动条件后，方可进行(D)。

A. 停用　　B. 停料　　C. 关阀　　D. 切换

111. 备用泵的输送介质结晶点较低时，启动前将泵(C)，待手动盘车自如后方能启动。

A. 降温　　B. 盘车　　C. 预热　　D. 送电

112. 带式过滤机是通过(B)实现压力调节的。

A. 输送泵　　B. 真空泵　　C. 传送带　　D. 洗水

113. 间歇式过滤机是通过真空系统进行(A)调节的。

A. 压力　　B. 温度　　C. 流量　　D. 流速

114. 反应控制不好，出现超温，将会导致反应器(C)。

A. 降温　　B. 降压　　C. 超压　　D. 反应停止

115. 为防止反应器发生超压现象而造成不良的后果，反应器设有防爆(D)或排放系统。

A. 放料　B. 进料　C. 真空　D. 安全装置

116. 调节阀接收的信号为(C)所发出的控制信号，改变调节参数，把被调参数控制在所要求的范围内。

A. 变送器　B. 人的操作　C. 调节器　D. 执行机构

117. 调节阀的作用是在调节系统中，把所控制的流量(D)。

A. 控制在最大　B. 控制在最小

C. 不变　D. 控制在所要求的范围内

118. 为物料储罐加设氮封的目的就是防止物料与空气接触发生(A)。

A. 氧化反应　B. 还原反应　C. 分解反应　D. 硝化反应

119. 反应尾气中含有多种较难分离的气体烃类物质，采取的最有效的处理方法为(C)。

A. 溶解　B. 吸收　C. 燃烧　D. 分解

120. 燃烧净化法即是对含有可燃有害组分的混合气体进行(C)或高温分解，从而使有害组分转化为无害物质。

A. 水解　B. 还原　C. 氧化燃烧　D. 吸附

121. 再沸器为精馏提供塔底的(B)回流。

A. 液相　B. 气相　C. 进料　D. 反应

122. 再沸器使用蒸汽加热时，必须不断排除(A)，否则冷凝水积存于换热器内加热就不能进行。

A. 冷凝水　B. 蒸汽　C. 介质　D. 冷却剂

123. 在物料流量一定的情况下，将再沸器的物料出口温度升高，可以将加热介质的流量(D)。

A. 下降　B. 不变　C. 减少　D. 增加

124. 过滤机的进料泵出口阀门的开度增加，可以增加过滤机的(C)。

A. 进水　B. 吸滤　C. 进料量　D. 排水

125. 两台离心泵串联使用，可以提高(C)。

A. 流量　B. 流速　C. 扬程　D. 压力

126. 离心泵运行中使用变速装置，可以改变叶轮(B)，方便地实现流量的调节。

A. 流量　B. 转速　C. 扬程　D. 压力

127. 换热器正常操作时需要将加热介质进出口(A)控制在正常范围之内。

A. 温差　B. 流速　C. 蒸汽　D. 凝液

128. 应定期对换热器的介质成分进行分析，以确定有无(D)，以便及时处理。

A. 蒸汽　B. 凝液　C. 介质　D. 内漏

129. 在加热介质流量一定的情况下，将换热器的物料出口温度降低，物料的流量(C)。

A. 上升　B. 不变　C. 减少　D. 增加

130. 对于弹性式压力表，在测量稳定压力时，量程选择为最大压力值不应超过满量程的(C)。

A. 1/4　B. 2/4　C. 3/4　D. 4/4

131. 我们现场用的压力表选择精度为(C)级。

A. 0.1　　B. 0.2　　C. 2.5　　D. 5.0

132. 我们对现场指针式压力表进行读数时，视线应(C)。

A. 水平　　B. 垂直

C. 同压力表的刻度一致　　D. 能看清即可

133. 我们对现场液晶显示的压力表进行读数时，视线应(D)。

A. 水平　　B. 垂直

C. 同压力指示的数字方向一致　　D. 能看清即可

134. 我们对现场液晶显示的温度仪表进行读数时，视线应(D)。

A. 水平　　B. 垂直

C. 同双金属式温度计数字方向一致　　D. 能看清即可

135. 对于反应单元，紧急停车时需迅速切断(B)的进料。

A. 预热器　　B. 加热器　　C. 再沸器　　D. 冷却器

136. 装置紧急停车过程中，(B)最容易受到损害，所以在停车时一定要注意保护。

A. 催化剂　　B. 反应器　　C. 进料　　D. 反应产物

137. 出现公用工程停供，装置可以按(C)处理。

A. 正常停车　　B. 检修停车　　C. 紧急停车　　D. 长期停车

138. 使用透平设备的装置大修停车，透平应通(C)保护。

A. 压缩风　　B. 仪表风　　C. 氮气　　D. 蒸汽

139. 为防冻防凝，原料输送线应该(C)。

A. 关闭罐入口阀　　B. 开导淋排净管线内物料

C. 收料完毕后扫线　　D. 微开阀门连续进料

140. 生产装置精馏系统长期停车时，塔内无法正常生产的剩余物料应该(D)。

A. 存放在所在设备里　　B. 包装产品

C. 在系统里循环　　D. 排放，妥善处理

141. 生产装置停车后，有机物料系统吹扫应使用(B)。

A. 压缩风　　B. 氮气　　C. 仪表风　　D. 蒸汽

142. 苯有毒，可经人体皮肤吸收。(A)，可发出带烟且明亮的火焰。

A. 易燃　　B. 易爆　　C. 易溶　　D. 易分解

143. (D)直接接触丁二烯可发生烧伤或灼伤。

A. 呼吸道　　B. 消化道　　C. 神经系统　　D. 皮肤

144. 停车后的设备置换清洗进行前需制定(C)、绘制置换流程图。

A. 开车方案　　B. 停车方案　　C. 置换方案　　D. 检修方案

145. 停车后设备或管路的置换一定要彻底，置换后必须经分析(C)，才能作业。

A. 取样　　B. 气体　　C. 合格　　D. 惰性气体

146. 停车后对设备进行吹扫时，应选择(A)排放，防止出现死角。

A. 最低点　　B. 最高点　　C. 适当点　　D. 取样点

147. 带式过滤机停车时先停(D)，待料处理完毕后，停真空系统。

A. 断电　　B. 设备　　C. 出料　　D. 进料

148. 正常停车情况下，若为间歇反应，则需将反应器内的(D)反应至终点后，再做停车处理。

A. 催化剂　　B. 蒸汽　　C. 固体　　D. 物料

149. 设备的管线隔离采用抽堵盲板时，一般盲板应当用(C)制作。

A. 石棉板　　B. 铁皮　　C. 钢板　　D. 油毡纸

150. 装置停车后，设备管线隔离采用抽堵盲板时，加板厚度一般应(D)管壁厚度。

A. 大于　　B. 大于等于　　C. 小于等于　　D. 小于

151. 苯酐装置停车后，设备管线隔离采用抽堵盲板时，加盲板的位置应在有物料来源的阀门(D)法兰处。

A. 任一　　B. 中部　　C. 前部　　D. 后部

152. 设备内的物料(D)处理至人孔以下时，可以打开人孔。

A. 体积　　B. 质量　　C. 密度　　D. 液位

153. 带压设备停车后要进行(B)，此项操作应缓慢进行，直至压力泄尽排空。

A. 加压　　B. 泄压　　C. 施压　　D. 给压

154. 进入设备作业分析合格后，如超过(A)h才作业，必须再次进行化验分析。

A. 1　　B. 2　　C. 3　　D. 4

155. 在压力未泄尽排空前，带压设备不得(B)。

A. 移动　　B. 拆动　　C. 运输　　D. 动火

156. 清洗置换后的设备和工艺系统，必须经检验合格，以保证(A)要求。

A. 安全　　B. 工艺　　C. 设备　　D. 检验

157. 作业时传动设备必须(C)电源，并在启动开关处挂上“禁止合闸”的标志或派专人看管。

A. 接通　　B. 打开　　C. 切断　　D. 启动

158. 固体废物可以运送至指定的(A)，进行堆埋处理。

A. 堆埋场　　B. 堆放地点　　C. 容器　　D. 设备

159. 目前对于危险废固处理的方法很多，(D)就是其中的一种。

A. 蒸发　　B. 吸收　　C. 吸附　　D. 化学法

160. 动火分析时，一般应(A)至动火结束。

A. 留样　　B. 取样　　C. 检测　　D. 测试

161. 停泵时首先缓慢关闭离心泵的(B)。

A. 进口阀　　B. 出口阀　　C. 旁路阀　　D. 排气阀

162. 关闭离心泵的出口阀后，按动电动机的按钮，使电机停止(C)。

A. 启动　　B. 送电　　C. 运转　　D. 断电

163. 具有良好调节性能的阀门是(D)。

A. 球阀　　B. 闸阀　　C. 蝶阀　　D. 截止阀

164. 截止阀的(C)比闸阀差。

A. 流动性　　B. 节流性　　C. 密封性　　D. 调节性

165. 离心泵启动前，应打开(D)至全开状态。

A. 出口阀　　B. 调节阀　　C. 止回阀　　D. 入口阀

166. 离心泵启动运行平稳后，方可慢慢打开(C)进行流量调节。
A. 入口阀　B. 调节阀　C. 出口阀　D. 止回阀
167. 离心泵启动后，应检查泵的轴承温度不得高于(B)℃。
A. 60　B. 65　C. 70　D. 75
168. 屏蔽泵灌泵后，应充分(C)。
A. 盘车　B. 冷却　C. 排气　D. 倒空
169. 为防止轴承烧毁，屏蔽泵不允许(A)试车。
A. 空负荷　B. 50%负荷　C. 70%负荷　D. 100%负荷
170. 下列为反应设备的是(D)。
A. 离心泵　B. 精馏塔　C. 捕集器　D. 流化床
171. 停运离心泵时，首先应关死(A)。
A. 出口阀门　B. 入口阀门　C. 电机电源　D. 压力表阀
172. 备用的离心泵要定时检查、(B)。
A. 清洁　B. 盘车　C. 巡检　D. 排放
173. 停运屏蔽泵时，首先应关死(B)。
A. 入口阀门　B. 出口阀门　C. 电机电源　D. 压力表阀
174. 流量测量仪表按工作原理分为(A)。
A. 体积流量测量法和质量流量测量法
B. 直接法和间接法
C. 容积法和声学法
D. 以上都不对
175. 根据测量的对象不同可以分为(A)。
A. 液位计、界位计、料位计
B. 液位计、界位计、衡浮式液位计
C. 液位计、界位计、变浮式液位计
D. 以上都对
176. 按(A)区分，物位测量仪表可分为直读式、浮力式、静压式、电磁式、声波式等。
A. 工作原理　B. 仪表结构　C. 仪表性能　D. 工作性质
177. 下面不是按能源分的仪表是(D)。
A. 气动仪表　B. 电动仪表　C. 液动仪表　D. 分析仪表
178. 化工生产中应用最为广泛的换热器形式是(B)。
A. 混合式换热器　B. 间壁式换热器
C. 蓄热式换热器　D. 套管式换热器
179. (A)换热器是冷、热流体直接接触进行热量交换的。
A. 混合式　B. 间壁式　C. 蓄热式　D. 列管式
180. 计量泵是可以调节流量并对流量进行(C)的泵类。
A. 精确控制　B. 准确输出　C. 精确计量　D. 准确调节
181. 计量泵从工作原理及结构形式上讲，多为(B)泵。
A. 叶片式　B. 容积式　C. 离心式　D. 其他类型

182. 机泵交付检修前，应先确认泵内的(B)为零。
A. 流量　B. 压力　C. 出口阀门　D. 入口阀门
183. 机泵交付检修前，为防止误操作，应对电机(B)。
A. 断开　B. 断电　C. 停运电机　D. 无关
184. 机泵交付检修前检查泵内的物料是否放净的办法是(D)。
A. 拆泵　B. 检查出入口阀门
C. 观察压力表　D. 检查导淋阀
185. 属于流向限制阀的是(D)。
A. 截止阀　B. 闸板阀　C. 球阀　D. 止回阀
186. 扭力管浮筒液位计的浮筒如果破裂，则仪表指示(B)。
A. 最大　B. 最小　C. 不受影响　D. 不能确定
187. 浮球液位计的浮球脱落，则仪表指示(A)。
A. 最大　B. 最小　C. 不变　D. 不能确定
188. 球阀的启闭件为(D)。
A. 柱塞　B. 闸板　C. 膜片　D. 球体
189. 适用于蒸汽等高温介质的阀门是(B)。
A. 球阀　B. 截止阀　C. 蝶阀　D. 旋塞阀
190. 闸阀的(B)较截止阀好。
A. 调节性能　B. 密封性能　C. 复杂性　D. 价格
191. 闸阀适用于含有粒状固体及黏度(B)的介质。
A. 小　B. 较大　C. 大　D. 中等
192. 化工生产中应用最为广泛的换热器形式是间壁式换热器，其种类很多，下列设备中属于间壁式换热器的是(B)。
A. 混合式换热器　B. 列管式换热器
C. 蓄热式换热器　D. 搅拌器
193. (B)换热器是冷、热两流体被一固体壁隔开，流体通过固体壁进行传热，它是化工生产中应用最广的一种换热器。
A. 混合式　B. 间壁式　C. 蓄热式　D. 以上都不对
194. 下列换热设备中不属于列管式换热器的是(D)。
A. 浮头式换热器　B. 固定管板式换热器
C. U 形式换热器　D. 夹套式换热器
195. 浮头换热器可以应用在较高(C)条件下。
A. 温差　B. 压差　C. 温差和压差　D. 变形
196. 浮头式换热器适用于(B)的流体。
A. 不易结垢　B. 易结垢　C. 清洁　D. 温差不大
197. 化工生产中，(B)是应用最广泛的换热器。
A. 板式换热器　B. 列管式换热器
C. 热管式换热器　D. 套管式换热器

198. 不属于列管式换热器的是(D)。
A. 固定管板式换热器　　B. 浮头式换热器
C. 填料函式换热器　　D. 热管式换热器
199. 属于列管式换热器形式的是(A)。
A. U 形管式　　B. 蛇管式　　C. 螺旋管式　　D. 套管式
200. 垫片的主要作用是(C)。
A. 调整间隙　　B. 补偿缺陷　　C. 密封　　D. 保护
201. 机泵入口过滤器发生堵塞的特征是(D)。
A. 流量、压力明显上升
B. 流量下降
C. 温度升高
D. 出口压力或流量开始下降，泵内有明显的响声并伴有振动
202. 泵入口过滤器的连接方式有螺纹和法兰连接两种，其中(B)连接方式最为广泛。
A. 螺纹　　B. 法兰　　C. 焊接　　D. 对夹
203. 呼吸阀的内部结构实质上是一个低压安全阀和一个(D)组合而成。
A. 针形阀　　B. 减压阀　　C. 电磁阀　　D. 真空阀
204. 在阀门类型代号中，表示截止阀的代号是(B)。
A. G　　B. J　　C. H　　D. Z
205. 阀门连接形式代号“4”表示阀门为(A)连接。
A. 法兰式　　B. 螺纹式　　C. 焊接式　　D. 对夹式
206. 阀门型号 J41H-16 中，“16”表示阀门公称压力为(A)MPa。
A. 1.6　　B. 16　　C. 160　　D. 0.16
207. 非离心泵主要性能参数的是(C)。
A. 流量　　B. 扬程　　C. 叶轮直径　　D. 功率
208. 在 4M12-45/210 型压缩机的标识中，“12”表示(A)。
A. 活塞力　　B. 列数　　C. 排气压力　　D. 排气量
209. 在 4M12-45/210 型压缩机的标识中，“45”表示(D)。
A. 活塞力　　B. 列数　　C. 排气压力　　D. 排气量
210. 电机型号标识中无法表示的参数是(C)。
A. 基座中心高度　B. 铁心长度　　C. 电机功率　　D. 电机极数
211. 在 YB160M1-2 型电机中，“B”代表(B)。
A. 极数　　B. 防爆　　C. 卧式　　D. 机座
212. 在 YB160M1-2 型电机中，“160”代表(C)。
A. 极数　　B. 功率　　C. 机座中心高　　D. 重量
213. 温度测量仪表按其测量的方式可分为(B)。
A. 接触式和压力式　　B. 接触式和非接触式
C. 非接触式和光学式　　D. 非接触式和红外线
214. 下面测温仪表(C)是非接触式测温仪表。
A. 膨胀式　　B. 压力式　　C. 辐射式　　D. 热电阻

215. 往复泵是通过(A)将机械能以静压能形式传递给液体。
A. 活塞　B. 活塞杆　C. 蜗轮　D. 蜗杆
216. 启动前必须先打开出口阀门的泵是(A)。
A. 往复泵　B. 屏蔽泵　C. 高速泵　D. 离心泵
217. 离心泵主要应用在(B)，中、低扬程的场合。
A. 小流量　B. 大流量　C. 高黏度　D. 清洁，杂质少
218. 离心泵在运转过程中，常发生(B)现象，即泵内进入空气，使泵不能正常工作。
A. 汽蚀　B. 气缚　C. 堵塞　D. 抽空
219. 按工作原理和结构分，离心泵属于(B)。
A. 容积泵　B. 叶片泵　C. 流体作用泵　D. 电磁泵
220. 按照吸液方式的不同，离心泵叶轮可分为单吸式和(C)。
A. 多极式　B. 双吸式　C. 多吸式　D. 闭式
221. 通常润滑油的型号以该油品的(B)来表示。
A. 动力黏度　B. 运动黏度　C. 闪点　D. 凝固点
222. 润滑油的黏度随温度升高而(B)。
A. 升高　B. 降低　C. 不变　D. 无法确定
223. 润滑油三级过滤，滤网精度一级指的是(B)目。
A. 40　B. 60　C. 80　D. 100
224. 备用机泵应每(A)天进行一次盘车。
A. 1　B. 2　C. 3　D. 7
225. 机泵检修前，应首先(A)。
A. 判断故障原因　B. 停泵
C. 倒泵　D. 处理
226. 机泵故障原因判断明确后，应(C)。
A. 关闭入口阀门　B. 停泵
C. 倒泵　D. 关闭出口阀门
227. 润滑剂的(B)能降低机械运转摩擦所造成的温度上升。
A. 力的传递　B. 冷却作用　C. 绝缘性　D. 清洗作用
228. 扑灭可燃固体、可燃液体、可燃气体以及带电设备的初期火灾时，一般使用的灭火器为(C)。
A. 二氧化碳灭火器　B. 泡沫灭火器
C. 干粉灭火器　D. 卤代烷灭火器
229. 下面(D)不是按能源分的仪表。
A. 气动仪表　B. 电动仪表　C. 液动仪表　D. 分析仪表
230. 膨胀式温度计的安装形式一般为(B)。
A. 法兰连接　B. 螺纹连接
C. 焊接连接　D. 以上都不对
231. 机械密封又称为(D)。
A. 填料密封　B. 骨架密封　C. 迷宫密封　D. 端面密封

232. 离心泵运行中，(C)原因能造成机械密封的泄漏。
A. 介质中有颗粒　B. 液体黏度大
C. 操作波动大　D. 泵转速慢

233. 离心泵运行中，(B)原因能造成机械密封的泄漏。
A. 汽蚀　B. 抽空　C. 气缚　D. 堵塞

234. 离心泵运行中，(C)原因能使泵内产生杂音。
A. 泵轴与电机轴不同心　B. 地脚螺栓松动
C. 叶轮刮泵壳　D. 轴承温度高

235. 离心泵运行中，(A)原因能使泵内产生杂音。
A. 汽蚀现象　B. 满负荷　C. 叶轮堵塞　D. 机封泄漏

236. 造成离心式风机电机超负荷的原因是(A)。
A. 介质密度变大　B. 环境温度高
C. 风压降低　D. 风量变小

237. 造成离心式风机电机超负荷的因素是(A)。
A. 电机单相断电　B. 叶轮太重
C. 入口风压过高　D. 环境温度高

238. 氮气中断时，氮气储罐的压力快速(D)。
A. 上升　B. 不变　C. 降低　D. 下降

239. 仪表空气中断时，仪表空气储罐的压力快速(D)。
A. 上升　B. 不变　C. 降低　D. 下降

240. 仪表空气储罐的(B)流量出现零指示。
A. 出口　B. 进口　C. 放空　D. 旁路

241. 仪表空气储罐的出口管线的压力快速(D)。
A. 上升　B. 不变　C. 降低　D. 下降

242. 系统蒸汽压力下降时，蒸汽加热器的温度(D)。
A. 上升　B. 不变　C. 降低　D. 下降

243. 循环水压力下降时，装置区内的循环水总线的(B)出现降低。
A. 介质　B. 压力　C. 排气　D. 旁路

244. 循环水压力下降时，循环水冷却器的出口温度明显(A)。
A. 上升　B. 不变　C. 降低　D. 下降

245. 下列可引发搅拌器停转的因素是(C)。
A. 联轴器螺栓松动　B. 搅拌轴备帽脱落
C. 联轴器脱落　D. 轴承间隙大

246. 闸阀发生内漏的原因是(A)。
A. 密封面磨损　B. 开关频繁　C. 结构复杂　D. 介质结焦

247. 不能引起衬氟截止阀门启闭失效的原因是(D)。
A. 联轴节脱离　B. 阀芯脱落
C. 丝母脱扣　D. 安装位置不对

248. 造成离心泵填料箱泄漏的直接原因是(A)。

A. 泵轴或轴套的磨损严重　　B. 泵腔内压过大

C. 泵负荷过大　　D. 电机转速太低

249. 造成离心式压缩机润滑油供油温度高的原因是(D)。

A. 润滑油压力低　　B. 润滑油流量大

C. 油冷却器换热面积小　　D. 油冷器冷却水流量减小

250. 造成离心式压缩机供油温度高的原因是(B)。

A. 油过滤器堵塞　　B. 油冷器换热效果差

C. 润滑油回油温度高　　D. 油箱油位高

251. 在间歇反应器中发生放热反应时，加大换热能力，使反应热(B)，防止出现事故。

A. 增加　　B. 及时移出　　C. 降低　　D. 不变

252. 在间歇反应器中发生吸热反应时，减小或停止(A)的进量，使反应维持平衡。

A. 加热介质　　B. 冷却水　　C. 空气　　D. 氮气

253. 反应器为连续进料，发生吸热反应时，出现温度升高后立即(B)，减小或停止加热介质的进量，使反应维持平衡。

A. 冷却水　　B. 切断进料　　C. 循环水　　D. 过滤水

254. 反应器出现超压，而反应温度超出工艺控制指标，必须做(A)处理。

A. 降温　　B. 升温　　C. 保持　　D. 平衡

255. 反应器出现超压，可以通过设备的(C)系统及时调节压力。

A. 真空　　B. 进料　　C. 排气　　D. 进水

256. 反应器出现超压通常是反应(D)导致的，所以中止进料、减缓反应速率是降低压力的有效手段。

A. 正常　　B. 停止　　C. 中断　　D. 异常

257. 反应器超压时，如果循环水为反应器的(B)，则反应器立即停止进料，控制反应速度，防止发生超温超压。

A. 加热介质　　B. 冷却水　　C. 直排水　　D. 反应液

258. 出现循环水中断后，车间应向厂(A)汇报情况。

A. 调度室　　B. 主任　　C. 生产主任　　D. 设备主任

259. 下列情况中，能导致离心泵轴承温度升高的是(C)。

A. 润滑油油位高　　B. 冷却水充足

C. 滚动轴承的滚动体卡死　　D. 润滑油标号高

260. 离心泵运行过程中，轴承温度的上限是(B)℃。

A. 60　　B. 65　　C. 70　　D. 75

261. 干燥器温度过低，可以提高(D)的量。

A. 氮气　　B. 惰性气体　　C. 冷却水　　D. 加热介质

262. 干燥器的加热介质为蒸汽，疏水器出现故障导致干燥器温度过低时，可以打开(A)将凝液排出后，检修或更换疏水器。

A. 导淋阀　　B. 进气阀　　C. 进料阀　　D. 排气阀

263. 蒸汽压力过低是由于蒸汽减压阀导致的，需对蒸汽减压阀进行(D)。
A. 安装　B. 拆除　C. 装配　D. 检修和调试

264. 产汽压力过低，而使蒸汽管网压力低，可提高进水(D)。
A. 液位　B. 产汽量　C. 温度　D. 压力

265. 产汽设备液位过高而造成蒸汽(C)大，蒸汽压力过低时，可降低液位至控制指标。
A. 温度　B. 压力　C. 含水量　D. 流量

266. 塔釜(B)过高，上升的气流量大，精馏塔塔顶压力升高。
A. 压力　B. 温度　C. 进料　D. 回流

267. 精馏塔塔顶(A)的冷却水进量小，塔顶压力过高。
A. 冷凝器　B. 加热器　C. 预热器　D. 再沸器

268. 透平润滑油油箱(A)过低，油压降低。
A. 油位　B. 温度　C. 黏度　D. 湿度

269. 透平的主油泵(B)降低，润滑油循环回路的油压降低。
A. 温度　B. 压力　C. 黏度　D. 扬程

270. 正运行的离心泵发生机械密封泄漏后，岗位应首先(B)。
A. 停泵　B. 倒泵　C. 关闭入口阀　D. 关闭出口阀

271. 蒸汽压力过低时蒸汽管线内有液击声音，可提高蒸汽(B)并排出凝液。
A. 流量　B. 压力　C. 流速　D. 管线长度

272. 蒸汽管线送汽时暖管效果不佳存在死角，管线内有液击时，可(D)处理。
A. 排气　B. 放空　C. 升温　D. 排液

273. 板框压滤机压力不足时，油泵可能存在的原因是(A)。
A. 齿轮轴向间隙过大　B. 过滤器堵塞
C. 油的黏度大　D. 油温低

274. 板框压滤机压力不足的原因是(C)。
A. 减速机底座松动　B. 齿轮跳动
C. 电机功率偏小　D. 液压缸未作漏油试验

275. 当进行正常工艺操作时，发现改变调节阀的阀位，而现场调节阀没有动作，采取的措施为(C)。
A. 加大阀门的开度
B. 减小阀门的开度
C. 自动变为手动操作，工艺走副线操作，同时通知仪表维护人员处理
D. 直接到现场对调节阀进行检修

276. 离心泵的安装高度一定要(B)泵的允许吸上高度，才会避免发生汽蚀。
A. 等于　B. 大于　C. 小于　D. 以上都不对

277. 安装离心泵时，应注意(B)吸入管路的管件和阀门，缩短管长。
A. 增加　B. 减少　C. 不变　D. 添加

278. 报火警电话时，要首先讲清(D)等要素，以便消防队采用正确的灭火材料和灭火战斗方案。
A. 着火部位火势大小　B. 燃烧介质
C. 报警人姓名　D. 着火部位火势大小、燃烧介质、报警人姓名

279. 干粉灭火器应(D)进行一次检查。

A. 每月　B. 每季度　C. 每半年　D. 每一年

280. 扑灭精密仪器等火灾时，一般使用的灭火器(A)。

A. 二氧化碳灭火器　B. 泡沫灭火器

C. 干粉灭火器　D. 卤代烷灭火器

281. 换热器出现(C)，传热效果差，必须对换热器进行清洗。

A. 振动　B. 水击　C. 结垢　D. 膨胀

282. 换热器内冷凝液(A)，排放不畅，进行排凝处理。

A. 增多　B. 减少　C. 不变　D. 流动

283. 换热器内存有不凝气体，传热效果下降，打开(D)进行排气操作。

A. 排水阀　B. 进气阀　C. 进水阀　D. 排气阀

284. 当急性中毒病人出现休克时，应将病人平卧，头部(B)。

A. 稍高　B. 稍低　C. 与身体持平　D. 随意

285. 离心泵发生抽空现象时，应(D)。

A. 停泵　B. 倒泵　C. 关小入口阀门　D. 关小出口阀门

286. 离心泵发生抽空现象时，应(A)。

A. 提高入口液位和压力　B. 降低入口液位和压力

C. 提高出口压力　D. 提高出口流量

287. 物料管线出现泄漏时，可以根据情况进行(C)处理。

A. 中和　B. 酸洗　C. 堵漏　D. 碱洗

288. 带有保温的管线出现泄漏时，要将其漏点周围的(D)去除，以便进行堵漏操作。

A. 管线　B. 伴热　C. 机泵　D. 保温

289. 电机如果短时超负荷运行会使电机转速下降，温升增高。若运行时间过长，将出现超温事故，处理方法为(B)。

A. 继续运行　B. 降负荷运行　C. 换电机　D. 停止运行

290. 电气设备应与通风、正压系统联锁。运行中停机时，应先停止(B)，再停止通风设备。

A. 通风设备　B. 电气设备　C. 联锁　D. 工艺设备

291. 如果加热蒸汽中断，蒸发器按(D)停车处理。

A. 长期　B. 检修　C. 正常　D. 紧急

292. 蒸发器中处理的物料黏度大或易结晶，停(C)后将物料放出或送回原储罐。

A. 冷却水　B. 空气　C. 蒸汽　D. 氮气

293. 结晶器出料口发生堵塞后，立即(D)放料操作。

A. 继续　B. 重新　C. 开始　D. 停止

294. 处理结晶器出料口发生堵塞，应根据其物料的(A)，佩戴好防护用品。

A. 性质　B. 熔点　C. 结晶　D. 溶解

295. 在狭小的地方使用二氧化碳灭火器容易造成(B)事故。

A. 中毒　B. 缺氧　C. 爆炸　D. 着火

296. 使用二氧化碳灭火器时，人应站在(A)。

A. 上风位　B. 下风位　C. 无一定位置　D. 侧风位

297. 对企业发生的事故，坚持以(B)原则进行处理。
A. 预防为主　B. 四不放过　C. 五同时　D. 安全第一

298. 在工艺流程图上，流程线应画成水平或垂直，转弯处画成(B)。
A. 斜线　B. 直角　C. 圆弧　D. 折线

299. 在工艺流程图中，主要物料的流程线用(A)表示。
A. 粗实线　B. 中实线　C. 细实线　D. 虚线

300. 在工艺流程图中，设备位号 P-301 表示的是一台(C)。
A. 塔　B. 反应器　C. 泵　D. 压缩机

301. 在工艺流程图中，设备位号 V-006 表示的是一台(A)。
A. 储罐　B. 冷却器　C. 干燥器　D. 空压机

302. 在工艺流程图上，符号“”表示的是(C)。
A. 止回阀　B. 球阀　C. 截止阀　D. 放空管

303. 在工艺流程图上，符号“”表示的是(A)。
A. 旋塞阀　B. 球阀　C. 截止阀　D. 止回阀

304. 在带控制点的工艺流程图中，流量记录报警仪表用(C)与阿拉伯数字表示。
A. FIA　B. FIC　C. FRA　D. FRC

305. 在带控制点的工艺流程图中，压力指示报警仪表用(D)与阿拉伯数字表示。
A. PI　B. PIC　C. PRA　D. PIA

306. 在带控制点的工艺流程图中，仪表控制点的符号用(A)和仪表位号组合起来表示。
A. 图形符号　B. 字母符号　C. 汉字符号　D. 数字符号

307. 带控制点的流程图中“A”表示(B)。
A. 自动　B. 报警　C. 控制　D. 微分

308. 流量记录控制仪表在流程图中用(D)表示。
A. FQC　B. CL　C. CO　D. FRC

309. 1mol 任何物质所包含的(A)是相等的。
A. 微粒数　B. 质量　C. 重量　D. 体积

310. 配制 0.50mol/L 的 NaOH 溶液 100mL，需要 4mol/L 的 NaOH 溶液的体积约为(A)mL。
A. 12.5　B. 25　C. 75　D. 87.5

311. 人们规定温度为 273.15K 和(B)时的状况为标准状况。
A. 压强为 $1kg/cm^2$　B. 压强为 101.3kPa
C. 压强为 $1mH_2O$　D. 压强为 $760mmH_2O$

312. 在 1 标准大气压下，水的沸点是 100℃，那么在 1.2 标准大气压下，水的沸点是(B)。
A. 100℃　B. 大于 100℃　C. 小于 100℃　D. 120℃

313. $1kg/m^3$ 相当于(D)g/L。
A. 1000　B. 100　C. 10　D. 1

314. 480K 换算成热力学温度为(C)℃。
A. 150　B. 200　C. 207　D. 210

315. 在标准状况下，1mol 任何气体所占的体积都约为(C)。
A. $1m^3$　B. 1L　C. 22.4L　D. $22.4m^3$

316. 欲配制 25%的氢氧化钠溶液 160g，需要用氢氧化钠(D)g。
A. 10　B. 20　C. 30　D. 40

四、技能操作鉴定要素细目表

鉴定范围						鉴定点	
一级		二级		三级		代码	名称
代码	名称	代码	名称	代码	名称		
A	技能要求	A	工艺操作	A	开车准备	001	开车前蒸汽的引入
						002	开车流程的检查
						003	反应器投料前的检查
						004	热换设备加热蒸汽的投用
						005	开车前循环水系统的投用
						006	开车前装置氮气系统的投用
				B	开车操作	001	接收物料的操作
						002	离心泵的启动操作
						003	反应器升温的操作
						004	反应器进料的操作
				C	正常操作	001	备用泵的切换操作
						002	调节阀改旁路操作
						003	现场温度表的检查核对
						004	反应器温度的正常控制
						005	现场压力表的检查核对
						006	精馏单元馏出口改采出操作
				D	停车操作	001	反应器停止进料的操作
						002	离心泵的停泵操作
						003	换热器的停车操作
						004	精馏塔停采出的操作
		B	设备使用与维护	A	使用设备	001	液位计的投用操作
						002	安全阀的投用操作
						003	压力表的投用操作
						004	换热器的投用操作
						005	现场压力表的更换
						006	常用阀门的使用
				B	维护设备	001	传动设备的日常巡检
						002	运转设备润滑油脂的正常补加
						003	备用机泵盘车操作
						004	机泵检修时的监护

续表

鉴定范围						鉴定点	
一级		二级		三级		代码	名称
代码	名称	代码	名称	代码	名称		
		C	事故判断与处理	A	判断事故	001	离心泵汽蚀的判断
						002	离心泵打量不足的判断
				B	处理事故	001	离心泵汽蚀的处理
						002	离心泵打量不足的处理
						003	干粉灭火器的使用
						004	隔离和动火条件的确认
						005	初期火灾的紧急扑救及报警
		D	绘图与计算	A	绘图	001	单一物料工艺流程图的绘制
				B	计算	001	表压的换算
						002	物料浓度的计算
						003	换热的单一物料计算

五、技能操作试题

试题 1：开工前引蒸汽操作(现场模拟)

(考核时间：30min)

序号	考核内容	考核要点	配分	评分标准	检测结果	扣分	得分	备注
1	准备工作	穿戴劳保用品	3	穿戴不规范扣 3 分				
		工具、用具准备	2	工具选择不正确扣 2 分				
2	技术准备	制订引蒸汽方案	8	未制订方案扣 2 分				
				方案制订错扣 6 分				
3	操作程序	流程设定与检查	9	未进行流程设定扣 7 分				
				检查漏项扣 2 分				
		界外蒸汽确认	9	未确认扣 4 分				
				正常工艺条件不明扣 5 分				
		界外蒸汽总管上排放凝液	14	未打开界外蒸汽总阀扣 5 分				
				未微开导淋阀排放凝液扣 5 分				
				凝液未排彻底扣 4 分				
		界区蒸汽总管排放凝液	19	未打开界区蒸汽总阀扣 8 分				
				未打开导淋阀排放凝液扣 6 分				
				导淋阀开度过大扣 2 分				
				凝液未排彻底扣 2 分				
				排凝液时站位错扣 1 分				

续表

序号	考核内容	考核要点	配分	评分标准	检测结果	扣分	得分	备注
		装置内蒸汽总管暖管	9	未打开总管导淋排凝扣5分				
				导淋阀开度过大扣2分				
				凝液未排彻底扣2分				
		疏水器投用	9	投用时间选择不当扣5分				
				未检查疏水器是否畅通扣4分				
		蒸汽引入换热器	13	未打开换热器入口截阀扣5分				
				未打开换热器阀前导淋阀排凝扣5分				
				导淋阀开度过大扣3分				
4	使用工具	使用工具	2	工具使用不正确扣2分				
		维护工具	3	工具乱摆乱放扣3分				
5	安全及其他	按国家法规或企业规定		违规一次总分扣5分；严重违规停止操作			—	
		在规定时间内完成操作		每超时1min总分扣5分，超时3min停止操作			—	
合计			100					

试题2：开车流程检查(现场模拟)

(考核时间：30min)

序号	考核内容	考核要点	配分	评分标准	检测结果	扣分	得分	备注
1	准备工作	穿戴劳保用品	3	穿戴不规范扣3分				
		工具、用具准备	2	工具选择不正确扣2分				
2	检查程序	公用工程检查	19	未检查水系统(循环水、新鲜水)扣5分				
				未检查仪表空气系统扣2分				
				未检查压缩空气系统扣2分				
				未检查电气系统扣5分				
				未检查蒸汽系统扣5分				
		界区盲板拆除情况检查	16	未检查盲板是否拆除扣10分				
				盲板数量不清扣6分				
		装置区内盲板检查	5	未检查装置区内隔离盲板扣5分				

续表

序号	考核内容	考核要点	配分	评分标准	检测结果	扣分	得分	备注
		设备、管线、阀门连接完好情况检查	15	未检查设备完好情况扣5分				
				未检查管线连接情况扣5分				
				未检查阀门完好情况扣5分				
		仪表调校确认	5	仪表调校结果不清扣3分				
		室内阀门设定检查	15	未检查室内阀门状态扣10分				
				阀门设定错误未更正扣5分				
		现场阀门设定检查	15	未检查现场阀门状态扣10分				
				阀门设定错误未更正扣5分				
3	使用工具	使用工具	2	工具使用不正确扣2分				
		维护工具	3	工具乱摆乱放扣3分				
4	安全及其他	按国家法规或企业规定		违规一次总分扣5分；严重违规停止操作			—	
		在规定时间内完成操作		每超时1min总分扣5分，超时3min停止操作			—	
合计			100					

否定项说明：若出现违章操作或发生事故等情况，该题为零分。

试题3：反应器投料前检查(现场模拟)

（考核时间：30min）

序号	考核内容	考核要点	配分	评分标准	检测结果	扣分	得分	备注
1	准备工作	穿戴劳保用品	3	穿戴不规范扣3分				
		工具、用具准备	2	工具选择不正确扣2分				
2	检查项目	反应器连接部位检查	10	未检查反应器连接部位扣7分				
				检查部位不全扣3分				
		气密检查	19	未进行气密检查扣10分				
				气密合格指标不清扣4分				
				检查气密漏项扣5分				
		盲板拆除检查	16	未检查盲板是否拆除扣10分				
				检查数量不清扣6分				
		氮气置换检查	15	未进行氮气置换检查扣10分				
				氮气置换合格标准不清扣5分				
		阀门设定操作检查	15	未进行阀门设定检查扣10分				
				阀门开关不正确扣5分				

续表

序号	考核内容	考核要点	配分	评分标准	检测结果	扣分	得分	备注
		现场检查	15	未检查压力表完好情况扣 5 分				
				未检查温度表完好情况扣 5 分				
				未检查其他附件完好情况扣 5 分				
3	使用工具	使用工具	2	工具使用不正确扣 2 分				
		维护工具	3	工具乱摆乱放扣 3 分				
4	安全及其他	按国家法规或企业规定		违规一次总分扣 5 分；严重违规停止操作			—	
		在规定时间内完成操作		每超时 1min 总分扣 5 分，超时 3min 停止操作			—	
合　计			100					

否定项说明：若出现违章操作或发生事故情况，该题为零分。

试题 4：再沸器加热蒸汽的投用(现场模拟)

（考核时间：25min）

序号	考核内容	考核要点	配分	评分标准	检测结果	扣分	得分	备注
1	准备工作	穿戴劳保用品	3	穿戴不规范扣 3 分				
		工具、用具准备	2	工具选择不正确扣 2 分				
2	技术准备	制订再沸器投用操作方案	8	未制订方案扣 5 分				
				方案制订错误扣 3 分				
		仪表调节阀调校确认	8	未进行确认扣 5 分				
				确认漏项扣 3 分				
		气密检查合格	12	未进行气密检查扣 10 分				
				检查漏项扣 2 分				
3	操作程序	加热蒸汽引入再沸器入口	17	蒸汽未引入再沸器入口扣 10 分				
				蒸汽引入方法不正确扣 7 分				
		冷物料投用操作	10	未打开冷物料入口阀扣 5 分				
				未打开冷物料出口阀 5 分				
				出入口阀开关顺序错误扣 10 分				
		再沸器暖器操作	10	未进行暖器操作扣 6 分				
				暖器操作方法不正确扣 4 分				
		热物料(加热蒸汽)投用操作	25	未打开加热蒸汽阀进行升温操作扣 10 分				
				升温过快扣 5 分				
				未注意压力控制扣 5 分				
				未注意液位控制扣 5 分				

续表

序号	考核内容	考核要点	配分	评分标准	检测结果	扣分	得分	备注
4	使用工具	使用工具	2	工具使用不正确扣 2 分				
		维护工具	3	工具乱摆乱放扣 3 分				
5	安全及其他	按国家法规或企业规定		违规一次总分扣 5 分，严重违规停止操作			—	
		在规定时间内完成操作		每超时 1min 总分扣 5 分，超时 3min 停止操作			—	
合　　计			100					

否定项说明：若冷热物料投用顺序错误，该题为零分。

试题 5：开车前循环水系统的操作(现场模拟)

（考核时间：25min）

序号	考核内容	考核要点	配分	评分标准	检测结果	扣分	得分	备注
1	准备工作	穿戴劳保用品	3	穿戴不规范扣 3 分				
		工具、用具准备	2	工具选择不正确扣 2 分				
2	操作程序	循环水系统连接完好情况检查	20	未检查换热器封头连接完好情况扣 10 分				
				未检查阀门、螺栓连接完好情况扣 10 分				
		循环水系统气密检查	20	未进行气密检查扣 10 分				
				检查漏项扣 5 分				
				检查方法不明扣 5 分				
		仪表系统开车条件确认	10	未检查温度表连接及完好情况扣 5 分				
				未检查压力表安装及完好情况扣 5 分				
		循环水预膜操作	10	循环水预膜操作目的不清扣 5 分				
				阀门漏开扣 5 分				
		循环水引入换热器操作	30	循环水未引入换热器扣 10 分				
				循环水引入方法不正确扣 10 分				
				换热器未排汽扣 5 分				
				阀门漏开扣 5 分				
3	使用工具	使用工具	2	工具使用不正确扣 2 分				
		维护工具	3	工具乱摆乱放扣 3 分				

续表

序号	考核内容	考核要点	配分	评分标准	检测结果	扣分	得分	备注
4	安全及其他	按国家法规或企业规定		违规一次总分扣5分；严重违规停止操作			—	
		在规定时间内完成操作		每超时1min总分扣5分，超时3min停止操作			—	
合计			100					

否定项说明：若出现违章操作或发生事故等情况，该题为零分。

试题6：开车前装置氮气系统的投用(现场模拟)

（考核时间：25min）

序号	考核内容	考核要点	配分	评分标准	检测结果	扣分	得分	备注
1	准备工作	穿戴劳保用品	3	穿戴不规范扣3分				
		工具、用具准备	2	工具选择不正确扣2分				
2	技术准备	制订氮气投用操作方案	10	未制订扣6分				
				方案制订错误扣4分				
		仪表条件确认	10	未进行确认扣6分				
				确认漏项扣4分				
3	操作程序	拆除盲板操作	20	未确认界区氮气总阀关闭扣5分				
				未拆除界区氮气盲板扣10分				
				氮气盲板拆除错误扣5分				
		氮气引进装置确认	30	未打开界区氮气总阀扣10分				
				未检查压力表指示是否正常扣5分				
				氮气压力指标不清扣5分				
				未检查温度表指示是否正常扣5分				
				未打开氮气导淋检查确认扣5分				
		投用氮气系统流程确认	10	未确认界区氮气总阀打开扣10分				
				未确认装置区内氮气用户阀门关闭扣10分				
		气密操作	10	气密检查不全面扣5分				
				气密检查方法不清扣10分				
				气密检查标准不清扣5分				

续表

序号	考核内容	考核要点	配分	评分标准	检测结果	扣分	得分	备注
4	使用工具	使用工具	2	工具使用不正确扣2分				
		维护工具	3	工具乱摆乱放扣3分				
5	安全及其他	按国家法规或企业规定		违规一次总分扣5分；严重违规停止操作			—	
		在规定时间内完成操作		每超时1min总分扣5分，超时3min停止操作			—	
合计			100					

否定项说明：若出现违章操作或发生事故等情况，该题为零分。

试题7：原料接收的操作(现场模拟)

(考核时间：45min)

序号	考核内容	考核要点	配分	评分标准	检测结果	扣分	得分	备注
1	准备工作	穿戴劳保用品	3	穿戴不规范扣3分				
		工具、用具准备	2	工具选择不正确扣2分				
2	操作程序	对仪表系统进行条件确认	16	未确认室内原料罐压力表、液面表指示情况扣8分				
				未确认现场压力表、液面表指示情况扣6分				
				漏项扣2分				
		收料前的岗位联系	14	未进行收料联系扣8分				
				收料数量不清扣5分				
				收料来源不清扣5分				
		现场流程设定	20	未设定现场原料罐收料阀开启扣8分				
				未对收料流程进行确认漏开阀门扣8分				
				阀门开关错误的扣4分				
		收料操作	30	未对室内液面表、压力表进行监控扣6分				
				未对室外液面计、压力表进行监控扣6分				
				未及时进行岗位联系扣6分				
				收料结束标准不清扣6分				
				岗位之间未进行配合操作扣6分				

续表

序号	考核内容	考核要点	配分	评分标准	检测结果	扣分	得分	备注
3	操作结果	操作平稳，波动小	10	未达到收料数量扣5分				
				操作调整方法不正确扣5分				
4	使用工具	使用工具	2	工具使用不正确扣2分				
		维护工具	3	工具乱摆乱放扣3分				
5	安全及其他	按国家法规或企业规定		违规一次总分扣5分，严重违规停止操作			—	
		在规定时间内完成操作		每超时1min总分扣5分，超时3min停止操作			—	
合计			100					

否定项说明：若未收进原料此题为零分。

试题8：离心泵的启动操作(现场模拟)

(考核时间：15min)

序号	考核内容	考核要点	配分	评分标准	检测结果	扣分	得分	备注
1	准备工作	穿戴劳保用品	3	穿戴不规范扣3分				
		工具、用具准备	2	工具选择不正确扣2分				
2	操作前提	确认泵是否送电	5	未确认扣5分				
		检查泵的排污系统阀门是否已关闭	10	未检查扣7分				
				检查漏项扣3分				
		检查冷却系统是否正常	10	未打开冷却介质扣6分				
				冷却介质不清扣4分				
		检查润滑油系统是否正常	11	未检查油位扣5分				
				未检查润滑油状态扣6分				
		盘车，检查是否正常	6	未进行盘车扣6分				
3	操作过程	打开泵入口阀门并打开排气阀排气	24	未打开泵入口阀门扣8分				
				进口阀未全开扣8分				
				未进行排气扣6分				
				排气时站位错扣2分				
		启动泵，检查出口压力、电流、泵振动等是否正常	12	压力、电流、泵振动等未进行检查扣8分				
				检查漏项扣4分				
		慢慢打开泵出口阀门，并注意是否有不正常情况	12	出口阀打开过快扣7分				
				对泵运行情况未检查扣5分				

续表

序号	考核内容	考核要点	配分	评分标准	检测结果	扣分	得分	备注
4	使用工具	使用工具	2	工具使用不正确扣2分				
		维护工具	3	工具乱摆乱放扣3分				
5	安全及其他	按国家法规或企业规定		违规一次总分扣5分，严重违规停止操作			—	
		在规定时间内完成操作		每超时1min总分扣5分，超时3min停止操作			—	
合计			100					

否定项说明：若违章操作或发生事故等情况，该题为零分。

试题9：固定床式反应器升温的操作(现场模拟)

(考核时间：45min)

序号	考核内容	考核要点	配分	评分标准	检测结果	扣分	得分	备注
1	准备工作	穿戴劳保用品	3	穿戴不规范扣3分				
		工具、用具准备	2	工具选择不正确扣2分				
2	检查项目	反应器入口加热器的暖管检查	10	未检查扣7分				
				检查方法不正确扣3分				
		反应器入口加热器的暖器检查	10	未检查扣7分				
				检查方法不正确扣3分				
		加热器的阀门状态检查	14	未检查壳层物料阀门状态扣2分				
				未检查管层物料阀门状态扣2分				
				壳层、管层进出口阀漏开扣8分				
				壳层、管层物料不清扣2分				
3	操作程序	加热器的升温操作	30	未确认加热器蒸汽调节阀微开扣5分				
				未确认加热器回水系统流程畅通扣10分				
				未确认反应器进出口阀打开扣6分				
				未确认反应器连续进料扣9分				

续表

序号	考核内容	考核要点	配分	评分标准	检测结果	扣分	得分	备注
		反应器的升温操作	26	未逐渐开大蒸汽调节阀升温扣10分				
				升温速度过快扣6分				
				未注意观察反应器床层温度扣5分				
				反应器升温指标不清扣5分				
4	使用工具	使用工具	2	工具使用不正确扣2分				
		维护工具	3	工具乱摆乱放扣3分				
5	安全及其他	按国家法规或企业规定		违规一次总分扣5分；严重违规停止操作			—	
		在规定时间内完成操作		每超时1min总分扣5分，超时3min停止操作			—	
合计			100					

否定项说明：若违章操作或发生事故等情况，该题为零分。

试题10：反应器进料的操作(现场模拟)

（考核时间：30min）

序号	考核内容	考核要点	配分	评分标准	检测结果	扣分	得分	备注
1	准备工作	穿戴劳保用品	3	穿戴不规范扣3分				
		工具、用具准备	2	工具选择不正确扣2分				
2	技术准备	制定反应器进料操作方案	10	未制定扣7分				
				制定错误扣3分				
		检查安全阀、仪表投用	10	未投用扣10分				
3	操作程序	流程设定	20	未设定扣10分				
				设定错误扣5分				
				阀门漏开扣5分				
		反应器充料操作	26	未打开进料阀扣10分				
				进料阀开度不当扣6分				
				充料操作不平稳扣4分				
				未进行排汽操作扣6分				
		反应器进料后检查	24	未确认反应器物料是否充满扣8分				
				未检查阀门状态是否正常扣8分				
				未检查系统工作状态是否正常扣8分				

续表

序号	考核内容	考核要点	配分	评分标准	检测结果	扣分	得分	备注
4	使用工具	使用工具	2	工具使用不正确扣 2 分				
		维护工具	3	工具乱摆乱放扣 3 分				
5	安全及其他	按国家法规或企业规定		违规一次总分扣 5 分；严重违规停止操作			—	
		在规定时间内完成操作		每超时 1min 总分扣 5 分，超时 3min 停止操作			—	
合　　计			100					

否定项说明：若违章操作或发生事故等情况，该题为零分。

试题 11：备用(屏蔽)泵的切换操作(现场模拟)

（考核时间：20min）

序号	考核内容	考核要点	配分	评分标准	检测结果	扣分	得分	备注
1	准备工作	穿戴劳保用品	3	穿戴不规范扣 3 分				
		工具、用具准备	2	工具选择不正确扣 2 分				
2	备用泵启动前检查	确认备用泵是否送电	5	未确认扣 5 分				
		检查备用泵自身冷却线上的阀门是否打开	5	未检查扣 5 分				
		检查外冷却系统是否畅通	5	未打开冷却介质阀门扣 3 分				
				冷却介质不清扣 2 分				
		检查压力表是否正常	5	未检查压力表旋塞是否打开扣 2 分				
				未检查压力表是否好用扣 3 分				
		点试主机，检查旋转方向是否正确	10	未点试主机扣 5 分				
				未检查旋转方向扣 5 分				
3	备用泵启动程序	打开入口阀向泵内充满液体	10	未打开入口阀充液扣 10 分				
		打开排汽阀排汽	12	未进行排汽扣 4 分				
				排汽阀开度不当扣 4 分				
				排汽阀关闭时间不当扣 4 分				
		启动泵，检查出口压力、电流、泵振动、等是否正常	8	压力、电流、泵振动、TRG 表指示等未进行检查扣 6 分				
				检查漏项扣 2 分				
		慢慢打开泵出口阀门，并注意是否有不正常情况	10	出口阀打开过快扣 6 分				
				对泵运行情况未检查扣 4 分				

续表

序号	考核内容	考核要点	配分	评分标准	检测结果	扣分	得分	备注
4	停止运转泵程序	全关运转泵出口阀	6	未关闭出口阀扣 8 分				
		停电源	4	未停电源扣 2 分				
		停止冷却系统	4	未关闭泵体自身循环冷却系统扣 1 分				
				未关闭外冷却系统阀门扣 1 分				
		关闭泵入口阀门	6	入口阀未关扣 8 分				
5	使用工具	使用工具	2	工具使用不正确扣 2 分				
		维护工具	3	工具乱摆乱放扣 3 分				
6	安全及其他	按国家法规或企业规定		违规一次总分扣 5 分；严重违规停止操作			—	
		在规定时间内完成操作		每超时 1min 总分扣 5 分，超时 3min 停止操作			—	
合计			100					

否定项说明：若违章操作或发生事故等情况，该题为零分。

试题 12：调节阀改旁路操作(现场模拟)

(考核时间：15min)

序号	考核内容	考核要点	配分	评分标准	检测结果	扣分	得分	备注
1	准备工作	穿戴劳保用品	3	穿戴不规范扣 3 分				
		工具、用具准备	2	工具选择不正确扣 2 分				
2	操作前提	检查旁路阀填料是否泄漏，填料压盖是否松动螺丝是否压紧	10	未检查填料扣 5 分				
				未检查填料压盖扣 2 分				
				未检查螺丝扣 3 分				
		检查旁路阀手轮是否好用，阀杆传动是否好用	10	未检查手轮扣 4 分				
				未检查阀杆扣 4 分				
				杂物扣 2 分				
3	操作程序	控制室与现场人员联系好	10	未联系扣 10 分				
		现场人员缓慢打开旁路阀	10	速度错误扣 5 分				
				未打开旁路阀扣 5 分				
		控制室人员手动缓慢关闭调节阀并保证流量平稳	20	速度错误扣 10 分				
				未保证流量平稳扣 10 分				

续表

序号	考核内容	考核要点	配分	评分标准	检测结果	扣分	得分	备注
		旁路阀开至控制室人员把调节阀手动全关，流量保持不变	20	调节阀手动未全关扣10分				
				流量未保持不变扣10分				
		关闭调节阀前后截止阀，打开调节阀导淋卸压	10	未打开调节阀导淋卸压扣10分				
4	使用工具	正确使用工具	2	工具使用不正确扣2分				
		正确维护工具	3	工具乱摆乱放扣3分				
5	安全及其他	按国家法规或企业规定		违规一次总分扣5分；严重违规停止操作			—	
		在规定时间内完成操作		每超时1min总分扣5分，超时3min停止操作			—	
合　计			100					

否定项说明：若违章操作或发生事故等情况，该题计零分。

试题13：现场温度表的检查核对（现场模拟）

（考核时间：25min）

序号	考核内容	考核要点	配分	评分标准	检测结果	扣分	得分	备注
1	准备工作	穿戴劳保用品	3	穿戴不规范扣3分				
		工具、用具准备	2	工具选择不正确扣2分				
2	技术准备	温度表检查目的表述完整	10	表述不准确扣5分				
		温度表具体数量表述	5	数量不准确扣5分				
3	检查程序	指出温度表现场具体位置	15	位置不清楚扣15分				
		检查安装情况	20	未检查连接松动情况扣8分				
				未检查安装方向是否准确扣12分				
		检查温度表是否完好	20	未检查温度表完好情况扣12分				
				未检查温度表检验期限扣8分				
		检查温度表测量范围是否符合要求	20	温度表测量范围不清楚扣8分				
				温度表测量范围超未查出扣12分				
4	使用工具	使用工具	2	工具使用不正确扣2分				
		维护工具	3	工具乱摆乱放扣3分				

续表

序号	考核内容	考核要点	配分	评分标准	检测结果	扣分	得分	备注
5	安全及其他	按国家法规或企业规定		违规一次总分扣 5 分；严重违规停止操作			—	
		在规定时间内完成操作		每超时 1min 总分扣 5 分，超时 3min 停止操作			—	
合计			100					

否定项说明：若出现违章操作或发生事故等情况，该题为零分。

试题 14：反应器温度的正常控制(现场模拟)

（考核时间：25min）

序号	考核内容	考核要点	配分	评分标准	检测结果	扣分	得分	备注
1	准备工作	穿戴劳保用品	3	穿戴不规范扣 3 分				
		工具、用具准备	2	工具选择不正确扣 2 分				
2	技术准备	控制目的表述完整	10	表述不准确扣 10 分				
		影响因素分析透彻，调节对象理解深刻	10	主要影响因素叙述不完整扣 10 分				
				调节对象不明确扣 5 分				
		控制指标表述准确	10	不清楚控制指标扣 10 分				
3	操作程序	调节反应器温度的方法	15	不清楚调节反应器温度的方法扣 15 分				
		调节反应温度的过程	30	阀门误动作扣 10 分				
				DCS 操作不熟练扣 10 分				
				反应温度超温处理不当扣 10 分				
		反应温度控制是否平稳	15	反应温度控制不平稳扣 15 分				
4	使用工具	正确使用工具	2	工具使用不正确扣 2 分				
		正确维护工具	3	工具乱摆乱放扣 3 分				
5	安全及其他	按国家法规或企业规定		违规一次总分扣 5 分；严重违规停止操作			—	
		在规定时间内完成操作		每超时 1min 总分扣 5 分，超时 3min 停止操作			—	
合计			100					

否定项说明：反应器发生超温现象并造成催化剂中毒，本题为零分。

试题 15：现场压力表的检查核对(现场模拟)

（考核时间：25min）

序号	考核内容	考核要点	配分	评分标准	检测结果	扣分	得分	备注
1	准备工作	穿戴劳保用品	3	穿戴不规范扣 3 分				
		工具、用具准备	2	工具选择不正确扣 2 分				
2	技术准备	压力表检查目的表述完整	10	表述不准确扣 5 分				
		压力表具体数量表述准确	5	数量不准确扣 5 分				
3	检查过程	指出压力表现场具体位置	15	位置不清楚扣 15 分				
		检查安装情况	20	未检查连接松动情况扣 8 分				
				未检查安装方向是否准确扣 12 分				
		检查压力表是否完好	20	未检查压力表完好情况扣 12 分				
				未检查压力表检验期限扣 8 分				
		检查压力表测量范围是否符合要求	20	压力表量程范围不清楚扣 8 分				
				压力表量程范围超未查出扣 12 分				
4	使用工具	使用工具	2	工具使用不正确扣 2 分				
		维护工具	3	工具乱摆乱放扣 3 分				
5	安全及其他	按国家法规或企业规定		违规一次总分扣 5 分；严重违规停止操作			—	
		在规定时间内完成操作		每超时 1min 总分扣 5 分，超时 3min 停止操作			—	
合　计			100					

否定项说明：若出现违章操作或发生事故等情况，该题为零分。

试题 16：精馏单元产品合格后改成品采出操作(现场模拟)

（考核时间：15min）

序号	考核内容	考核要点	配分	评分标准	检测结果	扣分	得分	备注
1	准备工作	穿戴劳保用品	3	穿戴不规范扣 3 分				
		工具、用具准备	2	工具选择不正确扣 2 分				

续表

序号	考核内容	考核要点	配分	评分标准	检测结果	扣分	得分	备注
2	操作前提	确认精馏塔操作条件正常	30	未确认塔釜温度正常扣 10 分				
				未确认塔压正常扣 10 分				
				未确认塔顶回流量正常扣 10 分				
		确认产品质量合格	10	未确认产品分析指标合格扣 10 分				
3	操作程序	岗位联系	10	未进行岗位间联系扣 10 分				
		改阀操作	30	未打开现场去成品系统阀门扣 12 分				
				未关闭不合格品线上的阀门扣 12 分				
				阀门开关顺序错误扣 6 分				
4	操作结果	操作平稳，无波动	10	造成送出波动扣 8 分				
5	使用工具	使用工具	2	工具使用不正确扣 2 分				
		维护工具	3	工具乱摆乱放扣 3 分				
6	安全及其他	按国家法规或企业规定		违规一次总分扣 5 分；严重违规停止操作			—	
		在规定时间内完成操作		每超时 1min 总分扣 5 分，超时 3min 停止操作			—	
合计			100					

否定项说明：若出现违章操作或发生事故等情况，该题为零分。

试题 17：反应器停止进料操作（现场模拟）

（考核时间：20min）

序号	考核内容	考核要点	配分	评分标准	检测结果	扣分	得分	备注
1	准备工作	穿戴劳保用品	3	穿戴不规范扣 3 分				
		工具、用具准备	2	工具选择不正确扣 2 分				
2	技术准备	制定反应器停止进料操作方案	8	未制订方案扣 2 分				
				方案制订错扣 6 分				
3	操作前提	确认反应器进料流量	12	未确认主物料进料流量扣 10 分				
				未确认其他参与反应进料流量扣 10 分				

续表

序号	考核内容	考核要点	配分	评分标准	检测结果	扣分	得分	备注
		确认反应器操作条件	12	未确认反应温度扣10分				
				未确认反应压力扣10分				
4	操作程序	岗位联系及时到位	10	未进行岗位间联系扣10分				
		反应器采出改线	10	反应器出口未改线扣10分				
		逐渐降低其他参与反应进料流量及主进料流量直至为零	28	未关闭其他反应物料流量扣10分				
				未关闭主进料流量扣10分				
				阀门开关顺序错误扣8分				
5	操作结果	物料导出，无温升	10	发生超温超压情况扣10分				
6	使用工具	使用工具	2	工具使用不正确扣2分				
		维护工具	3	工具乱摆乱放扣3分				
7	安全及其他	按国家法规或企业规定		违规一次总分扣5分；严重违规停止操作			—	
		在规定时间内完成操作		每超时1min总分扣5分，超时3min停止操作			—	
合计			100					

否定项说明：若出现违章操作或发生事故等情况，该题为零分。

试题18：离心泵的停泵操作(现场模拟)

(考核时间：15min)

序号	考核内容	考核要点	配分	评分标准	检测结果	扣分	得分	备注
1	准备工作	穿戴劳保用品	3	穿戴不规范扣3分				
		工具、用具准备	2	工具选择不正确扣2分				
2	操作前提	停泵前检查	20	未检查泵出口压力、电流情况扣4分				
				未检查冷却系统、润滑系统情况扣4分				
				未检查机泵其他运转情况扣4分				
				未进行流程检查扣8分				

续表

序号	考核内容	考核要点	配分	评分标准	检测结果	扣分	得分	备注
3	操作过程	关闭泵出口阀，停电源	20	未关闭泵出口阀扣 10 分				
				未停电源扣 10 分				
		关闭泵入口阀	20	未关闭泵入口阀扣 10 分				
				阀门关闭顺序错误扣 10 分				
4	停泵后处理	关闭机泵冷却系统阀门	20	未关闭冷却水进口阀门扣 10 分				
				未关闭冷却水出口阀门扣 10 分				
		打开排污阀排净泵内部物料	10	未排净内部物料扣 5 分				
				排放物料方法不正确扣 5 分				
5	使用工具	使用工具	2	工具使用不正确扣 2 分				
		维护工具	3	工具乱摆乱放扣 3 分				
6	安全及其他	按国家法规或企业规定		违规一次总分扣 5 分；严重违规停止操作			—	
		在规定时间内完成操作		每超时 1min 总分扣 5 分，超时 3min 停止操作			—	
合计			100					

否定项说明：若违章操作或发生事故等情况，该题为零分。

试题 19：循环水换热器的停车操作（现场模拟）

（考核时间：25min）

序号	考核内容	考核要点	配分	评分标准	检测结果	扣分	得分	备注
1	准备工作	穿戴劳保用品	3	穿戴不规范扣 3 分				
		工具、用具准备	2	工具选择不正确扣 2 分				
2	操作前提	流程检查	10	未检查换热器进出口压力扣 5 分				
				未检查阀门状态 5 分				
		确认壳层与管层无温差或温差较小	30	未确认管层停止进料扣 20 分				
				未确认管层物料降温结束扣 10 分				
3	操作过程	关闭管层进口阀门	20	未关闭进口阀扣 10 分				
				漏项扣 10 分				
		关闭管层出口阀门	20	未关闭出口阀扣 10 分				
				漏项扣 10 分				
		排净换热器内部介质	10	未排净内部介质扣 5 分				
				排放方法不正确扣 5 分				

续表

序号	考核内容	考核要点	配分	评分标准	检测结果	扣分	得分	备注
4	使用工具	使用工具	2	工具使用不正确扣2分				
		维护工具	3	工具乱摆乱放扣3分				
5	安全及其他	按国家法规或企业规定		违规一次总分扣5分；严重违规停止操作			—	
		在规定时间内完成操作		每超时1min总分扣5分，超时3min停止操作			—	
合计			100					

否定项说明：若违章操作或发生事故等情况，该题为零分。

试题20：加压精馏塔的停车操作(现场模拟)

(考核时间：45min)

序号	考核内容	考核要点	配分	评分标准	检测结果	扣分	得分	备注
1	准备工作	穿戴劳保用品	3	穿戴不规范扣3分				
		工具、用具准备	2	工具选择不正确扣2分				
2	操作前提	流程设定	5	未进行流程设定扣5分				
		停车目的	5	停车目的不明确扣5分				
		停车方法	5	停车方法错误扣5分				
3	操作过程	岗位联系及时到位	5	未进行岗位联系扣5分				
		停止进料	10	未关闭进料阀扣5分				
				漏项扣5分				
		停止加热	20	未停止加热扣10分				
				停止加热方法不正确扣5分				
				压力高未采取措施扣5分				
				造成安全阀启跳事故此项不得分				
		停止塔顶出料	15	未注意观察回流罐液面扣5分				
				回流罐低位未关闭塔顶采出阀扣5分				
				回流罐低位未停止回流泵扣5分				
		停止塔釜出料	15	未注意观察塔釜液面扣5分				
				塔釜液面低位未关闭塔釜出料阀扣5分				
				塔釜液面低位未停止塔釜采出泵扣5分				

续表

序号	考核内容	考核要点	配分	评分标准	检测结果	扣分	得分	备注
4	操作结果	操作结果达到目的，对上下游影响很小	10	操作参数未达到要求扣 7 分				
				造成上下游波动扣 3 分				
5	使用工具	使用工具	2	工具使用不正确扣 2 分				
		维护工具	3	工具乱摆乱放扣 3 分				
6	安全及其他	按国家法规或企业规定		违规一次总分扣 5 分；严重违规停止操作			—	
		在规定时间内完成操作		每超时 1min 总分扣 5 分，超时 3min 停止操作			—	
合　计			100					

否定项说明：若违章操作或发生事故等情况，该题为零分。

试题 21：液位计的投用操作（现场模拟）

（考核时间：15min）

序号	考核内容	考核要点	配分	评分标准	检测结果	扣分	得分	备注
1	准备工作	穿戴好劳保护品	3	穿戴不规范扣 3 分,				
		工具、用具准备	2	工具选择不正确扣 2 分				
2	操作前提	液面计外观检查	10	液位计外观破损未检查扣 10 分				
		检查液位计流程和状态	30	液位计各阀门作用不清楚扣 10 分				
				液位计流程不清楚扣 10 分				
				液位计导淋阀未检查扣 10 分				
3	操作过程	液位计投用	30	液位计积液未排净扣 10 分				
				未打开液位计上下进出口阀扣 10 分				
				未观察液位计实际液位扣 10 分				
		液位计投用后的检查	20	投用后未与总控室液位校对扣 10 分				
				投用后发现液位计泄漏未联系处理扣 10 分				
4	使用工具	使用工具	2	工具使用不正确扣 2 分				
		维护工具	3	工具乱摆乱放扣 3 分				

续表

序号	考核内容	考核要点	配分	评分标准	检测结果	扣分	得分	备注
5	安全及其他	按国家法规或企业规定		违规一次总分扣5分；严重违规停止操作			—	
		在规定时间内完成操作		每超时1min总分扣5分，超时3min停止操作			—	
合　计			100					

否定项说明：液位计投用后导淋阀未关造成环保事故，该题为零分。

试题22：安全阀的投用操作（现场模拟）

（考核时间：20min）

序号	考核内容	考核要点	配分	评分标准	检测结果	扣分	得分	备注
1	准备工作	穿戴好劳保护品	3	未穿戴整齐扣3分				
		工具、用具准备	2	工具选择不正确扣2分				
2	操作前提	安全阀的选用	15	不清楚安全阀的选用条件有操作压力、温度各扣5分				
				不清楚安全阀的选用条件有操作介质扣5分				
				不清楚安全阀的选用条件有泄放量扣5分				
		安全阀检查	30	未检查安全阀标牌是否正确扣15分				
				为检查安全阀是否有铅封扣15分				
		安全阀的安装	15	不清楚安全阀应垂直向上安装扣5分				
				不清楚在压力容器本体的液面以上气相空间部位安装扣5分				
				不清楚安全阀的安装尽量布置在便于维修和检查的地方扣5分				
3	操作过程	安全阀的投用	30	安全阀投用前未检查铅封及铭牌扣10分				
				安全阀投用时阀门漏开或开错扣10分				
				安全阀投用后未检查泄漏（包括内漏）扣10分				

续表

序号	考核内容	考核要点	配分	评分标准	检测结果	扣分	得分	备注
4	使用工具	使用工具	2	工具使用不正确扣 2 分				
		维护工具	3	工具乱摆乱放扣 3 分				
5	安全及其他	按国家法规或企业规定		违规一次总分扣 5 分；严重违规停止操作			—	
		在规定时间内完成操作		每超时 1min 总分扣 5 分，超时 3min 停止操作			—	
合　计			100					

否定项说明：若出现选用不合格安全阀情况，该题为零分。

试题 23：压力表的投用操作(现场模拟)

(考核时间：20min)

序号	考核内容	考核要点	配分	评分标准	检测结果	扣分	得分	备注
1	准备工作	穿戴劳保用品	3	穿戴不规范扣 3 分				
		工具、用具准备	2	工具选择不正确扣 2 分				
2	操作程序	压力表的选用	20	不清楚根据容器的压力等级选择合适的压力表扣 10 分				
				不清楚根据工作介质选择适宜的压力表扣 10 分				
		压力表投用前的检查	10	未检查压力表是否检验合格并铅封扣 10 分				
		压力表的投用	30	未在刻度盘上画警戒线扣 10 分				
				未打开压力表底阀扣 20 分				
		压力表投用后检查	30	并检查压力表是否好用扣 15 分				
				未检查压力表有无泄漏情况扣 15 分				
3	使用工具	使用工具	2	工具使用不正确扣 2 分				
		维护工具	3	工具乱摆乱放扣 3 分				
4	安全及其他	按国家法规或企业规定		违规一次总分扣 5 分；严重违规停止操作			—	
		在规定时间内完成操作		每超时 1min 总分扣 5 分，超时 3min 停止操作			—	
合　计			100					

否定项说明：若出现选用不合格压力表并投用损坏压力表情况，该题计零分。

试题 24：换热器的投用操作（现场模拟）

（考核时间：25min）

序号	考核内容	考核要点	配分	评分标准	检测结果	扣分	得分	备注
1	准备工作	穿戴劳保用品	3	穿戴不规范扣 3 分				
		工具、用具准备	2	工具选择不正确扣 2 分				
2	操作前提	换热器检查	15	未检查换热器压力表状态扣 5 分				
				未检查换热器温度计状态扣 5 分				
				未检查换热器液面计状态扣 5 分				
3	操作过程	换热器投用操作	30	未打开排放阀门排除积水和污垢，扣 15 分				
				未打开放空阀排除空气和不凝性气体扣 15 分				
			30	投用时，未先开冷态工作液体阀门和放空阀向其注液，扣 10 分				
				冷态工作液体未注满换热器扣 10 分				
				未缓慢开启热态介质阀门预热扣 10 分				
		换热器运行检查	15	未检查换热器投用后的泄漏振动各扣 8 分				
				未查看压力表和温度计数值，各扣 7 分				
4	使用工具	使用工具	2	工具使用不正确扣 2 分				
		维护工具	3	工具乱摆乱放扣 3 分				
5	安全及其他	按国家法规或企业规定		违规一次总分扣 5 分；严重违规停止操作			—	
		在规定时间内完成操作		每超时 1min 总分扣 5 分，超时 3min 停止操作			—	
合计			100					

试题25：现场压力表的更换(现场模拟)

(考核时间：15min)

序号	考核内容	考核要点	配分	评分标准	检测结果	扣分	得分	备注
1	准备工作	穿戴劳保用品	3	穿戴不规范扣3分				
		工具、用具准备	2	工具选择不正确扣2分				
2	操作程序	备用压力表的选用	30	不清楚根据容器的压力等级选择合适的压力表扣7分				
				不清楚根据工作介质选择适宜的压力表扣8分				
				不清楚压力表经检验合格并铅封扣15分				
		备用压力表的安装	30	未关闭压力表底阀，卸下在线压力表扣10分				
				压力表安装时未加四氟垫片和未用四氟带缠绕扣5分				
				压力表安装方向错误扣5分				
				压力表安装时，未拧紧丝扣扣10分				
		压力表投用	30	未在刻度盘上划明警戒线扣5分				
				未打开压力表底阀扣5分				
				并检查压力表是否好用扣10分				
				未检查压力表泄漏情况扣10分				
3	使用工具	使用工具	2	工具使用不正确扣2分				
		维护工具	3	工具乱摆乱放扣3分				
4	安全及其他	按国家法规或企业规定		违规一次总分扣5分；严重违规停止操作			—	
		在规定时间内完成操作		每超时1min总分扣5分，超时3min停止操作			—	
合计			100					

否定项说明：若出现选用不合格压力表未立即更换情况，该题计零分。

试题 26：手动阀门的使用(现场模拟)

(考核时间：20min)

序号	考核内容	考核要点	配分	评分标准	检测结果	扣分	得分	备注
1	准备工作	穿戴劳保用品	3	穿戴不规范扣 3 分				
		工具、用具准备	2	工具选择不正确扣 2 分				
2	操作过程	阀门的开关方向	20	不清楚阀门一般规定手轮的顺时针方向为关，逆时针方向为开扣 20 分				
		大口径阀门注意事项	10	不清楚设有大口径的阀门，应先开启旁通阀充气和预热，然后再开启大口径主阀扣 10 分				
		蒸汽阀门注意事项	20	不清楚开启蒸汽阀门前，应先微开扣 10 分				
				不清楚开启蒸汽阀门前应先微开的原因扣 10 分				
		高温阀门注意事项	10	不清楚高温阀门关闭后要经过一段时间再关闭一下防止因发生冷却收缩现象损坏密封面扣 10 分				
		其他注意事项	30	不清楚暗杆阀门的开闭程度要按标记进行扣 10 分				
				不清楚长时间不用的阀门应擦拭阀杆和松动填料压盖，加润滑油，再缓慢旋转手轮扣 10 分				
				不清楚阀门不能使用大锤猛击，以防损坏零件或卡死扣 10 分				
3	使用工具	使用工具	2	工具使用不正确扣 2 分				
		维护工具	3	工具乱摆乱放扣 3 分				
4	安全及其他	按国家法规或企业规定		违规一次总分扣 5 分；严重违规停止操作			—	
		在规定时间内完成操作		每超时 1min 总分扣 5 分，超时 3min 停止操作			—	
合　计			100					

试题 27：屏蔽泵的日常巡检(现场模拟)

(考核时间：25min)

序号	考核内容	考核要点	配分	评分标准	检测结果	扣分	得分	备注
1	准备工作	穿戴劳保用品	3	穿戴不规范扣 3 分				
		工具、用具准备	2	工具选择不正确扣 2 分				
2	操作程序	检查机泵流程	20	未检查阀门开关是否正确扣 10 分				
				未检查机泵进出口流量是否正常扣 10 分				
		检查泄漏情况	15	未检查壳体扣 5 分				
				未检查连接管线、阀门扣 5 分				
				未检查法兰扣 5 分				
		检查 TRG 表	15	未察看 TRG 表扣 5 分				
				不清楚 TRG 表指示黄区应如何处理扣 5 分				
				不清楚 TRG 表指示红区应如何处理扣 5 分				
		检查壳体温度、进出口压力是否正常	20	未检查温度扣 10 分				
				未检查压力扣 10 分				
		检查泵体声音、振动、电机情况	15	未检查声音扣 5 分				
				未检查振动扣 5 分				
				未检查电机完好情况扣 5 分				
		检查情况记录	5	未记录扣 5 分				
3	使用工具	正确使用工具	2	工具使用不正确扣 2 分				
		正确维护工具	3	工具乱摆乱放扣 3 分				
4	安全及其他	按国家法规或企业规定		违规一次总分扣 5 分；严重违规停止操作			—	
		在规定时间内完成操作		每超时 1min 总分扣 5 分，超时 3min 停止操作			—	
合计			100					

否定项说明：若出现 TRG 表指示红区未联系立即切泵处理，该题计零分。

试题 28：离心泵润滑油的正常补加(现场模拟)

(考核时间：25min)

序号	考核内容	考核要点	配分	评分标准	检测结果	扣分	得分	备注
1	准备工作	穿戴劳保用品	3	穿戴不规范扣 3 分				
		工具、用具准备	2	工具选择不正确扣 2 分				
2	操作程序	是否坚持“五定”、“三级过滤”	30	未坚持“五定”扣 10 分				
				未坚持“三级过滤”扣 10 分				
				过滤网不符合要求扣 10 分				
		是否执行润滑油制度及规程	20	不知润滑油制度及规程扣 10 分				
				违反润滑油制度及规程扣 10 分				
		是否检查油位及泄漏情况	20	未检查油位扣 7 分				
				未检查泄漏扣 7 分				
				不清楚正常油位扣 6 分				
		补加方法	20	补加方法错误扣 10 分				
				不清楚补加牌号扣 10 分				
3	使用工具	正确使用工具	2	工具使用不正确扣 2 分				
		正确维护工具	3	工具乱摆乱放扣 3 分				
4	安全及其他	按国家法规或企业规定		违规一次总分扣 5 分；严重违规停止操作			—	
		在规定时间内完成操作		每超时 1min 总分扣 5 分，超时 3min 停止操作			—	
合计			100					

否定项说明：若出现严重违反润滑油管理规定等情况，该题计零分。

试题 29：备用机泵盘车操作(模拟)

(考核时间：25min)

序号	考核内容	考核要点	配分	评分标准	检测结果	扣分	得分	备注
1	准备工作	穿戴劳保用品	3	穿戴不规范扣 3 分				
		工具、用具准备	2	工具选择不正确扣 2 分				

续表

序号	考核内容	考核要点	配分	评分标准	检测结果	扣分	得分	备注
2	操作程序	运行机泵的检查	30	未检查电流扣 5 分				
				未检查温度扣 5 分				
				未检查振动扣 5 分				
				未检查声音扣 5 分				
				未检查泄漏扣 5 分				
				未检查油位扣 5 分				
		备用机泵的检查	30	未检查泄漏扣 8 分				
				未检查油位扣 8 分				
				未检查地脚螺栓扣 3 分				
				未检查联轴器扣 3 分				
				未检查冷却水扣 8 分				
		备泵盘车	30	未手动盘联轴器扣 10 分				
				未检查有无卡涩现象扣 10 分				
				盘车不到位扣 10 分				
				盘车故障未联系处理扣 20 分				
3	使用工具	正确使用工具	2	工具使用不正确扣 2 分				
		正确维护工具	3	工具乱摆乱放扣 3 分				
4	安全及其他	按国家法规或企业规定		违规一次总分扣 5 分；严重违规停止操作			—	
		在规定时间内完成操作		每超时 1min 总分扣 5 分，超时 3min 停止操作			—	
合计			100					

试题 30：机泵检修时的监护(模拟)

(考核时间：25min)

序号	考核内容	考核要点	配分	评分标准	检测结果	扣分	得分	备注
1	准备工作	穿戴劳保用品	3	穿戴不规范扣 3 分				
		工具、用具准备	2	工具选择不正确扣 2 分				

续表

序号	考核内容	考核要点	配分	评分标准	检测结果	扣分	得分	备注
2	操作程序	运行机泵状态检查	20	未检查压力扣 5 分				
				未检查振动扣 5 分				
				未检查油位扣 5 分				
				未检查电流扣 5 分				
		待修机泵状态检查	30	未检查出入口阀扣 10 分				
				未检查冷却水阀扣 10 分				
				未检查泵隔离排空扣 10 分				
				屏蔽泵未检查最小回流阀扣 5 分				
				未检查机泵是否断电扣 10 分				
		检查分析指标合格	10	未检查可燃物及有毒物质分析是否合格扣 10 分				
		监护要求	30	分析不合格监护人不会处理扣 7 分				
				监护人不熟悉工艺流程及工艺特点扣 8 分				
				未察看票证书及检修人员有无违章问题扣 7 分				
				监护人不坚守岗位扣 8 分				
3	使用工具	正确使用工具	2	工具使用不正确扣 2 分				
		正确维护工具	3	工具乱摆乱放扣 3 分				
4	安全及其他	按国家法规或企业规定		违规一次总分扣 5 分；严重违规停止操作			—	
		在规定时间内完成操作		每超时 1min 总分扣 5 分，超时 3min 停止操作			—	
合　计			100					

试题 31：离心泵汽蚀的判断（现场模拟）

（考核时间：15min）

序号	考核内容	考核要点	配分	评分标准	检测结果	扣分	得分	备注
1	准备工作	穿戴劳保用品	3	穿戴不规范扣 3 分				
		工具、用具准备	2	工具选择不正确扣 2 分				
2	判断程序	检查声音及振动	10	未检查离心泵有无异常声音扣 10 分				
			10	未检查有无异常振动扣 10 分				
		检查出口压力及流量	10	未检查泵出口压力是否波动较大扣 10 分				
			10	未检查机泵打不上量扣 10 分				
		检查吸入压力及储罐液面	10	未检查泵吸口压力是否较低扣 5 分				
				未检查储罐液面是否过低扣 5 分				
		检查进料管线及阀门是否畅通	20	未检查进口阀是否未开或开度较小扣 7 分				
				未检查进出口管线是否有堵塞扣 6 分				
				未检查入口过滤器是否有堵塞扣 7 分				
		检查机泵有无空转	10	未检查泵出口阀是否未开造成机泵长时间空转而发生汽蚀扣 10 分				
		检查进料温度及泵体温度	10	未检查进料温度是否较高而导致物料汽化发生汽蚀扣 5 分				
				未检查泵体温度是否较高而导致泵内物料汽化发生汽蚀扣 5 分				
3	使用工具	使用工具	2	工具使用不正确扣 2 分				
		维护工具	3	工具乱摆乱放扣 3 分				
4	安全及其他	按国家法规或企业规定		违规一次总分扣 5 分；严重违规停止操作			—	
		在规定时间内完成操作		每超时 1min 总分扣 5 分，超时 3min 停止操作			—	
合计			100					

否定项说明：若出现原因判断不明等情况，该题为零分。

试题32：离心泵打量不足的原因判断(现场模拟)

(考核时间：15min)

序号	考核内容	考核要点	配分	评分标准	检测结果	扣分	得分	备注
1	准备工作	穿戴劳保用品	3	穿戴不规范扣3分				
		工具、用具准备	2	工具选择不正确扣2分				
2	判断程序	切换至备用泵	20	备用泵启动步骤不正确扣10分				
				停泵步骤不正确扣10分				
		检查离心泵入口过滤器及入口管线、阀门	15	未检查泵入口过滤器扣5分				
				未检查入口管线及阀门扣5分				
				未检查入口阀门扣5分				
		检查离心泵是否充分排气	10	未检查泵排气情况扣10分				
		检查吸入槽液位是否过低	10	未检查吸入槽液位扣10分				
		检查离心泵口环及叶轮磨损情况	15	未检查离心泵口环及叶轮磨损情况扣15分				
		检查离心泵回流量是否过大	10	未检查泵回流量是否过大扣10分				
		检查轴封漏液及出口管线堵塞情况	10	未检查出口管线堵塞情况扣5分				
				未检查轴封漏液情况扣5分				
3	使用工具	正确使用工具	2	工具使用不正确扣2分				
		正确维护工具	3	工具乱摆乱放扣3分				
4	安全及其他	按国家法规或企业规定		违规一次总分扣5分；严重违规停止操作			—	
		在规定时间内完成操作		每超时1min总分扣5分，超时3min停止操作			—	
合计			100					

否定项说明：若出现严重违规情况，该题计零分。

试题33：离心泵汽蚀的处理(现场模拟)

(考核时间：25min)

序号	考核内容	考核要点	配分	评分标准	检测结果	扣分	得分	备注
1	准备工作	穿戴劳保用品	3	穿戴不规范扣3分				
		工具、用具准备	2	工具选择不正确扣2分				

续表

序号	考核内容	考核要点	配分	评分标准	检测结果	扣分	得分	备注
2	操作程序	汽蚀现象	30	不清楚打量异常扣10分				
				不清楚出口压力异常波动扣10分				
				不清楚泵异常振动声音扣10分				
		泵的切换	5	切换步骤不正确扣5分				
		检查离心泵汽蚀的原因	20	未检查输送液温度是否过高扣10分				
				未检查泵内是否有气体扣10分				
		汽蚀泵处理	20	未充分排尽泵内气体扣10分				
				输送液未进行降温扣10分				
		启动汽蚀泵	5	启动步骤不正确扣5分				
		停止备用泵	10	停泵步骤不正确扣5分				
				未关出口阀扣5分				
3	使用工具	正确使用工具	2	工具使用不正确扣2分				
		正确维护工具	3	工具乱摆乱放扣3分				
4	安全及其他	按国家法规或企业规定		违规一次总分扣5分；严重违规停止操作			—	
		在规定时间内完成操作		每超时1min总分扣5分，超时3min停止操作			—	
合计			100					

否定项说明：若出现严重违规情况，该题计零分。

试题34：离心泵打量不足的处理(现场模拟)

（考核时间：25min）

序号	考核内容	考核要点	配分	评分标准	检测结果	扣分	得分	备注
1	准备工作	穿戴劳保用品	3	穿戴不规范扣3分				
		工具、用具准备	2	工具选择不正确扣2分				
2	操作程序	启动备用泵	15	备用泵启动步骤不正确扣15分				
		停打量不足泵	15	停泵步骤不正确扣15分				
		检查打量不足的原因	25	未检查出入口管线、阀门及过滤器扣5分，漏项扣3分				

续表

序号	考核内容	考核要点	配分	评分标准	检测结果	扣分	得分	备注
				未检查泵内是否有气体扣5分				
				未检查叶轮及口环磨损情况扣5分				
				未检查轴封泄漏量扣5分				
				未检查回流量是否过大扣5分				
		打量不足处理	15	未针对检查出的问题进行处理扣15分				
		启动打量不足泵	10	启动顺序不正确扣10分				
		停备用泵	10	停泵顺序不正确扣10分				
				未关出口阀扣10分				
3	使用工具	正确使用工具	2	工具使用不正确扣2分				
		正确维护工具	3	工具乱摆乱放扣3分				
4	安全及其他	按国家法规或企业规定		违规一次总分扣5分；严重违规停止操作			—	
		在规定时间内完成操作		每超时1min总分扣5分，超时3min停止操作			—	
合计			100					

否定项说明：若出现严重违规情况，该题计零分。

试题35：8kg干粉灭火器的使用(现场模拟)

(考核时间：15min)

序号	考核内容	考核要点	配分	评分标准	检测结果	扣分	得分	备注
1	准备工作	穿戴劳保用品	3	穿戴不规范扣3分				
		工具、用具准备	2	工具选择不正确扣2分				
2	操作程序	灭火器完好情况检查	20	未检查灭火器铅封是否完好扣10分				
				未检查灭火器的使用期限扣10分				
		干粉灭火器扑救火灾的适用范围	20	不清楚扑救火灾范围扣20分				

续表

序号	考核内容	考核要点	配分	评分标准	检测结果	扣分	得分	备注
		干粉灭火器的使用操作	30	未拉开铅封扣 10 分				
				喷嘴未对准火源根部扣 10 分				
				未按下压把喷出干粉扣 10 分				
		操作注意事项	20	灭火过程未站在上风口扣 10 分				
				扑救火灾时使用不适用扑救范围的灭火器扣 10 分				
3	使用工具	正确使用工具	2	工具使用不正确扣 2 分				
		正确维护工具	3	工具乱摆乱放扣 3 分				
4	安全及其他	按国家法规或企业规定		违规一次总分扣 5 分；严重违规停止操作			—	
		在规定时间内完成操作		每超时 1min 总分扣 5 分，超时 3min 停止操作			—	
合计			100					

否定项说明：若出现违规情况，该题计零分。

试题 36：隔离和动火条件的确认（现场模拟）

（考核时间：25min）

序号	考核内容	考核要点	配分	评分标准	检测结果	扣分	得分	备注
1	准备工作	穿戴劳保用品	3	穿戴不规范扣 3 分				
		工具、用具准备	2	工具选择不正确扣 2 分				
2	操作程序	检查动火处物料清理情况	15	未检查物料清理情况扣 10 分				
				未检查吹扫、冲洗情况扣 5 分				
		检查与动火处相连的管线断开情况	15	未检查采取断开、隔离措施扣 15 分				
		检查动火处周围易燃物清理情况	15	未检查易燃物清理情况扣 15 分				
		检查高空作业防火花飞溅措施	10	未检查采取防火花飞溅措施扣 10 分				
		检查动火处周围地沟、下水井易燃物清理情况	10	未检查清理情况扣 10 分				
		检查现场乙炔气瓶、氧气瓶与火源距离 10m 以上	10	未检查位置扣 10 分				
		检查现场灭火器备用情况	15	未检查灭火器备用情况扣 15 分				

续表

序号	考核内容	考核要点	配分	评分标准	检测结果	扣分	得分	备注
3	使用工具	正确使用工具	2	工具使用不正确扣 2 分				
		正确维护工具	3	工具乱摆乱放扣 3 分				
4	安全及其他	按国家法规或企业规定		违规一次总分扣 5 分；严重违规停止操作			—	
		在规定时间内完成操作		每超时 1min 总分扣 5 分，超时 3min 停止操作			—	
合　计			100					

否定项说明：若出现违规情况，该题计零分。

试题 37：初期火灾的紧急扑救及报警(现场模拟)

（考核时间：30min）

序号	考核内容	考核要点	配分	评分标准	检测结果	扣分	得分	备注
1	准备工作	穿戴劳保用品	3	穿戴不规范扣 3 分				
		工具、用具准备	2	工具选择不正确扣 2 分				
2	操作程序	首先尽力灭火	20	未首先灭火扣 15 分				
				未正确使用灭火器扣 5 分				
		报警请求支援	20	报警程序不正确扣 20 分				
		向有关部门领导汇报	10	未向有关部门领导汇报扣 10 分				
		采取工艺应急措施	10	未采取工艺应急措施扣 10 分				
			10	采取应急措施不当扣 10 分				
		清理火场道路	20	未清除火场道路杂物、易燃、易爆物品扣 20 分				
3	使用工具	正确使用工具	2	工具使用不正确扣 2 分				
		正确维护工具	3	工具乱摆乱放扣 3 分				
4	安全及其他	按国家法规或企业规定		违规一次总分扣 5 分；严重违规停止操作			—	
		在规定时间内完成操作		每超时 1min 总分扣 5 分，超时 3min 停止操作			—	
合　计			100					

否定项说明：若出现可能使火灾扩大情况，该题计零分。

试题38：绘出带控制点的单元工艺流程图(笔试)

（考核时间：30min）

序号	考核内容	考核要点	配分	评分标准	检测结果	扣分	得分	备注
1	准备工作	穿戴整齐	3	穿戴不规范扣3分				
		工具、用具准备	2	器具准备不全扣2分				
2	绘制程序	绘制主要设备	20	塔、罐、反应器漏画一项扣10分				
				机泵漏画一项扣2分				
				设备位号标注错一处扣2分				
		绘制主要管线和阀门	20	漏画一条主要管线扣5分				
				漏画一处主要阀门扣5分				
				阀门画错一处扣5分				
				管线画错一处扣5分				
		绘制调节阀及副线阀	20	调节阀漏画一处扣5分				
				副线阀漏画一处扣2分				
		绘出调节阀仪表位置、标注表号、仪表控制信号	20	位置错误扣3分				
				标注表号错误扣2分				
				漏画一处仪表信号扣2分				
		标明物料方向	5	物流方向错一处扣2分				
		卷面整洁、横平竖直	5	卷面不整洁扣2分				
				横不平竖不直扣3分				
		流程图布局合理、图形规范	5	布局不合理扣3分				
				图形不规范扣2分				
3	安全及其他	按国家法规或企业规定		违规一次总分扣5分；严重违规停止操作			—	
		在规定时间内完成操作		每超时1min总分扣5分，超时3min停止操作			—	
合计			100					

否定项说明：若出现液面与流量串级示意缺项等情况，该题为零分。

试题39：表压的换算（笔试）

（考核时间：20min）

序号	考核内容	考核要点	配分	评分标准	检测结果	扣分	得分	备注
1	准备工作	穿戴整齐	3	穿戴不规范扣3分				
		工具、用具准备	2	器具准备不全扣2分				
2	换算步骤	解题步骤	20	解题未写解扣5分				
				解题未写已知条件扣10分				
				解题结束未写答扣5分				
		列出计算公式	30	未列表压、绝对压力、大气压关系式扣20分				
				公式错扣10分				
		换算步骤	15	计算数据代入错误扣5分				
				计算得数错误扣5分				
				计算中间步骤缺扣5分				
		换算单位	25	已知条件单位错误扣5分				
				中间步骤单位错误扣5分				
				最终求得结果单位错误扣5分				
				国际单位与工程单位错误扣10分				
		卷面清晰、工整	5	卷面不清晰、不工整扣5分				
3	安全及其他	按国家法规或企业规定		违规一次总分扣5分；严重违规停止操作			—	
		在规定时间内完成操作		每超时1min总分扣5分，超时3min停止操作			—	
		合　计	100					

试题40：物料浓度的计算（笔试）

（考核时间：20min）

序号	考核内容	考核要点	配分	评分标准	检测结果	扣分	得分	备注
1	准备工作	穿戴整齐	3	穿戴不规范扣3分				
		工具、用具准备	2	器具准备不全扣2分				

续表

序号	考核内容	考核要点	配分	评分标准	检测结果	扣分	得分	备注
2	计算步骤	解题步骤	20	解题未写解扣5分				
				解题未写已知条件扣10分				
				解题结束未写答扣5分				
		列出计算公式	30	未列浓度计算公式扣20分				
				计算公式错扣10分				
		计算步骤	25	浓度代号错扣10分				
				计算数据代入错误扣5分				
				计算得数错误扣5分				
				计算中间步骤缺扣5分				
		计算单位	15	已知条件单位错误扣5分				
				中间步骤单位错误扣5分				
				最终求得结果单位错误扣5分				
		卷面清晰、工整	5	卷面不清晰、不工整扣5分				
3	安全及其他	按国家法规或企业规定		违规一次总分扣5分；严重违规停止操作			—	
		在规定时间内完成操作		每超时1min总分扣5分，超时3min停止操作			—	
合计			100					

试题41：换热的单一物料计算(笔试)

（考核时间：25min）

序号	考核内容	考核要点	配分	评分标准	检测结果	扣分	得分	备注
1	准备工作	穿戴整齐	3	穿戴不规范扣3分				
		工具、用具准备	2	器具准备不全扣2分				
2	计算步骤	解题步骤	20	解题未写解扣5分				
				解题未写已知条件扣10分				
				解题结束未写答扣5分				

续表

序号	考核内容	考核要点	配分	评分标准	检测结果	扣分	得分	备注
		计算步骤	55	未列出计算公式扣 20 分				
				计算公式错扣 10 分				
				热量、平均传热温差、传热面积等代号错扣 10 分				
				计算数据代入错误扣 5 分				
				计算得数错误扣 5 分				
				计算中间步骤缺扣 5 分				
		计算单位	15	已知条件单位错误扣 5 分				
				中间步骤单位错误扣 5 分				
				最终求得结果单位错误扣 5 分				
		卷面清晰、工整	5	卷面不清晰、不工整扣 5 分				
3	安全及其他	按国家法规或企业规定		违规一次总分扣 5 分；严重违规停止操作			—	
		在规定时间内完成操作		每超时 1min 总分扣 5 分，超时 3min 停止操作			—	
合计			100					

第二部分

中 级 工

一、石油石化职业资格等级标准（中级工工作要求）

职业功能	工作内容	技能要求	相关知识
一、工艺操作	（一）开车准备	1. 能引冷却水、蒸汽、压缩空气等介质进装置 2. 能检查并确认开车流程 3. 能做好系统隔离操作 4. 能完成反应器的开车准备操作 5. 能配合仪表工对联锁试验、控制阀阀位等进行确认 6. 能看懂化验单内容 7. 能进行预热器、冷却器等设备的开车准备 8 能完成催化剂的装填及开车前确认	1. 全装置工艺流程 2. 开车方案 3. 系统隔离注意事项 4. 一般工艺、设备联锁方法 5. 空气预热器投用方法 6. 取代、消除、加成、聚合、氧化、还原等各种有机反应类型的反应原理 7. 催化剂的组成、结构、性质
	（二）开车操作	1. 能打通开车流程 2. 能完成反应器、换热器、分离器的操作 3. 能操作蒸汽发生器 4. 能投用机泵封油系统 5. 能完成有机产品或液体原料的开、闭路循环操作 6. 能进行精馏塔操作 7. 能对影响产品质量的操作参数进行调节和控制	1. 装置生产工艺技术规程 2. 反应器、换热器、分离器工作原理及操作方法 3. 蒸汽发生器投用方法 4. 封油系统流程 5. 精馏塔结构与作用
	（三）正常操作	1. 能配制与加入装置常用原料及助剂 2. 能控制装置平稳运行 3. 能运用常规仪表、DCS 操作站对工艺参数进行常规调节	1. 常规仪表选用原则 2. DCS 操作方法 3. ESD 操作方法 4. 常用有机合成化工原料和化工“三剂”的性质与作用
	（四）停车操作	1. 能完成降温降量操作 2. 能停用关键设备 3. 能停用冷却器、分离器等常用设备 4. 能停用精馏塔并进行吹扫 5. 能置换、退净设备、管道内的物料并完成吹扫工作 6 能进行催化剂的降温和钝化	1. 设备停车的方案 2. 系统停车方案 3. 催化剂钝化概念 4. 装置停车管理规定

续表

职业功能	工作内容	技能要求	相关知识
二、设备使用与维护	（一）使用设备	1. 能开、停、切换常用机泵等设备 2. 能使用测速、测振、测温等仪器 3. 能完成原料的预热及相关操作 4. 能投用塔、罐、釜、反应器、换热器、分离器等设备 5. 能操作往复式压缩机 6. 能完成关键机组润滑油泵的切换操作 7. 能操作关键机组润滑系统	1. 机泵的工作原理及操作方法 2. 机泵预热要点 3. 测速、测振、测温等仪器使用方法 4. 大型机组润滑油泵切换注意事项 5. 往复式压缩机开停步骤
	（二）维护设备	1. 能完成更换垫片、拆装盲板等操作 2. 能完成机组检修前后的氮气置换操作 3. 能判断机泵运行故障并作相应的处理 4. 能做好设备的润滑工作 5. 能对机泵、反应器、阀门等进行常规的维护保养	1. 设备完好标准 2. 设备密封要求 3. 润滑油管理制度
三、事故判断与处理	（一）判断事故	1. 能现场判断阀门、机泵、反应器等运行中常见故障 2. 能判断反应器、塔、罐、釜、冷换设备等压力容器的泄漏事故 3. 能判断反应器、换热器、分离器等常见故障 4. 能判断一般性着火事故的原因 5. 能判断一般产品质量事故 6. 能判断冲塔、串料等事故	1. 冷换设备等压力容器的结构及使用条件 2. 阀门、机泵常见故障判断方法 3. 事故预案分析方法
	（二）处理事故	1. 能按指令处理装置停原料、水、电、气、风、蒸汽、燃料等突发事故 2. 能处理机泵等常见设备故障 3. 能完成紧急停机、停反应器操作 4. 能处理反应器、换热器、分离器等设备事故 5. 能处理装置一般性着火事故 6. 能处理硫化物等有害物质中毒事故 7. 能协助处理仪表、电气事故 8. 能处理一般产品质量事故	1. CO、H_2S、苯、Cl_2 中毒机理及救护方法 2. 紧急停车方案 3. 事故应急预案
四、绘图与计算	（一）绘图	1. 能绘制装置工艺流程图 2. 能识读设备结构简图	1. 工艺流程图绘制方法 2. 设备简图符号含义
	（二）计算	1. 能计算转化率、收率、空速、回流比等 2. 能完成班组经济核算 3. 能完成简单物料平衡计算	1. 转化率、收率、空速、回流比等的基本概念、意义 2. 班组经济核算方法 3. 物料平衡计算方法

二、理论知识鉴定要素细目表

行业通用理论知识鉴定要素细目表

鉴定范围						鉴定点		
一级		二级		三级		代码	名称	重要程度
代码	名称	代码	名称	代码	名称			
A	基本要求	B	基础知识	A	记录填写基础知识	001	岗位交接班记录的填写要求	X
						002	关键设备巡检记录的填写要求	X
				B	识图基础知识	001	正投影的特点	X
						002	三视图的特点	X
						003	三视图的作图方法	X
						004	零件图的作用	X
				C	安全环保基础知识	001	石化行业安全检查的内容	X
						002	尘毒物质危害人体的主要因素	X
						003	化工污染的控制方法	X
						004	清洁生产的理论基础	X
						005	清洁生产审计的目的	X
						006	灭火的机理	X
						007	ISO 14001 标准的特点	X
						008	ISO 14001 环境因素识别的状态、时态和类型	X
						009	ISO 14001 环境因素识别的步骤	X
						010	ISO 14001 识别环境因素的方法	X
						011	HSE 审核的概念	X
						012	HSE 审核的目的	X
						013	HSE 危害的概念	X
						014	废水治理的常识	X
						015	废气治理的常识	X
						016	废渣处理的常识	X
						017	防冻防凝的知识	X
						018	夏季四防的知识	X
						019	职业病的概念	X
						020	职业病的种类	X
						021	石化行业事故的分类	X
						022	石化行业事故分级的规定	X
						023	HSE 不符合的概念	X
						024	HSE 事故的定义	X

续表

鉴定范围						鉴定点		
一级		二级		三级		代码	名称	重要程度
代码	名称	代码	名称	代码	名称			
				D	质量基础知识	001	标准化的意义	X
						002	质量认证的概念	X
						003	全面质量管理的特点	X
						004	ISO 9000 质量管理体系基础的内容	X
						005	质量管理 PDCA 动态循环的意义	X
						006	ISO 9000 族标准的核心标准	X
						007	ISO 9000 族标准“质量”的意义	X
						008	ISO 9001 标准的八项管理原则	X
				E	计算机基础知识	001	Word 文字处理软件基础知识	X
						002	Word 表格处理知识	X
						003	Excel 工作表的建立	X
						004	Excel 的排版	X
				F	法律常识	001	合同的形式	X
						002	合同法关于无效合同的规定	X

职业通用理论知识鉴定要素细目表(有机合成工)

鉴定范围						鉴定点		
一级		二级		三级		代码	名称	重要程度
代码	名称	代码	名称	代码	名称			
A	基本要求	B	基础知识	G	化学基础知识	001	理想气体状态方程的概念	X
						002	临界温度的概念	X
						003	临界点的概念	X
						004	道尔顿分压定律的内容	X
						005	可逆反应的基本概念	X
						006	原子结构的概念	X
						007	化学平衡常数概念	X
						008	理想气体的概念	X
						009	气体溶解度的影响因素	X
						010	质量分数的概念	X
						011	电解质的基本性质	X
						012	电离平衡的概念	Y

续表

鉴定范围						鉴定点		
一级		二级		三级		代码	名称	重要程度
代码	名称	代码	名称	代码	名称			
						013	氧化还原反应的配平原则	X
						014	催化剂的选择性	X
						015	化学反应速率的概念	X
						016	化学平衡移动理论	Z
						017	溶液物质的量浓度的计算	X
						018	加成反应定义	X
						019	取代反应定义	X
						020	烷基化反应定义	X
						021	烯烃的加成反应类型	X
						022	烯烃的聚合反应	X
						023	丁二烯的加成反应	X
						024	丁二烯的聚合反应	X
						025	炔烃的加成反应	X
						026	烷烃的分子通式	X
						027	烯烃的分子通式	X
						028	炔烃的分子通式	X
						029	二烯烃的分子通式	X
						030	醚的通式	X
						031	醇的通式	X
						032	饱和一元醇的物理性质	X
						033	醇的主要化学性质	X
						034	乙醚的物理性质	X
						035	醚的主要化学性质	X
						036	环氧乙烷的性质和用途	X
						037	醛、酮的分子通式	X
						038	醛、酮的主要化学性质	X
						039	芳烃的取代反应	X
						040	芳烃的加成反应	X
						041	高分子化合物的加聚反应	Y
						042	高分子化合物的缩聚反应	Y

续表

鉴定范围						鉴定点		
一级		二级		三级		代码	名称	重要程度
代码	名称	代码	名称	代码	名称			
				H	化工基础知识	001	流体流动的基本形态	X
						002	流速与流量之间的计算	X
						003	流体阻力的计算	X
						004	湍流扩散的概念	X
						005	传热的基本原理	X
						006	热负荷的基本概念	X
						007	提高换热器传热速率的途径	X
						008	汽提的基本原理	X
						009	挥发度的概念	X
						010	相对挥发度的概念	X
						011	塔设备空速的概念	X
						012	换热器操作的基本原则	X
						013	列管式换热器的特点	X
						014	过热蒸汽的概念	X
						015	液体密度的计算	X
						016	气体密度的计算	X
						017	筛板的主要性能参数	Y
						018	精馏塔操作弹性的概念	X
						019	液体分布装置的作用	X
						020	填料的主要性能参数	X
						021	操作压力对精馏塔操作的影响	X
						022	进料状况对精馏塔操作的影响	X
						023	回流比对精馏塔操作的影响	X
						024	塔顶产品采出量对精馏塔操作的影响	X
						025	塔釜产品采出量对精馏塔操作的影响	X
						026	液泛的概念	X
						027	雾沫夹带的概念	X
						028	精馏塔塔板漏液产生的原因	X
						029	影响灵敏板温度的因素	X
						030	沟流的概念	X

续表

鉴定范围						鉴定点		
一级		二级		三级		代码	名称	重要程度
代码	名称	代码	名称	代码	名称			
						031	干燥的基本原理	X
						032	干燥的方式	X
						033	流体产生阻力的原因	X
						034	填料塔沟流的危害	X
						035	分子扩散的概念	Y
						036	傅里叶定律的内容	Y
						037	离心泵的主要性能参数	X
						038	原料利用率的计算	X
						039	产品产率、收率的计算	X
						040	反应物转化率的计算	X
						041	催化剂的中毒和再生	X
				I	计量基础知识	001	计量立法的宗旨	X
						002	检定合格印的要求	X
						003	计量检定遵循的原则	Y
						004	计量器具的定义	Z
				J	化工机械与设备知识	001	防止离心式压缩机喘振的方法	Y
						002	离心泵的工作原理	X
						003	浮阀塔的主要结构	X
						004	筛板塔的主要结构	X
						005	填料塔的结构	X
						006	板式塔的类型	X
						007	离心泵的结构	X
						008	列管式换热器的种类	X
						009	离心式压缩机的常规巡检内容	X
						010	化学腐蚀的概念	X
						011	压力容器安全附件的作用	X
						012	疏水器的作用	X
						013	离心泵的常规巡检内容	X
						014	离心泵抽空的原因	X
						015	离心泵不上量的原因	X
						016	离心泵汽蚀的原因	X

续表

鉴定范围						鉴定点		
一级		二级		三级		代码	名称	重要程度
代码	名称	代码	名称	代码	名称			
						017	电化学腐蚀的概念	X
						018	常用过滤设备的结构和原理	X
						019	常用除尘设备的结构和原理	X
				K	电工基础知识	001	正弦交流电的基本概念	X
						002	接零保护的一般要求	X
						003	短路造成的危害	Y
						004	安全电压的概念	X
						005	产生静电的原因	Y
						006	电气防火、防爆的基本知识	Y
						007	常用电工工具的种类	X
						008	常用电工仪表的种类	X
						009	电动机运行监视的内容	X
				L	仪表基础知识	001	弹簧管式压力表测量原理	X
						002	液柱式压力计的测量原理	Y
						003	转子流量计测量原理	X
						004	静压式液位计的测量原理	X
						005	调节阀气开的作用方式	Y
						006	调节阀气关的作用方式	Y
						007	仪表标准信号的种类	Y
						008	热电偶的作用	Y
						009	比例调节的概念	X
						010	积分调节的概念	X
						011	微分调节的概念	X
						012	复杂调节系统的分类	X
						013	调节器正作用的工作原理	X
						014	调节器反作用的工作原理	X
						015	气开阀的工作原理	X
						016	气关阀的工作原理	X
						017	DCS 的操作画面	X
						018	调节对象的基本概念	X
						019	被调节参数的基本概念	X
						020	仪表稳定性的概念	Z

工种理论知识鉴定要素细目表

鉴定范围						鉴定点		
一级		二级		三级		代码	名称	重要程度
代码	名称	代码	名称	代码	名称			
B	相关知识	A	工艺操作	A	开车准备	001	设备隔离的注意事项	X
						002	预热器开车准备工作	X
						003	引蒸汽前的检查内容	X
						004	联锁确认的条件	X
						005	开车流程确认的条件	Y
						006	引循环水的检查内容	X
						007	暖机的目的	X
						008	管线吹扫的目的	X
						009	装置气密试验的目的	X
						010	系统接收物料条件确认	X
						011	设备试压的目的	X
						012	进料系统气密的方法	X
						013	气密检验标准	X
						014	设备管线防冻的方法	X
						015	装填催化剂的注意事项	X
						016	氮气置换合格标准	X
						017	催化剂的作用	X
						018	系统联锁的作用	X
				B	开车操作	001	蒸汽减压的注意事项	X
						002	换热器投用的条件	X
						003	精馏塔的关键控制要素	X
						004	反应器的关键控制要素	X
						005	精馏单元分离方法	Y
						006	反应器操作要点	X
						007	反应器物料接收方法	X
						008	精馏塔温度的控制方法	X
						009	精馏塔压力的控制方法	Y
						010	精馏塔回流量的控制方法	X
						011	精馏塔的操作原则	X
						012	DCS 系统操作画面符号的含义	Y
						013	疏水器的分类	X

续表

鉴定范围						鉴定点		
一级		二级		三级		代码	名称	重要程度
代码	名称	代码	名称	代码	名称			
						014	原料配制操作方法	X
						015	吸收塔的作用	X
						016	仪表风干燥器的作用	X
						017	采出物料质量的控制方法	X
						018	催化剂的升温步骤	X
				C	正常操作	001	吸收剂的选择方法	X
						002	吸收操作的特点	X
						003	影响吸收速率的因素	X
						004	精馏塔温度的控制	X
						005	催化剂的性能	Y
						006	催化剂的活性组分	Y
						007	催化剂的作用	X
						008	洗涤塔液位控制方法	X
						009	疏水器的投用方法	X
						010	萃取的方法	X
						011	精馏质量控制的方法	Y
						012	防爆膜的作用	Y
						013	回流比的大小对精馏操作的影响	Y
						014	进料组成变化对精馏操作的影响	X
						015	压力变化对精馏操作的影响	X
						016	反应压力的控制方法	X
						017	反应温度的控制方法	X
						018	影响吸收操作的因素	X
						019	结晶操作温度的控制方法	X
						020	调节离心泵流量的方法	X
						021	安装压力表注意事项	X
						022	DCS 的基本操作方法	Y
				D	停车操作	001	正常停车的操作原则	X
						002	催化剂的降温卸出注意事项	X
						003	设备中物料的清理方法	X
						004	停车降温降量操作要求	X

续表

鉴定范围						鉴定点		
一级		二级		三级		代码	名称	重要程度
代码	名称	代码	名称	代码	名称			
						005	紧急停车的操作原则	X
						006	临时停车反应器保温注意事项	X
						007	装置动火前的处理程序	X
						008	反应系统正常停车的注意事项	X
						009	反应器正常停车的操作要点	X
						010	精馏系统正常停车注意事项	X
						011	吹扫介质选用的原则	X
						012	系统隔离时的注意事项	X
						013	设备泄漏检修时注意事项	Y
						014	吸收系统正常停车的操作要点	X
						015	“三废”的排放标准	Z
		B	设备使用与维护	A	设备使用	001	常用的润滑方式	X
						002	压力容器的安全附件	Y
						003	DCS 系统的操作方法	X
						004	压力容器的分类	X
						005	压力容器的使用条件	X
						006	压力容器具备的条件	X
						007	安全阀的种类	X
						008	安全阀的使用范围	X
						009	规整填料塔结构	Y
						010	筛板塔结构	Y
						011	离心泵的串、并联的目的	Y
						012	离心泵的结构特点	Z
						013	离心泵的主要性能参数	Y
						014	机泵冷却的作用	X
						015	干燥器分类	Y
						016	冷凝器的使用	X
						017	常用透平的类型	X
						018	冷却器的分类	X
						019	螺旋板式换热器的结构	X

续表

鉴定范围						鉴定点		
一级		二级		三级		代码	名称	重要程度
代码	名称	代码	名称	代码	名称			
				B	设备维护	001	设备完好标准	X
						002	更换垫片操作方法	X
						003	拆装盲板操作要求	X
						004	阀门的使用与维护	X
						005	压缩机的使用与维护	X
						006	过滤机的使用与维护	X
						007	设备管道防腐的目的	Y
						008	设备管道保温的目的	Z
						009	管道试压应具备的条件	X
						010	管道吹扫和清洗的一般规定	X
		C	事故判断与处理	A	事故判断	001	反应器压力升高原因	X
						002	塔内漏的判断	X
						003	吸收塔传热效果差的原因	X
						004	塔设备壳体局部变形的原因	X
						005	离心泵振动有异常响声的原因	X
						006	一般性着火事故原因的判断	X
						007	油泵发生火灾事故的原因	X
						008	电机发生崩烧事故的原因分析	X
						009	反应器出口温度升高原因	X
						010	反应器床层压降增大原因	X
						011	精馏塔淹塔的原因	X
						012	产品纯度低的原因	X
				B	事故处理	001	石化行业事故处理的原则	X
						002	一氧化碳中毒救护方法	Y
						003	苯中毒救护方法	X
						004	氯气中毒救护方法	X
						005	硫化氢中毒救护方法	X
						006	电动机异常振动和响声的处理方法	X
						007	电动机着火的处理方法	X
						008	阀门内漏的处理方法	X
						009	过滤机过滤效率明显降低的处理方法	X

续表

鉴定范围						鉴定点		
一级		二级		三级		代码	名称	重要程度
代码	名称	代码	名称	代码	名称			
						010	板式换热器换热效果不好的处理方法	X
						011	列管式换热器换热效果下降的处理方法	X
						012	装置停氮气的处理方法	X
						013	蒸汽灭火操作要点	X
						014	淹塔事故的处理要点	X
						015	水冷却器泄漏的处理方法	X
						016	精馏塔顶温度偏低处理方法	X
						017	消防水的使用方法	X
		D	绘图与计算	A	绘图	001	简单工艺流程图符号的含义	X
						002	设备图的简单识别方法	X
						003	化工制图基础知识	Z
						004	绘制简单的工艺流程图	Z
				B	计算	001	不同压力表示方法间换算关系	X
						002	开工率的概念	Z
						003	质量百分比溶液的计算	Z
						004	扬程的计算	Y
						005	轴功率的计算	Y
						006	传热效率的计算	Y

三、理论知识试题

行业通用理论知识试题

判断题

1. 交接班记录需要领导审阅签字。 (√)

2. 设备巡检包括设备停机过程中的检查。 (√)

3. 投影线都相互平行的投影称为中心投影。 (×)

正确答案： 投影线都相互平行的投影称为平行投影。

4. 在三视图中，能够反映物体上下、左右位置关系的视图为俯视图。 (×)

正确答案： 在三视图中，能够反映物体上下、左右位置关系的视图为主视图。

5. 画三视图时，左视图和俯视图的关系是长对正。 (×)

正确答案： 画三视图时，左视图和俯视图的关系是宽相等。

6. 零件图的作用是读零件图与装配图关系。 (×)

正确答案：零件图的作用是直接指导制造零件和检验零件的图样。

7. 零件图是直接指导制造零件和检验零件的图样。 （√）

8. 综合性季度检查中，安全生产不仅是重要内容，还实行一票否决权。 （√）

9. 尘毒物质对人体的危害与个人体质因素无关。 （×）

正确答案：尘毒物质对人体的危害与个人年龄、身体健康状况等因素有关。

10. 因为环境有自净能力，所以轻度污染物可以直接排放。 （×）

正确答案：虽然环境有自净能力，轻度污染物也不可以直接排放。

11. 目前清洁生产审计中应用的理论主要是物料平衡和能量守恒原理。 （√）

12. 清洁生产审计的目的是：通过清洁生产审计判定生产过程中不合理的废物流和物、能耗部位，进而分析其原因，提出削减它的可行方案并组织实施，从而减少废弃物的产生和排放，达到实现本轮清洁生产目标。 （√）

13. 根据燃烧三要素，采取除掉可燃物、隔绝氧气（助燃物）、将可燃物冷却至燃点以下等措施均可灭火。 （√）

14. 在HSE管理体系中，评审是高层管理者对安全、环境与健康管理体系的适应性及其执行情况进行正式评审。 （√）

15. 第二方审核是直属企业作为受审方，由取得相应资格的单位进行HSE体系审核。 （×）

正确答案：第三方审核是直属企业作为受审方，由取得相应资格的单位进行HSE体系审核。

16. 含汞、铬、铅等的工业废水不能用化学沉淀法治理。 （×）

正确答案：含汞、铬、铅等的工业废水可以用化学沉淀法治理。

17. 一级除尘又叫机械除尘。 （√）

18. 废渣处理首先考虑综合利用的途径。 （√）

19. 陆地填筑法可避免造成火灾或爆炸。 （×）

正确答案：陆地填筑法有可能造成火灾或爆炸。

20. 在防冻防凝工作中，严禁用高压蒸汽取暖、严防高压蒸汽窜入低压系统。 （√）

21. 对已冻结的铸铁管线、阀门等可以用高温蒸汽迅速解冻。 （×）

正确答案：对已冻结的铸铁管线、阀门等不得急剧加热，只允许温水或少量蒸汽缓慢解冻，以防骤然受热损坏。

22. 进入夏季，工业园区应对所有地沟、排水设施进行检查，清除排水障碍。备足防汛物资，遇到险情时能满足需求。 （√）

23. 从事办公室工作的人员不会形成职业病。 （×）

正确答案：从事办公室工作的人员也会形成相应的职业病。

24. 职业中毒不属于职业病。 （×）

正确答案：职业中毒属于职业病之一。

25. 急慢性中毒皆属于人身事故。 （×）

正确答案：急性中毒属于人身事故。

26. 在HSE管理体系中，一般不符合项是指能使体系运行出现系统性失效或区域性失效的问题。 （×）

正确答案：在HSE管理体系中，一般不符合项是指个别的、偶然的、孤立的、性质轻微的问题或者是不影响体系有效性的局部问题。

27. HSE 管理体系规定，公司应建立事故报告、调查和处理管理程序，所制定的管理程序应保证能及时地调查、确认事故(未遂事故)发生的根本原因。 (√)

28. 标准化的重要意义是提高产品、过程或服务的质量，防止贸易壁垒，并促进技术合作。 (×)

正确答案：标准化的重要意义是改进产品、过程或服务的适用性，防止贸易壁垒，并促进技术合作。

29. 企业应当具备法人的资格或是法人的一部分，才可以申请质量体系认证。 (√)

30. 全面质量管理的核心是强调提高产品质量。 (×)

正确答案：全面质量管理的核心是强调提高工作质量。

31. 生产制造过程的质量管理是全面质量管理的中心环节。 (√)

32. 质量管理体系是指在质量方面指挥和控制组织的管理体系，它是组织若干管理体系的一个。 (√)

33. PDCA 循环是全面质量管理的科学方法，可用于企业各个方面、各个环节的质量管理活动。 (√)

34. ISO 9004：2000 标准是“指南”，可供组织作为内部审核的依据，也可用于认证和合同目的。 (×)

正确答案：ISO 9004：2000 标准提供了超出 ISO 9001 要求的指南和建议，不用于认证或合同的目的。

35. ISO 9000 族标准中，质量仅指产品质量。 (√)

36. ISO 9000 族标准质量管理八项原则是一个组织在质量管理方面的总体原则。 (√)

37. 计算机应用软件 Word 字处理软件不仅可以进行文字处理，还可以插入图片、声音等，但不能输入数学公式。 (×)

正确答案：Word 字处理软件不仅可以进行文字处理，还可以插入图片、声音等，也能输入数学公式。

38. 在应用软件 Word 表格操作中选定整个表格后，按格式工具栏上的左、右、居中对齐等按钮则单元格中的文字内容进行左、右、居中对齐。 (×)

正确答案：选定整个表格后，按格式工具栏上的左、右、居中对齐等按钮则单元格中的文字内容不会进行左、右、居中对齐，整个工作表整体在页面中进行左、右、居中对齐。

39. 在应用软件 Word 表格操作中利用表格工作栏还可对表格内容进行垂直对齐。 (√)

40. 在计算机应用软件 Excel 中选中不连续单元格的功能键是 Alt。 (×)

正确答案：在计算机应用软件 Excel 中选中不连续单元格的功能键是 Ctrl。

41. 在计算机应用软件 Excel 中清除合并居中的格式可以通过键盘的删除(Delete)键来实现。 (×)

正确答案：在计算机应用软件 Excel 中清除合并居中的格式可以通过编辑菜单中的清除格式来实现。

42. 在计算机应用软件 Excel 中的打印可实现放大或缩小比例打印。 (√)

43. 不动产的买卖合同一般采用登记形式。 (√)

44. 在实践中，口头形式是当事人最为普遍采用的一种合同约定形式。 (×)

正确答案：在实践中，书面形式是当事人最为普遍采用的一种合同约定形式。

单选题

1. 不允许在岗位交接班记录中出现(C)。
A. 凭旧换新 B. 划改内容 C. 撕页重写 D. 双方签字
2. 投影线都通过中心的投影称为(A)投影法。
A. 中心 B. 平行 C. 斜 D. 正
3. 在工程制图中应用较多的投影法是(D)投影法。
A. 中心 B. 平行 C. 斜 D. 正
4. 剖视图的剖切符号为断开的(D)线。
A. 细实 B. 点划 C. 虚 D. 粗实
5. 在三视图中，反映物体前后、左右位置关系的视图为(B)。
A. 主视图 B. 俯视图
C. 左视图 D. 在三个视图中都有可能
6. 在三视图中，反映物体前后、上下位置关系的视图为(C)。
A. 主视图 B. 俯视图
C. 左视图 D. 在三个视图中都有可能
7. 画三视图时，主视图和俯视图的关系是(A)。
A. 长对正 B. 高平齐 C. 宽相等 D. 无关系
8. 零件图的主要作用之一是(B)。
A. 指导读零件的结构 B. 直接指导制造零件
C. 读零件图与装配图关系 D. 读零件之间的配合情况
9. 毒物的沸点是(C)。
A. 越低毒性越小 B. 越高毒性越大
C. 越低毒性越大 D. 与毒性无关
10. 污染物的回收方法包括(D)。
A. 蒸发 B. 干燥 C. 排放 D. 吸收
11. 清洁生产涵盖有深厚的理论基础，但其实质是(A)。
A. 最优化理论 B. 测量学基本理论
C. 环境经济学基本理论 D. 资源经济学基本理论
12. 液体有机物的燃烧可以采用(C)灭火。
A. 水 B. 沙土 C. 泡沫 D. 以上均可
13. ISO 14001 标准其主要特点有强调(D)，强调法律，法规的符合性，强调系统化管理，强调文件化，强调相关方的观点。
A. 污染预防 B. 持续改进
C. 末端治理 D. 污染预防、持续改进
14. 在 ISO 14001 标准体系中，为了确保环境因素评价的准确性，在识别环境因素时应考虑的三种状态是(C)。
A. 开车、停机和检修状态 B. 连续、间歇和半连续状态
C. 正常、异常和紧急状态 D. 上升、下降和停止状态
15. 公司 HSE 管理体系的审核分为内部审核、(C)。
A. 第一方审核 B. 第二方审核 C. 第三方审核 D. 第四方审核

16. HSE 评审的目的是检验 HSE 管理体系的适宜性、(B)和有效性。

A. 充分性　B. 公平性　C. 权威性　D. 必要性

17. 废水治理的方法有物理法、(A)法和生物化学法等。

A. 化学　B. 过滤　C. 沉淀　D. 结晶

18. 可直接用碱液吸收处理的废气是(A)。

A. 二氧化硫　B. 甲烷　C. 氨气　D. 一氧化氮

19. 废渣的处理大致采用(D)、固化、陆地填筑等方法。

A. 溶解　B. 吸收　C. 粉碎　D. 焚烧

20. 为了作好防冻防凝工作，停用的设备、管线与生产系统联接处要加好(B)，并把积水排放吹扫干净。

A. 阀门　B. 盲板　C. 法兰　D. 保温层

21. “夏季四防”包括防暑降温、防汛、(A)、防倒塌。

A. 防雷电　B. 防霉变　C. 防跌滑　D. 防干旱

22. 属于石化行业职业病的是(B)。

A. 近视　B. 尘肺病　C. 肩周炎　D. 哮喘

23. 与化工生产密切相关的职业病是(B)。

A. 耳聋　B. 职业性皮肤病　C. 关节炎　D. 眼炎

24. 在 HSE 管理体系中，(A)是指组织在职业健康安全绩效方面所达到的目的。

A. 目标　B. 事件　C. 不合格　D. 不符合

25. 在 HSE 管理体系中，(B)是指与组织的职业健康安全绩效有关的或受其职业健康安全绩效影响的个人或团体。

A. 目标　B. 相关方　C. 事件　D. 不符合

26. 在 HSE 管理体系中，造成死亡、职业病、伤害、财产损失或环境破坏的事件称为(C)。

A. 灾害　B. 毁坏　C. 事故　D. 不符合

27. 标准化的重要意义是改进产品、过程或服务的(C)，防止贸易壁垒，并促进技术合作。

A. 品质　B. 性能　C. 适用性　D. 功能性

28. 产品质量认证活动是(D)开展的活动。

A. 生产方　B. 购买方

C. 生产和购买双方　D. 独立于生产方和购买方之外的第三方机构

29. 全面质量管理强调以(B)质量为重点的观点。

A. 产品　B. 工作　C. 服务　D. 工程

30. 质量管理体系要求企业除应有(A)上的保证能力以外，还应有资源上的保证能力。

A. 管理　B. 质量计划　C. 质量政策与程序　D. 质量文件

31. 企业的质量方针是由(D)决策的。

A. 全体员工　B. 基层管理人员　C. 中层管理人员　D. 最高管理层人员

32. PDCA 循环的四个阶段八个步骤的第四个步骤是(B)。

A. 总结　B. 拟订对策并实施

C. 分析问题原因　D. 效果的确认

33. ISO 9001 和 ISO 9004 的区别在于(D)。

A. 采用以过程为基础的质量管理体系模式

B. 建立在质量管理八项原则的基础之上

C. 强调与其他管理标准的相容性

D. 用于审核和认证

34. 下列各项中属于产品固有特性的是(B)。

A. 价格　　B. 噪音　　C. 保修期　　D. 礼貌

35. PDCA 循环是实施 ISO 9000 族标准(B)原则的方法。

A. 系统管理　　B. 持续改进　　C. 过程方法　　D. 以事实为决策依据

36. 在计算机应用软件 Word 中，不能进行的字体格式设置是(C)。

A. 文字的缩放　　B. 文字的下划线　　C. 文字的旋转　　D. 文字的颜色

37. 计算机应用软件 Word 的菜单中，经常有一些命令是灰色的，这表示(B)。

A. 应用程序本身有故障　　B. 这些命令在当前状态不起作用

C. 系统运行故障　　D. 这些命令在当前状态下有特殊的效果

38. 在计算机应用软件 Word 中，可用于计算表格中某一数值列平均值的函数是(C)。

A. Abs( )　　B. Count( )　　C. Average( )　　D. Total( )

39. 在计算机应用软件 Excel 工作表中，可按需拆分窗口，一张工作表最多拆分为(B)个窗口。

A. 3　　B. 4　　C. 5　　D. 任意多

40. 在计算机应用软件 Excel 中如图所示页面中的斜杠是通过(B)菜单中单元格里的边框来实现。

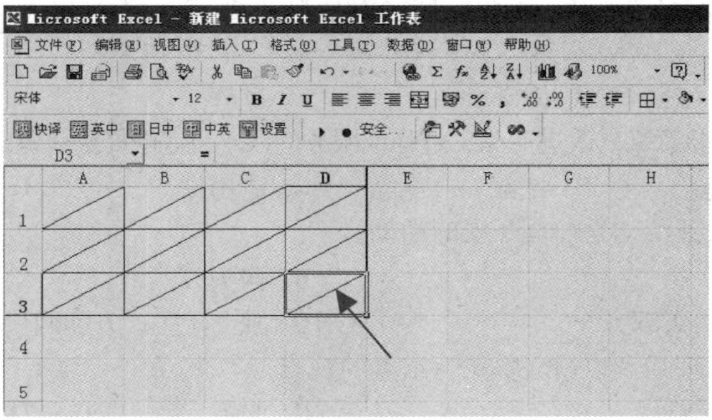

A. 编辑　　B. 格式　　C. 工具　　D. 窗口

41. 当事人采用合同书形式订立合同的，自双方当事人(C)时合同成立。

A. 制作合同书　　B. 表示受合同约束

C. 签字或者盖章　　D. 达成一致意见

42. 下列各种合同中，必须采取书面形式的是(D)合同。

A. 保管　　B. 买卖　　C. 租赁　　D. 技术转让

多选题

1. 设备巡检时域分为(A，B，C，D)等检查。

A. 设备运行期间　　B. 设备停机过程中
C. 设备停运期间　　D. 设备开机过程中

2. 在三视图中，能够反映物体前后位置关系的视图为(B，C)。

A. 主视图　　B. 俯视图
C. 左视图　　D. 在三个视图中都有可能

3. 在三视图中，能够反映物体上下位置关系的视图为(A，C)。

A. 主视图　　B. 俯视图
C. 左视图　　D. 在三个视图中都有可能

4. 在三视图中，与高度有关的视图是(A，C)。

A. 主视图　　B. 俯视图
C. 左视图　　D. 三个视图都有关系

5. 在三视图中，与宽度有关的视图是(B，C)。

A. 主视图　　B. 俯视图
C. 左视图　　D. 三个视图都有关系

6. 零件图的主要作用是(A，C)。

A. 直接指导制造零件　　B. 指导读零件的结构
C. 检验零件的图样　　D. 读零件图与装配图关系

7. 安全检查中的“月查”由车间领导组织职能人员进行月安全检查，查领导、查思想、(A，B，D)。

A. 查隐患　　B. 查纪律　　C. 查产量　　D. 查制度

8. 尘毒物质对人体的危害与工作环境的(A，B，C)等条件有关。

A. 温度　　B. 湿度　　C. 气压　　D. 高度

9. 改革生产工艺是控制化工污染的主要方法，包括(A，B，C)等。

A. 改革工艺　　B. 改变流程
C. 选用新型催化剂　　D. 更新设备

10. 着火点较大时，有利于灭火措施的是(A，C，D)。

A. 抑制反应量　　B. 用衣服、扫帚等扑打着火点
C. 减少可燃物浓度　　D. 减少氧气浓度

11. 在 ISO 14001 标准体系中，为了确保环境因素评价的准确性，在识别环境因素时应考虑土地污染、对社区的影响、原材料与自然资源的使用、其他地方性环境问题外，还应考虑(A，B，C)问题。

A. 大气排放　　B. 水体排放　　C. 废物管理　　D. 材料的利用

12. 在 ISO 14001 标准体系中，环境因素识别的步骤包括(A，B，D)。

A. 划分和选择组织过程　　B. 确定选定过程中存在的环境因素
C. 初始环境评审　　D. 明确每一环境因素对应的环境影响

13. 在ISO 14001标准体系中，识别环境因素的方法除问卷调查、专家咨询、现场观察和面谈、头脑风暴、查阅文件及记录、测量、水平对比、纵向对比等方法外，还有(A，B，C)方法。

A. 过程分析法　　B. 物料衡算　　C. 产品生命周期　　D. 最优化理论

14. 在HSE管理体系中，审核是判别管理活动和有关的过程(A，B)，并系统地验证企业实施安全、环境与健康方针和战略目标的过程。

A. 是否符合计划安排　　B. 是否得到有效实施

C. 是否已经完成　　D. 是否符合标准

15. HSE管理体系中，危害主要包括(A，B，C，D)等方面。

A. 物的不安全状态　　B. 人的不安全行为

C. 有害的作业环境　　D. 安全管理缺陷

16. 工业废水的生物处理法包括(B，D)法。

A. 过滤　　B. 好氧　　C. 结晶　　D. 厌氧

17. 对气态污染物的治理主要采取(B，C)法。

A. 蒸馏　　B. 吸附　　C. 吸收　　D. 过滤

18. 可用于废渣处理方法的是(A，B，C)。

A. 陆地填筑　　B. 固化　　C. 焚烧　　D. 粉碎

19. 为了做好防冻防凝工作，应注意(A，B，C)。

A. 加强报告制度　　B. 加强巡检力度

C. 有情况向上级或领导汇报　　D. 独立解决问题

20. 不属于夏季四防范畴的是(A，B，D)。

A. 防滑　　B. 防冰雹　　C. 防雷电　　D. 防干旱

21. HSE管理体系规定，事故的报告、(A，B，C)、事故的调查、责任划分、处理等程序应按国家的有关规定执行。

A. 事故的分类　　B. 事故的等级　　C. 损失计算　　D. 事故的赔偿

22. 标准化的重要意义可概括为(A，B，C，D)。

A. 改进产品、过程或服务的适用性　　B. 防止贸易壁垒，促进技术合作

C. 在一定范围内获得最佳秩序　　D. 有一个或多个特定目的，以适应某种需要

23. 企业质量体系认证(A，C，D)。

A. 是一种独立的认证制度

B. 依据的标准是产品标准

C. 依据的标准是质量管理标准

D. 是第三方对企业的质量保证和质量管理能力依据标准所做的综合评价

24. 产品的质量特性包括(A，B，C，D)。

A. 性能　　B. 寿命　　C. 可靠性　　D. 安全性

25. PDCA循环中，处置阶段的主要任务是(B，D)。

A. 明确目标并制订实现目标的行动方案

B. 总结成功经验

C. 对计划实施过程进行各种检查

D. 对质量问题进行原因分析，采取措施予以纠正

26. 下列哪些标准应用了以过程为基础的质量管理体系模式的结构(B，C)。
   A. ISO 9000：2000《质量管理体系基础和术语》
   B. ISO 9001：2000《质量管理体系要求》
   C. ISO 9004：2000《质量管理体系业绩改进指南》
   D. ISO 19011：2002《质量和环境管理体系审核指南》

27. ISO 9000 族标准中，质量具有(B，C)性等性质。
   A. 适用　B. 广义　C. 相对　D. 标准

28. 在计算机应用软件 Word 的“页面设置”对话框中，可以设置的选项为(B，C，D)。
   A. 字体　B. 位置　C. 纸型　D. 纸张大小

29. 在计算机应用软件 Word 表格中，关于数据排序的叙述，不正确的是(A，B，C)。
   A. 表格中数据的排序只能按升序进行　B. 表格中数据的排序只能按降序进行
   C. 表格中数据的排序依据只能是行　D. 表格中数据的排序依据可以是列

30. 在计算机应用软件 Excel 工作表中，选定某单元格，单击“编辑”菜单下的“删除”选项，可能完成的操作是(A，B，C)。
   A. 删除该行　B. 右侧单元格左移
   C. 删除该列　D. 左侧单元格右移

31. 在 Excel 工作簿中，对工作表可以进行的打印设置是(A，B，D)。
   A. 打印区域　B. 打印标题
   C. 打印讲义　D. 打印顺序

32. 合同可以以(A，B，C，D)形式存在。
   A. 口头　B. 批准　C. 登记　D. 公正

33. 下列说法中属于无效合同特征的有(A，B，C，D)。
   A. 无效合同自合同被确认无效时起无效
   B. 对无效合同要进行国家干预
   C. 无效合同具有不得履行性
   D. 无效合同的违法性

职业通用理论知识试题(有机合成工)

判断题：

1. 一定质量的某理想气体在温度不变时，体积与其所受压力成正比。　(×)

正确答案：一定质量的某理想气体在温度不变时，体积与其所受压力成反比。

2. 临界温度是表示纯物质能保持气、液相平衡的最低温度。　(×)

正确答案：临界温度是表示纯物质能保持气、液相平衡的最高温度。

3. 在任何温度下，使气体液化所需的最低压力称为临界压力。　(×)

正确答案：在临界温度下，使气体液化所需的最低压力称为临界压力。

4. 混合气体的总压等于组成混合气体的各组分分压之和。　(√)

5. 在恒温条件下，某组分气体占据与混合气体相同体积时所产生的压力称为该组分气体的分压。　(√)

6. 相对原子质量=质子数+中子数。　(√)

7. 对于某一化学反应，当反应条件确定以后，其化学平衡常数为一定值。（✓）

8. 理想气体的体积只与气体的种类有关，与气体的物质的量无关。（×）

正确答案：理想气体的体积与气体的物质的量有关，与气体的种类无关。

9. 理想气体就是忽略分子本身体积和分子间相互作用力的气体。（✓）

10. 质量分数是指溶质的质量在全部溶液质量中所占的份数。（✓）

11. 无机物中的酸、碱、盐在固体状态时不能导电，因此它们不是电解质。（×）

正确答案：无机物中的酸、碱、盐的水溶液或其熔融状态时能导电，因此它们都是电解质。

12. 当正、逆反应速度相等时，弱电解质在溶液中的电离就达到平衡状态，这种平衡称为电离平衡。（✓）

13. 在化学反应中，同一催化剂对不同的化学反应有着相同的活性。（×）

正确答案：在化学反应中，同一催化剂对不同的化学反应往往有着不同的活性。

14. 催化剂所表现出的选择性就是催化剂促进化学反应向目的产物方面进行的能力。（✓）

15. 一个吸热的化学反应在达到平衡后，温度升高，则平衡向正反应方向进行，正逆反应速度同时提高。（✓）

16. 如果改变系统中的某一平衡条件，平衡将向削弱此改变的方向移动。（✓）

17. 化学平衡移动时，平衡常数的值一定随之改变。（×）

正确答案：化学平衡移动时，平衡常数的值不一定随之改变。

18. 1mL0.1M 硫酸溶液比 100mL 的 0.1M 硫酸溶液的浓度小。（×）

正确答案：1mL0.1M 硫酸溶液和 100mL 的 0.1M 硫酸溶液的浓度相同。

19. 氢原子的物质的量浓度是 1mol/L。（相对原子质量 H-1，O-16，S-32）（×）

正确答案：98g 纯硫酸溶解于 1L 水中，氢原子的物质的量浓度是 2mol/L。

20. 烯烃和某些试剂作用时，双键中的 π 键断裂，两个一价的原子或原子团，分别加到两个双键的碳原子上，形成两个新的 σ 键，这种反应称为加成反应。（✓）

21. 分子结构中必须有不饱和的价键才能发生加成反应。（✓）

22. 乙烷在空气里可以点燃，在光照条件下也能跟氯气发生取代反应。（✓）

23. 由于苯环比较稳定，所以苯及其烷基衍生物易发生苯环上的加成反应。（×）

正确答案：由于苯环比较稳定，所以苯及其烷基衍生物易发生苯环上的取代反应。

24. 在催化剂作用下，苯与卤烷、醇和烯烃等试剂反应，环上的氢原子被烷基取代，生成烷基苯，这种反应叫做烷基化反应。（✓）

25. 烷基化反应一般停止于一元取代物阶段。（×）

正确答案：烷基化反应一般不停止于一元取代物阶段。

26. 在一定条件下，烯烃能以双键加成的方式互相结合，生成相对分子质量较高的化合物，这种反应称为烯烃的聚合反应。（✓）

27. 聚合反应生成的高分子物质称为聚合物。（✓）

28. 1，3-丁二烯与溴加成，只可以得到 3，4-二溴-1-丁烯。（×）

正确答案：1，3-丁二烯与溴加成，可以得到 3，4-二溴-1-丁烯，除此之外，还生成 1，4-二溴-2-丁烯。

29. 1，3-丁二烯只能够自身进行聚合，不能与其他含碳碳双键的化合物一起进行聚合。（×）

正确答案：1，3-丁二烯除了能够自身进行聚合，还能与其他含碳碳双键的化合物一起进行聚合。

30. 将乙炔气体通入溴水的红棕色溶液中，溴水的红棕色消失。（√）

31. 烷烃的分子通式是 C_nH_{2n-2}。（×）

正确答案：烷烃的分子通式是 C_nH_{2n+2}。

32. 分子通式是 C_nH_{2n} 的化合物一定是单烯烃。（×）

正确答案：分子通式是 C_nH_{2n} 的化合物可能是单烯烃。

33. 炔烃的分子通式是 C_nH_{2n+2}。（×）

正确答案：炔烃的分子通式是 C_nH_{2n-2}。

34. 碳原子数相同的二烯烃与炔烃分子式相同。（√）

35. 醇或酚羟基氢原子被烃基取代而生成的化合物，称为醚。（√）

36. 饱和脂肪醚与饱和一元醇互为同分异构体。（×）

正确答案：饱和脂肪醚与碳原子数相同的饱和一元醇互为同分异构体。

37. 醚分子中的—O—键称为醚键，但它不是醚的官能团。（×）

正确答案：醚分子中的—O—键称为醚键，是醚的官能团。

38. 脂肪烃或脂环烃分子中氢原子被羟基取代的衍生物叫做醇。（√）

39. 醇按羟基连接的碳原子原子种类的不同，可分为伯醇、仲醇和叔醇。（√）

40. 直链饱和一元醇的沸点随相对分子质量的增加而有规律地升高。（√）

41. 工业用的乙醚中常含有少量乙醇，可加入 $CaCl_2$ 与乙醇生成结晶醇，便可除去乙醚中少量的乙醇。（√）

42. 己烯中的少量乙醚杂质可用冷的浓硫酸洗涤除去。（√）

43. 醇在分子内脱水可以生成醚。（×）

正确答案：醇在分子间脱水可以生成醚。

44. 乙醛的水溶液具有杀菌、防腐能力，因此是一种良好的杀菌剂，如福尔马林用于浸制生物标本等。（×）

正确答案：甲醛的水溶液具有杀菌、防腐能力，因此是一种良好的杀菌剂，如福尔马林用于浸制生物标本等。

45. 乙醛和新制的氢氧化铜在微热时即反应，生成红色的氧化亚铜。（√）

46. 芳香烃化合物易发生亲核取代反应。（×）

正确答案：芳香烃化合物易发生亲电取代反应。

47. 加聚反应只生成一种高聚物。（√）

48. 缩聚反应除生成高聚物外，同时还生成小分子物质。（√）

49. 缩聚反应一定要通过两种不同的单体才能发生。（×）

正确答案：缩聚反应不一定非要通过两种不同的单体才能发生。

50. 液体作稳定流动时，流速与管道的截面积成反比。（√）

51. 在直管阻力计算中，λ 可通过 $\lambda = 64/Re$ 求得。（×）

正确答案： 在滞流时，λ 和 Re 成直线关系，可通过 $\lambda = 64/Re$ 求得。

52. 对流扩散速率主要取决于流体的湍动程度。 （√）

53. 任何物体都可以发射电磁波，所以它们之间的任何情况都产生热辐射。 （×）

正确答案： 凡是温度在绝对温标零度以上的物体都可以发射辐射能，但是，只有当物体发射的辐射能被另一物吸收并转变为热能的过程才称为热辐射。

54. 实际生产中，采用的传热面积应比计算的传热面积大 3%～5%。 （×）

正确答案： 实际生产中，采用的传热面积应比计算的传热面积大 10%～25%。

55. 空冷器传热管上加翅片，是为了增大传热管的强度。 （×）

正确答案： 空冷器传热管上加翅片是为了增大传热管的传热面积。

56. 如果在常压下采用水蒸气蒸馏，水和与其不互溶的组分所组成的混合液，其沸点总是要小于水的沸点，而不管被分离组分的沸点有多高。这就是水蒸气蒸馏的原理。 （√）

57. 水蒸气蒸馏可以用于任何热敏性物料分离。 （×）

正确答案： 水蒸气蒸馏常用于热敏性物料的分离，但这些物质必须与水不互溶。

58. 空速是生成气体和催化剂体积的比值。 （×）

正确答案： 空速是指塔内没有任何物质时，气体在与塔截面积垂直方向上的速度。

59. U 形管式换热器适用于高温高压下的可以有一些杂质的流体。 （×）

正确答案： U 形管式换热器适用于高温高压下的清洁流体。

60. 浮头式换热器不便于清洗和检修。 （×）

正确答案： 浮头式换热器由于另一端的管板是用法兰与壳体连接的，整个管束可以从壳体中拆卸出来，便于清洗和检修。

61. 饱和蒸汽进一步吸收热量而具有一定过热度称为过热蒸汽。 （√）

62. 液体混合物的平均密度的倒数等于各个组分质量分率与其密度之比的和。 （√）

63. 气体的密度随温度变化而变化，但不随压强变化而变化。 （×）

正确答案： 气体的密度随温度和压强而变化。

64. 筛板塔的主要缺点是操作弹性小，筛孔容易堵塞。 （√）

65. 液体分布器的作用是使液体均匀地分布在填料上。 （√）

66. 填料的表面积就是气液相之间进行传质的面积，表面积越大吸收速率越慢。 （×）

正确答案： 填料的表面积就是气液相之间进行传质的面积，表面积越大吸收速率越快。

67. 单位体积填料所具有的空隙，称为空隙率。 （√）

68. 精馏塔过热蒸汽进料时 $q<0$。 （√）

69. 在 $y-x$ 图上，q 线是通过对角线上 $y=x_F$ 点直线。 （√）

70. 没有回流，任何蒸馏操作都无法进行。 （×）

正确答案： 没有回流，任何精馏操作都无法进行。

71. 确定最适宜回流比的原则是操作费用和设备折旧费用之和最小。 （√）

72. 最小回流比状态下的理论板数为最少理论板。 （×）

正确答案： 最小回流比状态下的理论板数为最多理论板。

73. 在蒸馏塔操作负荷性能图上，液泛线是气、液相负荷的上限。 （√）

74. 塔板上的液体涌到上一块塔板上，即形成液泛现象。 （√）

75. 雾沫夹带的结果，不会影响气液相之间传热与传质效果，也不会影响产品质量。 （×）

正确答案： 雾沫夹带的结果造成气液相之间传热与传质效果降低，严重时会影响到塔顶产品的质量。

76. 在精馏塔操作中，气相负荷过小会出现“干板”现象。 （√）

77. 灵敏塔板是指塔顶产品组成有一定变化后，板上液体组成或温度变化最大的塔板。 （√）

78. 沟流现象是因填料层过低造成的。 （×）

正确答案： 沟流现象是液体下流时填料层过高而造成的。

79. 流体黏度越大，其流动性越好。 （×）

正确答案： 流体黏度越大，其流动性越差。

80. 搅拌可以增加分子扩散表面，并减少扩散距离，从而可以提高分子扩散的速度。（√）

81. 根据双膜理论，吸收过程的传质阻力集中在两相界面上。 （×）

正确答案： 根据双膜理论，吸收过程的传质阻力集中在两相界面之内。

82. 利用傅里叶定律只能计算传热量或热损失，不能确定多层传热壁面上的温度。（×）

正确答案： 利用博里叶定律不仅能计算传热量或热损失，而且能确定多层传热壁面上的温度。

83. 由于离心泵的效率比往复泵高，所以应用也广。 （×）

正确答案： 由于往复泵的效率比离心泵高，所以应用也广。

84. 由于催化剂在化学反应前后的性质和质量都不发生变化，所以催化剂不会失活。 （×）

正确答案： 由于催化剂虽然在化学反应前后的性质和质量都不发生变化，但在一定时间后，活性会逐渐降低。

85. 固体催化剂开车便可直接投运。 （×）

正确答案： 固体催化剂开车前必须先活化后才能投用。

86. 计量是实现单位统一、量值准确可靠的活动。 （√）

87. 弹簧管压力计是根据弹性元件的弹性变形和所受压力成比例的原理来工作的，当作用于弹性元件上的被测压力越大时，弹性元件的变形也越大。 （√）

88. 检定必须遵守的原则：必须按国家计量检定系统表进行，必须执行计量检定规程，必须按企业计量检定系统表进行。 （×）

正确答案： 检定必须遵守的原则：必须按国家计量检定系统表进行，必须执行计量检定规程。

89. 计量标准器具停用封存后可以停止周期检定，若工作急需经领导批准，可以用来检定工作计量器具。 （×）

正确答案： 计量标准器具停用封存后可以停止周期检定，若工作急需，应重新检定合格后，方可使用。

90. 一般管网容量大，喘振振幅就大，频率就低；管网容量小，喘振振幅就小，频率就高。 （√）

91. 离心泵的流量(或扬程)一定时，只能有一个相对应的扬程(或流量)。（✓）

92. 浮阀必须有较好的耐蚀性，以防止锈死在塔板上，为此一般用不锈钢制造，造价较高。另外在处理黏性较大的物料时不及泡罩塔可靠。（✓）

93. 筛板的材料一般用经过平整的碳钢或不锈钢板，为满足强度与刚度应尽量加厚。（×）

正确答案：筛板的材料一般用经过平整的碳钢或不锈钢板，在满足强度与刚度的条件下应尽量减薄，因为这样对减小压降和改善气液接触有利。

94. 规整填料与散堆填料相比，分离能力较大，单位分离能力的填料质量较小，说明采用规整填料比采用散堆填料经济。（✓）

95. 操作时塔内温度有周期性变化时也可选择填料塔。（×）

正确答案：操作时塔内温度有周期性变化时，有些机械性能差的填料会被挤坏，所以选择板式塔较好。

96. 板式换热器单位体积的传热面积小于列管(管壳)式换热器。（×）

正确答案：板式换热器单位体积的传热面积大于列管(管壳)式换热器。

97. 润滑油温度低不会造成润滑油压力下降。（×）

正确答案：润滑油温度低会使黏度增高，增大管路阻力，也会造成润滑油压力下降。

98. 安全阀可用于处理因化学过程而产生高压的场合，对介质容许有微量泄漏，且黏度不太高、以及不含有固体微粒的场合。（×）

正确答案：因安全阀的压紧弹簧有惯性作用，使阀的开启和闭合均有滞后现象，故不能适应急剧的化学反应迅速升压所需的快速泄放要求。

99. 过冷度是指疏水阀进口端的饱和蒸汽温度与出口端凝结水排出温度的差值。过冷度小的疏水阀能提高凝结水系统的热利用率。（✓）

100. 离心泵发生抽空会造成泵体振动大。（×）

正确答案：离心泵发生抽空不会造成泵体振动大。

101. 介质黏度过大也会造成离心泵不上量。（✓）

102. 离心泵流量增大不会产生汽蚀。（×）

正确答案：离心泵流量超过规定范围极易产生汽蚀。

103. 金属在乙醇中发生的腐蚀属于电化学腐蚀。（×）

正确答案：金属在乙醇中发生的腐蚀属于化学腐蚀，因为乙醇中不含有电解质溶液，不能产生电流。

104. 过滤设备可获得含湿量低的滤渣，洗涤效果好。但过滤设备的过滤介质一般再生较麻烦，只适合较粗大颗粒的分离。（×）

正确答案：过滤设备中也有精细过滤机械，但生产能力较小。

105. 选择滤料除必须考虑含尘气体的温度、湿度、酸碱值及粉尘的粘附性等外，同时还必须注意滤料及尘粒的带电性。滤料及尘粒若相反的电荷，提高除尘效率。（✓）

106. 要得到交流电，必须要有直流电动势。（×）

正确答案：要得到交流电，必须要有交流电动势。

107. 在保护接零系统中，要严防零线断线。（✓）

108. 单相用电设备采用三孔插座供电时，其中大孔采用保护接零。 (×)

正确答案：单相用电设备采用三孔插座供电时，其中大孔可视具体情况采用保护接零或保护接地。

109. 电力系统中相间短路，对电气设备无损伤，但对电力系统稳定运行有轻微的干扰。 (×)

正确答案：电力系统中相间短路，对流过短路电流的设备造成破坏和损伤，同时影响到电力系统稳定运行。

110. 电流对人体危害与通过人体的电流大小有关，而与持续的时间无关。 (×)

正确答案：电流对人体危害与通过人体的电流大小有关，而与持续的时间也有关。

111. 36V 工频电压是绝对安全电压。 (×)

正确答案：36V 工频电压不是绝对安全电压。

112. 静电是物体间相互摩擦或感应产生的，粉尘的运送、排出的过程中不会产生静电。 (×)

正确答案：静电是物体间相互摩擦或感应产生的，粉尘的运送、排出的过程中会产生静电。

113. 用电工钳剪切导线时，不能用刀口同时剪切相线和零线。 (√)

114. 红外测温仪既能测量物体的表面温度，又能测量其内部温度。 (×)

正确答案：红外测温仪只能测量物体的表面温度，不能测量其内部温度。

115. 万用表不同的电阻档要求表内电池提供的电流大小也不同，电阻档越小，要求提供的电流越大。 (√)

116. 三相异步电动机正常情况下在冷状态下允许启动 2~3 次，在热状态下只允许启动一次。 (√)

117. 控制按钮一般常以红色表示停止按钮，绿色或黑色表示启动按钮。 (√)

118. 因为弹性压力计不像液柱式压力计那样有专门承受大气压力作用的部分，所以其示值就是表示被测介质的绝对压力。 (×)

正确答案：弹性式压力计中弹性元件的外边或另一面是承受大气压力的，所以它测的也是表压力。

119. 比例调节过程的余差与调节器的比例度成正比。 (√)

120. 当调节过程不稳定时，可增大积分时间或加大比例度，使其稳定。 (√)

121. 对纯滞后大的调节对象，为克服其影响，可引入微分调节作用来克服。 (×)

正确答案：微分调节对纯滞后不起超前调节作用。

122. 测量值大于给定值时输出增大的调节器是正做用调节器。 (×)

正确答案：测量值增加时输出增大的调节器是正做用调节器。

单选题：

1. 理想气体状态方程实际上概括了四个实验定律，它们是(B)。

   A. 波义尔定律、查理定律、分压定律和分体积定律

   B. 波义尔定律、盖·吕萨克定律、查理定律和阿伏加德罗定律

   C. 波义尔定律、盖·吕萨克定律、查理定律和分压定律

   D. 波义尔定律、分体积定律、查理定律和阿伏加德罗定律

2. 各种气体都有一个特殊温度，在这个温度以上，无论怎样增大压力都不会使气体液化，这个温度叫做(C)。

A. 超高温度　　B. 超低温度　　C. 临界温度　　D. 沸点

3. 某容器内装有 0.3mol N_2. 0.1mol O_2 和 0.2mol CO_2。如果混合气体的总压为 150kPa，则 O_2 的分压是(C)kPa。

A. 75　　B. 50　　C. 25　　D. 10

4. 当可逆反应达到平衡时，改变温度，则(C)。

A. 只影响正反应速率　　B. 只影响逆反应速率

C. 对正逆反应速率都有影响　　D. 对正逆反应速率都没有影响

5. 温度(B)会使可逆反应的化学平衡向吸热反应的方向移动。

A. 降低　　B. 升高　　C. 不变　　D. 先升后降

6. 对于任何微粒，下列等式不一定成立的是(A)。

A. 质子数=中子数　　B. 质子数=核电荷数

C. 原子序数=核电荷数　　D. 质子数=原子序数

7. 化学平衡常数 K 越大，表示反应进行的程度(A)。

A. 越大　　B. 越小

C. 不变　　D. K 与反应进行程度无关

8. 在其他条件不变的情况下，气体物质的溶解度随着温度的升高而(B)。

A. 升高　　B. 降低　　C. 不变　　D. 无法确定

9. 若 50gA 物质和 50gB 物质混合在一起，则 A 物质在该混合物中的质量分数为(B)。

A. 1　　B. 0.5　　C. 1.5　　D. 2

10. 凡在水溶液中或在熔融状态下能导电的化合物叫(A)。

A. 电解质　　B. 非电解质　　C. 电离度　　D. 电解

11. 电离常数 K_i 越大，表示电离程度(A)。

A. 越大　　B. 越小　　C. 不变　　D. 无法确定

12. 催化剂的选择性可以用(C)来表示的。

A. 转化率　　B. 收率　　C. 产率　　D. 空时得率

13. 已知 AB(s)══A(g)+B(g)为放热反应，欲使平衡向右移动应采用以下(A)方法。

A. 降低温度减小压力　　B. 温度不变增大压力

C. 压力不变升高温度　　D. 增大压力升高温度

14. 下列条件的改变，一定能使反应产物的产量增加的条件是(D)。

A. 升高温度　　B. 增加压力

C. 加入催化剂　　D. 增加反应物浓度

15. 63g 硝酸完全溶于水后加水稀释至 1L，其物质的量浓度是(B)mol/L。(相对原子质量 H-1，O-16，N-14)

A. 0.1　　B. 1　　C. 0.04　　D. 0.2

16. 同物质的量浓度、同体积的下列溶液中，所含溶质的离子数最多的是(D)。

A. 氯化钠溶液　　B. 氯化钙溶液　　C. 硫酸钠溶液　　D. 硫酸铝溶液

17. 烯烃与一个氢分子进行加成得到(B)。

A. 二烯烃　　B. 烷烃　　C. 烷基烯烃　　D. 醇类

18. 关于取代反应的概念，下列说法正确的是(D)。

A. 有机物分子中的氢原子被氯原子所代替

B. 有机物分子中的氢原子被其他原子或原子团所取代

C. 有机物分子中某些原子或原子团被其他原子所取代

D. 有机物分子中某些原子或原子团被其他原子或原子团所取代

19. 凡是不对称烯烃与极性试剂加成时，正性基总是加到双键两端含氢原子较多的碳原子上，而负性基则加到双键两端含氢原子较少的碳原子上，称为(A)。

A. 马氏定则　　B. 查依采夫定则　　C. 洪特规则　　D. 加成规则

20. 烯烃可以发生(D)反应。

A. 硝化、磺化、脂化　　B. 脱水、脱氢、脱烷基

C. 化合、皂化、硫化　　D. 加成、氧化、聚合

21. 由单体合成为相对分子质量较高的化合物的反应是(B)。

A. 加成反应　　B. 聚合反应　　C. 氧化反应　　D. 卤化反应

22. 许多分子的1，3-丁二烯以1，4加成的方式进行聚合，生成的产物简称为(C)。

A. 丁腈橡胶　　B. 丁苯橡胶　　C. 顺丁橡胶　　D. 氯丁橡胶

23. 最简单的烷烃是(A)。

A. 甲烷　　B. 乙烷　　C. 乙烯　　D. 乙炔

24. 烯烃的沸点、熔点、密度随相对分子质量的增加而(A)。

A. 升高　　B. 下降　　C. 不变　　D. 无法确定

25. 烯烃的官能团是(C)。

A. C—H 键　　B. H—H 键　　C. C ═C 键　　D. O ═O 键

26. 单烯烃是含有(A)个碳碳双键的链状不饱和烃。

A. 1　　B. 2　　C. 3　　D. 4

27. 最简单的炔烃是(A)。

A. 乙炔　　B. 丙炔　　C. 丁炔　　D. 甲炔

28. 二烯烃的分子通式是(B)。

A. C_nH_{2n}　　B. C_nH_{2n-2}　　C. C_nH_{2n+2}　　D. C_nH_{2n-6}

29. 醚的分子通式是(A)。

A. R—O—R′　　B. R—OH　　C. R—COOH　　D. R—CHO

30. 醇的分子通式是(B)。

A. R—O—R　　B. R—OH　　C. R—COOH　　D. Ar—OH

31. 禁止用工业酒精配制饮料，是因为工业酒精中含有某种毒性很强的醇，该醇是(A)。

A. 甲醇　　B. 乙二醇　　C. 丙三醇　　D. 异戊醇

32. 将乙醇和正丙醇的混合液与浓硫酸共热，生成的产物是(D)。

A. 乙醚　　B. 丙醚

C. 乙丙醚　　D. 以上3种醚的混合物

33. 下列物质为同系物的是(A)。

A. 甲醇和乙醇　　B. 乙醇和乙醚
C. 丙醇和丙三醇　　D. 乙醇和酒精

34. 下列物质在医疗上可用作麻醉剂的是(B)。

A. C_2H_5OH　　B. $C_2H_5—O—C_2H_5$　　C. CH_3COONa　　D. C_2H_5Br

35. 含有相同碳原子数的饱和一元醛、酮具有相同的分子式是(A)。

A. $C_nH_{2n}O$　　B. C_nH_nO　　C. $C_nH_{2n-1}O$　　D. $C_nH_{2n+1}O$

36. 下列各组物质为同系物的是(C)。

A. 甲醛和苯甲醛　　B. 丙醛和丙酮　　C. 乙醛和丙醛　　D. 甲醛和蚁醛

37. 下列各组物质为同分异构体的是(D)。

A. 甲醛和丙醛　　B. 丙醇和丙酮
C. 苯酚和石碳酸　　D. 丙醛和丙酮

38. 既能发生银镜反应，又能跟新制的氢氧化铜反应生成红色沉淀的物质是(A)。

A. 乙醛　　B. 乙醇　　C. 乙醚　　D. 乙二醇

39. 检查糖尿病患者从尿中排出的丙酮，可以采用的方法是(D)。

A. 与 NaCN 和硫酸反应　　B. 与格氏试剂反应
C. 在干燥氯化氢存在下与乙醇反应　　D. 与碘的 NaOH 溶液反应

40. 实际流动时，液体分子间产生内摩擦力的特性称为(C)。

A. 滞流性　　B. 惯性　　C. 黏性　　D. 惰性

41. 液体质点沿轴向向前流动外，还有垂直流动方向的位移，流速大小和方向都随时发生变化，这种流动类型称为(D)。

A. 滞流　　B. 过渡流　　C. 层流　　D. 湍流

42. 水以 2m/s 的流速在内径为 30mm 的钢管中流动，水的黏度为 1mPa · s，密度为 $1000kg/m^3$，其雷诺准数为(C)。

A. 40000　　B. 50000　　C. 60000　　D. 70000

43. 质量流速的单位是(D)。

A. kg/s　　B. kg/(m · s)　　C. $kg/(m \cdot s^2)$　　D. $kg/(m^2 \cdot s)$

44. 在相同的流动状态下，流体(B)越大，产生的阻力越大。

A. 密度　　B. 黏度　　C. 亨利系数　　D. 导热系数

45. 根据双膜理论在相界面上可吸收组分以(C)方式进入液相。

A. 自然对流　　B. 强制对流　　C. 分子扩散　　D. 对流扩散

46. 关于加成聚合反应的下列说法，不正确的是(D)。

A. 简称加聚反应
B. 简称聚合反应
C. 只有一种生成物
D. 反应生成的高聚物链节的化学组成与单体不同

47. 在传热过程中，α 被称为(A)。

A. 给热系数　　B. 导热系数　　C. 传热系数　　D. 污垢热阻

48. 工艺上对换热器提出的热要求，称为换热器的(C)。

A. 热流强度　B. 传热速度　C. 热负荷　D. 生产能力

49. 在某冷凝器内，以 300K 的冷却水来冷凝某精馏塔内上升的有机物饱和蒸气，已知有机物蒸气的温度为 348K，冷却水出口温度为 313K，冷热流体的平均温差为(C)K。

A. 35　B. 48　C. 41.5　D. 83

50. 在选择提高传热系数的方法来强化传热时，关键在于提高(B)。

A. $\alpha_{大}$　B. $\alpha_{小}$　C. $\alpha_{垢}$　D. δ

51. 在间壁式换热器中，两流体恒温传热，其平均温差(D)。

A. 逆流时最大　B. 错流时最大　C. 并流时最大　D. 任何流都一样

52. 蒸气压大的物质(A)。

A. 挥发度大　B. 挥发度小　C. 流动性大　D. 流动性小

53. 气相中某一组分的蒸气分压和它在与气相平衡的液相中的摩尔分数之比称为该组分的(D)。

A. 相平衡常数　B. 亨利系数　C. 相对挥发度　D. 挥发度

54. 在精馏计算中，通常可以取塔底和塔顶相对挥发度的(C)平均值作为全塔的相对挥发度的值。

A. 算术　B. 对数　C. 几何　D. 立方根

55. 在理想溶液中，两组分之间的相对挥发度等于两组分的(D)之比。

A. 密度　B. 分压　C. 质量分数　D. 饱和蒸气压

56. 相对挥发度等于 1 的溶液，不能用(A)方式来分离。

A. 普通蒸馏　B. 萃取　C. 萃取蒸馏　D. 共沸蒸馏

57. 具有补偿圈的固定管板式换热器，由于其补偿能力有限，只能在管子与壳体的温差不大于(C)K 的情况下使用。

A. 30~40　B. 50~60　C. 60~70　D. 70~80

58. 湿空气中，水蒸气处于(B)状态。

A. 饱和　B. 过热　C. 不变　D. 无法确定

59. 精馏塔在(A)情况下，采用全回流操作。

A. 搞实验和开车　B. 停车　C. 正常生产　D. 任何

60. 已知精馏塔精馏段的操作线方程为 $y = 0.714x + 0.284$，则其塔顶馏出液的主含量为(D)。

A. 97%　B. 98%　C. 99%　D. 99.4%

61. 降低精馏塔的操作压力可以(B)。

A. 提高操作温度，改善传热效果　B. 降低操作温度，改善分离效果

C. 提高生产能力，改善传热效果　D. 降低生产能力，提高操作温度

62. 在实际生产中，精馏塔有(D)种进料状态。

A. 2　B. 3　C. 4　D. 5

63. 回流的作用是(B)。

A. 补充塔板上轻组分　B. 实现部分冷凝的冷却剂

C. 减少分离时间　D. 增加产量

64. 减少精馏塔顶冷凝器的冷却剂量，可以(A)。

A. 提高塔顶压力　　B. 降低塔顶压力　　C. 降低塔顶温度　　D. 增大回流量

65. 为了避免液体下流时填料层过高而出现(C)等弊端，当填料层总高于塔径之比超过一定界限时，就应该将填料分段装填。

A. 压扁　　B. 压死　　C. 沟流　　D. 液泛

66. 在化工生产中，把(C)去湿法称为干燥。

A. 化学　　B. 机械　　C. 热能　　D. 升华

67. 空气达到饱和湿度时的温度称为(B)。

A. 泡点　　B. 露点　　C. 滴点　　D. 浊点

68. 在化工生产中，应用最普通的干燥方式是(A)。

A. 对流干燥　　B. 传导干燥　　C. 辐射干燥　　D. 电干燥

69. 流体作(A)流动时，摩擦系数与管壁的粗糙程度无关。

A. 层流　　B. 过渡流　　C. 湍流　　D. 湍流和过渡

70. 离心泵输送液体的(D)对扬程没有影响。

A. 黏度　　B. 流量　　C. 质量流量　　D. 密度

71. 离心泵的效率与流量的关系是(D)。

A. 随流量增加而升高

B. 随流量增加而下降

C. 相互不影响

D. 开始随流量增加而升高，达到一定值后则随流量增加而下降

72. 某离心泵的有效功率为9.66kW，效率为70%，若考虑20%的安全系数，实际应配备(A)kW电机。

A. 17　　B. 13.8　　C. 16　　D. 20

73. 在标准状态下用锌与稀硫酸作用制取44.8L氢气用了135g锌，原料利用率为(A)。(相对原子质量Zn-65.4，S-32，O-16，H-1)

A. 96.9%　　B. 93.4%　　C. 83.4%　　D. 33.1%

74. 今有硫酸钠71g和氢氧化钙溶液作用，实际得氢氧化钠38g，则氢氧化钠的产率为(A)。(相对原子质量Na-23.4，S-32，O-16，H-1)

A. 95%　　B. 94%　　C. 96%　　D. 93%

75. 转化率、选择性和收率三者的关系是(D)。

A. 转化率=收率×选择性　　B. 选择性=收率×转化率

C. 转化率=选择性×收率　　D. 收率=转化率×选择性

76. 参加反应的原料量与投入反应器的原料量的百分比，称为(B)。

A. 产率　　B. 转化率　　C. 收率　　D. 选择率

77. 我国《计量法》规定，县级以上人民政府计量行政部门可以根据需要设置计量检定机构，或者授权其他单位的计量检定机构，执行(A)和其他检定、测试任务。

A. 强制检定　　B. 非强制检定　　C. 检定　　D. 一般检定

78. 安全仪表属国家(A)的仪表。

A. 强制检定　B. 非强制检定　C. 企业自定　D. 以上都不对

79. 取得计量标准考核证书后，属企业、事业单位最高计量标准的，由(C)批准使用，并向主管部门备案。

A. 组织建立该项计量标准的政府计量部门

B. 上级单位

C. 本单位

D. 本车间

80. 造成离心式压缩机发生喘振的直接原因是(C)。

A. 进气压力小于规定值　B. 进气流量小于规定值

C. 排气压力小于规定值　D. 排气流量小于规定值

81. 离心式压缩机在小流量下运行时可通过(C)使压缩机不致发生喘振。

A. 降低出口管网压力　B. 提高入口压力

C. 降低压缩机转速　D. 出口回流

82. 离心泵以能量传递方式分属于(C)。

A. 往复泵　B. 射流泵　C. 叶片泵　D. 转子泵

83. 离心泵是将机械能最终大部分转换成(B)而实现液体的输送。

A. 动能　B. 位能　C. 热能　D. 内能

84. 下列构件中不属于浮阀塔构件的是(D)。

A. 保温层支持圈　B. 除沫器　C. 塔板　D. 液体分布器

85. 下列浮阀中在我国应用最广泛并制订有标准的是(B)。

A. V-4 型浮阀　B. F1 型浮阀　C. 十字架型浮阀　D. 条形浮阀

86. 下列构件中不属于筛板塔构件的是(D)。

A. 保温层支持圈　B. 除沫器　C. 塔板　D. 液体分布器

87. 筛板塔中最适合于减压操作的筛板是(B)。

A. 普通筛板　B. 导向筛板　C. 多降液管筛板　D. Nye(耐)筛板

88. 普通筛板与泡罩塔板相比，缺点是(D)。

A. 压降大　B. 生产能力小　C. 效率低　D. 操作弹性小

89. 下列填料中不属于散堆填料的是(D)。

A. 环形填料　B. 鞍形填料　C. 环鞍形填料　D. 板波纹填料

90. 板式塔塔盘属于(B)。

A. 塔体　B. 内件　C. 附件　D. 支座

91. 下列板式塔中属于液相分散型的是(D)。

A. 垂直筛板塔　B. 泡罩塔　C. 斜孔板塔　D. 筛板塔

92. 使用离心泵输送含有固体颗粒、纤维等悬浮物的液体时，叶轮应选用(C)。

A. 闭式　B. 开式　C. 半开式　D. 双吸式

93. 管束便于拆卸、便于清洗外表面的换热器的是(C)。

A. 固定管板式　B. 浮头式　C. U 形管式　D. 套管式

94. 离心压缩机轴承润滑油回油温度(C)℃时，必须紧急停车。

A. ≥70 B. ≥75 C. ≥80 D. ≥85

95. 金属的化学腐蚀是金属表面与周围介质直接发生纯(A)而引起的破坏。

A. 化学作用 B. 电化学作用

C. 物理作用 D. 渗透作用

96. 液化气槽车使用的安全阀通常是(B)。

A. 带散热套安全阀 B. 内装式安全阀

C. 先导式安全阀 D. 全启式安全阀

97. 在凝结水一经形成必须立即排出的场合应选用(C)。

A. 浮桶式疏水阀 B. 脉冲式疏水阀

C. 浮球式疏水阀 D. 圆盘式疏水阀

98. 利用蒸汽、凝结水和空气的不同温度，使温度敏感元件动作来控制疏水阀孔启闭的是(B)。

A. 浮桶式疏水阀 B. 膜盒式疏水阀

C. 自由浮球式疏水阀 D. 圆盘式疏水阀

99. 巡检时离心泵的轴承温度若高于(C)℃必须倒泵检修。

A. 55 B. 60 C. 65 D. 70

100. 巡检时离心泵的轴承箱油位处于视镜的(A)以下时必须补油。

A. 1/2 B. 2/3 C. 3/4 D. 4/5

101. 巡检时离心泵电机的轴承温度若高于(D)℃必须倒泵通知电气专业人员检修。

A. 55 B. 60 C. 65 D. 70

102. 离心泵抽空会造成(C)。

A. 轴承温度高 B. 泵体振动大 C. 出口无流量 D. 电机温度高

103. 离心泵不上量可以直接通过(A)判断得知。

A. 压力表指示偏低 B. 轴承温度升高

C. 电机轴承温度升高 D. 泵体振动大

104. 造成离心泵汽蚀的主要原因是(D)。

A. 介质黏度低 B. 介质温度低

C. 泵吸入量不足 D. 吸入叶轮时压力过低

105. 离心泵发生汽蚀时可直接观测到(B)。

A. 轴承温度高 B. 泵体振动大 C. 压力表无读数 D. 电机温度高

106. 金属的电化学腐蚀是金属表面与周围介质直接发生(B)而引起的破坏，并伴有电流产生。

A. 化学作用 B. 电化学作用 C. 物理作用 D. 渗透作用

107. 要求得到清洁、含湿量低的吸附剂、催化剂等难滤洗物料时应选用(C)。

A. 转鼓加压过滤机 B. 连续盘式压滤机

C. 动态旋叶压滤机 D. 板框压滤机

108. 处理沉降速度不高、易过滤、有一定黏性、有一定浓度、量大的料浆，并且占地面积小的场合应选用(C)。

A. 转鼓真空过滤机　B. 连续盘式压滤机

C. 圆盘真空过滤机　D. 转台真空过滤机

109. 旋风分离器属于(B)。

A. 电除尘器　B. 机械力除尘器　C. 过滤器　D. 湿式除尘器

110. 在粉尘颗粒较粗、含尘浓度较大、高温、高压条件下应选用(B)。

A. 电除尘器　B. 旋风分离器　C. 袋式过滤器　D. 复喷除尘器

111. 周期为 0.2s 的正弦交流电，其频率为(B)Hz。

A. 50　B. 5　C. 500　D. 2

112. 电气设备铭牌上的额定电压、额定电流，指的是正弦交流电的(B)。

A. 最大值　B. 有效值　C. 瞬时值　D. 平均值

113. 在中性点直接接地的低压电网中，将电气设备外露不导电部分与零线进行连接称为(B)。

A. 保护接地　B. 保护接零　C. 重复接地　D. 工作接零

114. 有保护接零要求的单相移动式用电设备，应使用三孔插座供电，正确的接线位置是(C)。

A. 大孔接地，右下小孔接地相线，左下小孔接工作零线

B. 大孔接保护零线，右下小孔接工作零线，左下小孔接相线

C. 大孔接保护零线，右下小孔接相线，左下小孔接工作零线

D. 大孔和左下小孔接工作零线，右下小孔接相线

115. 短路时导体的温度在(C)时达到最高。

A. 短路瞬间　B. 短路暂态过程　C. 故障电流切除　D. 短路电流最大

116. 安全电压是根据(B)来确定的。

A. 工作环境和设备的额定电压　B. 人体允许通过电流值和人体电阻

C. 安装和工作环境　D. 电气设备和用电设备

117. 为保障人身安全，在正常情况下，电气设备的安全电压规定为(B)V 以下。

A. 24　B. 36　C. 48　D. 12

118. 灌注液体的金属管口与金属容器必须(B)，否则不能工作。

A. 分别接地　B. 用金属可靠连接并接地

C. 在中间垫绝缘垫，相互绝缘　D. 对地绝缘

119. 下列选项中，不是预防静电的方法是(A)。

A. 电压控制法　B. 自然泄漏法　C. 静电中和法　D. 防静电接地

120. 下列选项中，不会引起电气火灾和爆炸的因素是(D)。

A. 危险温度　B. 电火花　C. 电弧　D. 电压过低

121. 燃点是指可燃物质发生燃烧的(B)温度。

A. 最高　B. 最低　C. 平均　D. 空气

122. 燃烧的三个必要条件是(A)。

A. 可燃物、助燃物、火源　B. 温度、闪点、空气

C. 汽油、空气、温度　D. 可燃物、温度、火源

123. 当用验电笔测试带电体时，只要带电体与大地之间的电位差超过(B)V 时，电笔中的氖管就发光。

A. 80　　B. 60　　C. 30　　D. 120

124. 兆欧表是用来测量电气设备的(A)。

A. 绝缘电阻　　B. 电阻　　C. 电压　　D. 电流

125. 电工指示仪表按被测电工量分为电压表、电流表、(B)、电度表、功率因数表、频率表、兆欧表等。

A. 万用表　　B. 功率表　　C. 安装式仪表　　D. 便携式仪表

126. 弹簧管的截面呈(A)。

A. 扁圆形　　B. 圆形　　C. 任意形状　　D. 以上都不对

127. 低压用的压力计弹簧管用(A)固定在插座内。

A. 焊接法　　B. 丝扣法　　C. 法兰　　D. 以上都不对

128. 液柱式压力计是基于(A)原理工作的。

A. 液体静力学　　B. 连通器　　C. 弹性　　D. 以上都不对

129. 常用的液柱式压力计有(D)。

A. U 形管压力计　　B. 单管压力计　　C. 斜管压力计　　D. 以上都对

130. 对使用水液体的液位计，须读其(A)面的最低点。

A. 凹　　B. 凸　　C. 高　　D. 低

131. 转子流量计是利用流体流动的(D)为基础工作的一种流量测量仪表。

A. 动量矩原理　　B. 动压原理

C. 能力守恒定律　　D. 节流原理

132. 转子流量计中的流体流动方向是(B)。

A. 自上而下　　B. 自下而上

C. 自上而下和自下而上都可以　　D. 以上都对

133. 转子流量计必须(A)安装。

A. 垂直　　B. 水平　　C. 倾斜　　D. 以上都可以

134. 静压式液位计是根据流体(A)平衡原理而工作的。

A. 静压　　B. 压力　　C. 压差　　D. 以上都对

135. 用压力表测量液位时，仪表安装高度应与液位零位的高度(A)。

A. 相同　　B. 不同　　C. 无所谓　　D. 以上都不对

136. 吹气管采用的材质一般可用(C)。

A. 碳钢管　　B. 白钢管　　C. 无缝钢管　　D. PVC 管

137. 调节阀的作用方式分为气开和气关两种，有信号压力时调节阀开，无信号压力时调节阀关的为(A)。

A. 气开式　　B. 气闭式　　C. 两位式　　D. 汽缸

138. 精馏塔蒸汽加热调节阀，应选用(A)式调节阀。

A. 气开式　　B. 气闭式　　C. 两位式　　D. 汽缸

139. 调节阀的作用方式分为气开和气关两种，有信号压力时调节阀关，无信号压力时调节阀开的为(B)。

A. 气开式　　B. 气闭式　　C. 两位式　　D. 汽缸

140. 加热炉的进料系统，应选用(B)式调节阀。

A. 气开式　　B. 气闭式　　C. 两位式　　D. 汽缸

141. 智能仪表采用的统一信号是(B)。

A. 1~5V D. C　　B. 4~20mA D. C　　C. 0~10mA　　D. CD、脉冲

142. 热电偶是用于测量(C)的。

A. 压力　　B. 流量　　C. 温度　　D. 液位

143. 热电偶的热电特性是由(D)所决定的。

A. 热电偶的材料　　B. 热电偶的粗细

C. 热电偶的长短　　D. 热电极的化学成分和物理性能

144. 调节器的输出变化量与被控变量的偏差信号成比例的调节规律是(B)。

A. 两位式调节规律　　B. 比例调节控制

C. 积分调节规律　　D. 微分调节规律

145. 在 PID 调节中，积分时间越小，则积分作用越(A)。

A. 强　　B. 弱　　C. 差　　D. 以上都不对

146. 在 PID 调节中，微分作用是依据(C)来动作的。

A. 偏差的大小来动作的　　B. 偏差是否存在来动作的

C. 偏差变化速度来动作的　　D. 输入信号的大小来动作的

147. 在 PID 调节中，微分作用是依据偏差变化速度来动作的，在系统中起着(C)的作用。

A. 稳定被调参数　　B. 消除余差　　C. 超前调节　　D. 以上都不对

148. 在 PID 调节中，微分时间越大，则微分作用越(A)。

A. 强　　B. 弱　　C. 差　　D. 以上都不对

149. 下列调节系统中，(A)属于复杂调节系统。

A. 液位与流量的均匀调节系统　　B. 压力单调节系统

C. 流量单回路调节系统　　D. 液位单回路调节系统

150. 对于调节器反作用的定义，如下几种说法中(C)才是严格无误的。

A. 调节器的输出值随测量值的增加而增加的，为“正”作用，反之为“反”作用

B. 调节器的输出值随偏差值的增加而增加的，为“正”作用，反之为“反”作用

C. 调节器的输出值随正偏差值的增加而减小的为“反”作用

D. 以上都不对

151. 当物料温度过低时易吸出结晶颗粒的介质，调节介质为过热蒸汽时，应选(B)调节阀。

A. 气开式　　B. 气关式　　C. 两位式　　D. 汽缸

152. 在 TDC3000 中，应(A)调出组画面。

A. 按 GROUP 键，键入需调用的组号，再按 ENTER 键

B. 按 GROUP 键

C. 按 OVER 键

D. 按 DISP 键

153. 在 TCD3000 中，MAN 表示的意义为(A)。
A. 手动 B. 自动 C. 串级 D. 程序

154. 由于干扰作用，系统从(A)。
A. 静态变为动态 B. 系统稳定不变
C. 系统暂时处于平衡 D. 动态变为静态

155. 影响对象环节输出参数的外来因素，在自控中称为(C)作用。
A. 骚动 B. 波动 C. 干扰 D. 扰动

156. 当系统受到扰动作用后，被控变量在设定值某一侧非振荡变化，且偏离设定值越来越远，以致超出工艺允许范围，它是一种(B)的过渡过程。
A. 发散振荡 B. 非振荡发散 C. 等幅振荡 D. 衰减振荡

157. 过渡时间是以(A)发生变化起各被调参数又建立一新的平衡状态止。
A. 干扰 B. 参数整定 C. 给定值 D. 跟踪值

158. 在生产中要求保持不变的工艺指标，如液位高度，在自动化中称为(C)。
A. 预定值 B. 估计值 C. 给定值 D. 跟踪值

159. 一个线性调节系统的稳定性(稳定或不稳定)取决于(B)。
A. 干扰作用的形式及强弱
B. 系统本身的结构及参数
C. 干扰作用的形式、强弱和系统本身的结构、参数
D. 以上都对

160. 调节的(B)是液位，所以叫液位调节。
A. 目标 B. 指标 C. 结果 D. 目的

多选题

1. 影响气体溶解度的因素有溶质、溶剂的性质和(A，B)。
A. 温度 B. 压强 C. 体积 D. 质量

2. 氧化还原反应配平原则为(A，B)。
A. 反应中氧化剂和还原剂的氧化数升高和降低的总数必须相等
B. 反应前后各元素的原子总数必须相等
C. 反应前后各元素的原子总数可以不相等
D. 反应中氧化剂和还原剂的氧化数升高和降低的总数不相等

3. 在化学反应达到平衡时，下列选项不正确的是(A，C，D)。
A. 反应速率始终在变化 B. 正反应速率不再发生变化
C. 反应不再进行 D. 反应速率减小

4. 关于化学反应速率，下列说法正确的是(B，C，D)。
A. 表示了反应进行的程度
B. 表示了反应速度的快慢
C. 其值等于正、逆反应方向推动力之比
D. 常以某物质单位时间内浓度的变化来表示

5. 下列(A，B，C)条件发生变化后，可以引起化学平衡发生移动。
A. 温度 B. 压力 C. 浓度 D. 催化剂

6. 对于任何一个可逆反应，下列说法正确的是(A，B)。
A. 达平衡时反应物和生成物的浓度不发生变化
B. 达平衡时正反应速率等于逆反应速率
C. 达平衡时反应物和生成物的分压相等
D. 达平衡时反应自然停止

7. 可以与烯烃发生加成反应的物质有(A，C，D)。
A. 氢气　B. 氧气　C. 卤化氢　D. 水

8. 芳香烃可以发生(A，B，C，D)。
A. 取代反应　B. 加成反应　C. 氧化反应　D. 硝化反应

9. 甲烷在漫射光照射下和氯气反应，生成的产物是(A，B，C，D)。
A. 一氯甲烷　B. 二氯甲烷　C. 三氯甲烷　D. 四氯化碳

10. 下列化合物和苯发生傅-克烷基化反应时，会发生碳链异构的是(B，D)。
A. 溴乙烷　B. 1-溴丙烷
C. 2-溴丙烷　D. 2-甲基-1-溴丙烷

11. 下列烷基苯中，不宜由苯通过烷基化反应直接制取的是(A，D)。
A. 丙苯　B. 异丙苯　C. 叔丁苯　D. 正丁苯

12. 如果苯环上连有(C，D)等强吸电子基，则不能进行烷基化反应。
A. 甲基　B. 乙基　C. 硝基　D. 酰基

13. 一定条件下可以和烯烃发生加成反应的是(A，B，C，D)。
A. 水　B. 硫酸　C. 溴水　D. 氢

14. 丁二烯既能进行1,2加成,也能进行1,4加成,至于那一种反应占优势,则取决于(A,B,C)。
A. 试剂的性质　B. 溶剂的性质　C. 反应条件　D. 无法确定

15. 下列属于炔烃的加成反应的是(A，B，C)。
A. 催化加氢　B. 加卤素　C. 加水　D. 氧化

16. 下列物质属于脂肪醚的是(A，C)。
A. 甲乙醚　B. 苯甲醚　C. 甲乙烯醚　D. 二苯醚

17. 下列物质既是饱和一元醇，又属脂肪醇的是(B，D)。
A. $CH_2=CH-OH$　B. C_3H_7OH
C. $HO-CH_2-CH_2-OH$　D. C_4H_9OH

18. 能与环氧乙烷反应的物质是(A，B，C，D)。
A. 水　B. 酚　C. 胺　D. 羧酸

19. 甲苯在硫酸和三氧化硫存在的情况下，主要生成(A，C)。
A. 对甲苯磺酸　B. 对甲苯硫醇　C. 邻甲苯磺酸　D. 间甲苯磺酸

20. 甲苯在硫酸的存在下，和硝酸作用，主要生成(C，D)。
A. 间胺基甲苯　B. 对胺基甲苯　C. 邻硝基甲苯　D. 对硝基甲苯

21. 筛板塔的分离效率与(A、B、C)等有关。
A. 蒸汽的速度　B. 筛板上液层的高度
C. 筛孔的直径与数目　D. 物料的种类

22. 液体分布器有多种结构形式，其中常用的有(A、B、C)。

A. 管式喷淋头　　B. 莲蓬头式喷洒器

C. 盘式分布器　　D. 锥形分布器

23. 根据催化剂活性随使用时间的变化情况，可作出催化剂的活性曲线，曲线可以分为(A，B，C)。

A. 成熟期　　B. 稳定期　　C. 衰退期　　D. 再生复活期

24. 圆盘形浮阀的类型主要有(A，B，C)。

A. V-4 型浮阀　　B. F1 型浮阀

C. 十字架型浮阀　　D. VARIOFLEX 浮阀

25. 离心泵通常使用于(A、C)场合。

A. 大流量　　B. 小流量　　C. 低扬程　　D. 高扬程

26. 下列液体分布器中属于重力型的有(C，D)。

A. 喷嘴式　　B. 多孔排管式　　C. 筛孔盘式　　D. 盘槽式

27. 下列泵中属于叶片泵的是(A，B，C)。

A. 离心泵　　B. 混流泵　　C. 轴流泵　　D. 滑片泵

28. 离心压缩机润滑油压力下降的原因主要有(A，B，C，D)。

A. 油过滤器堵塞　　B. 润滑油温度高　　C. 油路泄漏　　D. 油箱油位低

29. 爆破片可选用的材料有(A、B，C，D)。

A. 工业纯铝　　B. 工业纯铜　　C. 石墨　　D. 聚四氟乙烯

30. 下列疏水阀中(B，D)不属于热静力型疏水阀。

A. 双金属片疏水阀　　B. 脉冲式疏水阀

C. 波纹管式疏水阀　　D. 圆盘式疏水阀

31. 离心泵运转中巡检时应检查的内容主要有(A，B，C，D)。

A. 润滑状况(油温、油位、油质等)　　B. 轴承运转状况(温度、噪音等)

C. 温度表、压力表、电流表的指示情况　　D. 密封点是否泄漏

32. 影响过滤器除尘效率的因素主要有(A，B，C，D)。

A. 粉尘特性　　B. 滤料性能　　C. 操作参数　　D. 清灰方式

33. 在发生短路时，由于故障设备和某些非故障设备通过很大的短路电流会产生(B，C)，使设备遭到破坏和损伤。

A. 化学效应　　B. 热效应　　C. 电动力　　D. 机械力

34. 下列选项中，容易产生静电的原因有(A，B，C)。

A. 摩擦　　B. 液体、气体流动

C. 粉碎、研磨、搅拌　　D. 化学反应

35. 适用于扑灭电气火灾的灭火器材有(A，B，D)灭火器。

A. 1211　　B. 二氧化碳　　C. 泡沫　　D. 四氯化碳

36. 常用的电工工具有钢丝钳、尖嘴钳、电工刀、活动扳手和(A，C)等。

A. 试电笔　　B. 示波器

C. 螺丝刀　　D. 交流信号发生器

37. 电动机发生跳闸后应立即通知班长，由电气值班人员检查保护装置动作情况，同时

对(A，B，C)进行外观检查，并停电测其绝缘电阻，合格后方可再次启动。

A. 电机　　B. 开关　　C. 电缆　　D. 负荷

工种理论知识试题

判断题

1. 在进行内部检修之前打开容器使其暴露在空气中 24～48h。物料管线断开或加堵盲板，设备检修前进行设备内及环境可燃气体分析，合格后方可检修。 (√)

2. 在装置开车前应对设备管线进行吹扫，凡不能参与吹扫的管道、设备、阀门、仪表等，应拆除或用盲板隔离。 (√)

3. 预热器在开车时，应先打开低温介质阀门，然后再打开高温介质的阀门，避免预热器受热急剧膨胀造成设备损坏。 (√)

4. 装置引入蒸汽前，应对管线焊口、法兰垫片、截止阀、减压阀及安全阀等进行检查，确保系统无泄漏。 (√)

5. 试车前，必须对压缩机组润滑油压力、事故油泵会自启动的联锁进行检查确认。 (√)

6. 编制培训教材、国内外同类装置事故案例、原料手册、产品质量手册、技术手册、物料平衡手册、润滑油手册、“三废”排放手册是生产技术准备中的部分内容。 (√)

7. 装置开车前，应组织有关职能部门、相关单位进行开车前的检查确认，生产安全负责人按开车方案组织全面检查，并做好系统开车各项安全准备工作。 (√)

8. 水的重复利用率是指在一定时间内，生产过程中使用的循环水量与总水量之比。 (×)

正确答案：水的重复利用率是指在一定时间内，生产过程中使用的重复水量与总水量之比。

9. 循环水引入系统后，应定时检查循环水的压力、温度和流量，各项指标应当满足生产工艺要求。同时应分别检查来水量和回水量是否一致，如发现丢失循环水，应查找泄漏点。 (√)

10. 蒸汽汽轮机要求主蒸汽的温度必须高于机室压力对应下的饱和温度。 (×)

正确答案：蒸汽汽轮机要求主蒸汽的温度必须高于主蒸汽压力对应下的饱和温度。

11. 管线吹扫的目的是将存留在管线内的物料或杂质清除掉。 (√)

12. 对蒸汽凝液管线进行吹扫时，应当按照其压力等级由低到高依次吹扫。 (×)

正确答案：对蒸汽凝液管线进行吹扫时，应当按照其压力等级由高到低依次吹扫。

13. 系统接收物料条件确认时，化工原材料、燃料及辅助化工原料、润滑油脂等已备齐，质量符合设计要求，且已运至指定地点。 (√)

14. 气密性试验的目的，主要是检查设备、管道及其附件(如阀门、管件等)的耐压和严密性情况，以保证系统在正常工作状态下不发生破裂和渗漏。 (√)

15. 精馏塔试压试漏只要进行水压试验合格即可，不需进行气密性试验。 (×)

正确答案：精馏塔不但要进行水压试验，而且要进行气密性试验，负压塔还需进行负压试验。

16. 气密性试验所用气体，应为干燥、清洁的空气、氮气或其他惰性气体。 (√)

17. 在对进料系统进行气密试验时，压力应缓慢上升，达到规定试验压力后保压 10min，然后降至设计压力，对所有焊缝和连接部位涂刷肥皂水进行检查，以无泄漏为合格。 (√)

18. 装置冬季操作具体内容有冬季安全生产注意事项、防冻保温措施、冬季巡回检查路

线和巡回检查内容。(√)

19. 在装填催化剂过程中，催化剂应分散铺开，装填均匀。不能集中倾倒或只从一边倾倒，以免装填不均匀，引起气体偏流。(√)

20. 在装填催化剂时，每根列管的装填速度是越快越好。(×)

正确答案：在装填催化剂时，装填速度不是越快越好，过快容易使催化剂“搭桥”。

21. 凡密闭容器和管道内用氮气置换后在进入之前应先充分通风换气，再进入设备作业。(×)

正确答案：凡密闭容器和管道内用氮气置换后在进入之前应先充分通风换气，进入前要进行空气中氧含量测定，氧含量合格后方可进入设备作业。

22. 按催化反应体系的物相均一性分：有均相催化剂和非均相催化剂(固体催化剂) (√)

23. 联锁系统是指由仪表及控制系统构成的自动保护系统。(√)

24. 通过蒸汽减压阀的调节，可使进口压力降至某一需要的出口压力，当进口压力或流量变动时，减压阀依靠介质本身的能量可自动保持出口压力在小范围内波动。(√)

25. 蒸汽减压时，按照蒸汽压力等级由低-中-高的次序依次进行减压。(×)

正确答案：蒸汽减压时，按照蒸汽压力等级由高-中-低的次序依次进行减压。

26. 换热器投用前检查内容是换热管线、冷却水管线工艺阀门开启及仪表元器件点等系列进行全面细致确认。(√)

27. 通常根据塔操作压力的情况，可分为常压塔、减压塔和萃取塔。(×)

正确答案：通常根据塔操作压力情况，可分为常压塔、减压塔和加压塔。

28. 精馏塔的实际回流比是最小回流比的 1.2~2 倍。(√)

29. 气-固相催化反应器主要分为固定床和流化床两类，固定床催化反应器分绝热式和连续换热式两类。(√)

30. 在精馏塔操作中，塔顶采出轻组分过低的原因是塔顶温度低。(×)

正确答案：在精馏塔操作中，塔顶采出轻组分过高的原因是塔顶温度低。

31. 提高精馏塔的操作压力，精馏塔塔釜温度将会下降。(×)

正确答案：提高精馏塔的操作压力，精馏塔塔釜温度将会上升。

32. 在实际精馏操作中，当进料温度升高时，为降低塔顶冷凝器的热负荷应增加冷凝器的冷却水量。(×)

正确答案：在实际精馏操作中，当物料温度升高时，为降低塔顶冷凝器的热负荷应增加回流量。

33. 精馏塔塔底液位可以通过调节塔底换热器加热介质的流量来调节。(√)

34. 将配制好的催化剂混合物送入反应器中，由操作人员启动程序，送料程序由分部操作步骤组成，每步都有其自已的启动条件，受联锁控制和保护，如程序的某一步不能启动或动作，操作人员应检查其条件没有满足的原因并加以纠正。(√)

35. 增加吸收塔系统的压力，也相应地增加混合气体中被吸收气体的分压，增大气体吸收的推动力，对气体吸收有利。(√)

36. 长期停车，干燥剂前后阀门未关闭，大气中湿气会进入干燥器内。(√)

37. 精馏塔提高物料的进料量和采出量，物料的采出质量会上升。(×)

正确答案：精馏塔提高物料的进料量和采出量，物料的采出质量会下降，因为，提高采出量会使其他轻组分含量增加。

38. 催化剂在升温过程中应严格按照工艺要求进行升温，避免局部温升过高和超温，造成催化剂中毒失效。 (✓)

39. 在吸收过程中，以气液相中吸收质的实际浓度与其相应的平衡浓度之差来表示吸收过程的推动力的大小。 (✓)

40. 在填料吸收塔中，填料层过低会出现沟流现象。 (×)

正确答案： 在填料吸收塔中，填料层过高会出现沟流现象。

41. 提高精馏塔的操作压力，精馏塔塔顶温度将会下降。 (×)

正确答案： 提高精馏塔的操作压力，精馏塔塔顶温度将会上升。

42. 反应器入口温度过低会造成催化剂床层局部反应剧烈。 (×)

正确答案： 反应器入口温度过高会造成催化剂床层局部反应剧烈。

43. 保证原料气的净化指标、精细操作、防止超温及减少温度波动是延长催化剂寿命的主要措施。 (✓)

44. 固体催化剂一般由活性组分、助催化剂和载体组成。 (✓)

45. 洗涤塔多为填料塔，其洗涤过程全部是在塔盘上进行的。 (×)

正确答案： 洗涤塔多为填料塔，其洗涤功能是在塔盘和喷嘴截面上进行的。

46. 洗涤塔的液位是通过补加洗液和采出量的调节使液位保持相对平衡的。 (✓)

47. 疏水器投用前应先开回水旁通阀和疏水器的阀门，再开蒸汽阀门，经一定时间后将回水旁通阀关闭。 (✓)

48. 为增加精馏塔顶(或塔底)产品产量，可以提高塔顶(或塔底)采出量来实现。 (×)

正确答案： 为增加精馏塔顶(或塔底)产品产量，提高塔顶(或塔底)采出量，短时间是可能的，但随塔顶(或塔底)采出量增加，产品纯度变差，最后可能导致产品不合格。

49. 精馏塔回流量过小时，会引起塔盘干涸。 (✓)

50. 增大塔顶冷凝器中冷却剂用量和回流比可以提高塔顶压力。 (×)

正确答案： 增大塔顶冷凝器中冷却剂用量和回流比可以降低塔顶压力。

51. 反应器在运行中，严格执行操作规程，禁止超温、超压。 (✓)

52. 防止反应器超压，要从三大技术环节入手：其一为超压预防技术；其二为超压遏止技术；其三为超压泄放技术。 (✓)

53. 吸收是气相中的吸收质经过吸收操作转入到液相中去的一个传热过程。 (×)

正确答案： 吸收是气相中的吸收质经过吸收操作转入到液相中去的一个传质过程。

54. 在填料吸收塔中，填料层过高会出现沟流现象。 (✓)

55. 适当提高操作温度，使溶剂溶解更多量的被提纯物质，从而有利于后期结晶的形成。 (✓)

56. 当单台泵的扬程足够，而流量不能满足要求时可采用两台型号相同的泵串联运行。 (×)

正确答案： 当单台泵的扬程足够，而流量不能满足要求时可采用两台型号相同的泵并联运行。

57. 压力表在刻度盘上刻有的红线是表示控制的工作压力。 (×)

正确答案： 压力表在刻度盘上刻有的红线是表示最高工作压力或最低工作压力。

58. 为了防止催化剂受潮，停车不卸催化剂的列管式固定床反应器，应继续用热媒运行在反应器壳层流动，使催化剂不受任何影响。（√）

59. 生产装置如果需要长期停车需倒空系统内凝液。（√）

60. 停车系统的倒空步骤为先放料回收后扫线。（×）

正确答案：停车系统的倒空步骤为先扫线后放料回收。

61. 反应器在生产运行中出现超温、超压时，在紧急冷却、紧急泄压程序实施后，快速分析原因，如果原因不明，应采取紧急停车程序，将反应器操作系统处于安全保护状态。（√）

62. 系统降压、降温必须按要求进行，停车后要按时记录压力、温度的变化。（×）

正确答案：系统降压、降温必须按要求的幅度（速率）并按先高压后低压的顺序进行，停车后要按时记录压力、温度的变化。

63. 反应器床层反应异常只与反应温度波动有关，与反应器内部压力波动无关。（×）

正确答案：反应器床层反应异常与反应温度波动及反应器内部压力波动都有关系。

64. 精馏系统清洗时，不需要投用加热蒸汽。（×）

正确答案：精馏系统化学清洗时，可根据需要投加加热蒸汽。

65. 长期停车时，应将透平隔离，并通氮气保护。（√）

66. 处理设备泄漏进容器作业时，可向容器中通氧气以保证氧含量。（×）

正确答案：处理设备泄漏进容器作业时，可以强制通风置换，但不允许通氧气。

67. 对于遇水自燃的物料要进行隔离，一旦发生自燃现象应用沙子和泡沫灭火器进行灭火。（√）

68. 反应器停车时，应尽可能将反应器、管道内的液体物料倒空、抽净，送出装置。可燃、有毒气体应排至火炬烧掉。对残存物料的排放，应采取相应措施，不得就地排放或排入下水道中。（√）

69. 吸收有机物的目的是减少有机废水排放，回收副产品，达到净化目的。（√）

70. 将含油污水排到生活污水管线，这种作法是允许的。（×）

正确答案：将含油污水排到生活污水管线，这种作法是不允许的。

71. 居民区大气中有害物质的一次最高允许浓度是指多次中的一次测定结果的最高允许浓度。（×）

正确答案：居民区大气中有害物质的一次最高容许浓度是指任何一次测定结果的最高容许浓度。

72. 安全阀和爆破片可以联合使用，可串联也可以并联使用。（√）

73. 安全阀铭牌上所注明的公称压力是阀门在工作温度不超过400℃时所允许承受的最高压力。（×）

正确答案：安全阀铭牌上所注明的公称压力是阀门在工作温度不超过200℃时所允许承受的最高压力。

74. 压力容器的最高工作压力必须大于等于1.0MPa。（×）

正确答案：压力容器的最高工作压力必须大于等于0.1MPa。

75. 按《压力容器安全技术监察规程》的规定，高压容器属于二类容器。（×）

正确答案：按《压力容器安全技术监察规程》的规定，高压容器属于三类容器。

76. 民用的液化气罐不属于压力容器范畴。 (×)

正确答案：民用的液化气罐属于压力容器范畴。

77. 判断一个容器是否为压力容器，只要看它的最高工作压力是否满足条件即可。(×)

正确答案：判断一个容器是否为压力容器，必须看它是否同时满足《压力容器安全技术监察规程》规定的三个条件。

78. 压力容器上不能使用视镜作为附件。 (×)

正确答案：压力容器上可以使用视镜作为附件。

79. 容器正常工作时，安全阀下的截止阀可以处在微开状态，以防安全阀超压。 (×)

正确答案：容器正常工作时，安全阀下的截止阀必须处于全开状态并加铅封。

80. 安全阀有渗漏现象时，可以通过增加阀瓣上载荷的办法减除阀的泄漏。 (×)

正确答案：安全阀有渗漏现象时，应及时更换或检修，不可以通过增加阀瓣上载荷的办法减除阀的泄漏。

81. 在填料塔的液体再分布装置中，边圈槽形是最简单的。 (×)

正确答案：在填料塔的液体再分布装置中，分配锥式是最简单的。

82. 筛孔大的筛板在处理腐蚀性或脏的液体时，孔口不易堵塞，但不利于加工，费用高。 (×)

正确答案：筛孔大的筛板在处理腐蚀性或脏的液体时，孔口不易堵塞，有利于加工，费用也低。

83. 相同型号的离心泵并联的越多，流量增加的程度越大。 (×)

正确答案：相同型号的离心泵并联的越多，流量增加的程度越小。

84. 在管路特性曲线不变的情况下，离心泵串联后的扬程并不是每台泵单独工作时扬程的 2 倍。 (√)

85. 离心泵的主要性能参数就是实际工况条件下的性能参数。 (×)

正确答案：离心泵的主要性能参数是在一定转速下，以水为介质在最高效率时的性能参数。

86. 机泵冷却适用于泵体温度较高、不易于操作的场合。 (×)

正确答案：机泵冷却适用于介质温度较高、介质易汽化的场合。

87. 螺旋板式换热器具有传热效率高、结构紧凑、占地小及自清洗污垢的特点。 (√)

88. 多级离心泵完好标准中规定泵的出口压力应达到铭牌规定值。 (×)

正确答案：多级离心泵完好标准中规定泵的出口压力应达到铭牌规定值的 90%以上或能满足正常生产需要。

89. 化工设备、管道喷涂的防护层的性能和寿命，只取决于涂料的性质，与其他无关。 (×)

正确答案：化工设备、管道喷涂的防护层的性能和寿命，不仅取决于涂料的性质，还与施工方法、施工质量有关。

90.《设备及管道保温技术通则》(GB 4277—84) 规定保温材料的导热系数不得大于 0.14W/m · K。 (√)

91. 产品质量和色号偏差是塔内漏造成杂质增多的重要原因之一。 (√)

92. 因负压造成塔设备壳体局部凹陷的设备，经过平整可以使用。 (×)

正确答案：因负压造成塔设备壳体局部凹陷的设备，不经过平整可以使用。

93. 离心泵运转时要经常检查轴承是否过热，润滑油情况是否良好，注意填料层的泄漏和发热情况，填料松紧要适当。（√）

94. 当反应器的热点温度升高时，可以降低进料量，以使热点温度下降。（×）

正确答案：当反应器的热点温度升高时，可以保持负荷不变，降低反应气量，以使热点温度下降。

95. 馏分油加氢装置中，原料油中的铁含量是造成床层堵塞，压力降增大的主要原因。（√）

96. 产品中异构体浓度偏高与催化剂活性降低有直接的关系。（√）

97. 在发生事故时正逢交接班，处理事故应由交班人负责处理。（√）

98. 拆装滚动轴承应使用专用工具。采用热装时，轴承温度可用火焰直接加热到100～120℃。（×）

正确答案：采用热装时，轴承温度严禁使用火焰直接加热。

99. 润滑油过多不会造成轴承温度过高。（×）

正确答案：润滑油过多会造成散热不好，也会造成轴承温度过高。

100. 阀门发生内漏现象后，只能进行更换，无法处理。（×）

正确答案：阀门内漏后，可以进行修复。

101. 滤布损坏或堵塞也能降低过滤效率。（√）

102. 定期对换热器壳体各连接处周围空气取样分析，能判断换热器管程是否泄漏。（×）

正确答案：定期对换热器壳体各连接处周围空气取样分析，不能判断换热器管程是否泄漏。

103. 当氮气突然停供时，需要氮气保护的设备、储罐失去氮封，将会造成设备损坏，物料变质或与大量空气接触，增加危险性。（√）

104. 当精馏塔操作不当，出现淹塔情况时，可以减少进料，适当提高塔釜蒸汽量，加大塔釜采出量，降低塔釜液位，恢复全回流状态，待塔操作稳定后，再逐步建立采出。（√）

105. 在带控制点工艺流程图中，仪表控制点用特定符号表示，并从其安装位置引出。（√）

106. 一内径2m、高10m的密闭储罐中装满了液体，密度为1197kg/m^3，则罐底承受的压力为3.69×10^{5}N。（√）

107. 一输送泵，流量为4.2m^3/h，已知密度为1160kg/m^3，泵的有效功率261.54W，扬程为19.7m。（√）

108. 在平均温度差计算中，如果$\Delta t_{大}/\Delta t_{小} \leq 2$时，可以近似地用算术平均温度差计算。（√）

单选题

1. 开车前需要隔离的设备主要有(B)。
   A. 置换、吹扫完毕的设备
   B. 高噪音、高辐射的设备以及填充特殊催化剂的设备
   C. 单机试车完毕的设备
   D. 运转传动设备

2. 空气管线试漏时一般用(C)涂刷喷洒在法兰上。
   A. 苏打水　B. 精制水　C. 起泡水　D. 乙醇

3. 对蒸汽管线吹扫时，应用(B)沿着蒸汽的流动方向进行吹扫。

A. 压缩空气　　B. 相同压力等级品位的蒸汽

C. 较低压力等级的蒸汽　　D. 中压氮气

4. 对蒸汽管线吹扫时，对排放口的设置要求是(C)。

A. 设置在主管线的末端，并设立警戒标志

B. 对设置没有明确要求，但在排放口必须设立警戒标志

C. 分别设置在主管线及支管线的末端，并设立警戒标志

D. 分别设置在各支管线的末端，并设立警戒标志

5. 对蒸汽管线吹扫时，所用的吹扫介质是(D)。

A. 消防水　　B. 压缩空气

C. 氮气　　D. 与管道压力等级相同的蒸汽

6. 换热器试压时，试验压力必须(A)操作压力。

A. 大于　　B. 等于　　C. 小于　　D. 小于或等于

7. 投用蒸汽系统时，要有充足的暖管时间，并且要缓慢提升管网压力，其主要目的是(B)。

A. 防止设备瞬间承受不住高压　　B. 防止水击损坏设备

C. 慢慢等待开车指令　　D. 防止温差过大损坏设备

8. 检修后的装置在开车前，进行气密检查的部位是(C)。

A. 所有检修的管道焊缝及拆检的管法兰

B. 所有拆检的管法兰

C. 所有拆检的管法兰及怀疑泄漏的焊缝法兰和阀门填料、导淋阀等

D. 所有连接的管道法兰及焊缝

9. 气密试验达到试验压力后，保压时间应不小于(B)。

A. 10min　　B. 30min　　C. 1h　　D. 2h

10. 设备隔离后氮气置换的合格指标为≥(D)。

A. 18%　　B. 20%　　C. 95%　　D. 99.5%

11. 为防止氮气对人体的损害，在进入用氮气置换过的容器设备作业前，要(C)。

A. 充分排风　　B. 用水冲洗

C. 测定氧含量在20%以上　　D. 通入氧气

12. 工业催化剂活性越高则原料的(D)愈高。

A. 纯度　　B. 选择性　　C. 寿命　　D. 转化率

13. 蒸汽减压时按照设定减压值进行(C)减压，并及时地在排泄管线打开阀门泄压，蒸汽压力稳定后关闭泄压阀。

A. 快速手动阀　　B. 缓慢手动阀

C. 缓慢调节，压力稳定后调节阀投自动　　D. 快速调节

14. 列管式换热器的基本类型有固定管板式、U形管换热器和(C)换热器。

A. 蓄热式　　B. 间壁式　　C. 浮头式　　D. 蛇管式

15. 在系统开、停工前，要对所有的(A)进行全面检查，确保其正常。

A. 保温伴热系统　　B. 停用设备

C. 无须防冻　　D. 设备、管道及法兰等静电接地线

16. 反应器的联锁条件有(D)。

A. 反应器入口温度过高 B. 反应器入口温度过低

C. 热点温度过低 D. 出口温度过高

17. 反应器升降温过程对温差有着严格的要求，升降温过快会导致(D)。

A. 进料量加大 B. 收率提高

C. 副产物减少 D. 损坏设备降低使用寿命

18. 在精馏塔操作中，塔顶采出液中重组分超标是因为(C)。

A. 塔顶压力高 B. 塔釜温度低 C. 塔顶温度高 D. 塔釜压力低

19. 高温、高压、易燃反应器系统在开车前一定要按(D)规定进行严密性试验(静压试验)和水压试验。

A. 静压试验 10h、10h 水压试验 B. 静压试验 10h、12h 水压试验

C. 静压试验 24h、12h 水压试验 D. 静压试验 24h、24h 水压试验

20. 反应器系统在开车前一定要按规定先用氮气置换系统内的(A)，然后再用反应气体置换，在操作过程中一定要注意防止设备及管线泄漏，要保证氮封及排气系统畅通。

A. 空气 B. 水蒸气 C. 混合氮 D. 反应气

21. 精馏塔常用控制方案为按物料平衡关系控制和(A)。

A. 质量指标控制 B. 精馏段指标控制

C. 提馏段温度控制 D. 组成冷剂压力、温度控制

22. 在精馏塔操作中，气相负荷可以通过(B)控制。

A. 塔釜液位 B. 塔釜温度 C. 塔釜压力 D. 回流量

23. 精馏塔操作负荷不变情况下，降低塔顶压力，精馏塔塔釜液位会(B)。

A. 上升 B. 下降 C. 不变 D. 不确定

24. 为提高精馏塔塔顶压力，可以降低塔内的(A)。

A. 气相负荷 B. 液相负荷 C. 塔温 D. 塔板效率

25. 精馏塔操作负荷不变情况下，增加回流量，精馏塔塔釜液位会(A)。

A. 上升 B. 下降 C. 不变 D. 不确定

26. 化工“三剂”储备完毕具备开车条件，化工原料进入条件是(B)。

A. 直接送入反应器

B. 启动送料泵建立自身循环，物料经分析合格后切换到反应器

C. 先充满反应器在反应器建立自身循环

D. 先循环后投入。

27. 在 TCD3000 中，TREND 表示的意义为(B)。

A. 自动 B. 趋势 C. 串级 D. 程序

28. 疏水器的选择要根据不同情况，不同工艺分别选用不同类型的疏水器。主要考虑(C)、背压情况、连接方式等。

A. 热利用率 B. 过冷度

C. 压力、排水量、温度 D. 材质性能

29. 疏水器选用时，要在工作排水量(可用最大蒸汽流量代替)的基础上考虑选用适当的倍率(选用疏水器的排水量与工作排水量的倍数)，一般情况下为(A)。

A. 2~4 B. 5~10 C. 10~12 D. 大于 20

30. 催化剂混合物工序为批量间歇操作时，每一批料送出后，程序即自动停止。要开始新一批料，从安全角度必须重新(A)启动程序。

A. 手动激活　　B. 自动激活　　C. 等待激活　　D. 无须激活

31. 吸收填料塔中的填料层是塔内实现气-液接触的有效部位，填料层内的空隙体积所占比例颇大，气体在填料间隙所形成的曲折通道中流过，提高了(C)程度。

A. 过度流　　B. 滞流　　C. 湍流　　D. 对流

32. 吸收塔采用逆流操作，有利于提高出塔(A)的浓度，从而减少吸收剂的耗用量。

A. 吸收液　　B. 吸收气体　　C. 出塔气体　　D. 吸收剂

33. 干燥剂长期处于(C)式水浸状态将会形成板结而失效。

A. 不饱和　　B. 饱和　　C. 过饱和　　D. 平衡

34. 精馏塔在其他条件操作正常的情况下，提高回流量，则产品质量(A)。

A. 提高　　B. 下降　　C. 不变　　D. 无影响

35. 氧化反应器升温过程中，从环境温度升至200℃期间可以采用的加热介质为(C)。

A. 氮气　　B. 惰性气体　　C. 热空气　　D. 高压蒸汽

36. 吸收剂中含有被吸收气体越少，对吸收就越(B)。

A. 不利　　B. 有利　　C. 不影响　　D. 以上都不对

37. 影响吸收操作的主要因素中气、液相流量因素包括气流速度、吸收剂流量和(C)。

A. 吸收质性能　　B. 温度　　C. 吸收剂的纯度　　D. 压力

38. 精馏塔在操作中，塔顶压力下降过快，易造成精馏塔(B)。

A. 淹塔　　B. 液泛　　C. 塔釜液位上升　　D. 塔温上升

39. 在吸收过程中，溶质和溶剂之间不发生显著的(A)而广泛地应用分离混合气体和除去有害组分以净化气体。

A. 化学反应　　B. 物理吸收　　C. 物理化学反应　　D. 物理变化

40. 吸收速率除了提高湍流程度，填料层在固体表面液体分布在填料表面呈膜状流下，增大气-液之间的接触面积，所以，气-液的流动方式决定吸收效果的好坏。在对等的条件下(B)方式可获得较大的平均推动力。

A. 并流　　B. 逆流　　C. 折流　　D. 混合

41. 在精馏塔操作中，气相负荷可以通过(B)控制。

A. 塔釜液位　　B. 塔釜温度　　C. 塔釜压力　　D. 回流量

42. 在精馏塔操作中，塔顶采出轻组分过高的原因有(D)。

A. 塔釜液位高　　B. 塔顶温度高　　C. 塔顶压力低　　D. 塔顶温度低

43. 下列选项中，对缩短催化剂使用寿命影响最大的是(D)。

A. 低负荷正常生产　　B. 高负荷正常生产　　C. 低盐温操作　　D. 床层超温

44. 一般情况下，固定床氧化器的催化剂分两层以上装填时，上层装填的催化剂活性(A)。

A. 较低　　B. 较高　　C. 适中　　D. 没有

45. 催化剂能够加速化学反应速率，具有(C)，可使化学反应朝着期望方向进行，抑制不需要的副反应。

A. 活化能　　B. 稳定性　　C. 选择性　　D. 灵活性

46. 洗涤塔塔底循环是通过(B)实现的。

A. 采出泵　　B. 循环泵　　C. 洗液泵　　D. 加药泵

47. 洗涤塔系统主要洗涤气体中的(B)，回收有利用价值的物质，达到净化气体、防止污染环境的目的。

A. 氮气　　B. 有机物、可溶解洗液中的气体等

C. 氢气　　D. 一氧化碳

48. 高、中压汽系统经用热设备后，必须安装节流孔板进行膨胀，建议设(A)，蒸汽(二次汽)串入低压汽系统进行利用，罐内凝结水经疏水器进入回水系统。

A. 二次膨胀罐　　B. 二次节流阀　　C. 直接排入低压汽　　D. 直排下水

49. 萃取按照操作方式可分为分级接触萃取设备与(B)接触萃取设备。

A. 间断　　B. 连续　　C. 多级　　D. 逐级

50. 萃取操作时，萃取剂与被处理的原料液先在混合器中经过充分混合后，再进入澄清器中澄清分层，密度较小的液相在(A)，较大的在下层。

A. 上层　　B. 中间层　　C. 混合层　　D. 底层

51. 在其他条件操作条件正常的情况下，提高精馏塔回流量，则塔顶产品质量(A)。

A. 提高　　B. 下降　　C. 不变　　D. 无影响

52. 反应器内压力超过正常值时首先卸压起保护作用的是(A)。

A. 爆破片　　B. 人孔　　C. 反应器入口　　D. 反应器出口

53. 当精馏塔塔釜温度高时，正确的调节方法是(C)。

A. 增加排放量　　B. 增加再沸器加热介质量

C. 提高回流量　　D. 减少进料量

54. 当精馏塔由沸点进料改为物料饱和蒸气进料时，其进料板气相中的轻组分含量将会(C)。

A. 上升　　B. 下降　　C. 不变　　D. 不受影响

55. 精馏塔在操作中，塔顶压力下降过快，易造成精馏塔(B)。

A. 淹塔　　B. 液泛　　C. 塔釜液位上升　　D. 塔温上升

56. 提高精馏塔的操作压力，精馏塔塔釜温度将会(A)。

A. 上升　　B. 下降　　C. 不变　　D. 波动

57. 当反应器热点温度随反应器压力的增大而上升时，为了将热点温度恢复到正常值，应采取的下列措施中比较有效的是(B)。

A. 增大冷却器的补水量　　B. 查明压力增大的原因并进行调整

C. 减小进料量　　D. 降低换热介质温度

58. 物质从水溶液中结晶时，有时是以结晶水合物的形式结晶出来，这种晶体水合物中含有一定数量的水分子称为(C)。

A. 结合水　　B. 游离水　　C. 结晶水　　D. 水蒸气

59. 仪表安装处与测定点之间的距离应尽量(B)，以免指示迟缓。

A. 长　　B. 短　　C. 远　　D. 无关

60. 在 TDC3000 中，调出组画面的操作为(A)。
A. 按 GROUP 键，键入需调用的组号，再按 ENTER 键
B. 按 GROUP 键
C. 按 OVER 键　　D. 按 DISP 键

61. 在 TDC3000 中，改变设定值的操作为(A)。
A. 按 SP 键，键入所需的设定值或者按↑↓键，再按 ENTER 键
B. 按 SP 键
C. 按 OVER 键
D. 按 DISP 键

62. 在 TCD3000 中，MAN 表示的意义是(C)。
A. 串级　　B. 自动　　C. 串级手动　　D. 程序

63. 在 TCD3000 中，TREND 表示的意义(B)。
A. 自动　　B. 趋势　　C. 串级　　D. 程序

64. 生产装置正常停车时，以下选项中，首先要进行的是(C)。
A. 停压缩机　　B. 切入蒸汽　　C. 降负荷　　D. 降温

65. 装置停车时，应制定催化剂保护方案，用(C)对反应器进出口消除温差。
A. 氮气　　B. 真空　　C. 循环原料　　D. 空气

66. 停车倒空、置换时，正确的方法是(C)。
A. 管线残存少量排入地沟
B. 物料扫线时应及时停伴热
C. 物料泵倒空后应定期盘车
D. 氮气压力不足时可以用压缩风吹扫物料管线

67. 停车前，首先对各单元进行降温降量操作，具体要求是(B)。
A. 先降温再降量　　B. 先降量再降温　　C. 同时降温降量　　D. 停仪表风

68. 操作人员发现反应器出口温度突然升高，经检查确定是反应器出口着火，此时首先必须采取的措施是(C)。
A. 向班长报告，并进一步确认　　B. 用灭火器灭火
C. 紧急停车　　D. 降低盐温

69. 反应器临时停车是指岗位(C)一段时间，不需要除去容器中的物料。
A. 运行　　B. 进料　　C. 停用　　D. 提负荷

70. 连续进料的反应系统正常停车，首先要进行(A)操作，方可进行停车。
A. 降负荷　　B. 升温　　C. 提负荷　　D. 降温

71. 反应器正常停车时将系统内的所有物料、水彻底排净，将反应器隔离后，微正压氮封保护(A)。
A. 催化剂　　B. 压力容器　　C. 换热管　　D. 冷凝器

72. 精馏单元短期停车时，首先要(B)。
A. 切除加热介质　　B. 关闭进料　　C. 关闭回流　　D. 系统退液

73. 精馏系统在清洗时，其工艺操作是(B)。
A. 逆流程进行　　B. 和正常生产操作一样
C. 分别单独冲洗各设备　　D. 没有具体的操作方案

74. 精馏系统在清洗后，设备管线需要进行(A)处理。

A. 吹干　　B. 吹扫

C. 蒸汽置换　　D. 不需要进一步处理

75. 对于公用工程系统停车，采取隔离方法(A)。

A. 切断所有蒸汽、工艺水、循环水供给加堵盲板

B. 设备前切断阀门、泄水导淋，加堵盲板

C. 界区切断所有阀门并加堵盲板

D. 某部位切断连接管线

76. 隔离加堵盲板前应仔细检查系统压力是否已经下降，余液是否排净，一般要求管道内介质温度(C)℃。

A. 小于 30　　B. 小于 50　　C. 小于 60　　D. 小于 70

77. 分析补焊点周围可燃气体的浓度，当被测可燃气体的爆炸下限大于 4%时，其浓度应不大于(B)。

A. 0. 1%　　B. 0. 5%　　C. 1. 0%　　D. 1. 5%

78. 下列选项中，有关废水排放说法正确的是(D)。

A. 可以用渗坑排放　　B. 可以用渗井排放

C. 可以用漫流方式排放　　D. 可以排入规定的工业污水管道

79. 气体最高允许排放浓度指处理设施后排气筒中污染物任何(A)h 浓度平均值不得超过的限值。

A. 1　　B. 2　　C. 12　　D. 24

80. 非常见的润滑方式的是(C)。

A. 流体润滑　　B. 边界润滑　　C. 复合润滑　　D. 混合润滑

81. (A)润滑是两摩擦面被润滑油隔开，变金属接触干摩擦为液体的内摩擦。

A. 流体　　B. 边界　　C. 复合　　D. 混合

82. 属于超压泄放的安全附件是(A)。

A. 安全阀　　B. 压力表　　C. 液面计　　D. 测温计

83. 安全阀是通过(A)的自动开启泄放出流体介质的一种特殊阀门。

A. 阀瓣　　B. 弹簧　　C. 阀座　　D. 阀芯

84. 安全阀的额定泄放量必须(D)容器的安全泄放量。

A. 小于　　B. 等于　　C. 大于　　D. 大于或等于

85. 民用液化煤气罐属于(B)压力容器。

A. 反应　　B. 储存　　C. 分离　　D. 换热

86. 高压容器的工作压力范围是(C)MPa。

A. $0.1 \leqslant P < 1.0$　　B. $1.0 \leqslant P < 10$　　C. $10 \leqslant P < 100$　　D. $100 \leqslant P$

87. 压力容器必须同时具备的条件之一是：内直径大于或等于(B)m，且容积大于或等于 $0.025m^3$。

A. 0. 1　　B. 0. 15　　C. 0. 2　　D. 0. 4

88. 压力容器的(D)必须大于或等于 0. 1MPa。

A. 设计压力　　B. 工作压力　　C. 试验压力　　D. 最高工作压力

89. 压力容器的介质必须是气体、(D)或最高工作温度高于或等于标准沸点的液体。
A. 煤气 B. 液化气 C. 液氮 D. 液化气体
90. 压力容器的主要部件是(A)。
A. 筒体 B. 人孔 C. 视镜 D. 支座
91. 一般应用在常压或直径较小的高压容器上的是(A)封头。
A. 平板形 B. 椭圆形 C. 锥形 D. 蝶形
92. 安全阀的类型中，(A)已经很少使用了。
A. 重块式 B. 杠杆式 C. 弹簧式 D. 全启式
93. (C)安全阀应用最为广泛。
A. 重块式 B. 杠杆式 C. 弹簧式 D. 先导式
94. 容器内介质为有毒、易燃、易爆的气体，应选用(C)安全阀。
A. 微启式 B. 全启式 C. 封闭式 D. 内装式
95. 安全阀的额定泄放量必须(D)容器的安全泄放量。
A. 大于 B. 等于 C. 小于 D. 大于或等于
96. 安全阀铭牌上标注的公称压力是阀体在不超过(B)℃时所允许承受的最高压力。
A. 180 B. 200 C. 260 D. 300
97. 不属于规整填料的是(A)。
A. 矩鞍环填料 B. 波纹填料 C. 隔栅填料 D. 脉冲填料
98. 规整填料中以(B)应用最为广泛。
A. 鲍尔环填料 B. 波纹填料 C. 隔栅填料 D. 脉冲填料
99. 不属于多孔式喷洒分布器的是(D)。
A. 环管式分布器 B. 排管式分布器 C. 莲蓬头式分布器 D. 盘式分布器
100. 根据气、液两相的分散与接触状态，筛板塔属于(A)型塔。
A. 鼓泡 B. 喷射 C. 过渡 D. 混合
101. 与泡罩塔相比，筛板塔的操作弹性(A)。
A. 较小 B. 较大 C. 相等 D. 不清楚
102. 两台扬程不同的离心泵并联时，应把扬程(A)放在前面。
A. 低的 B. 高的 C. 都可以 D. 不清楚
103. 两台流量不同的离心泵串联时，应把流量(B)放在前面。
A. 小的 B. 大的 C. 都可以 D. 不清楚
104. 离心泵按工作原理和结构来分，属于(B)泵。
A. 容积泵 B. 叶片泵 C. 轴流泵 D. 漩涡泵
105. 离心泵是利用(D)旋转时产生离心力的作用，不断吸排液体进行工作的。
A. 泵壳 B. 泵盖 C. 泵轴 D. 叶轮
106. 离心泵的叶轮切割后，参数不发生变化的是(D)。
A. 流量 B. 扬程 C. 功率 D. 转速
107. 离心泵的体积流量 Q 与质量流量 G 之间的关系是(A)。(ρ 为液体密度)
A. $G=\rho\times Q$ B. $G=\rho/Q$ C. $G=Q/\rho$ D. $Q=G\times\rho$
108. 离心泵的扬程与它的升扬高度之间是(B)关系。
A. 相等 B. 较大 C. 较小 D. 不明确

109. 离心泵的允许吸上真空度(A)，泵的吸入性能好。

A. 高　B. 低　C. 无关　D. 不清楚

110. 机泵设冷却水系统的作用是(C)。

A. 降低泵体温度　B. 降低轴承箱温度　C. 降低介质温度　D. 以上都不对

111. 机泵设冷却系统的目的是防止机泵发生(B)现象。

A. 气缚　B. 汽蚀　C. 抽空　D. 超载

112. 由于温度高的液体介质易(A)，因此输送高温介质的机泵需设冷却系统。

A. 汽化　B. 结晶　C. 凝结　D. 蒸发

113. 属于流体剧烈流动的干燥器是(D)。

A. 固定床干燥器　B. 移动床干燥器

C. 自由降落床干燥器　D. 流化床干燥器

114. 属于流化床式干燥器的是(B)。

A. 搅拌床式干燥器　B. 喷动床式干燥器

C. 喷雾式干燥器　D. 气流式干燥器

115. 冷凝器主要应用在蒸馏塔顶物流的冷凝或者是(C)的循环回流冷凝。

A. 精馏塔　B. 分流塔　C. 反应器　D. 换热器

116. 对于易形成爆炸混合物的反应气体，应采用(A)式冷凝器。

A. 顺流　B. 逆流　C. 混流　D. 均可

117. 蒸汽透平按蒸汽参数分为(C)类。

A. 1　B. 2　C. 3　D. 4

118. 蒸汽透平按气流方向分为(B)类。

A. 4　B. 3　C. 2　D. 1

119. 凝汽式汽轮机是蒸汽做功后，在(A)大气压力的状态下排入凝汽器并凝结成水。

A. 低于　B. 等于　C. 大于　D. 无范围

120. 板翅式换热器由于翅片的作用，宜作为(B)物料的冷却。

A. 液态　B. 气态　C. 结晶　D. 混合

121. 空冷器具有使用寿命长、运转费用低、适用于(A)、高压的工艺条件的特点。

A. 高温　B. 中温　C. 低温　D. 传热量小

122. 对螺旋板式换热器而言，其两侧介质均流经逆流螺旋(C)通道。

A. 锥形　B. 圆形　C. 矩形　D. 三角形

123. 设备完好标准中规定，设备的出力率应达到铭牌规定的(B)以上或满足正常生产需要。

A. 95%　B. 90%　C. 85%　D. 80%

124. 更换密封垫片时，要保证垫片的尺寸、压力等级等与相应法兰、阀门的尺寸及压力等级(A)。

A. 相同　B. 大于　C. 小于　D. 无关

125. 盲板主要用于将生产介质(D)隔离，防止由于切断阀关闭不严而影响生产，甚至造成事故。

A. 小部分　B. 部分　C. 大部分　D. 全部

126. 关于 8 字盲板调向具备条件，下面表述正确的是(C)。

A. 系统检修完毕　　B. 盲板两侧无压力或微压

C. 盲板两侧氮气置换合格且微正压　　D. 盲板两侧原则上没有大量气体喷出

127. 一般规定，阀门手轮顺时针为(B)。

A. 开启　　B. 关闭　　C. 不清楚　　D. 无规定

128. 开启蒸汽阀门前，应先微开并排除冷凝水。目的是为了预热设备和管路，以防产生(C)现象和造成爆炸事故。

A. 汽蚀　　B. 过热　　C. 水锤　　D. 汽锤

129. 露天的阀门传动装置应加防护罩，以防(D)的侵蚀。

A. 酸烟　　B. 雨水　　C. 积雪　　D. 雨、雪和大气

130. 属于容积式压缩机的是(A)。

A. 回转式压缩机　　B. 离心式压缩机　　C. 轴流式压缩机　　D. 混流式压缩机

131. 冬季室温低于(B)℃时，停车时应放掉容腔里的冷却水。

A. 0　　B. 5　　C. 10　　D. 16

132. 过滤性良好的滤浆是指在数秒钟内能形成(D)mm 以上厚度滤饼的滤浆。

A. 10　　B. 20　　C. 30　　D. 50

133. 适用于大规模、挥发性物质的过滤机应选用(C)。

A. 板框加压过滤机　　B. 水平带式过滤机

C. 垂直回转圆盘过滤机　　D. 砂层过滤机

134. 用途最为广泛的过滤机型是(A)。

A. 转鼓过滤机　　B. 带式过滤机　　C. 叶型过滤机　　D. 板框过滤机

135. 化工设备、管道要依据介质的腐蚀性质，选用(C)的材料制造。

A. 高强度　　B. 高韧性　　C. 抗腐蚀　　D. 抗老化

136. 化工设备发生的腐蚀大多属于(D)腐蚀。

A. 化学　　B. 物理　　C. 混合　　D. 电化

137. 保温是为了防止生产过程中的设备和管道向周围环境(C)热量而进行的绝热工程。

A. 散发　　B. 吸收　　C. 散发或吸收　　D. 无

138. 设备、管道及其附件的表面温度高于(B)℃者，需要保温。

A. 40　　B. 50　　C. 60　　D. 80

139. 介质温度低于周围空气的(A)温度时，用保温可以防止设备、管道表面结露。

A. 露点　　B. 闪点　　C. 冰点　　D. 结晶点

140. 管道试验时的压力表数为(C)块。

A. 1　　B. 2　　C. 不少于 2　　D. 越多越好

141. 管道试验用的压力表满刻度值为最大被测压力的(D)倍。

A. 1.5　　B. 2　　C. 3　　D. 1.5~2

142. 管道的吹洗应分段进行，一般在管路系统的(B)试验前。

A. 强度　　B. 气密　　C. 水压　　D. 气压

143. 管路用水为介质进行冲洗时，应以不小于(B)m/s 的流速进行。

A. 1　　B. 1.5　　C. 3　　D. 5

144. 气体管路进行吹扫时，应保证气速不小于(A)m/s。

A. 20　B. 30　C. 40　D. 50

145. 反应器入口压力升高可能是由于(A)。

A. 后部系统堵塞　B. 入口温度升高
C. 入口温度降低　D. 催化剂活性减弱

146. 精馏塔操作时，出现(D)可能造成设备壳体局部变形。

A. 气沫夹带　B. 塔顶温度高　C. 塔釜液位高　D. 塔压波动大

147. 火灾使人致命的最主要原因是(B)。

A. 被人践踏　B. 中毒和窒息　C. 烧伤　D. 高温

148. 离心泵抱轴是因为(B)造成机泵噪音异常，振动剧烈。

A. 吸入压力低
B. 油箱缺油、有杂质或油水乳化，冷却水中断引起轴承温度高
C. 电流增加
D. 运转时间长

149. 引发火灾的点火源，其作用是(B)。

A. 助燃　B. 提供初始能量
C. 加剧反应　D. 延长燃烧时间

150. 油泵发生火灾事故时，操作人员应及时(B)。

A. 检查油路冷却水是否畅通
B. 停泵，切断油泵出入口阀，用1211灭火器灭火
C. 降低油泵出口压力
D. 用附近的消防水灭火

151. (B)使电气设备绝缘老化变质，电机发生崩烧。

A. 电压过高　B. 长期温度过高　C. 环境湿度太大　D. 对地电压过高

152. 短路电流比正常运行的负荷电流(A)，电机发生崩烧事故。

A. 大很多倍　B. 小很多倍　C. 相等　D. 相差不多

153. 定子绕组出现匝间短路故障后，给电动机带来的最主要危害是(C)。

A. 使外壳带电　B. 电动机将很快停转
C. 电动机绕组过热冒烟甚至烧坏　D. 电动机转速变慢

154. 反应器出口温度升高是因为(C)。

A. 催化剂活性下降　B. 原料进料量减小
C. 反应器出口着火　D. 后部系统堵塞

155. 当反应器热点温度随反应器压力的增大而上升时，为了将热点温度恢复到正常值，应采取的下列措施中比较有效的是(B)。

A. 增大冷却器的补水量　B. 查明压力增大的原因并进行调整
C. 减小进料量　D. 降低温度

156. 下列选项中，与反应器压差升高无关的是(C)。

A. 提升负荷　B. 提升风量
C. 降负荷　D. 反应器出口着火

157. 精馏塔在操作中，其他操作参数不变的情况下，提高回流比，易造成精馏塔(A)。

A. 淹塔　B. 液泛　C. 塔釜液位下降　D. 进料量增加

158. 精馏塔操作回流比增大，会使精馏塔(A)。

A. 能耗增加　B. 采出量增加　C. 塔顶温度下降　D. 塔釜温度下降

159. 精馏塔发生淹塔时，塔的压降(B)。

A. 保持不变　B. 急剧减小　C. 急剧增大　D. 剧烈波动

160. 石化行业中规定生产事故是指由于(A)、违章指挥及管理等原因造成停(减)产、跑料、串料、油气泄漏、化学危险品泄漏，但没有人员伤亡的事故。

A. 违反操作规程　B. 替岗操作

C. 非岗位人员操作　D. 违反操作等级操作

161. 事故等级认定划分是按事故人员伤亡程度和经济损失情况划分为(B)、一般事故、较大事故、重大事故、特大事故、特别重大事故。

A. 微小事故　B. 小事故　C. 火灾事故　D. 中毒事故

162. 扑救爆炸物品火灾时(B)用沙土盖压，以防造成更大伤害。

A. 必须　B. 禁止　C. 可以　D. 需要

163. 将灭火剂直接喷射到燃烧物体上，使燃烧物质的温度降低到燃点以下，燃烧便停止。这种灭火的方法为(A)。

A. 冷却法　B. 隔离法

C. 窒息法　D. 中断化学反应法

164. 电器着火时不能用的灭火方法是(C)。

A. 用四氯化碳灭火　B. 用沙土灭火

C. 用水灭火　D. 用自动灭火装置灭火

165. 不适于扑灭电气火灾的灭火器是(C)。

A. 1211 灭火器　B. 二氧化碳灭火器

C. 泡沫灭火器　D. 干粉灭火器

166. 如果电气设备发生火灾，首先应(D)。

A. 大声喊叫　B. 打报警电话

C. 寻找合适的灭火器灭火　D. 关闭电源开关，关断电源

167. 润滑油不足，造成压缩机辅助油泵轴承烧坏的正确处理方法是(D)。

A. 泵的负载过大　B. 泵的流量过大

C. 泵的出口压力过大　D. 添加润滑油

168. 滑动轴承与轴颈的配合为(C)。

A. 过渡配合　B. 过盈配合　C. 间隙配合　D. 以上均可

169. 电机轴与主轴同轴度差的危害是(B)。

A. 使泵的流量减小　B. 使电机产生异常振动和响声

C. 润滑油(脂)变质　D. 使泵的出口压力减小

170. 联轴节找正的主要作用是(C)。

A. 保证电机转数达到额定值　B. 保证泵的流量达到额定值

C. 保证电机轴与主轴的同轴度　D. 保证电机功率达到额定值

171. 如果电动机发生火灾，不能进行的操作是(A)。

A. 电机继续运转　　B. 打报警电话

C. 寻找合适的灭火器灭火　　D. 关闭电源开关，关断电源

172. 离心泵轴承温度超过(C)℃需及时处理、检修。

A. 60　　B. 65　　C. 70　　D. 75

173. 润滑油杂质较多能够造成离心泵轴承温度过高，正确的处理方法是(D)。

A. 泵负载过高　　B. 出口压力高　　C. 汽蚀　　D. 更换新润滑油

174. 离心泵轴承磨损造成轴承温度过高，正确的处理方法是(A)。

A. 停运更换备用泵，检修　　B. 润滑油变质

C. 润滑油不足　　D. 载荷高

175. 压力容器的球形封头与圆筒连接的环向焊缝属于(A)。

A. A 类焊缝　　B. B 类焊缝　　C. C 类焊缝　　D. D 类焊缝

176. 压力容器筒节纵缝、筒节与筒节的环缝一般采用(B)焊接。

A. 手工电弧焊　　B. 埋弧自动焊　　C. 气体保护焊　　D. 电渣焊

177. 焊接前坡口未处理干净造成焊接缺陷的正确处理方法是(D)。

A. 焊接工艺参数选择不当　　B. 焊接结构或坡口设计不当

C. 焊接操作不规范或误操作　　D. 坡口重新处理干净

178. 截止阀发生内漏的处理方法是(B)。

A. 尽力关死阀门　　B. 反复开关阀门　　C. 快速关死阀门　　D. 加堵盲板

179. 反复开关后，截止阀仍内漏的处理办法是(A)。

A. 修理阀芯阀座　　B. 更换后报废　　C. 阀门换型　　D. 加堵盲板

180. 闸阀发生内漏的处理办法是(C)。

A. 快速关死　　B. 大力关死　　C. 反复开关　　D. 冷水冲洗

181. (A)能解决板框压滤机过滤效率低的方法。

A. 更换滤布　　B. 增大压紧力　　C. 降低投料量　　D. 增大投料量

182. (B)能提高真空回转过滤机的过滤效率。

A. 提高投料量　　B. 提高真空度　　C. 降低真空度　　D. 提高滤液浓度

183. 提高真空泵的(B)，也能提高真空回转过滤机的效率。

A. 泄漏量　　B. 效率　　C. 冷却水量　　D. 入口管径

184. 清扫板式换热器板片壁污垢的目的，是为了提高(A)。

A. 传热效率　　B. 传热功率　　C. 污垢热阻　　D. 辐射效率

185. (B)换热器适用于壳程介质清洁、不易结垢以及两种流体温差不大的场合。

A. 套管式　　B. 固定管板式　　C. 浮头式　　D. 填料函式

186. 能降低由于两种流体温差较大而造成的壳体和管子中的轴向应力的换热器是(D)。

A. 浮头式换热器　　B. 填料函式换热器

C. U 形管式换热器　　D. 带膨胀节的固定管板式换热器

187. 某换热器由 3400 根 Φ25mm×2. 5mm，长 6m 的无缝钢管构成，该换热器的换热面积为(B)m^2。

A. 1320　　B. 1281　　C. 1520　　D. 1260

188. 对于忌水物料发生着火时，正确的方法是(B)。
A. 蒸汽灭火 B. 氮气灭火或沙子灭火
C. 泡沫灭火 D. 水灭火

189. 利用蒸汽灭火时，使用蒸汽品位是(B)。
A. 高压蒸汽 B. 低压蒸汽 C. 生活蒸汽 D. 蒸汽回水余气

190. 蒸汽灭火是(B)灭火的一种，将蒸汽喷射到燃烧区，当燃烧区的氧含量降低到一定程度时，火就会熄灭。
A. 冷却法 B. 窒息法 C. 抑制法 D. 隔离法

191. 精馏塔降液管中泡沫液体高度超过上层塔板的出口堰，板上液体将无法顺利流下，从而导致液流阻塞，造成(A)。
A. 淹塔 B. 液泛 C. 冲塔 D. 全回流

192. 当水冷却器泄漏时，以下操作错误的是(D)。
A. 紧急停车 B. 停压缩机组 C. 停给水泵 D. 增大给水量

193. 当水冷却器泄漏时，以下操作正确的是(C)。
A. 缓慢降低风量，必要时降负荷 B. 检查水冷却器流量指示
C. 紧急停车，停给水泵，迅速倒空冷却器 D. 降低给水量

194. 精馏塔塔顶温度低是由于(C)。
A. 塔顶压力高 B. 压差高 C. 塔顶采出小 D. 塔釜温度高

195. 高压消防水炮的水源水压不低于(D)MPa。
A. 0. 35 B. 0. 5 C. 0. 6 D. 0. 7

196. 自动喷水灭火装置的管道系统要定期清洗，喷头灰尘定期吹扫、阀门应定期检查，时间为(C)。
A. 季度 B. 半年 C. 一年 D. 两年

197. 使用消防水枪进行灭火时，应射向(A)才能有效将火扑灭。
A. 火源底部 B. 火源中部 C. 火源顶部 D. 火源中上部

198. 化工设备的制造需要依据(C)来进行。
A. 零件图 B. 施工图 C. 化工设备图 D. 化工工艺图

199. 在三视图中，左视图在主视图的(D)。
A. 上方 B. 下方 C. 左方 D. 右方

200. 用基本视图不能表达物体的形状或某结构时，还需要用辅助视图来协助说明，辅助视图包括(C)。
A. 仰视图 B. 俯视图 C. 斜视图 D. 正视图

201. (B)是利用图示表示出物料走向、生产条件、管路、阀门和管件、仪表控制点等的生产过程简图。
A. 管路布置平面图 B. 工艺流程图 C. 方案流程图 D. 化工设备图

202. 一高 3m 的预分解槽内充满了液体，并将其隔离，它的密度为 $1197kg/m^3$，则槽底部的压强为(B)MPa。
A. 0. 136 B. 0. 035 C. 0. 03 D. 0. 101

203. 某压缩机组9月份在系统再生期间，利用四天时间进行消漏等小修工作后投入生产，则该压缩机组的开工率为(B)。

A. 100%　　B. 87%　　C. 78%　　D. 13%

204. 某压缩机组9月份的设备开工率为87%，那么该压缩机组的停车时间为(C)天。

A. 13　　B. 7　　C. 4　　D. 2

205. 用10kgNa_3PO_4和100L水配制Na_3PO_4溶液，配制的溶液浓度为(A)。

A. 9.1%　　B. 10%　　C. 11%　　D. 10.4%

206. 欲用500mL水配制2%的NaOH溶液，则需要NaOH(B)g。

A. 100　　B. 102　　C. 98　　D. 104

207. 用一单效蒸发器浓缩浓度为18.5%的NaCl溶液，已知处理量为15t/h，蒸发的水分量为5t/h，浓缩后NaCl溶液的浓度(A)。

A. 27.75%　　B. 30.9%　　C. 45.2%　　D. 51.1%

208. 邻二甲苯输送泵，扬程为16.8m，邻二甲苯流量为6.5m^3/h，已知邻二甲苯密度为879.3kg/m^3，邻二甲苯泵的有效功率261.65W，该扬程是(A)m。

A. 16.8　　B. 17.2　　C. 21.0　　D. 25.5

209. 用一虹吸管将高位槽的水引向低位槽(假设高位槽的液面位置不变)，水在管中的流速为1m/s，水在管内流动时能量损失为20J/kg，则高位槽的液面应比虹吸管的出口高(B)m。

A. 1.55　　B. 2.09　　C. 3.12　　D. 5.15

210. 一锅炉给水泵的效率为90%，其有效功率117kW，轴功率为(A)kW。

A. 130　　B. 150　　C. 180　　D. 200

211. 某台泵的扬程为150m，流量为140m^3/h，泵的总效率为75%，输出油品的重度为750kgf/m^3，泵的轴功率(C)kW。

A. 50.5　　B. 51.0　　C. 57.19　　D. 59.9

212. 某冷热两种流体在一列管换热器内进行热交换，已知热流体进口温度为493K，经换热器降至423K，冷流体由323K升到363K，则冷热流体在换热器中采用并流的平均温度差为(B)K。

A. 105　　B. 115　　C. 120　　D. 125

213. 在某换热器内，用热水来加热某种液体，已知热水的进口温度为360K，出口温度为340K，冷溶液则从290K被加热到330K，则并流的平均温度差为(A)K。

A. 30.8　　B. 39.2　　C. 40.1　　D. 42.0

多选题

1. 开车投料前，必须对蒸汽管线进行吹扫，以除净管线内可能残存的(A，B，C，D)等杂质。

A. 焊渣　　B. 积水　　C. 锈皮　　D. 固体颗粒

2. 联锁条件检查的内容是(A，B，C，D)。

A. ESD联锁条件检查并确认　　B. DCS程序联锁条件模拟调试

C. 硬件报警条件完好　　D. 控制系统扫描投运

3. 透平机组开车前应当检查(A，B，C，D)的内容。

A. 透平及其附属设备的管道、阀门、仪表等均处于良好状态

B. 开车蒸汽、冷却水、仪表空气、电源均已正常供应
C. 所有报警器、安全阀和控制系统良好
D. 相关联岗位准备结束

4. 引循环水应具备的条件是(A，B，D)。
A. 所有循环水管线均施工完毕，循环水管线低点导淋阀关闭。
B. 各换热设备具备投用条件
C. 直冷水设备投用
D. 循环水系统预膜工作已经完成，正处于冷态保膜运行之中，各项指标合乎要求

5. 蒸汽汽轮机的暖机操作(A，B，C，D)。
A. 打开主蒸汽和背压蒸汽阀前排放，进行暖管
B. 稍开背压蒸汽阀，打开机室排放暖机
C. 稍开主蒸汽阀进行暖机
D. 汽轮机复位，打开紧急事故切断阀进行暖机。

6. 吹扫方案应包括的内容有(A，B，C，D)。
A. 吹扫范围　　B. 吹扫方法和要求
C. 吹扫合格的标准　　D. 吹扫过程中的安全注意事项

7. 检查系统气密试验和泄漏量要符合规范标准，其内容是(A，B，C)。
A. 系统设备、管线的法兰连接处、焊接处
B. 传动设备密封处
C. 系统设备辅助附件处
D. 一般要求观察在 20min 内压力降在规定值内

8. 设备试压包括(A，C)。
A. 水压试验　　B. 介质试验　　C. 气密试验　　D. 空试

9. 检修完毕，装置试压前进行的全面检查包括(A，B，C)。
A. 逐项检查检修项目和堵漏项目是否保质保量完成
B. 工艺技措项目是否符合工艺、安全、操作要求
C. 检查现场是否达到工完、料净、场地清
D. 所用的原料已经到达装置

10. 存在(A，B)等操作要求的设备必须进行气密性试验。
A. 介质毒性为极度，高度危害　　B. 不允许有微量泄漏
C. 常压、介质无毒性　　D. 非密封

11. 气密试验时，应检查(A，B，C，D)。
A. 各法兰连接处
B. 阀门前、后法兰，阀杆盘根处
C. 电、气焊过的部位
D. 各液位计和压力表接头处以及导淋阀、放空阀等

12. 精馏塔的进料由饱和蒸汽改为饱和液体进料，对精馏塔的影响有(A，B，C)。
A. 塔温下降　　B. 塔压下降
C. 塔釜液位上升　　D. 塔釜液位下降

13. 防冻的基本方法(A，B，C，D)。

A. 流动法，保持管线或设备内的介质不停的流动

B. 加热法，利用热源给管线加热

C. 利用设备内的介质保持一定的温度

D. 排空法，将管线或设备内的介质排空

14. 在催化剂装填时，要根据催化剂的危害特性，佩戴好劳动保护用品，如(A，B，D)等。

A. 手套　　B. 防尘面具　　C. 短袖工作服　　D. 防护镜

15. 催化剂活性降低后，可能会造成(A，B，D)。

A. 热点位置下移

B. 反应器出口温度升高、出口副产物含量升高

C. 转化率升高

D. 收率下降

16. 联锁保护系统管理分为(A，B，C，D)。

A. 联锁保护系统的设置和设定值的确认

B. 联锁保护系统的投运和解除(恢复)

C. 联锁保护系统的修改

D. 联锁保护系统的检查和试验，联锁保护系统检修和基础资料档案

17. 蒸汽排凝、排气的目的是(C，D)。

A. 防止管道升温速度太快，损坏焊缝

B. 防止管道升温速度超过管道材质的要求

C. 防止蒸汽在引入过程中发生液击

D. 防止蒸汽管网发生大的波动

18. 换热器投用时应注意(A，B，C，D)。

A. 投用前必须先排净设备的空气

B. 打开循环水出入口阀，然后再打开循环水出入口连通阀，慢慢打开入口阀控制流量

C. 开关入口阀必须要慢

D. 操作压力不可异常波动，一旦出现波动又不能马上消除的，应考虑设备切换和系统停车

19. 备用换热器切换步骤(A，B，C，D)。

A. 确认备用换热器已经清洗净，且各阀门处于正常状态

B. 打开备用换热器蒸汽入口阀和回水阀给备用加热器升温预热

C. 达到工艺要求后，缓慢打开物料出入口阀

D. 经过一段时间后，观察出口流量平稳后，缓慢关闭在用换热器物料出入口阀及蒸汽阀，换热器将物料放净准备清洗

20. 影响精馏塔操作的干扰因素有(B，C，D)。

A. 塔位置

B. 进料量、进料成分、进料温度、进料状态

C. 热剂或蒸汽、汽剂或进口温度、环境温度

D. 塔压波动

21. 精馏塔操作中，可引起塔釜温度降低的因素有(B，C)。

A. 降低回流量　　B. 提高回流量

C. 降低加热蒸汽量　　D. 提高塔顶压力

22. 正常生产时，影响精馏塔操作压力的主要因素是(A，B，C)。

A. 精馏塔的回流量　　B. 精馏塔的入料量

C. 精馏塔再沸器加热介质量　　D. 精馏塔入料组分及回流槽的压力

23. 评价精馏操作的主要指标是(A，B)。

A. 产品的纯度　　B. 调节回流比

C. 组分回收率　　D. 塔顶冷凝器换热介质流量

24. 在实际生产中调节回流比的正确方法是(A，B，C)。

A. 塔顶产品中重组分含量增加，质量下降，要适当增大回流比

B. 塔的负荷过低，为了保证塔内一定的上升蒸气速度应适当增加回流比

C. 当精馏段的轻组分下到提馏段造成塔下部温度降低时可以用适当减少回流比

D. 按理论塔板数进行

25. 疏水器附属管路的配置要求疏水器前的管线有(A，B，C，D)，疏水器前应安装吹扫阀，疏水器后应安装检验阀。

A. 1%~4%坡度　　B. 直角交叉

C. 应采用同流向45°角交叉　　D. 前后管径不能小于疏水器口径

26. 催化剂混合物工序为批量间歇操作时，催化剂配制过程由以下(A，B，D)部分组成。

A. 配制釜中充填液体和固体料

B. 进行催化剂配制的化学反应，加入回收的轻组分

C. 催化剂混合物卸出

D. 将配制好的催化剂混合物送入反应器

27. 选择填料的原则为(A，B，C，D)。

A. 比表面积尽可能的大

B. 单位体积填料的空隙大

C. 制造容易价格便宜

D. 重量轻，机械强度高，具有较好的化学稳定性

28. 干燥器视镜内兰色硅胶变白或粉红，出口露点(含水量)上升原因为(A，B，D)。

A. 前置过滤器失效或未按时排放油水，造成液态油水冲击干燥剂

B. 吸附剂油中毒或粉化严重

C. 再生系统运行正常

D. 进气温度过高或进气压力偏低

29. 反应器物料提升负荷过程中，需密切注意(A，B，C)。

A. 反应温度　　B. 反应压力

C. 产品质量　　D. 进料调节阀的变化

30. 吸收剂的选择应注意(A，B，D)。

A. 溶解度、选择性、黏性、挥发度
B. 化学稳定性，价廉易得
C. 易回收
D. 无毒、不易燃、不发泡、冰点低

31. 吸收操作的影响因素为(A，B，C，D)。

A. 吸收质的溶解性能
B. 吸收剂的选择
C. 温度的影响、压力的影响
D. 气、液相流量、气流速度的影响

32. 精馏塔釜温度升高的主要因素为(A，B，C)。

A. 加热介质量过大
B. 回流量小
C. 塔釜液位过低
D. 塔顶冷凝器冷却剂量小，回流温度高

33. 下列选项中，影响催化剂使用寿命的因素有(A，C，D)。

A. 催化剂中毒
B. 制造质量符合要求
C. 催化剂失活
D. 超负荷进料

34. 如果原料气中含(A，B，C，D)，覆盖在催化剂颗粒表面及孔道，使其活性下降。

A. 粉尘
B. 油污
C. 焦化物
D. 金属化合物

35. 良好的工业催化剂应该在(A，C，D)方面都具有基本要求。

A. 活性
B. 转化率
C. 寿命
D. 选择性

36. 洗涤塔的洗液循环量不足的可能原因是(A，B)。

A. 塔内温度过高
B. 循环泵工作不正常
C. 采出量小
D. 洗涤塔液位低

37. 流化床防爆膜脱落后应做的工作是(A，B，C)。

A. 应立即停止进原料气，向系统通入氮气，保持系统正压
B. 停压缩机，停止向管网排放，吹气点改用氮气，停止加蒸汽
C. 开混合气体加热器进口阀，关闭原料汽化器进气阀，并关闭加热蒸汽阀门
D. 重新安装防爆膜

38. 提高精馏塔回流比，对精馏塔的影响有(A，B，C)。

A. 塔温下降
B. 塔压下降
C. 塔釜液位上升
D. 塔釜液位下降

39. 萃取塔的原料液与萃取剂产生液泛的原因是(A，B，C)。

A. 两者流量过大
B. 流速过大
C. 流动阻力增加
D. 两相接触时间减少

40. 精馏塔的气、液平衡主要靠(A，B，C)来实现的。

A. 精馏塔的操作温度
B. 精馏塔的操作压力
C. 塔盘的气、液之间的接触，发生传质和传热
D. 进料的压力

41. 反应器的物理超压可分为(A，B，C，D)。

A. 反应器内物料的突然积聚引起的超压
B. 物料受热膨胀引起的超压
C. 过热液体蒸发引起的超压
D. 瞬时压力脉动引起的超压

42. 为降低氧化反应器热点温度将对(A，B，C)工艺指标进行调整。

A. 降低温度
B. 增加风量
C. 降低原料的进料量
D. 仪表风量

43. 固定床氧化反应器的床层热点温度过低有(A，B，C)危害。

A. 会使催化剂活性变差，氧化反应不完全 B. 也会降低收率

C. 甚至可能使氧化反应停止 D. 副产品增多

44. 容易导致反应器床层飞温的有(B，D)。

A. 入口温度偏低 B. 提升负荷过快

C. 冷却器液位偏高 D. 提升温度过快

45. 影响吸收操作的因素有(A，B，C，D)。

A. 吸收质的溶解性能 B. 吸收剂的选择

C. 温度的影响 D. 压力

46. 离心泵正常运行标准包括(A，B，C)。

A. 润滑正常、轴承箱温度正常 B. 出口压力在允许范围内波动

C. 振动值在允许范围 D. 冷却水流量

47. 离心泵流量不足可能的原因是(A，B，C，D)。

A. 吸入管或泵入口堵塞，叶轮吸入口口环磨损，间隙大

B. 泵的旋转方向不对，叶轮装反

C. 出口阀未打开或打开度不够

D. 电机转速不够，密封泄漏

48. 选用压力表应注意(A，B，C)。

A. 选用的压力表必须与压力容器内的介质相适应

B. 低压容器使用的压力表精度不应低于 2.5 级，中压及高压容器使用的压力表精度不应低于 1.5 级

C. 压力表盘刻度极限值应为最高工作压力的 1.5~3.0 倍，最好选用 2 倍，表盘直径不应小于 100mm

D. 精度越高越好

49. 生产装置停车的操作原则是(A，B，C，D)。

A. 停车准备工作 B. 降负荷

C. 设备放料和倒空 D. 停公用工程

50. 催化剂卸出前的检查项目有(A，B，C，D)。

A. 检查催化剂质量，对需要筛选催化剂进行筛选准备

B. 安排卸出催化剂支撑材料及运输工具

C. 编制催化剂装卸方案及详细的卸出程序

D. 劳动保护用品齐全

51. 因检修停车或长期停车，需要对催化剂进行保护措施有(A，B，C，D)。

A. 催化剂保持干燥 B. 催化剂颗粒完整

C. 吹净物料 D. 氮气置换、卸至储槽或装桶封闭

52. 当正常操作的安全模式被故障或事件打断时，需要采取紧急步骤来消除潜在危险，如果在受限制的基础上继续操作不通，则务必完全停工。采取措施的目的是(A，B，C，D)。

A. 保护操作人员 B. 保护催化剂 C. 保护设备 D. 保护环境

53. 反应器紧急停车操作原则是(A，B，C，D)。

A. 向厂调度室汇报紧急停工　　B. 停止原料进料，停进料泵

C. 关闭反应器进料阀　　D. 停止原料至反应器的物料循环

54. 反应器临时短时间停车需要停进料加热器、停原料调节阀等，可能对反应器进行(A，B，C)。

A. 吹扫　　B. 放料　　C. 置换　　D. 升温

55. 反应器停车后，对于反应器相关的辅助系统也要按照停车程序进行停车，依次停车的有(A，B，C，D)。

A. 现场润滑油泵　　B. 密封液泵

C. 冷却水泵　　D. 换热介质输送泵

56. 反应器系统停车，控制系统需要停车的有(A，B，C)。

A. 预热系统　　B. 反应温度系统、冷却温度系统

C. 加放料系统　　D. 其他独立单元

57. 精馏单元短期停车要点有(B，D)。

A. 系统放料　　B. 各塔保存液位

C. 系统化学清洗　　D. 各运转泵继续运行

58. 在选用吹扫介质时应注意(A，C，D)。

A. 具有惰性　　B. 设备防腐性　　C. 对催化剂无影响　　D. 无易燃易爆

59. 吹扫介质的选用原则是(A，B，C，D)。

A. 吹扫介质与物料混合后不产生易燃或易爆气体

B. 吹扫后，介质或介质与物料的混合物便于处理，不致影响物料质量

C. 吹扫介质与物料接触后，不发生冷凝堵塞等现象

D. 吹扫介质压力不得大于设备管线所承受的压力

60. 气体冷却器的隔离包括(A，B，C)。

A. 高压段冷却水倒空　　B. 低压段冷却水倒空

C. 热气阀关闭　　D. 停系统伴热

61. 下列关于进容器作业规定的说法中，正确的是(A，C，D)。

A. 进容器作业须办理进容器作业证　　B. 与设备相连的管线加盲板。

C. 可以强制通风　　D. 需要吹扫置换

62. 吸收系统停车时，对吸收塔操作应采取(A，B，C，D)。

A. 前部停车后，待被吸收气体逐渐减少，直至结束，再停止吸收剂系统

B. 将吸收剂回收至储槽

C. 清洗、吹扫设备管线

D. 停系统冷却水

63. 下列选项中，符合“三废”排放标准正确的(A，B，C，D)。

A. 废气排放应符合大气环境质量标准

B. 废水排放应符合废水水质控制指标

C. 废渣排放应达到无害化、减量化、资源化

D. 废渣的危害较废水、废气小

64. 常见的润滑方式有(A, B, C)。
A. 流体润滑　B. 边界润滑　C. 复合润滑　D. 混合润滑
65. 安全阀的校验过程就是确定(A, C)的过程。
A. 开启压力　B. 设计压力　C. 回座压力　D. 理论排量
66. 目前常用的液体分布装置有(B, C, D)。
A. 混合型　B. 喷洒型　C. 溢流型　D. 冲击型
67. 塔板形式属于筛板的是(A, B, C)。
A. 导向筛板　B. 多降液管筛板　C. Nye(耐)塔板　D. 舌形塔板
68. 对机泵进行冷却的目的是(A, D)。
A. 降低输送介质温度　B. 降低泵体温度
C. 降低轴承箱体温度　D. 防止机泵发生汽蚀
69. 离心泵的主要性能参数是(B, C, D)。
A. 叶轮直径　B. 流量　C. 扬程　D. 效率
70. 螺旋板式换热器的主要结构部件有(A, B, C)。
A. 螺旋板　B. 中心管　C. 端盖　D. 定距管
71. 压缩机排气量的调节方法主要有(A, B, C, D)。
A. 转速调解法　B. 管路调解法
C. 顶开吸气阀法　D. 补充余隙容积法
72. 化工设备的防腐蚀方法有(A, B, C, D)。
A. 衬里　B. 喷涂　C. 电镀　D. 通电
73. 通过防腐处理, 设备、管道可以(A, B)。
A. 延长使用寿命　B. 防止事故发生　C. 提高强度　D. 保护介质
74. 设备、管道保温的作用是(A, B, C, D)。
A. 减少热量损失　B. 防冻　C. 提高生产能力　D. 提高防火等级
75. 下列选项中, 可能导致反应器压差升高的因素有(A, B, D)。
A. 反应温度升高　B. 反应器内部着火
C. 反应器入口压力升高　D. 反应器进出口温差相差过大
76. 在下列选项中, 出现(A, B), 判断可能出现内漏。
A. 其他条件正常时, 产品质量突然发生变化　B. 塔压发生变化
C. 采出量增大　D. 进料量加大
77. 吸收塔产生传热效果差可能的原因为(A, B, C, D)。
A. 填料损坏　B. 循环泵故障　C. 冷却系统故障　D. 喷淋密度小
78. (A, B)可能导致离心泵有异常响声。
A. 离心泵轴承损坏　B. 轴承间隙大小不标准
C. 油位过高　D. 无空气
79. 电机轴承温度过高发生火灾可能的原因是(A, B, C, D)。
A. 油温过高, 油冷却器结垢
B. 油太脏, 此时应切换油过滤器进行清洗
C. 油量不足, 检查油位过滤器是否正常流动, 压差是否过大
D. 溢流阀损坏, 检查溢流阀

80. 产品的纯度偏低可能是由于(A，B，C)。
A. 反应系统出现问题，导致主反应中的副反应增多
B. 设备有泄漏，产品中带入杂质
C. 精馏操作不当
D. 进料负荷过低
81. 在精馏后得到的产品纯度偏低有关的原因是(B，C)。
A. 初馏塔塔顶压力偏低 B. 初馏塔塔顶压力偏高
C. 精馏塔塔顶压力偏低 D. 精馏塔塔顶压力偏高
82. 压缩机辅助油泵轴承温度过高的处理方法有(C，D)。
A. 降低泵的负载 B. 降低泵的流量
C. 补充或更换润滑油 D. 检查、调整轴承径向间隙
83. 适于扑灭电机着火的灭火器是(A，B，D)。
A. 1211 灭火器 B. 二氧化碳灭火器 C. 泡沫灭火器 D. 干粉灭火器
84. 阀门发生内漏的处理方法是(B，C，D)。
A. 大力关死 B. 反复开关
C. 反复冲刷 D. 研修阀芯、阀座等密封件
85. 提高过滤机效率的办法有(A，B，C，D)。
A. 清洗或更换滤布 B. 提高系统真空度
C. 提高过滤压力 D. 增大过滤面积
86. 列管式换热器主要泄漏部位是(A，B，C)。
A. 管子和管板的连接处 B. 封头与筒体之间的法兰连接处
C. 管子本身的泄漏 D. 折流板处
87. 精馏塔淹塔后处理，必须按照(A，B，D)要点进行操作。
A. 减少进料量
B. 增大塔釜再沸器蒸汽回水，检查再沸器是否堵塞
C. 减少加热蒸汽量
D. 加大塔釜采出流量，提高真空度
88. 确定精馏塔塔顶温度的依据有(A，B，C)。
A. 回流量 B. 塔顶采出液中轻组分纯度
C. 塔压 D. 进料量
89. 工艺流程图是指(A，B，C)。
A. 工艺物料流程图 B. 带控制点工艺流程图
C. 管道仪表流程图 D. 设备结构图
90. 化工设备图所包括的内容有(A，B，C)。
A. 技术特性表 B. 管口符号和管口表
C. 零部件编号 D. 配合关系
91. 一高 5m 的密闭苯罐中装满了苯，苯的密度为 880kg/m^3，则罐底的压强为(B，C，D)。
A. 0.144MPa B. 0.043MPa C. 43kPa D. 0.43kg/m^3

四、技能操作鉴定要素细目表

鉴定范围						鉴定点	
一级		二级		三级		代码	名称
代码	名称	代码	名称	代码	名称		
A	技能要求	A	工艺操作	A	开车准备	001	装置管线的吹扫
						002	仪表调节阀阀位的确认
						003	公用工程的引入
						004	精馏塔气密性操作
						005	系统开车前的检查
				B	开车操作	001	换热器的开车操作
						002	精馏塔的进料操作
						003	机泵润滑系统加油操作
				C	正常操作	001	物料流量正常调节的方法
						002	反应器压力正常调节的方法
						003	反应器温度的调节方法
						004	中间罐区的日常巡检
						005	换热器温度的调节
						006	DCS 系统的基本操作
						007	精馏塔的正常操作
				D	停车操作	001	精馏塔的停车操作
						002	物料管线的吹扫、置换操作
						003	精馏塔降采出的操作
		B	设备使用与维护	A	使用设备	001	离心泵的预防汽蚀操作
						002	离心泵的切换操作
						003	冷换设备的投用
						004	往复泵的启动操作
						005	屏蔽泵的启动操作
				B	维护设备	001	设备保养中的问题及处理
						002	机泵的日常检查
						003	润滑油的添加和更换
						004	阀门正常维护
		C	事故判断与处理	A	判断事故	001	机泵运行故障的判断
						002	液位测量失真判断
						003	离心泵轴承温度异常的处理
						004	蒸汽系统超压的处理
						005	换热器内漏的判断

续表

鉴定范围						鉴定点	
一级		二级		三级		代码	名称
代码	名称	代码	名称	代码	名称		
				B	处理事故	001	储罐冒料事故处理
						002	机泵运行故障的处理
						003	化工操作中超压处理
						004	物料管线着火事故处理
		D	绘图与计算	A	绘图	001	单元工艺流程图的绘制
						002	单元主要物料的 PFD 图的绘制
				B	计算	001	泵的扬程计算
						002	体积单位的换算
						003	浓度单位的换算

五、技能操作试题

试题 1：装置管线的吹扫操作（现场模拟）

（考核时间：20min）

序号	考核内容	考核要点	配分	评分标准	检测结果	扣分	得分	备注
1	准备工作	穿戴劳保用品	3	穿戴不规范扣 3 分				
		工具、用具准备	2	工具选择不正确扣 2 分				
2	操作程序	制订吹扫操作方案	10	吹扫前未制订操作方案扣 10 分				
		确定吹扫流程	10	未确定吹扫流程扣 10 分				
		现场落实吹扫流程	10	未组织吹扫人员对吹扫流程进行逐根逐段落实扣 10 分				
		确认吹扫用具准备齐全	10	未确认吹扫用具准备齐全扣 10 分				
		吹扫步骤	25	未按照吹扫流程顺序进行扣 8 分				
				未采用在各排放口连续排放的方式进行吹扫扣 5 分				
				未分段进行吹扫扣 5 分				
				设备管线内杂物未充分排出扣 7 分				
		吹扫工作的检查与确认	10	未对各排放口进行分析检测合格扣 5 分				
				检查位置不正确扣 5 分				

续表

序号	考核内容	考核要点	配分	评分标准	检测结果	扣分	得分	备注
		吹扫注意事项	15	未按照吹扫要求注意事项进行操作扣5分				
				管线吹扫的杂物进入设备扣5分				
				设备吹出的杂物进入管线扣5分				
3	使用工具	使用工具	2	工具使用不正确扣2分				
		维护工具	3	工具乱摆乱放扣3分				
4	安全及其他	按国家法规或企业规定		违规一次总分扣5分；严重违规停止操作			—	
		在规定时间内完成操作		每超时1min总分扣5分，超时5min停止操作			—	
合　计			100					

试题2：仪表调节阀阀位的确认(现场模拟)

（考核时间：10min）

序号	考核内容	考核要点	配分	评分标准	检测结果	扣分	得分	备注
1	准备工作	穿戴劳保用品	3	穿戴不规范扣3分				
		工具、用具准备	2	工具选择不正确扣2分				
2	技术准备	调节阀的作用、调节阀作用形式	20	不清楚调节阀作用扣10分				
				不清楚调节阀作用形式扣10分				
3	操作程序	确定流程	10	不清楚现场调节阀位置扣10分				
			10	不清楚调节阀前后流程走向扣10分				
			5	不清楚需确认的调节阀阀位开度扣5分				
			5	不清楚调节阀位号扣5分				
		岗位联系及时到位	10	未进行岗位联系扣10分				
		阀位确认	30	不能在DCS上熟练调出需确认的调节阀扣10分				
				现场阀位与DCS阀位未进行核对扣10分				
				阀位核对不一致未记录，未通知仪表人员处理扣5分				
				不清楚阀位确认位置一般在0、50%、100%扣5分				
				调节阀阀位确认漏项扣5分				

续表

序号	考核内容	考核要点	配分	评分标准	检测结果	扣分	得分	备注
4	使用工具	使用工具	2	工具使用不正确扣 2 分				
		维护工具	3	工具乱摆乱放扣 3 分				
5	安全及其他	按国家法规或企业规定		违规一次总分扣 5 分；严重违规停止操作			—	
		在规定时间内完成操作		每超时 1min 总分扣 5 分，超时 5min 停止操作			—	
合　计			100					

试题 3：公用工程蒸汽的引入(现场模拟)

（考核时间：20min）

序号	考核内容	考核要点	配分	评分标准	检测结果	扣分	得分	备注
1	准备工作	穿戴劳保用品	3	穿戴不规范扣 3 分				
		工具、用具准备	2	工具选择不正确扣 2 分				
2	技术准备	制订引蒸汽方案	8	未制订方案扣 2 分				
				方案制订错扣 6 分				
3	操作程序	流程设定与检查	9	未进行流程设定扣 7 分				
				检查漏项扣 2 分				
		界外蒸汽确认	9	未确认扣 4 分				
				正常工艺条件不明扣 5 分				
		界外蒸汽总管上排放凝液	14	未打开界外蒸汽总阀扣 5 分				
				未微开导淋阀排放凝液扣 5 分				
				凝液未排彻底扣 4 分				
		界区蒸汽总管排放凝液	19	未打开界区蒸汽总阀扣 8 分				
				未打开导淋阀排放凝液扣 6 分				
				导淋阀开度过大扣 2 分				
				凝液未排彻底扣 2 分				
				排凝液时站位错扣 1 分				
		装置内蒸汽总管暖管	9	未打开总管导淋排凝扣 5 分				
				导淋阀开度过大扣 2 分				
				凝液未排彻底扣 2 分				
		疏水器投用	9	设用时间选择不当扣 5 分				
				未检查疏水器是否畅通扣 4 分				
		蒸汽引入换热器	13	未打开换热器入口阀扣 5 分				
				未打开换热器阀前导淋阀排凝扣 5 分				
				导淋阀开度过大扣 3 分				

续表

序号	考核内容	考核要点	配分	评分标准	检测结果	扣分	得分	备注
4	使用工具	使用工具	2	工具使用不正确扣 2 分				
		维护工具	3	工具乱摆乱放扣 3 分				
5	安全及其他	按国家法规或企业规定		违规一次总分扣 5 分；严重违规停止操作			—	
		在规定时间内完成操作		每超时 1min 总分扣 5 分，超时 3min 停止操作			—	
合　　计			100					

否定项说明：若出现剧烈水锤现象等情况，该题为零分。

试题 4：精馏塔气密性操作（现场模拟）

（考核时间：20min）

序号	考核内容	考核要点	配分	评分标准	检测结果	扣分	得分	备注
1	准备工作	穿戴劳保用品	3	穿戴不规范扣 3 分				
		工具、用具准备	2	工具选择不正确扣 2 分				
2	操作程序	检查精馏塔工艺流程	20	流程未打通扣 10 分				
				排放未关闭扣 10 分				
				未关闭进出管线切断阀扣 10 分				
		打开氮气阀，精馏塔充压，控制升压速度	15	未打开氮气阀扣 5 分				
				未控制升压速度至气密压力扣 10 分				
		关闭氮气阀，对各气密点进行试漏	20	未关闭氮气阀扣 10 分				
				检查气密点不全扣 10 分				
		对泄漏点标示并联系处理	20	未标示扣 5 分				
				未联系处理扣 5 分				
				泄漏点处理前未进行卸压处理扣 10 分				
		漏点处理完毕，氮气保压至合格标准	15	未反复气密至合格标准扣 8 分				
				氮气合格标准不清扣 7 分				
3	使用工具	正确使用工具	2	工具使用不正确扣 2 分				
		正确维护工具	3	工具乱摆乱放扣 3 分				
4	安全及其他	按国家法规或企业规定		违规一次总分扣 5 分；严重违规停止操作			—	
		在规定时间内完成操作		每超时 1min 总分扣 5 分，超时 3min 停止操作			—	
合　　计			100					

否定项说明：若出现精馏塔超压等情况，该题计零分。

试题5：系统开车前的检查(现场模拟)

(考核时间：15min)

序号	考核内容	考核要点	配分	评分标准	检测结果	扣分	得分	备注
1	准备工作	穿戴劳保用品	3	穿戴不规范扣3分				
		工具、用具准备	2	工具选择不正确扣2分				
2	操作程序	确认储罐、管线试压、试漏合格	10	未确认设备试压、试漏合格扣5分				
				未确认管线试压、试漏合格扣5分				
		确认设备及管线已经清洗、吹扫干净，氮气置换完毕	15	未确认设备及管线清洗吹扫干净扣5分				
				未确认设备及管线氮气置换扣5分				
				氮气置换不合格扣5分				
		确认所使用的设备、管线、机泵具备开车条件：	15	未确认塔、罐、反应器具备开车条件扣5分				
				未确认管线具备开车条件扣5分				
				未确认机泵具备开车条件扣5分				
		现场确认各阀门(包括排空阀及导淋阀)的开关状态，确保流程畅通	15	未检查各阀门的开关状态扣5分				
				未检查排空阀及导淋阀的开关状态扣5分				
				未检查确认流程畅通扣5分				
		现场检查各设备及管线的安全阀及其附件符合开车要求	10	未检查设备的安全阀情况扣5分				
				未检查管线的安全阀附件情况扣5分				
		现场检查仪表安装、各测量系统及控制系统正常，具备开车条件	15	未检查仪表是否安装齐全扣5分				
				未检查液位、温度、流量、压力等测量系统情况扣5分				
				未检查各仪表控制系统调校完毕扣5分				
		现场检查确认公用工程具备使用条件	10	未检查确认公用工程具备使用条件扣10分				

续表

序号	考核内容	考核要点	配分	评分标准	检测结果	扣分	得分	备注
3	使用工具	使用工具	3	工具使用不正确扣 3 分				
		维护工具	2	工具乱摆乱放扣 2 分				
4	安全及其他	按国家法规或企业规定		违规一次总分扣 5 分；严重违规停止操作			—	
		在规定时间内完成操作		每超时 1min 总分扣 5 分，超时 5min 停止操作			—	
合　计			100					

试题 6：换热器的开车操作（现场模拟）

（考核时间：20min）

序号	考核内容	考核要点	配分	评分标准	检测结果	扣分	得分	备注
1	准备工作	穿戴劳保用品	3	穿戴不规范扣 3 分				
		工具、用具准备	2	工具选择不正确扣 2 分				
2	操作前提	换热器检查	15	未检查换热器压力表状态扣 5 分				
				未检查换热器温度计状态扣 5 分				
				未检查换热器液面计状态扣 5 分				
3	操作程序	开车前准备工作	30	未打开排放阀门排除积水和污垢，扣 15 分				
				未打开放空阀排除空气和不凝性气体扣 15 分				
		换热器开车操作	30	设用时，未先开冷态工作液体阀门和放空阀向其注液，扣 10 分				
				冷态工作液体未注满换热器扣 10 分				
				未缓慢开启热态介质阀门预热扣 10 分				
		换热器运行检查	15	未检查换热器投用后的泄漏振动各扣 8 分				
				未查看压力表和温度计数值，各扣 7 分				
4	使用工具	使用工具	2	工具使用不正确扣 2 分				
		维护工具	3	工具乱摆乱放扣 3 分				

续表

序号	考核内容	考核要点	配分	评分标准	检测结果	扣分	得分	备注
5	安全及其他	按国家法规或企业规定		违规一次总分扣5分；严重违规停止操作			—	
		在规定时间内完成操作		每超时1min总分扣5分，超时3min停止操作			—	
合计			100					

试题7：加压精馏塔的进料操作(模拟)

（考核时间：30min）

序号	考核内容	考核要点	配分	评分标准	检测结果	扣分	得分	备注
1	准备工作	穿戴劳保用品	3	穿戴不规范扣3分				
		工具、用具准备	2	工具选择不正确扣2分				
2	操作程序	确认精馏塔气密置换合格	10	未确认精馏塔气密置换合格扣10分				
		检查精馏塔具备开车条件	30	未检查冷凝器具备条件扣5分				
				未检查再沸器所用蒸汽引至入口扣5分				
				进料前未将精馏塔压力卸至微正压扣5分				
				未确认机泵具备条件扣5分				
				未确认开车流程正确扣10分				
		岗位联系及时到位	10	未进行联系扣10分				
		进料操作	30	进料步骤错误扣10分				
				再沸器、冷凝器投用错误扣10分，漏项扣5分				
				未按正确程序开泵扣5分				
				未正确投用仪表扣5分				
3	操作结果	操作达到进料要求	10	系统波动扣10分				
4	使用工具	正确使用工具	2	工具使用不正确扣2分				
		正确维护工具	3	工具乱摆乱放扣3分				
5	安全及其他	按国家法规或企业规定		违规一次总分扣5分；严重违规停止操作			—	
		在规定时间内完成操作		每超时1min总分扣5分，超时3min停止操作			—	
合计			100					

否定项说明：若违章操作或发生事故等情况，该题为零分。

试题 8：离心泵的加油操作(现场模拟)

（考核时间：15min）

序号	考核内容	考核要点	配分	评分标准	检测结果	扣分	得分	备注
1	准备工作	穿戴劳保用品	3	穿戴不规范扣 3 分				
		工具、用具准备	2	工具选择不正确扣 2 分				
2	操作程序	是否坚持“五定”、“三级过滤”	30	未坚持“五定”扣 10 分				
				未坚持“三级过滤”扣 10 分				
				过滤网不符合要求扣 10 分				
		是否执行润滑油制度及规程	20	不知润滑油制度及规程扣 10 分				
				违反润滑油制度及规程扣 10 分				
		是否检查油位及泄漏情况	20	未检查油位扣 7 分				
				未检查泄漏扣 7 分				
				不清楚正常油位扣 6 分				
		补加方法	20	补加方法错误扣 10 分				
				补加牌号错误扣 10 分				
3	使用工具	正确使用工具	2	工具使用不正确扣 2 分				
		正确维护工具	3	工具乱摆乱放扣 3 分				
4	安全及其他	按国家法规或企业规定		违规一次总分扣 5 分；严重违规停止操作			—	
		在规定时间内完成操作		每超时 1min 总分扣 5 分，超时 3min 停止操作			—	
合计			100					

否定项说明：若出现严重违犯润滑油管理规定等情况，该题计零分。

试题 9：物料流量的正常调节方法(现场模拟)

（考核时间：20min）

序号	考核内容	考核要点	配分	评分标准	检测结果	扣分	得分	备注
1	准备工作	穿戴劳保用品	3	穿戴不规范扣 3 分				
		工具、用具准备	2	工具选择不正确扣 2 分				
2	操作程序	工艺流程确认	20	流量调节的前后流程不清楚扣 10 分				
				阀门的气开、气关调节形式不清楚扣 10 分				
		影响因素分析透彻，调节对象理解深刻	20	主要影响因素叙述不完整扣 10 分				
				调节对象表述错误扣 5 分				
				对其他参数影响及后果考虑不周扣 5 分				

续表

序号	考核内容	考核要点	配分	评分标准	检测结果	扣分	得分	备注
		调节方法准确	30	流量或高或低时，调节错误扣10分				
				阀门误动作扣10分				
				出现异常处理不当扣10分				
3	操作结果	操作平稳，波动小	20	流量控制不平稳扣10分				
				造成上下游波动扣10分				
4	使用工具	正确使用工具	2	工具使用不正确扣2分				
		正确维护工具	3	工具乱摆乱放扣3分				
5	安全及其他	按国家法规或企业规定		违规一次总分扣5分；严重违规停止操作			—	
		在规定时间内完成操作		每超时1min总分扣5分，超时3min停止操作			—	
合　计			100					

试题10：反应器压力的正常调节方法(现场模拟)

（考核时间：20min）

序号	考核内容	考核要点	配分	评分标准	检测结果	扣分	得分	备注
1	准备工作	穿戴劳保用品	3	穿戴不规范扣3分				
		工具、用具准备	2	工具选择不正确扣2分				
2	操作程序	工艺流程确认	20	反应器的前后流程不清楚扣10分				
				阀门的气开、气关调节形式不清楚扣10分				
		影响因素分析透彻，调节对象理解深刻	20	主要影响因素叙述不完整扣10分				
				调节对象表述错误扣5分				
				对其他参数影响及后果考虑不周扣5分				
		调节方法准确	30	压力或高或低时，调节错误扣10分				
				阀门误动作扣10分				
				出现异常处理不当扣10分				
3	操作结果	操作平稳，波动小	20	反应器压力超高，并造成安全阀启跳扣20分				

续表

序号	考核内容	考核要点	配分	评分标准	检测结果	扣分	得分	备注
4	使用工具	正确使用工具	2	工具使用不正确扣2分				
		正确维护工具	3	工具乱摆乱放扣3分				
5	安全及其他	按国家法规或企业规定		违规一次总分扣5分；严重违规停止操作			—	
		在规定时间内完成操作		每超时1min总分扣5分，超时3min停止操作			—	
合计			100					

试题11：反应器温度的调节方法(现场模拟)

（考核时间：20min）

序号	考核内容	考核要点	配分	评分标准	检测结果	扣分	得分	备注
1	准备工作	穿戴劳保用品	3	穿戴不规范扣3分				
		工具、用具准备	2	工具选择不正确扣2分				
2	操作程序	工艺流程确认	20	反应器的前后流程不清楚扣10分				
				阀门的气开、气关调节形式不清楚扣10分				
		影响因素分析透彻，调节对象理解深刻	20	主要影响因素叙述不完整扣10分				
				调节对象表述错误扣5分				
				对其他参数影响及后果考虑不周扣5分				
		调节方法准确	30	温度或高或低时，调节错误扣10分				
				阀门误动作扣10分				
				出现异常处理不当扣10分				
3	操作结果	操作平稳，波动小	20	反应器床层温度超高扣20分				
4	使用工具	正确使用工具	2	工具使用不正确扣2分				
		正确维护工具	3	工具乱摆乱放扣3分				
5	安全及其他	按国家法规或企业规定		违规一次总分扣5分；严重违规停止操作			—	
		在规定时间内完成操作		每超时1min总分扣5分，超时3min停止操作			—	
合计			100					

试题12：罐区的日常巡检（现场模拟）

（考核时间：15min）

序号	考核内容	考核要点	配分	评分标准	检测结果	扣分	得分	备注
1	准备工作	穿戴劳保用品	3	穿戴不规范扣3分				
		工具、用具准备	2	工具选择不正确扣2分				
2	操作程序	检查机泵运行情况	30	未检查运转机泵运行情况扣10分				
				未检查备用机泵是否具备使用条件扣10分				
				未检查机泵连接部位、机封等泄漏情况扣10分				
		检查储罐液面、温度、压力指标情况，检查设备外观及附属件情况	30	未检查储罐液面、温度、压力指标情况扣15分				
				未检查设备外观扣7分				
				未检查设备其他附属件扣8分				
		检查储罐及工艺管线保温、伴热、泄漏及附件完好情况	12	未检查保温扣3分				
				未检查伴热扣3分				
				未检查泄漏扣3分				
				未检查附件扣3分				
		检查设备安全附件、消防设施情况	8	未检查设备安全附件扣4分				
				未检查消防设施扣4分				
		巡检问题处理	10	发现问题未及时汇报采取相应措施和记录扣10分				
3	使用工具	正确使用工具	2	工具使用不正确扣2分				
		正确维护工具	3	工具乱摆乱放扣3分				
4	安全及其他	按国家法规或企业规定		违规一次总分扣5分；严重违规停止操作			—	
		在规定时间内完成操作		每超时1min总分扣5分，超时3min停止操作			—	
	合计		100					

否定项说明：出现问题未及时发现，对生产造成影响，该题为零分。

试题13：换热器（再沸器）温度的调节（现场模拟）

（考核时间：20min）

序号	考核内容	考核要点	配分	评分标准	检测结果	扣分	得分	备注
1	准备工作	穿戴劳保用品	3	穿戴不规范扣3分				
		工具、用具准备	2	工具选择不正确扣2分				

续表

序号	考核内容	考核要点	配分	评分标准	检测结果	扣分	得分	备注
2	操作程序	流程确认	20	再沸器的壳层管层物料不清楚扣10分				
				阀门开关状态不清楚扣10分				
		主要影响因素分析	30	不清楚蒸汽压力变化所受影响扣10分				
				不清楚蒸汽温度变化所受影响扣10分				
				不清楚负荷大小所受影响扣10分				
				不清楚再沸器堵塞、结垢情况造成影响扣5分				
				不清楚蒸汽回水情况造成影响扣5分				
		调节方法准确	30	温度或高或低，判断错误扣10分				
				温度或高或低，调节错误扣10分				
				调节不及时扣10分				
3	操作结果	操作平稳，波动小	10	温度调节未达到要求扣10分				
4	使用工具	正确使用工具	2	工具使用不正确扣2分				
		正确维护工具	3	工具乱摆乱放扣3分				
5	安全及其他	按国家法规或企业规定		违规一次总分扣5分；严重违规停止操作			—	
		在规定时间内完成操作		每超时1min总分扣5分，超时3min停止操作			—	
		合　计	100					

试题14：DCS系统的基本操作(现场模拟)

(考核时间：20min)

序号	考核内容	考核要点	配分	评分标准	检测结果	扣分	得分	备注
1	准备工作	穿戴劳保用品	3	穿戴不规范扣3分				
		工具、用具准备	2	工具选择不正确扣2分				

续表

序号	考核内容	考核要点	配分	评分标准	检测结果	扣分	得分	备注
2	操作过程	DCS 盘面键盘的作用	20	常用键盘英文代号代表意思不清楚扣 5 分				
				常用键盘的作用不清楚扣 10 分				
				其他键盘作用不清楚扣 5 分				
		DCS 相关操作	30	不会调出某一时间某点的实际数据扣 5 分				
				不会调出某一时间某点的具体阀位扣 5 分				
				不会设定自定义组扣 5 分				
				不会调出趋势图扣 8 分				
				不会调出点的细目扣 7 分				
		调节点的操作	30	不能熟练调出某一画面扣 8 分				
				不能熟练调节某一参数扣 7 分				
				不会使用点细目的方法调节操作扣 5 分				
				不会使用组的方法调节操作扣 5 分				
				不会使用流程图画面的方法调节操作扣 5 分				
		报警系统操作	10	报警响不会消音扣 5 分				
				报警响不会确认扣 5 分				
3	使用工具	正确使用工具	2	工具使用不正确扣 2 分				
		正确维护工具	3	工具乱摆乱放扣 3 分				
4	安全及其他	按国家法规或企业规定		违规一次总分扣 5 分；严重违规停止操作			—	
		在规定时间内完成操作		每超时 1min 总分扣 5 分，超时 3min 停止操作			—	
合计			100					

试题 15：精馏塔的正常操作（现场模拟）

（考核时间：20min）

序号	考核内容	考核要点	配分	评分标准	检测结果	扣分	得分	备注
1	准备工作	穿戴劳保用品	3	穿戴不规范扣 3 分				
		工具、用具准备	2	工具选择不正确扣 2 分				
2	精馏塔的影响因素及操作控制	进料状态、进料温度、进料量、进料组成变化的操作控制	12	不清楚进料状态变化的调整方法扣 3 分				
				不清楚进料温度变化的调整方法扣 3 分				
				不清楚进料量变化的调整方法扣 3 分				
				不清楚进料组成变化的调整方法扣 3 分				
		塔内上升蒸汽速度或塔釜再沸器加热量变化的操作控制	18	不清楚精馏塔塔釜蒸汽量的高低会导致哪些参数变化扣 18 分				
		回流比、塔顶冷剂量或回流温度的影响	20	不清楚精馏塔正常控制的回流比扣 10 分				
				不清楚回流温度变化对精馏塔的影响扣 10 分				
		塔顶采出量、塔釜采出量的影响	10	不清楚塔顶采出量的多少对精馏塔的影响扣 5 分				
				不清楚塔釜采出量的多少对精馏塔的影响扣 5 分				
		塔压的影响	10	不清楚塔压变化对精馏的影响及调整方法扣 10 分				
3	操作结果	操作达到正常控制要求	20	工艺参数不符合操作规程数据扣 10 分				
				塔顶、塔釜采出指标不合格扣 10 分				
4	使用工具	正确使用工具	2	工具使用不正确扣 2 分				
		正确维护工具	3	工具乱摆乱放扣 3 分				
5	安全及其他	按国家法规或企业规定		违规一次总分扣 5 分；严重违规停止操作			—	
		在规定时间内完成操作		每超时 1min 总分扣 5 分，超时 3min 停止操作			—	
合计			100					

试题 16：精馏塔退料停车操作（现场模拟）

（考核时间：20min）

序号	考核内容	考核要点	配分	评分标准	检测结果	扣分	得分	备注
1	准备工作	穿戴劳保用品	3	穿戴不规范扣 3 分				
		工具、用具准备	2	工具选择不正确扣 2 分				
2	操作程序	确认具备操作条件，降低直至停止进料	20	未确认精馏塔退料停车具备条件扣 10 分				
				未降低进料量扣 10 分				
		停蒸汽，停回流，精馏塔系统物料全部送不合格管线	25	精馏塔系统未停蒸汽扣 5 分				
				液位监控不及时扣 5 分				
				流程改错扣 5 分				
				发生窜料事故扣 10 分				
		残余气相物料排入指定系统	10	残余气相物料未排入指定系统扣 10 分				
		精馏塔系统吹扫干净，氮气置换至合格	25	精馏塔系统未吹扫或未确认吹净扣 10 分				
				氮气置换不合格扣 10 分				
				发生串压现象扣 5 分				
		确认精馏塔达到操作要求	10	未确认达到操作要求扣 10 分				
3	使用工具	正确使用工具	2	工具使用不正确扣 2 分				
		正确维护工具	3	工具乱摆乱放扣 3 分				
4	安全及其他	按国家法规或企业规定		违规一次总分扣 5 分；严重违规停止操作			—	
		在规定时间内完成操作		每超时 1min 总分扣 5 分，超时 3min 停止操作			—	
合计			100					

试题 17：停车后物料管线的吹扫置换操作（现场模拟）

（考核时间：30min）

序号	考核内容	考核要点	配分	评分标准	检测结果	扣分	得分	备注
1	准备工作	穿戴劳保用品	3	穿戴不规范扣 3 分				
		工具、用具准备	2	工具选择不正确扣 2 分				
2	吹扫程序	制订吹扫置换方案	10	方案制订错扣 6 分				
				制订方案漏项扣 4 分				
		吹扫置换前各系统物料管线的确认、流程设置与检查	25	系统工艺确认漏项扣 3 分				
				确认判断错扣 7 分				

续表

序号	考核内容	考核要点	配分	评分标准	检测结果	扣分	得分	备注
				未检查各系统物料管线是否具备单独置换条件扣5分				
				流程设置错扣7分				
				检查漏项扣3分				
		各系统物料管线单独吹扫置换	30	系统串压扣10分				
				置换方法不正确扣5分				
				排放点漏项扣3分				
				置换时压力超压扣8分				
				置换漏项扣4分				
		各系统间的物料管线全部打通吹扫置换	15	置换漏项扣7分				
				置换不彻底扣8分				
		检测分析合格	10	未联系测爆分析扣6分				
				检测分析点选择不当扣4分				
3	使用工具	使用工具	2	工具使用不正确扣2分				
		维护工具	3	工具乱摆乱放扣3分				
4	安全及其他	按国家法规或企业规定		违规一次总分扣5分；严重违规停止操作			—	
		在规定时间内完成操作		每超时1min总分扣5分，超时3min停止操作			—	
合　计			100					

试题18：精馏塔的降采出操作(现场模拟)

(考核时间：15min)

序号	考核内容	考核要点	配分	评分标准	检测结果	扣分	得分	备注
1	准备工作	穿戴劳保用品	3	穿戴不规范扣3分				
		工具、用具准备	2	工具选择不正确扣2分				
2	操作前提	确认流程	10	未确认进料降低扣10分				
		确认操作条件	10	未确认相关操作条件扣10分				
3	操作过程	岗位联系及时到位	10	未进行岗位联系扣10分				
		降低采出操作	30	未降低塔顶采出扣8分				
				未降低塔釜采出扣8分				
				降低采出速度不当扣4分				
				未控制回流罐液面扣5分				
				未控制塔釜液面扣5分				

续表

序号	考核内容	考核要点	配分	评分标准	检测结果	扣分	得分	备注
		降低塔釜加热蒸汽用量	14	导致温度波动扣7分				
				导致压力波动扣7分				
		降低回流操作	16	未根据回流罐液面降低回流量扣6分				
				造成回流罐低位被迫停泵扣10分				
4	使用工具	使用工具	2	工具使用不正确扣2分				
		维护工具	3	工具乱摆乱放扣3分				
5	安全及其他	按国家法规或企业规定		违规一次总分扣5分；严重违规停止操作			—	
		在规定时间内完成操作		每超时1min总分扣5分，超时3min停止操作			—	
合计			100					

否定项说明：若出现违章操作或发生事故等情况，该题为零分。

试题19：离心泵的预防汽蚀操作(现场模拟)

（考核时间：20min）

序号	考核内容	考核要点	配分	评分标准	检测结果	扣分	得分	备注
1	准备工作	穿戴劳保用品	3	穿戴不规范扣3分				
		工具、用具准备	2	工具选择不正确扣2分				
2	发生汽蚀现象判断	检查声音及振动	20	未检查离心泵有无异常声音扣10分				
				未检查有无异常振动扣10分				
		检查出口压力及流量	20	未检查泵出口压力是否波动较大扣10分				
				未检查机泵打不上量扣10分				
3	预防汽蚀采取的措施	保证吸入压力及储罐液面	10	未保证机泵有足够吸入压力扣5分				
				未保证储罐液面正常扣5分				
		保证进出口管线畅通	30	未全开进口阀扣7分				
				未保持进出口管线畅通扣6分				
				未保证过滤器定期清理无堵塞扣7分				
				未保证泵出口阀打开扣10分				
		保证进料温度、泵体温度正常	10	未保证进料温度正常扣5分				
				未保证泵体温度正常扣5分				

续表

序号	考核内容	考核要点	配分	评分标准	检测结果	扣分	得分	备注
4	使用工具	使用工具	2	工具使用不正确扣2分				
		维护工具	3	工具乱摆乱放扣3分				
5	安全及其他	按国家法规或企业规定		违规一次总分扣5分；严重违规停止操作			—	
		在规定时间内完成操作		每超时1min总分扣5分，超时3min停止操作			—	
合计			100					

否定项说明：若出现原因判断不明等情况，该题为零分。

试题20：离心泵的切换操作(现场模拟)

（考核时间：15min）

序号	考核内容	考核要点	配分	评分标准	检测结果	扣分	得分	备注
1	准备工作	穿戴劳保用品	3	穿戴不规范扣3分				
		工具、用具准备	2	工具选择不正确扣2分				
2	备用泵启动前检查	确认备用泵是否送电	8	未确认扣8分				
		检查外冷却系统是否畅通	7	未打开冷却介质阀门扣4分				
				冷却介质不清扣3分				
		检查压力表是否正常	5	未检查压力表旋塞是否打开扣3分				
				未检查压力表是否好用扣2分				
		点试主机，检查旋转方向是否正确	10	未点试主机扣5分				
				未检查旋转方向扣5分				
3	备用泵启动程序	打开入口阀向泵内充满液体	10	未打开入口阀充液扣10分				
		打开排气阀排汽	12	未进行排汽扣4分				
				排气阀开度不当扣4分				
				排气阀关闭时间不当扣4分				
		启动泵，检查出口压力、电流、泵振动等是否正常	8	未启动泵扣5分				
				压力、电流、泵振动、TRG表指示等未进行检查扣3分，检查漏项扣1分				
		慢慢打开泵出口阀门，并注意是否有不正常情况	10	出口阀打开过快扣6分				
				对泵运行情况未检查扣4分				

续表

序号	考核内容	考核要点	配分	评分标准	检测结果	扣分	得分	备注
4	停止运转泵程序	全关运转泵出口阀	8	未关闭出口阀扣8分				
		停电源	2	未停电源扣2分				
		关闭冷却线阀门	2	阀门未关扣2分				
		关闭泵入口阀门	8	入口阀未关扣8分				
5	使用工具	使用工具	2	工具使用不正确扣2分				
		维护工具	3	工具乱摆乱放扣3分				
6	安全及其他	按国家法规或企业规定		违规一次总分扣5分；严重违规停止操作			—	
		在规定时间内完成操作		每超时1min总分扣5分，超时3min停止操作			—	
合计			100					

否定项说明：若出现违章操作或发生事故等情况，该题为零分。

试题21：冷凝器的投用操作(现场模拟)

（考核时间：20min）

序号	考核内容	考核要点	配分	评分标准	检测结果	扣分	得分	备注
1	准备工作	穿戴劳保用品	3	穿戴不规范扣3分				
		工具、用具准备	2	工具选择不正确扣2分				
2	操作前提	冷凝器检查	15	未检查压力表状态扣5分				
				未检查温度计状态扣5分				
				未检查封头、法兰、管线连接扣5分				
3	操作过程	设用前冷凝器内部处理	30	未打开排放阀门排除积水和污垢扣10分				
				未打开放空阀排除空气和不凝性气体扣10分				
				排放结束未关闭排放阀和放空阀扣10分				
		冷凝器投用操作	30	设用时，未先开冷却水进口阀门和放空阀向其注液扣15分				
				冷却水未注满冷凝器扣15分				
		冷凝器运行检查	15	未检查换热器投用后的泄漏和振动扣8分				
				未查看压力表和温度表数值扣7分				

续表

序号	考核内容	考核要点	配分	评分标准	检测结果	扣分	得分	备注
4	使用工具	使用工具	2	工具使用不正确扣2分				
		维护工具	3	工具乱摆乱放扣3分				
5	安全及其他	按国家法规或企业规定		违规一次总分扣5分；严重违规停止操作			—	
		在规定时间内完成操作		每超时1min总分扣5分，超时3min停止操作			—	
	合　计		100					

试题22：往复泵的启动操作(现场模拟)

(考核时间：15min)

序号	考核内容	考核要点	配分	评分标准	检测结果	扣分	得分	备注
1	准备工作	穿戴劳保用品	3	穿戴不规范扣3分				
		工具、用具准备	2	工具选择不正确扣2分				
2	启动程序	启动前检查	30	未检查各种附件是否齐全好用扣6分				
				未检查压力表指示是否为零扣6分				
				未检查冷却系统是否畅通扣6分				
				未检查润滑油系统是否正常扣6分				
				未检查进出口阀门开关的位置是否正确扣6分				
		启动前流程确认	30	未确认吸入系统具备使用条件扣10分				
				未确认吸入压力具备使用条件扣10分				
				未确认排出系统具备使用条件扣10分				
		启动操作	30	未打开机泵进口阀扣5分				
				未打开排气阀排汽扣4分				
				未打开旁路阀扣4分				
				未启动泵扣5分				
				当出口压力高于出口设备压力时未打开出口阀扣8分				
				未检查轴承温度、泵身振动和电流大小扣4分				

续表

序号	考核内容	考核要点	配分	评分标准	检测结果	扣分	得分	备注
3	使用工具	使用工具	2	工具使用不正确扣2分				
		维护工具	3	工具乱摆乱放扣3分				
4	安全及其他	按国家法规或企业规定		违规一次总分扣5分；严重违规停止操作			—	
		在规定时间内完成操作		每超时1min总分扣5分，超时3min停止操作			—	
合　计			100					

试题23：屏蔽泵的启动操作（现场模拟）

（考核时间：15min）

序号	考核内容	考核要点	配分	评分标准	检测结果	扣分	得分	备注
1	准备工作	穿戴劳保用品	3	穿戴不规范扣3分				
		工具、用具准备	2	工具选择不正确扣2分				
2	启动前检查	确认机泵是否送电	8	未确认机泵送电扣8分				
		检查机泵自身冷却线是否畅通	10	未检查机泵自身冷却线上的阀门是否打开扣10分				
		检查外冷却系统是否畅通	5	未检查外冷却系统是否畅通扣5分				
		检查压力表是否正常	10	未检查压力表旋塞是否打开扣5分				
				未检查压力表是否好用扣5分				
		点试主机，检查旋转方向是否正确	10	未点试主机扣6分				
				未检查旋转方向扣4分				
3	启动程序	灌泵操作	10	未打开入口阀充满液体扣10分				
		排汽操作	12	未进行排汽扣4分				
				排气阀开度不当扣4分				
				排气阀关闭时间不当扣4分				
		启动泵，检查运转情况是否正常	15	未启动泵扣5分				
				未检查压力、电流、声音、振动扣5分，漏项扣2分				
				未检查TRG表指示情况扣5分				
		慢慢打开泵出口阀门，并注意是否有不正常情况	10	出口阀打开过快扣6分				
				运行情况未检查扣4分				

续表

序号	考核内容	考核要点	配分	评分标准	检测结果	扣分	得分	备注
4	使用工具	使用工具	2	工具使用不正确扣 2 分				
		维护工具	3	工具乱摆乱放扣 3 分				
5	安全及其他	按国家法规或企业规定		违规一次总分扣 5 分；严重违规停止操作			—	
		在规定时间内完成操作		每超时 1min 总分扣 5 分，超时 3min 停止操作			—	
合　　计			100					

否定项说明：若出现违章操作或发生事故等情况，该题为零分。

试题 24：阀门填料的更换(现场模拟)

（考核时间：15min）

序号	考核内容	考核要点	配分	评分标准	检测结果	扣分	得分	备注
1	准备工作	穿戴劳保用品	3	穿戴不规范扣 3 分				
		工具、用具准备	2	工具选择不正确扣 2 分				
2	操作程序	判断填料的损坏程度，考虑更换的难易度	10	未作此项工作扣 10 分				
		取出旧填料	30	未取出旧填料扣 10 分				
				取出旧填料不彻底扣 10 分				
				取出旧填料时损坏阀杆和其他部件扣 10 分				
		安装新填料	30	安装时未能考虑两边一起用力扣 15 分				
				填料倾斜扣 15 分				
		安装后密封检查	20	阀门打开时填料泄漏扣 20 分				
3	使用工具	使用工具	2	工具使用不正确扣 2 分				
		维护工具	3	工具乱摆乱放扣 3 分				
4	安全及其他	按国家法规或企业规定		违规一次总分扣 5 分；严重违规停止操作			—	
		在规定时间内完成操作		每超时 1min 总分扣 5 分，超时 3min 停止操作			—	
合　　计			100					

否定项说明：若出现阀杆不能工作等情况，该题计零分。

试题25：机泵的日常检查(现场模拟)

(考核时间：20min)

序号	考核内容	考核要点	配分	评分标准	检测结果	扣分	得分	备注
1	准备工作	穿戴劳保用品	3	穿戴不规范扣3分				
		工具、用具准备	2	工具选择不正确扣2分				
2	操作程序	检查壳体、配管及法兰泄漏情况	15	未检查壳体扣5分				
				未检查配管扣5分				
				未检查法兰扣5分				
		检查润滑油泵	15	未检查压差扣10分				
				未检查振动扣5分				
				未检查油温扣5分				
		检查设备管阀及轴承、密封	20	未检查管阀扣5分				
				未检查轴承扣10分				
				未检查密封扣10分				
		检查计量仪表、电机	20	未检查仪表扣10分				
				未检查电机扣10分				
		检查运行状况	20	未检查各工艺参数扣10分				
				未检查主附机扣10分				
3	使用工具	正确使用工具	2	工具使用不正确扣2分				
		正确维护工具	3	工具乱摆乱放扣3分				
4	安全及其他	按国家法规或企业规定		违规一次总分扣5分；严重违规停止操作			—	
		在规定时间内完成操作		每超时1min总分扣5分，超时3min停止操作			—	
合计			100					

试题26：润滑油的添加和更换(现场模拟)

(考核时间：15min)

序号	考核内容	考核要点	配分	评分标准	检测结果	扣分	得分	备注
1	准备工作	穿戴劳保用品	3	穿戴不规范扣3分				
		工具、用具准备	2	工具选择不正确扣2分				
2	操作程序	是否坚持“五定”、“三级过滤”	30	未坚持“五定”扣10分				
				未坚持“三级过滤”扣10分				
				过滤网不符合要求扣10分				

续表

序号	考核内容	考核要点	配分	评分标准	检测结果	扣分	得分	备注
		执行润滑油制度及规程	20	不知润滑油制度及规程扣 10 分				
				违反润滑油制度及规程扣 10 分				
		检查油位及泄漏情况	20	未检查油位扣 7 分				
				未检查泄漏扣 7 分				
				不清楚正常油位扣 6 分				
		补加方法	20	补加方法错误扣 10 分				
				补加牌号错误扣 10 分				
3	使用工具	正确使用工具	2	工具使用不正确扣 2 分				
		正确维护工具	3	工具乱摆乱放扣 3 分				
4	安全及其他	按国家法规或企业规定		违规一次总分扣 5 分；严重违规停止操作			—	
		在规定时间内完成操作		每超时 1min 总分扣 5 分，超时 3min 停止操作			—	
合　计			100					

试题 27：阀门正常维护（现场模拟）

（考核时间：15min）

序号	考核内容	考核要点	配分	评分标准	检测结果	扣分	得分	备注
1	准备工作	穿戴劳保用品	3	穿戴不规范扣 3 分				
		工具、用具准备	2	工具选择不正确扣 2 分				
2	操作程序	检查锈蚀情况	30	未检查外观锈蚀扣 10 分				
				未检查内部锈蚀扣 10 分				
				未检查通流部分扣 10 分				
		检查阀开关情况	30	未检查开关难易程度扣 10 分				
				未检查阀杆磨损情况扣 10 分				
				未检查阀门松动程度扣 10 分				
		检查阀盘的密封情况	10	未检查阀盘的密封扣 10 分				
		检查阀门连接管线有无异常	20	未检查连接管线扣 20 分				
3	使用工具	使用工具	2	工具使用不正确扣 2 分				
		维护工具	3	工具乱摆乱放扣 3 分				

续表

序号	考核内容	考核要点	配分	评分标准	检测结果	扣分	得分	备注
4	安全及其他	按国家法规或企业规定		违规一次总分扣5分；严重违规停止操作			—	
		在规定时间内完成操作		每超时1min总分扣5分，超时3min停止操作			—	
合　　计			100					

试题28：离心泵气缚的判断(现场模拟)

(考核时间：15min)

序号	考核内容	考核要点	配分	评分标准	检测结果	扣分	得分	备注
1	准备工作	穿戴劳保用品	3	穿戴不规范扣3分				
		工具、用具准备	2	工具选择不正确扣2分				
2	发生气缚现象判断	检查电机及机泵声音	10	未检查机泵电机已启动扣10分				
			10	未检查离心泵有无异常声音扣10分				
		检查出口压力及出口流量	10	未检查泵出口压力是否低扣10分				
			10	未检查机泵打不上量扣10分				
3	发生气缚原因检查	检查吸入压力及储罐液面	10	未检查泵吸入压力是否正常扣5分				
				未检查储罐液面是否正常扣5分				
		检查进出口管线及阀门是否畅通	20	未检查进口阀是否全开扣7分				
				未检查进出口管线是否畅通扣6分				
				未检查入口过滤器是否畅通扣7分				
		检查机泵是否充满液体	20	未打开排气阀检查是否排净气体扣10分				
				未检查泵内是否充满液体扣10分				
4	使用工具	使用工具	2	工具使用不正确扣2分				
		维护工具	3	工具乱摆乱放扣3分				
5	安全及其他	按国家法规或企业规定		违规一次总分扣5分；严重违规停止操作			—	
		在规定时间内完成操作		每超时1min总分扣5分，超时3min停止操作			—	
合　　计			100					

否定项说明：若出现原因判断不明等情况，该题为零分。

试题29：液位测量失真的判断(模拟)

(考核时间：15min)

序号	考核内容	考核要点	配分	评分标准	检测结果	扣分	得分	备注
1	准备工作	穿戴劳保用品	3	穿戴不规范扣3分				
		工具、用具准备	2	工具选择不正确扣2分				
2	判断程序	检查与液位有关的温度、压力、流量	15	未检查温度扣5分				
				未检查压力扣5分				
				未检查流量扣5分				
		现场液位计与DCS核对是否一致，如不一致将现场液位计内物料放净重新建立液位，观察是否一致	30	未检查现场液位计指示值扣6分				
				未检查DCS指示液位扣6分				
				未进行核对扣8分				
				如核对不一致未放掉液位计物料重新建立液位并核对扣5分				
				现场液位计重新建立液位方法不正确扣5分				
		检查液位计气相、液相是否畅通，变送器是否正常，有无泄漏	25	未检查气相扣6分				
				未检查液相扣6分				
				未检查变送器扣6分				
				未检查泄漏扣7分				
		增加或减少流量，观察液位有无变化，确认液位是否正常	10	未改变流量扣5分				
				未确认液位扣5分				
		确认仪表指示的流量、温度、压力正确，调节阀好用	10	未确认流量、温度、压力正确扣5分				
				未确认调节阀好用扣5分				
3	使用工具	正确使用工具	2	工具使用不正确扣2分				
		正确维护工具	3	工具乱摆乱放扣3分				
4	安全及其他	按国家法规或企业规定		违规一次总分扣5分；严重违规停止操作			—	
		在规定时间内完成操作		每超时1min总分扣5分，超时3min停止操作			—	
合计			100					

试题30：离心泵轴承温度异常的原因分析（现场口试）

（考核时间：20min）

序号	考核内容	考核要点	配分	评分标准	检测结果	扣分	得分	备注
1	准备工作	穿戴劳保用品	3	穿戴不规范扣3分				
		工具、用具准备	2	工具选择不正确扣2分				
2	操作程序	轴承瓦块刮研不符合要求	5	未分析“轴承瓦块”扣5分				
		轴承间隙过小	10	未分析“轴承间隙”扣10分				
		轴承装配不良	5	未分析检查轴承装配情况扣5分				
		轴承磨损或松动	15	未分析轴承磨损或松动扣15分				
		泵轴弯曲	10	未分析泵轴有无弯曲扣10分				
		冷却水断路	20	未检查冷却水是否断路扣20分				
		润滑油量不足，油质不良	15	未分析检查润滑油量、油质情况扣10分				
		联轴器对中不良或轴向间隙太小	10	未分析检查联轴器有无对中不良或轴向间隙太小扣10分				
3	使用工具	使用工具	2	工具使用不正确扣2分				
		维护工具	3	工具乱摆乱放扣3分				
4	安全及其他	按国家法规或企业规定		违规一次总分扣5分；严重违规停止操作			—	
		在规定时间内完成操作		每超时1min总分扣5分，超时3min停止操作			—	
合　计			100					

试题31：蒸汽系统超压的处理（模拟）

（考核时间：15min）

序号	考核内容	考核要点	配分	评分标准	检测结果	扣分	得分	备注
1	准备工作	穿戴劳保用品	3	穿戴不规范扣3分				
		工具、用具准备	2	工具选择不正确扣2分				
2	超压原因	蒸汽压力高、温度高、流量高	9	未分析压力扣3分				
				未分析温度扣3分				
				未分析流量扣3分				
		调节阀失灵	5	未分析调节阀失灵会导致超压扣5分				
		阀门误动作	5	未分析误操作扣5分				

续表

序号	考核内容	考核要点	配分	评分标准	检测结果	扣分	得分	备注
3	超压处理	手动泄压	10	未泄压扣 10 分				
		如果蒸汽压力高、温度高、流量高	26	压力超高未关闭或减少蒸汽进料阀门扣 10 分				
				温度高未采取降温措施扣 8 分				
				流量高未降低蒸汽流量扣 8 分				
		如果调节阀失灵	20	未找仪表处理扣 10 分				
				未立即切为副线扣 10 分				
		如果阀门误动作	15	未马上恢复原来阀位扣 10 分				
				未调整其他工艺参数至正常值扣 5 分				
4	使用工具	正确使用工具	2	工具使用不正确扣 2 分				
		正确维护工具	3	工具乱摆乱放扣 3 分				
5	安全及其他	按国家法规或企业规定		违规一次总分扣 5 分；严重违规停止操作			—	
		在规定时间内完成操作		每超时 1min 总分扣 5 分，超时 3min 停止操作			—	
合　　计			100					

否定项说明：若出现违章操作或设备事故，该题计零分。

试题 32：换热器内漏的判断(模拟)

(考核时间：15min)

序号	考核内容	考核要点	配分	评分标准	检测结果	扣分	得分	备注
1	准备工作	穿戴劳保用品	3	穿戴不规范扣 3 分				
		工具、用具准备	2	工具选择不正确扣 2 分				
2	操作程序	检查换热器的温度、压力、压差是否正常	10	未检查温度扣 3 分				
				未检查压力扣 3 分				
				未检查压差扣 4 分				
		检查换热器封头、法兰、阀门是否泄漏	10	未检查封头扣 4 分				
				未检查法兰扣 4 分				
				未检查阀门扣 2 分				
		确认仪表指示的流量、温度、压力、液位正确，调节阀好用	10	未确认流量、温度、压力、液位扣 5 分				
				未确认调节阀扣 5 分				

续表

序号	考核内容	考核要点	配分	评分标准	检测结果	扣分	得分	备注
		确认阀门正常打开，导淋关闭	10	未确认阀门打开扣5分				
				未确认导淋关闭扣5分				
		若热介质压力高于冷却水，打开冷却水回水导淋排出介质，取样分析组成，判断有无泄漏	20	未确认介质压力高于冷却水扣10分				
				未取样分析扣10分				
		若热介质压力低于冷却水，打开热介质侧导淋排出介质进行取样分析组成，判断有无泄漏	20	未确认介质压力低于冷却水扣10分				
				未对热介质侧导淋排出介质组成进行分析扣10分				
		检查换热器换热效果确认是否内漏	10	未检查换热效果扣10分				
3	使用工具	正确使用工具	2	工具使用不正确扣2分				
		正确维护工具	3	工具乱摆乱放扣3分				
4	安全及其他	按国家法规或企业规定		违规一次总分扣5分；严重违规停止操作			—	
		在规定时间内完成操作		每超时1min总分扣5分，超时3min停止操作			—	
合计			100					

试题33：储罐冒料事故处理（现场模拟）

（考核时间：25min）

序号	考核内容	考核要点	配分	评分标准	检测结果	扣分	得分	备注
1	准备工作	穿戴劳保用品	3	穿戴不规范扣3分				
		工具、用具准备	2	工具选择不正确扣2分				
2	事故报告程序	向相关部门报告事故情况	10	操作人员发现储罐冒料后未向相关部门报告扣10分				
3	事故处理与控制	现场切断进料，防止事故扩大	25	到现场未佩戴好空气呼吸器扣8分				
				未切断进料扣10分				
				未关闭储罐附近阴井阀门扣7分				
		开储罐外输料泵将物料送出	10	储罐内物料未导出扣10分				

续表

序号	考核内容	考核要点	配分	评分标准	检测结果	扣分	得分	备注
		如罐内物料易着火，应配合消防队用消防水或罐体冷却水降低罐体温度	10	未操作扣10分				
		储罐内泄漏物料根据物料性质进行有效处理	10	操作不正确扣10分				
4	警戒疏散交通管制	对罐区发生区域及周边马路实行交通管制，设置警戒线，并对区域内及附近人员进行疏散	15	未设置警戒扣10分，未对人员进行疏散扣5分				
5	事故消除	储罐内物料及泄漏物料转移处理完毕，事故消除	10	事故未完全消除扣10分				
6	使用工具	使用工具	2	工具使用不正确扣2分				
		维护工具	3	工具乱摆乱放扣3分				
7	安全及其他	按国家法规或企业规定		违规一次总分扣5分；严重违规停止操作			—	
		在规定时间内完成操作		每超时1min总分扣5分，超时3min停止操作			—	
合计			100					

试题34：离心泵打量不足的处理(现场模拟)

(考核时间：20min)

序号	考核内容	考核要点	配分	评分标准	检测结果	扣分	得分	备注
1	准备工作	穿戴劳保用品	3	穿戴不规范扣3分				
		工具、用具准备	2	工具选择不正确扣2分				
2	操作程序	启动备用泵	10	备用泵启动步骤不正确扣10分				
		停打量不足泵	10	停泵步骤不正确扣10分				
		检查打量不足的原因	25	未检查出入口管线、阀门及过滤器扣5分，漏项扣3分				
				未检查泵内是否有气体扣5分				
				未检查叶轮及口环磨损情况扣5分				
				未检查轴封泄漏量扣5分				
				未检查回流量是否过大扣5分				

续表

序号	考核内容	考核要点	配分	评分标准	检测结果	扣分	得分	备注
		打量不足处理	15	未针对检查出的问题进行处理扣 15 分				
		启动打量不足泵	10	启动顺序不正确扣 10 分				
		停备用泵	10	停泵顺序不正确扣 10 分				
			10	未关出口阀扣 10 分				
3	使用工具	正确使用工具	2	工具使用不正确扣 2 分				
		正确维护工具	3	工具乱摆乱放扣 3 分				
4	安全及其他	按国家法规或企业规定		违规一次总分扣 5 分；严重违规停止操作			—	
		在规定时间内完成操作		每超时 1min 总分扣 5 分，超时 3min 停止操作			—	
合　计			100					

否定项说明：若出现严重违规情况，该题计零分。

试题 35：系统超压处理(模拟)

（考核时间：20min）

序号	考核内容	考核要点	配分	评分标准	检测结果	扣分	得分	备注
1	准备工作	穿戴劳保用品	3	穿戴不规范扣 3 分				
		工具、用具准备	2	工具选择不正确扣 2 分				
2	操作程序	检查系统的温度、压力、压差等各工艺参数是否正常	30	未检查温度扣 10 分				
				未检查压力扣 10 分				
				未检查压差扣 10 分				
		手动关闭系统进料	10	未处理扣 10 分				
		手动泄压	20	未泄压扣 20 分				
		按超压的原因及时处理调整工艺参数	20	处理不当扣 20 分				
		待一切正常后重新投料	10	未操作扣 10 分				
3	使用工具	正确使用工具	2	工具使用不正确扣 2 分				
		正确维护工具	3	工具乱摆乱放扣 3 分				
4	安全及其他	按国家法规或企业规定		违规一次总分扣 5 分；严重违规停止操作			—	
		在规定时间内完成操作		每超时 1min 总分扣 5 分，超时 3min 停止操作			—	
合　计			100					

试题36：物料管线着火事故处理(现场模拟)

(考核时间：15min)

序号	考核内容	考核要点	配分	评分标准	检测结果	扣分	得分	备注
1	准备工作	穿戴劳保用品	3	穿戴不规范扣3分				
		工具、用具准备	2	工具选择不正确扣2分				
2	预案处理原则	提高操作人员在紧急状态下的处理能力，使事故危害、损失减少到最低限度	10	叙述不详细扣10分				
3	报告与报警程序	发现灾情后，立即报告相关单位和部门，并报告事故情况	10	未向相关单位和部门报告扣10分				
4	事故处理与控制	佩戴好空气呼吸器，根据事故大小采取局部隔离或紧急停工处理	20	未佩戴好空气呼吸器扣10分				
				未采取紧急措施扣10分				
		立即切断着火源	10	不符要求扣10分				
		配合消防人员灭火	10	未配合扣10分				
5	警戒疏散与交通管制	在事故区域及周边马路实行交通管制，设置警戒线	10	不符要求扣10分				
		对区域内及附近人员进行疏散，紧急撤离	10	不符要求扣10分				
6	伤员救护	将受伤人员迅速撤离事故区，并送医院抢救	10	不符要求扣10分				
7	使用工具	正确使用工具	2	工具使用不正确扣2分				
		正确维护工具	3	工具乱摆乱放扣3分				
8	安全及其他	按国家法规或企业规定		违规一次总分扣5分；严重违规停止操作			—	
		在规定时间内完成操作		每超时1min总分扣5分，超时3min停止操作			—	
合计			100					

试题37：绘制单元工艺流程图(现场模拟)

(考核时间：30min)

序号	考核内容	考核要点	配分	评分标准	检测结果	扣分	得分	备注
1	准备工作	穿戴整齐	3	穿戴不规范扣3分				
		工具、用具准备	2	器具准备不全扣2分				

续表

序号	考核内容	考核要点	配分	评分标准	检测结果	扣分	得分	备注
2	绘制程序	绘制主要设备及辅助设备	20	塔、罐、反应器漏画或画错一项扣10分				
				机泵漏画或画错一项扣2分				
				其他辅助设备漏画或画错一处扣2分				
				设备位号漏标或标错一处扣2分				
		绘制主要管线和阀门及次要管线和阀门	20	漏画或画错一条主要管线扣3分				
				漏画或画错一处主要阀门扣3分				
				漏画或画错一条次要管线扣1分				
				漏画或画错一处次要阀门扣1分				
		绘制调节阀及副线阀	10	调节阀漏画或画错一处扣3分				
				副线阀漏画或画错一处扣2分				
		绘出调节阀仪表位置、标注表号、仪表控制信号	20	位置错误扣3分				
				标注表号错误扣2分				
				漏画或画错一处仪表信号扣2分				
		绘出安全阀及相关附件	5	漏画或画错一处安全阀扣2分				
				漏画或画错一处取样点等相关附件扣1分				
		标明物料流向，进出物料名称	10	漏标或标错主物料来源去向扣2分				
				漏标或标错辅物料来源去向扣1分				
		卷面整洁、横平竖直	5	卷面不整洁扣2分				
				横不平竖不直扣3分				
		流程图布局合理、图形规范	5	布局不合理扣3分				
				图形不规范扣2分				

续表

序号	考核内容	考核要点	配分	评分标准	检测结果	扣分	得分	备注
3	安全及其他	按国家法规或企业规定		违规一次总分扣 5 分；严重违规停止操作			—	
		在规定时间内完成操作		每超时 1min 总分扣 5 分，超时 3min 停止操作			—	
合　计			100					

试题 38：绘制单元主要物料的 PFD 图(笔试)

(考核时间：20min)

序号	考核内容	考核要点	配分	评分标准	检测结果	扣分	得分	备注
1	准备工作	穿戴整齐	3	穿戴不规范扣 3 分				
		工具、用具准备	2	器具准备不全扣 2 分				
2	绘制程序	绘制主要设备	20	漏画或画错一个塔、罐、反应器扣 10 分				
				漏画或画错一处机泵扣 2 分				
				漏标或标错一处设备位号扣 2 分				
		绘制主要管线和阀门	20	漏画或画错一条主要管线扣 5 分				
				漏画或画错一处主要阀门扣 5 分				
		绘制调节阀及副线阀	20	漏画或画错一处调节阀扣 5 分				
				漏画或画错一处副线阀扣 2 分				
		绘出调节阀仪表位置、标注表号、仪表控制信号	20	位置错误扣 3 分				
				标注表号错误扣 2 分				
				漏画或画错一处仪表信号扣 2 分				
		标明物料流向，进出物料名称	5	漏标或标错主物料来源去向扣 1 分				
				漏标或标错辅物料来源去向扣 0.5 分				
		卷面整洁、横平竖直	5	卷面不整洁整洁扣 2 分				
				横不平竖不直扣 3 分				
		流程图布局合理、图形规范	5	布局不合理扣 3 分				
				图形不规范扣 2 分				

续表

序号	考核内容	考核要点	配分	评分标准	检测结果	扣分	得分	备注
3	安全及其他	按国家法规或企业规定		违规一次总分扣5分；严重违规停止操作			—	
		在规定时间内完成操作		每超时1min总分扣5分，超时3min停止操作			—	
合　计			100					

试题39：泵的扬程计算(笔试)

(考核时间：15min)

序号	考核内容	考核要点	配分	评分标准	检测结果	扣分	得分	备注
1	准备工作	穿戴整齐	3	穿戴不规范扣3分				
		工具、用具准备	2	器具准备不全扣2分				
2	计算程序	解题步骤	20	解题未写解扣5分				
				解题未写已知条件扣10分				
				解题结束未写答扣5分				
		列出计算公式	30	未列扬程计算公式扣20分				
				扬程计算公式错扣10分				
		计算步骤	25	动能、位能、静压能、损失能量、扬程代号错扣10分				
				公式数据代入错误扣5分				
				计算得数错误扣5分				
				计算中间步骤缺扣5分				
		计算单位	15	已知条件单位错误扣5分				
				中间步骤单位错误扣5分				
				最终求得结果单位错误扣5分				
		卷面清晰、工整	5	卷面不清晰、不工整扣5分				
3	安全及其他	按国家法规或企业规定		违规一次总分扣5分；严重违规停止操作			—	
		在规定时间内完成操作		每超时1min总分扣5分，超时3min停止操作			—	
合　计			100					

试题 40：体积单位的换算(笔试)

（考核时间：15min）

序号	考核内容	考核要点	配分	评分标准	检测结果	扣分	得分	备注
1	准备工作	穿戴整齐	3	穿戴不规范扣 3 分				
		工具、用具准备	2	器具准备不全扣 2 分				
2	计算程序	解题步骤	20	解题未写解扣 5 分				
				解题未写已知条件扣 10 分				
				解题结束未写答扣 5 分				
		列出体积换算公式	30	未列体积换算公式扣 20 分				
				换算公式错扣 10 分				
		单位换算步骤	25	体积代号错扣 10 分				
				计算数据代入错误扣 5 分				
				换算得数错误扣 5 分				
				换算中间步骤缺扣 5 分				
		换算单位	15	已知条件单位错误扣 5 分				
				中间步骤单位错误扣 5 分				
				最终求得结果单位错误扣 5 分				
		卷面清晰、工整	5	卷面不清晰、不工整扣 5 分				
3	安全及其他	按国家法规或企业规定		违规一次总分扣 5 分；严重违规停止操作			—	
		在规定时间内完成操作		每超时 1min 总分扣 5 分，超时 3min 停止操作			—	
		合　　计	100					

试题 41：浓度单位的换算(笔试)

（考核时间：15min）

序号	考核内容	考核要点	配分	评分标准	检测结果	扣分	得分	备注
1	准备工作	穿戴整齐	3	穿戴不规范扣 3 分				
		工具、用具准备	2	器具准备不全扣 2 分				
2	换算步骤	解题步骤	20	解题未写解扣 5 分				
				解题未写已知条件扣 10 分				
				解题结束未写答扣 5 分				

续表

序号	考核内容	考核要点	配分	评分标准	检测结果	扣分	得分	备注
		单位换算步骤	30	未列浓度换算公式扣 20 分				
				换算公式错扣 10 分				
		列出浓度换算公式	25	浓度代号错扣 10 分				
				计算数据代入错误扣 5 分				
				换算得数错误扣 5 分				
				换算中间步骤缺扣 5 分				
		换算单位	15	已知条件单位错误扣 5 分				
				中间步骤单位错误扣 5 分				
				最终求得结果单位错误扣 5 分				
		卷面清晰、工整	5	卷面不清晰、不工整扣 5 分				
3	安全及其他	按国家法规或企业规定		违规一次总分扣 5 分；严重违规停止操作			—	
		在规定时间内完成操作		每超时 1min 总分扣 5 分，超时 3min 停止操作			—	
合计			100					

第三部分

高级工

一、石油石化职业资格等级标准(高级工工作要求)

职业功能	工作内容	技能要求	相关知识
一、工艺操作	(一)开车准备	1. 能引入燃料、原料等开车介质 2. 能安排开车流程的更改 3. 能完成装置开车吹扫、气密、置换等操作 4. 能投用和切除工艺联锁 5. 能完成化工原材料的准备工作	1. 工艺联锁操作法 2. 联锁切除管理规定 3. 循环水预膜相关要点
	(二)开车操作	1. 能进行流化床反应器操作 2. 能进行搅拌式反应器操作 3. 能进行固定床反应器操作 4. 能进行有机副产物回收设备的投运及停运操作 5. 能进行精馏塔的开车操作 6. 能参加单机和联动试车	1. 各类反应器操作步骤 2. 各类反应器工艺特点和操作原理 3. 复杂控制回路及投用 4. 副产品回收单元工艺流程及开车操作法
	(三)正常操作	1. 能操作常规仪表、DCS 操作站 2. 能调节装置各工艺参数 3. 能根据分析结果控制产品质量 4. 能处理因各种扰动所引起的工艺波动 5. 能投用联锁系统 6. 能协调各岗位的操作	1. DCS 操作方法 2. 产品质量标准 3. APC(先进过程控制)基本方法 4. 催化剂的使用和保养方法
	(四)停车操作	1. 能完成停车装置的清洗、吹扫工作 2. 能组织全装置停车操作 3. 能进行停车系统排料处理 4. 能验收已清洗、吹扫完毕的设备、管道 5. 能完成产品安全储运操作 6. 能通过常规仪表、DCS 操作站控制停车程序	1. 装置停车方案 2. 装置停车管理规定 3. 产品安全储运操作要求
二、设备使用与维护	(一)使用设备	1. 能完成反应器辅助系统的开、停运操作 2. 能完成机泵的开、停、切换等操作 3. 能完成各种反应器等设备的开、停、切换操作	1. 反应器辅助系统的开、停运步骤 2. 机泵的开、停、切换操作要点 3. 反应器切换程序
	(二)维护设备	1. 能根据设备运行情况,提出维护措施 2. 能配合验收检修后的动、静设备 3. 能做好一般设备、管线交出检修前的安全确认工作	1. 设备维护保养制度 2. 关键设备特级维护制度要点 3. 设备验收方法 4. "三查四定"相关内容 5. 大型机组结构及工作原理
三、事故判断与处理	(一)判断事故	1. 能根据操作参数、分析数据判断质量事故 2. 能判断大型机组运行故障 3. 能判断各类仪表故障 4. 能及时发现事故隐患 5. 能判断反应设备、换热设备、分离设备故障	1. 大型机组结构及故障产生原因 2. 反应器、换热器、分离器故障产生的原因 3. 事故分析预案

续表

职业功能	工作内容	技能要求	相关知识
	（二）处理事故	1. 能处理因仪表（包括 DCS）、联锁故障引起的事故 2. 能针对装置异常程度提出开、停建议 3. 能处理产品质量事故 4. 能提出消除事故隐患的建议 5. 能处理各种设备内漏引起的事故 6. 能处理装置停水、电、汽、风事故 7. 能处理装置紧急停车	1. 事故处理预案 2. 报警联锁值 3. 事故等级分类标准
四、绘图与计算	（一）绘图	1. 能识读仪表联锁图 2. 能绘制主要设备结构简图 3. 能绘制工艺配管单线图 4. 能绘制带控制点的流程图	1. 工艺配管单线图绘制方法 2. 仪表联锁图符号含义
	（二）计算	1. 能完成简单热量平衡计算 2. 能完成经济核算分析 3. 能查本岗位物料及产品数据图表	热量平衡的计算方法
五、培训与指导	培训与指导	1. 能指导初、中级操作人员进行操作 2. 能参与培训初、中级操作人员	1. 培训基本要求 2. POWERPOINT 相关内容

二、理论知识鉴定要素细目表

行业通用理论知识鉴定要素细目表

鉴定范围						鉴定点		
一级		二级		三级		代码	名称	重要程度
代码	名称	代码	名称	代码	名称			
A	基本要求	B	基础知识	A	记录填写基础知识	001	班组交接记录的填写要求	X
						002	班组安全活动记录填写要求	X
				B	识图基础知识	001	剖视图知识	X
						002	断面图知识	X
						003	化工设备图表示方法	X
						004	零件图的内容	X
				C	安全环保基础知识	001	清洁生产审计的程序	X
						002	HSE 管理体系文件架构	X
						003	ISO 14001 环境管理体系的组成要素	X
						004	ISO 14000 系列标准的指导思想	X
						005	ISO 14001 环境管理体系的运行模式	X
						006	防尘防毒的技术措施	X

续表

鉴定范围						鉴定点		
一级		二级		三级		代码	名称	重要程度
代码	名称	代码	名称	代码	名称			
						007	防尘防毒的管理措施	X
						008	国家劳动安全卫生管理体制职责划分的内容	X
						009	ISO 14001 环境管理体系建立的步骤	X
						010	HSE 危害辨识	X
						011	HSE 风险评价的概念	X
						012	HSE 风险评价的目的	X
				D	质量基础知识	001	不合格品的处置途径	X
						002	ISO 9001 族标准质量管理审核的特点	X
						003	ISO 9000 族标准第一、第二、第三方审核的区别	X
						004	质量统计直方图	X
						005	质量统计排列图	X
						006	质量统计因果图	X
						007	质量统计控制图	X
						008	不良产品的分级	X
				E	计算机基础知识	001	Word 绘图	X
						002	Excel 公式与函数的运用	X
						003	Excel 数据的简单分析与管理	X
						004	Excel 简单的图表处理	X
B	相关知识	E	管理知识	A	生产管理	001	班组的管理	X
						002	班组的成本核算	X
				B	编写技术文件	001	总结的格式	X
						002	报告的格式	X
						003	请示的格式	X

职业通用理论知识鉴定要素细目表(有机合成工)

鉴定范围						鉴定点		
一级		二级		三级		代码	名称	重要程度
代码	名称	代码	名称	代码	名称			
B	基本要求	B	基础知识	G	化工基础知识	001	溶解度的计算	X
						002	化学平衡常数的简单计算	X
						003	氧化还原反应的配平	X
						004	理想气体状态方程的计算	X

续表

鉴定范围						鉴定点		
一级		二级		三级		代码	名称	重要程度
代码	名称	代码	名称	代码	名称			
						005	道尔顿分压定律的计算	X
						006	化学平衡的影响因素	X
						007	影响化学反应速度的因素	X
						008	羧酸的主要化学性质	X
						009	羧酸衍生物的主要化学性质	X
						010	乙酰乙酸乙酯的结构式和用途	X
						011	高分子化合物的加聚反应	Y
						012	高分子化合物的缩聚反应	Y
				H	化工基础知识	001	流体静力学基本方程的应用	X
						002	流体静力学基本方程式的计算	X
						003	稳定传热平均温差的计算	X
						004	塔设备空速的计算	X
						005	柏努利方程的应用	X
						006	运用雷诺数判断流体流量形态	X
						007	直管流体阻力的计算	X
						008	热负荷的计算	Y
						009	传热面积的计算	X
						010	传热的基本原理	X
						011	传热系数的简单计算	X
						012	换热器中折流挡板的作用	X
						013	精馏原理	X
						014	除沫器的工作原理	X
						015	物理吸附的机理	X
						016	精馏塔的物料衡算	X
						017	精馏塔理论板的概念	X
						018	评价板式塔性能的主要指标	Y
						019	解吸剂的选择原则	Y
						020	干燥速率的概念	X
						021	分子筛在干燥系统的应用	Z
						022	管壳式换热器管程和壳程选择原则	X
						023	轻关键组分的概念	X
						024	重关键组分的概念	X

续表

鉴定范围						鉴定点		
一级		二级		三级		代码	名称	重要程度
代码	名称	代码	名称	代码	名称			
						025	最小回流比的概念	X
						026	离心泵功率的计算	X
						027	离心泵扬程的计算	X
						028	催化剂的活化、钝化、装填	X
						029	催化剂堆密度的概念	X
						030	催化剂比表面积的概念	X
				I	计量基础知识	001	对计量违法的处罚	Z
						002	计量的特点	X
						003	计量检定人员资质	X
						004	强制检定计量器具的概念	X
				J	化工机械与设备知识	001	化工机械的常用密封种类	X
						002	动设备润滑管理常识	X
						003	机械密封的工作原理	X
						004	金属材料的腐蚀种类	Y
						005	管线的防腐措施	X
						006	离心式压缩机的结构	Z
						007	列管式换热器的结构	X
						008	离心泵检修结束后的试车程序	X
						009	列管式换热器泄漏的主要部位	X
				K	电工基础知识	001	全电路欧姆定律的概念	X
						002	常用防火防爆电气设备的操作	X
						003	常用防火防爆电气设备使用的注意事项	X
						004	临时用电的注意事项	X
						005	电气设备绝缘老化的基本知识	Y
						006	低压电气正常运行的知识	X
						007	低压开关的保护知识	Y
						008	防雷、防静电的主要措施	X
						009	低压配电的基本常识	X
						010	运行电机常见故障的判断方法	X
				L	仪表基础知识	001	压力变送器的测量原理	X
						002	椭圆齿轮流量计的测量原理	X
						003	差压式流量计的测量原理	X

续表

鉴定范围						鉴定点		
一级		二级		三级		代码	名称	重要程度
代码	名称	代码	名称	代码	名称			
						004	涡街流量计测量原理	X
						005	浮筒式液位计的测量原理	X
						006	电磁流量计的测量原理	X
						007	质量流量计的测量原理	X
						008	超声波物位计的测量原理	Z
						009	热电偶的测量原理	X
						010	调节阀的类型	X
						011	PID 参数整定的基本原则	X
						012	串级调节系统的工作原理	X
						013	PLC 系统的基本概念	X
						014	比值调节系统的工作原理	Y
						015	均匀调节系统的工作原理	Y
						016	分程调节系统的工作原理	Y
						017	DCS 的构成	X
						018	气开阀的选择原则	X
						019	气关阀的选择原则	X
						020	ESD 系统的基本概念	X
						021	FSC 系统的基本概念	X

工种理论知识鉴定要素细目表

鉴定范围						鉴定点		
一级		二级		三级		代码	名称	重要程度
代码	名称	代码	名称	代码	名称			
B	相关知识	A	工艺操作	A	开车准备	001	三剂的使用常识	Y
						002	检修设备的验收确认条件	X
						003	仪表的联锁校验方法	Y
						004	投用联锁的确认条件	X
						005	系统气密试验的方法	X
						006	系统吹扫的原则与要求	X
						007	装置引入原料的注意事项	X
						008	装置引入燃料的注意事项	X
						009	装置接收蒸汽的注意事项	X
						010	装置引入循环水时的注意事项	X

续表

鉴定范围						鉴定点		
一级		二级		三级		代码	名称	重要程度
代码	名称	代码	名称	代码	名称			
						011	装置引入氮气时的注意事项	X
						012	开车前系统的吹洗、置换流程的确认方法	X
						013	开车前系统的水压试验方法	X
						014	循环水冷却器泄漏的判断方法	X
						015	循环水的预膜知识	X
						016	催化剂的装填要点	Y
				B	开车操作	001	精馏塔进料状态对操作线的影响	X
						002	精馏塔回流比的确定方法	X
						003	精馏塔提负荷的方法	X
						004	透平机组的开车要求	X
						005	透平机蒸汽暖管要求	X
						006	透平暖机操作注意事项	X
						007	固定床反应器的特点	X
						008	流化床反应器的特点	X
						009	影响反应主要因素	X
						010	防止催化剂结焦的方法	X
						011	物料配比对反应的影响	X
						012	空速大小对反应的影响	Y
						013	温度高低对反应的影响	Y
						014	催化剂对反应的影响	Y
						015	压缩机盘车的操作方法	X
						016	透平压缩机组升速操作注意事项	X
						017	流体输送的方式	X
						018	冷冻的方法与分类	X
				C	正常操作	001	精馏塔塔底轻组分高的调节方法	X
						002	精馏塔塔顶重组分高的调节方法	X
						003	反应器反应温度的控制原理	X
						004	反应器反应压力的控制原理	X
						005	往复泵压力与流量的关系	X
						006	DCS 主要硬件的组成	Y
						007	调节阀所用仪表风的压力范围	X
						008	装置调节阀的种类	Y

续表

鉴定范围						鉴定点		
一级		二级		三级		代码	名称	重要程度
代码	名称	代码	名称	代码	名称			
						009	DCS 操作键盘各功能的作用	Y
						010	催化剂的催化原理	Y
						011	催化剂的日常保护要点	X
						012	催化剂选择性与温度的关系	X
						013	产品的质量控制要点	X
						014	强化换热器的传热途径	X
						015	水污染的危害	Y
						016	催化剂中毒的危害	X
						017	催化剂的保护操作方法	X
				D	停车操作	001	离心泵流量降低的处理方法	X
						002	透平、压缩机系统临时停车的操作要点	X
						003	有限空间分析合格标准	X
						004	进入有限空间监护原则	X
						005	反应器的停车操作步骤	X
						006	真空泵系统停车注意事项	X
						007	换热器管理污垢清扫方法	X
						008	装置排空置换物料流程确认方法	X
						009	装置临时停车的程序	X
						010	停车后反应器的内部检查要点	X
						011	工艺凝液处理的目的	X
		B	设备操作	A	设备使用	001	离心泵的工作原理	X
						002	管道的连接形式和种类	X
						003	压缩机停车的注意事项	X
						004	气液分离罐上部金属网的作用	Y
						005	透平启动前低速暖机的目的	X
						006	往复压缩机的工作原理	X
						007	往复式压缩机启动前应检查的内容	X
						008	压缩机润滑系统的作用	X
						009	屏蔽泵的易损件包括的内容	X
						010	管式换热器的类型	X
						011	造成离心泵气缚的因素	X
						012	造成离心泵汽蚀的因素	X

续表

鉴定范围						鉴定点		
一级		二级		三级		代码	名称	重要程度
代码	名称	代码	名称	代码	名称			
						013	闸阀的调节特点	X
						014	压力容器的检测标准	X
						015	特种作业要求	Y
						016	截止阀的应用范围	Y
						017	孔板流量计的工作原理	X
				B	设备维护	001	汽轮机的汽封作用	X
						002	设备和管线交付检修前的安全确认内容	X
						003	螺杆泵的维护方法	X
						004	离心式压缩机的维护方法	X
						005	搅拌器的维护方法	X
						006	过滤机的维护方法	X
						007	压缩机的日常维护要点	X
						008	离心泵的维护保养内容	X
						009	机组的润滑系统	X
						010	离心泵完好标准	X
						011	离心泵检修后的验收标准	X
						012	对润滑油的品质要求	X
						013	防雷防静电的主要措施	X
		C	事故判断与处理	A	事故判断	001	装置停原料的原因	X
						002	装置停燃料的原因	X
						003	压缩机联锁停车的判断方法	X
						004	压缩机常见故障的原因	X
						005	反应器进料量中断事故的原因	X
						006	物料堵塞设备管线事故的原因	X
						007	法兰泄漏的原因	X
						008	循环水冷却器泄漏的判断方法	Y
						009	换热器壳程泄漏的判断方法	Y
						010	换热器管程泄漏的判断方法	X
						011	压缩机排气温度太高的原因	Y
						012	系统压力波动对催化剂的影响	X
						013	催化剂失活的原因	X
				B	事故处理	001	离心式压缩机出口风量降低的原因	Y

续表

鉴定范围						鉴定点		
一级		二级		三级		代码	名称	重要程度
代码	名称	代码	名称	代码	名称			
						002	雷击天气装置巡检注意事项	Y
						003	精馏塔液泛的处理方法	X
						004	停电的处理方法	X
						005	停原料的处理方法	X
						006	停蒸汽的处理方法	X
						007	停燃料的处理方法	X
						008	停循环水的处理方法	X
						009	停仪表空气的处理方法	X
						010	联锁误动作引起事故的处理方法	X
						011	有机物料泄漏处理方法	X
						012	仪表故障引起事故的处理方法	X
						013	活塞式压缩机汽缸温度高的处理方法	X
						014	汽缸发热的处理方法	X
						015	离心泵密封泄漏的处理方法	X
						016	罗茨鼓风机过热的处理方法	X
						017	法兰泄漏的处理方法	X
						018	固定床反应器密封泄漏的处理方法	X
						019	管壳式换热器内漏的处理方法	X
						020	电动机达不到额定参数的处理方法	X
		D	绘图与计算	A	绘图	001	复杂工艺流程图符号的识别知识	Z
						002	绘制工艺配管单线图的要求	Y
						003	绘制设备结构简图	Z
						004	绘制 PID 图的相关知识	Z
				B	计算	001	单塔物料平衡的计算	Z
						002	物耗的计算	Z
						003	换热器平均温差的计算	Z
						004	换热面积的计算	Z

三、理论知识试题

行业通用理论知识试题

判断题

1. 班组交接班记录必须凭旧换新。 （√）

2. 车间主要领导参加班组安全日活动每月不少于 2 次。 (×)

正确答案：车间主要领导参加班组安全日活动每月不少于 3 次。

3. 在剖视图中，零件后部看不见的轮廓线、虚线一律省略不画。 (×)

正确答案：在剖视图中，零件后部看不见的轮廓线、虚线一般省略不画，只有对尚未表达清楚的结构，才用虚线画出。

4. 剖面图是剖视图的一种特殊视图。 (×)

正确答案：剖面图是零件上剖切处断面的投影，而剖视图是剖切后零件的投影。

5. 化工设备图的视图布置灵活，俯(左)视图可以配置在图面任何地方，但必须注明"俯(左)视图"的字样。 (√)

6. 化工设备图中的零件图与装配图一定分别画在不同的图纸上。 (×)

正确答案：化工设备图中的零件图可与装配图画在同张图纸上。

7. 零件图不需要技术要求，在装配图表述。 (×)

正确答案：零件图一般需要技术要求。

8. 零件图用视图、剖视图、剖面图及其他各种表达方法，正确、完整、清晰地表达零件的各部分形状和结构。 (√)

9. ISO 14000 系列标准对管理标准的一个重大改进，就是建立了一套对组织环境行为的评价体系，这便是环境行为评价标准。 (√)

10. 环境管理体系的运行模式，遵守由查理斯 · 德明提供的规划策划(PLAN)、实施(DO)、验证(CHECK)和改进(ACTION)运行模式可简称 PDCA 模式。 (√)

11. 环境管理体系的运行模式与其他管理的运行模式相似，共同遵循 PDCA 运行模式，没有区别。 (×)

正确答案：环境管理体系的运行模式与其他管理的运行模式相似，除了共同遵循 PDCA 运行模式外，它还有自身的特点，那就是持续改进，也就是说它的环线是永远不能闭合的。

12. 采取隔离操作，实现微机控制，不属于防尘防毒的技术措施。 (×)

正确答案：采取隔离操作，实现微机控制是防尘防毒的技术措施之一。

13. 严格执行设备维护检修责任制，消除"跑冒滴漏"是防尘防毒的技术措施。 (×)

正确答案：严格执行设备维护检修责任制，消除"跑冒滴漏"是防尘防毒的管理措施。

14. 在 ISO 14001 环境管理体系中，初始环境评审是建立环境管理体系的基础。 (√)

15. 在 HSE 管理体系中，定量评价指不对风险进行量化处理，只用发生的可能性等级和后果的严重度等级进行相对比较。 (×)

正确答案：在 HSE 管理体系中，定性评价指不对风险进行量化处理，只用发生的可能性等级和后果的严重度等级进行相对比较。

16. HSE 管理体系规定，在生产日常运行中各种操作、开停工、检维修作业、进行基建及变更等活动前，均应进行风险评价。 (√)

17. 对某项产品返工后仍需重新进行检查。 (√)

18. ISO 9000 族标准中，质量审核是保证各部门持续改进工作的一项重要活动。 (√)

19. ISO 9000 族标准的三种审核类型中，第三方审核的客观程度最高，具有更强的可信度。 (√)

20. 平顶型直方图的形成由单向公差要求或加工习惯等引起。 (×)

正确答案： 平顶型直方图的形成往往因生产过程有缓慢因素作用引起。

21. 质量统计排列图分析是质量成本分析的方法之一。 （√）

22. 质量统计因果图的作用是为了确定“关键的少数”。 （×）

正确答案： 质量统计排列图的作用是为了确定“关键的少数”。

23. 质量统计控制图上出现异常点时，才表示有不良品发生。 （×）

正确答案： 不一定。在质量统计控制图上，即使点子都在控制线内，但排列有缺陷，也要判做异常。

24. 国际上通用的产品不良项分级共分三级。 （×）

正确答案： 国际上通用的产品不良项分级共分四级。

25. 在计算机应用软件 Word 中插入的文本框不允许在文字的上方或下方。 （×）

正确答案： Word 中插入的文本框通过设置文本框格式当中的版式允许在文字的上方或下方。

26. 在计算机应用软件 Word 中绘制图形要求两个图形能准确对齐可通过调整绘图网格的水平、垂直间距来实现。 （√）

27. 在计算机应用软件 Excel 中“COUNTIF(　　)”函数的作用是计算某区域满足条件的单元格数。 （√）

28. Excel 数据表中汉字排序一般是按拼音顺序排序，但也可以按笔画排序。 （√）

29. Excel 数据表中分类汇总的选项包括分类字段、汇总方式两方面的内容。 （×）

正确答案： Excel 数据表中分类汇总的选项包括分类字段、汇总方式多方面的内容。

30. Excel 数据表中修改图表中的数据标志是通过图表区格式选项中的数据标志选项实现的。 （×）

正确答案： Excel 数据表中修改图表中的数据标志是通过数据系列格式选项中的数据标志选项实现的。

31. 班组建设不同于班组管理，班组建设是一个大概念，班组管理从属于班组建设。 （√）

32. 一般来说，班组的成本核算是全面的统计核算、业务核算和会计核算。 （×）

正确答案： 一般来说，班组的成本核算是局部核算和群众核算。

33. 总结的基本特点是汇报性和陈述性。 （×）

正确答案： 总结的基本特点是回顾过去，评估得失，指导将来。

34. 报告的目的在于把已经实践过的事情上升到理论认识，指导以后的实践，或用来交流，加以推广。 （×）

正确答案： 报告的主要目的是下情上达，向上级汇报工作、反映情况、提出意见和建议。

35. 为了减少发文，可以把若干问题归纳起来向上级写综合请示，但不能多方请示。 （×）

正确答案： 要坚持“一文一事”的原则，切忌“一文数事”使上级机关无法审批。

单选题

1. 班组交接班记录填写时，一般要求使用的字体是(B)。

　A. 宋体　　B. 仿宋　　C. 正楷　　D. 隶书

2. 下列选项中不属于班组安全活动的内容是(A)。

A. 对外来施工人员进行安全教育

B. 学习安全文件、安全通报

C. 安全讲座、分析典型事故，吸取事故教训

D. 开展安全技术座谈、消防、气防实地救护训练

3. 安全日活动常白班每周不少于(D)次，每次不少于 1h。

A. 4　　B. 3　　C. 2　　D. 1

4. 物体结构形状愈复杂，虚线就愈多，为此，对物体上不可见的内部结构形状采用(C)来表示。

A. 旋转视图　　B. 局部视图　　C. 全剖视图　　D. 端面图

5. 单独将一部分的结构形状向基本投影面投影需要用(B)来表示。

A. 旋转视图　　B. 局部视图　　C. 全剖视图　　D. 端面图

6. 用剖切平面把物体完全剖开后所得到的剖视图称为(D)。

A. 局部剖视图　　B. 局部视图　　C. 半剖视图　　D. 全剖视图

7. 画在视图外的剖面图称为(A)剖面图。

A. 移出　　B. 重合　　C. 局部放大　　D. 局部

8. 重合在视图内的剖面图称为(B)剖面图。

A. 移出　　B. 重合　　C. 局部放大　　D. 局部

9. 化工设备图中，表示点焊的焊接焊缝是(A)。

A. ○　　B. ∪　　C. △　　D. ⊿

10. 下列选项中，不属于零件图内容的是(D)。

A. 零件尺寸　　B. 技术要求　　C. 标题栏　　D. 零件序号表

11. 在 HSE 管理体系中，(C)是管理手册的支持性文件，上接管理手册，是管理手册规定的具体展开。

A. 作业文件　　B. 作业指导书　　C. 程序文件　　D. 管理规定

12. ISO 14001 环境管理体系共由(B)个要素所组成。

A. 18　　B. 17　　C. 16　　D. 15

13. ISO 14000 系列标准的指导思想是(D)。

A. 污染预防　　B. 持续改进

C. 末端治理　　D. 污染预防，持续改进

14. 不属于防尘防毒技术措施的是(C)。

A. 改革工艺　　B. 湿法除尘　　C. 安全技术教育　　D. 通风净化

15. 防尘防毒治理设施要与主体工程(A)、同时施工、同时投产。

A. 同时设计　　B. 同时引进　　C. 同时检修　　D. 同时受益

16. 在 HSE 管理体系中，物的不安全状态是指使事故(B)发生的不安全条件或物质条件。

A. 不可能　　B. 可能　　C. 必然　　D. 必要

17. 在 HSE 管理体系中，风险指发生特定危害事件的(C)性以及发生事件结果严重性的结合。

A. 必要　　B. 严重　　C. 可能　　D. 必然

18. 在(B)情况下不能对不合格品采取让步或放行。

A. 有关的授权人员批准　　B. 法律不允许

C. 顾客批准　　D. 企业批准

19. 不合格品控制的目的是(C)。

A. 让顾客满意　　B. 减少质量损失

C. 防止不合格品的非预期使用　　D. 提高产品质量

20. 在 ISO 9001 族标准中，内部审核是(D)。

A. 内部质量管理体系审核

B. 内部产品质量审核

C. 内部过程质量审核

D. 内部质量管理体系、产品质量、过程质量的审核

21. 在 ISO 9001 族标准中，第三方质量管理体系审核的目的是(C)。

A. 发现尽可能多的不符合项

B. 建立互利的供方关系

C. 证实组织的质量管理体系符合已确定准则的要求

D. 评估产品质量的符合性

22. ISO 9000 族标准规定，(C)属于第三方审核。

A. 顾客进行的审核　　B. 总公司对其下属公司组织的审核

C. 认证机构进行的审核　　D. 对协作厂进行的审核

23. 在 ISO 9000 族标准中，组织对供方的审核是(D)。

A. 第一方审核　　B. 第一、第二、第三方审核

C. 第三方审核　　D. 第二方审核

24. 数据分组过多或测量读数错误而形成的质量统计直方图形状为(A)形。

A. 锯齿　　B. 平顶　　C. 孤岛　　D. 偏峰

25. 把不同材料、不同加工者、不同操作方法、不同设备生产的两批产品混在一起时，质量统计直方图形状为(D)形。

A. 偏向　　B. 孤岛　　C. 对称　　D. 双峰

26. 在质量管理过程中，以下哪个常用工具可用于明确“关键的少数”(A)。

A. 排列图　　B. 因果图　　C. 直方图　　D. 调查表

27. 质量统计图中，图形形状像“鱼刺”的图是(D)图。

A. 排列　　B. 控制　　C. 直方　　D. 因果

28. 在质量统计控制图中，若某个点超出了控制界限，就说明工序处于(D)。

A. 波动状态　　B. 异常状态

C. 正常状态　　D. 异常状态的可能性大

29. 质量统计控制图的上、下控制限可以用来(B)。

A. 判断产品是否合格　　B. 判断过程是否稳定

C. 判断过程能力是否满足技术要求　　D. 判断过程中心与技术中心是否发生偏移

30. 产品的不良项分级分为 A、B、C、D 四级，A 级不良项是指产品的(C)不良项。

A. 轻微　　B. 一般　　C. 致命　　D. 严重

31. 产品的不良项分级分为 A、B、C、D 四级，C 级不良项是指产品的(B)不良项。

A. 轻微　　B. 一般　　C. 致命　　D. 严重

32. 在计算机应用软件 Word 中插入的图片(A)。

A. 可以嵌入到文本段落中

B. 图片的位置可以改变，但大小不能改变

C. 文档中的图片只能显示，无法用打印机打印输出

D. 不能自行绘制，只能从 Office 的剪辑库中插入

33. 在 Excel97 工作表中，单元格 C4 中有公式"=A3+$C$5"，在第 3 行之前插入一行之后，单元格 C5 中的公式为(A)。

A. =A4+$C$6　　B. =A4+$C$5

C. =A3+$C$6　　D. =A3+$C$5

34. 

图中所指的按钮是(B)。

A. 降序按钮　　B. 升序按钮　　C. 插入字母表　　D. 删除字母表

35. 建立图表的方法是从(C)菜单里点击图表。

A. 编辑　　B. 视图　　C. 插入　　D. 工具

36. 班组管理是在企业整个生产活动中，由(D)进行的管理活动。

A. 职工自我　　B. 企业　　C. 车间　　D. 班组自身

37. 属于班组经济核算主要项目的是(C)。

A. 设备完好率　　B. 安全生产

C. 能耗　　D. 环保中的三废处理

多选题

1. 属于班组交接班记录的内容是(A，B，C)。

A. 生产运行　　B. 设备运行　　C. 出勤情况　　D. 安全学习

2. 下列属于班组安全活动的内容是(B，C，D)。

A. 对外来施工人员进行安全教育

B. 学习安全文件、安全通报

C. 安全讲座、分析典型事故，吸取事故教训

D. 开展安全技术座谈，消防、气防实地救护训练

3. 化工设备装配图中，螺栓联接可简化画图，其中所用的符号可以是(C，D)。

A. 细实线+　　B. 细实线×　　C. 粗实线+　　D. 粗实线×

4. 下列选项中，属于零件图内容的是(A，C)。

A. 零件尺寸　　B. 零件的明细栏　　C. 技术要求　　D. 零件序号表

5. 清洁生产审计有一套完整的程序，是企业实行清洁生产的核心，其中包括以下(B，C，D)阶段。

A. 确定实施方案　　B. 方案产生和筛选

C. 可行性分析　　D. 方案实施

6. HSE 体系文件主要包括(A，B，C)。

A. 管理手册　　B. 程序文件　　C. 作业文件　　D. 法律法规

7. 下列叙述中，属于生产中防尘防毒技术措施的是(A，B，C，D)。

A. 改革生产工艺　　B. 采用新材料新设备

C. 车间内通风净化　　D. 湿法除尘

8. 下列叙述中，不属于生产中防尘防毒的管理措施的有(A，B)。

A. 采取隔离法操作，实现生产的微机控制

B. 湿法除尘

C. 严格执行安全生产责任制

D. 严格执行安全技术教育制度

9. 我国在劳动安全卫生管理上实行“(A，B，C，D)”的体制。

A. 企业负责　　B. 行业管理　　C. 国家监察　　D. 群众监督

10. 在 HSE 管理体系中，危害识别的状态是(A，B，C)。

A. 正常状态　　B. 异常状态　　C. 紧急状态　　D. 事故状态

11. 在 HSE 管理体系中，可承受风险是根据企业的(A，B)，企业可接受的风险。

A. 法律义务　　B. HSE 方针　　C. 承受能力　　D. 心理状态

12. 在 HSE 管理体系中，风险控制措施选择的原则是(A，B)。

A. 可行性　　B. 先进性、安全性

C. 经济合理　　D. 技术保证和服务

13. 对于在产品交付给顾客及产品投入使用时才发现不合格产品，可采用以下方法处置(B，D)。

A. 一等品降为二等品　　B. 调换

C. 向使用者或顾客道歉　　D. 修理

14. 在 ISO 9000 族标准中，关于第一方审核说法正确的是(A，B，D)。

A. 第一方审核又称为内部审核

B. 第一方审核为组织提供了一种自我检查、自我完善的机制

C. 第一方审核也要由外部专业机构进行的审核

D. 第一方审核的目的是确保质量管理体系得到有效地实施

15. 质量统计排列图的作用是(A，B)。

A. 找出关键的少数　　B. 识别进行质量改进的机会

C. 判断工序状态　　D. 度量过程的稳定性

16. 质量统计因果图具有(C，D)特点。

A. 寻找原因时按照从小到大的顺序　　B. 用于找到关键的少数

C. 是一种简单易行的科学分析方法　　D. 集思广益，集中群众智慧

17. 质量统计控制图包括(B，C，D)。

A. 一个坐标系　　B. 两条虚线

C. 一条中心实线　　D. 两个坐标系

18. 产品不良项的内容包括(A，C，D)。

A. 对产品功能的影响　　B. 对质量合格率的影响

C. 对外观的影响　　D. 对包装质量的影响

19. 在计算机应用软件 Word 中页眉设置中可以实现的操作是(A，B，D)。

A. 在页眉中插入剪贴画　　B. 建立奇偶页内容不同的页眉

C. 在页眉中插入分隔符　　D. 在页眉中插入日期

20. 在计算机应用软件 Excel 中单元格中的格式可以进行(A，B，C)等操作。

A. 复制　　B. 粘贴　　C. 删除　　D. 链接

21. 自动筛选可以实现的条件是(A，C，D)。

A. 自定义　　B. 数值　　C. 前 10 个　　D. 全部

22. 对于已生成的图表，说法正确的是(A，B，D)。

A. 可以改变图表格式　　B. 可以更新数据

C. 不能改变图表类型　　D. 可以移动位置

23. 班组的劳动管理包括(A，B，D)。

A. 班组的劳动纪律　　B. 班组的劳动保护管理

C. 对新工人进行“三级教育”　　D. 班组的考勤、考核管理

24. 班组生产技术管理的主要内容有(A，C，D)。

A. 定时查看各岗位的原始记录，分析判断生产是否处于正常状态

B. 对计划完成情况进行统计公布并进行分析讲评

C. 指挥岗位或系统的开停车

D. 建立指标管理账

25. 在班组经济核算中，从项目的主次关系上看，属于主要项目的有(A，C，D)指标。

A. 产量　　B. 安全生产　　C. 质量　　D. 工时

26. 总结与报告的主要区别是(A，C，D)不同。

A. 人称　　B. 文体　　C. 目的　　D. 要求

27. 报告与请示的区别在于(A，B，C，D)不同。

A. 行文目的　　B. 行文时限　　C. 内容　　D. 结构

28. 请示的种类可分为(A，B，C，D)的请示。

A. 请求批准　　B. 请求指示　　C. 请求批转　　D. 请求裁决

简答题

1. 清洁生产审计有哪几个阶段？

答：①筹划与组织；②预评估；③评估；④方案产生和筛选；⑤可行性分析；⑥方案实施；⑦持续清洁生产。

2. ISO 14001 环境管理体系由哪些基本要素构成？

答：ISO 14001 环境管理体系由环境方针、规划、实施、测量和评价、评审和改进五个基本要素构成。

3. 防尘防毒的主要措施是什么？

答：我国石化工业多年来治理尘毒的实践证明，在大多数情况下，靠单一的方法防尘治毒是行不通的，必须采取综合治理措施。即首先改革工艺设备和工艺操作方法，从根本上杜绝和减少有害物质的产生，在此基础上采取合理的通风措施，建立严格的检查管理制度，这样才能有效防止石化行业尘毒的危害。

4. 什么叫消除二次尘毒源？

答：对于因“跑冒滴漏”而散落地面的粉尘、固、液体有害物质要加强管理，及时清扫、冲洗地面，实现文明生产，叫消除二次尘毒源。

5. 什么是劳动安全卫生管理体制中的“行业管理”？

答：劳动安全卫生管理体制中的“行业管理”就是行业主管部门根据本行业的实际和特点切实提出本行业的劳动安全卫生管理的各项规章制度，并监督检查各企业的贯彻执行情况。

6. 简述 ISO 14001 环境管理体系建立的步骤。

答：一般而言，建立环境管理体系过程包括以下六大阶段：①领导决策与准备；②初始环境评审；③体系策划与设计；④环境管理体系文件编制；⑤体系运行；⑥内部审核及管理评审。

7. HSE 管理体系中危害识别的思路是什么？

答：①存在什么危害（伤害源）？②谁（什么）会受到伤害？③伤害怎样发生？

8. 什么是第一方审核，第二方审核，第三方审核？

答：第一方审核又称为内部审核，第二方审核和第三方审核统称为外部审核。①第一方审核指由组织的成员或其他人员以组织的名义进行的审核。这种审核为组织提供了一种自我检查、自我完善的机制。②第二方审核是在某种合同要求的情况下，由与组织有某种利益关系的相关方或由其他人员以相关方的名义实施的审核。这种审核旨在为组织的相关方提供信任的证据。③第三方审核是由独立于受审核方且不受其经济利益制约的第三方机构依据特定的审核准则，按规定的程序和方法对受审核方进行的审核。

9. 什么是排列图？

答：排列图又叫帕累托图，在质量管理中，排列图是用来寻找影响产品质量的主要问题，确定质量改进关键项目的图。

10. 控制图的主要用途是什么？

答：①分析用的控制图主要用于分析工艺过程的状态，看工序是否处于稳定状态；②管理用的控制图主要用于预防不合格品的产生。

11. 国际上通用的产品不良项分级分为几级？

答：国际上通用的产品不良项分级共分为：致命（A 级）、严重（B 级）、一般（C 级）、轻微（D 级）四级。

12. 班组在企业生产中的地位如何？

答：①班组是企业组织生产活动的基本单位；②班组是企业管理的基础和一切工作的立脚点；③班组是培养职工队伍，提高工人技能的课堂；④班组是社会主义精神文明建设的重要阵地。

13. 班组管理有哪些基本内容？

答：①建立和健全班组的各项管理制度；②编制和执行生产作业计划，开展班组核算；③班组的生产技术管理；④班组的质量管理；⑤班组的劳动管理；⑥班组的安全管理；⑦班组的环境卫生管理；⑧班组的思想政治工作。

14. 班组经济核算的基本原则和注意事项是什么？

答：班组经济核算应遵循“干什么、管什么、算什么”的原则，力求注意三个问题：

①计算内容少而精，②分清主次，③方法简洁。

15. 总结的写作要求是什么？

答：①要新颖独特，不能报流水账；②要重点突出，找出规律，避免事无巨细面面俱到；③要实事求是，全面分析问题，从中找出经验教训；④要材料取舍得当；⑤要先叙后议或夹叙夹议。

16. 什么是报告？

答：报告是下级机关向上级机关汇报工作、反映情况、提出意见或建议，答复上级机关的询问时使用的行文。

17. 请示的特点是什么？

答：请示的最大特点是请求性。指本机关、本部门打算办理某件事情，而碍于无权自行决定，或者无力去做，或不知该不该办，必须请求上级机关批准、同意后方可办理。

职业通用理论知识试题(有机合成工)

判断题

1. 催化剂只能使平衡较快达到，而不能使平衡发生移动。 (√)

2. 当反应物浓度不变时，改变温度，反应速率也不变。 (×)

正确答案： 当反应物浓度不变时，改变温度，反应速率就改变。

3. 醇和酸发生酯化反应的过程，一般是：羧酸分子中羟基上的氢原子跟醇分子中的羟基结合成水，其余部分结合成酯。 (×)

正确答案： 醇和酸发生酯化反应的过程，一般是：羧酸分子中羟基跟醇分子中的羟基上的氢原子结合成水，其余部分结合成酯。

4. 甲酸分子中既含羧基，又含醛基，因此它既具有羧酸的性质，又具有醛的性质。在饱和一元羧酸中，甲酸的 pH 值最小。 (√)

5. 乙酸乙酯、乙酰氯、乙酸酐、乙酰胺中最活泼的酰化基是乙酸乙酯。 (×)

正确答案： 乙酸乙酯、乙酰氯、乙酸酐、乙酰胺中最活泼的酰化基是乙酰氯。

6. 羧酸衍生物是指羧酸分子中羟基上的氢原子被其他原子或基团取代后所生成的化合物。 (×)

正确答案： 羧酸衍生物是指羧酸分子中羟基被其他原子或基团取代后所生成的化合物。

7. 尿素在酸、碱或尿素酶的存在下，可水解生成氨(或铵盐)，故可用来作为含氮量较高的固体氮肥。 (√)

8. 乙酰乙酸乙酯是酮酸的酯，具有酮和酯的基本性质，也具有烯醇的性质。 (√)

9. 苯酚跟甲醛发生缩聚反应时，如果苯酚苯环上的邻位和对位上都能跟甲醛起反应，则得到体型的酚醛树脂。 (√)

10. 空速是生成气体的体积流量和催化剂体积的比值。 (×)

正确答案： 空速是指塔内没有任何物质时，气流在与塔截面垂直方向上的速度。

11. 换热器实际采用的传热面积和计算得到的传热面积相等就可以。 (×)

正确答案： 为了安全可靠以及在生产发展时留有余地，实际采用的传热面积应比计算得到的传热面积大 10%～25%。

12. 有相变的传热膜系数小于无相变的传热膜系数。 (×)

正确答案： 有相变的传热膜系数大于无相变的传热膜系数。

13. 换热器中加折流挡板主要是增加流体的湍流程度，从而提高传热系数。（√）

14. 在精馏操作中雾沫夹带现象是不可避免的，因此，不会影响传热传质效果和板效率。（×）

正确答案：在精馏操作中雾沫夹带现象是不可避免的，会影响传热传质效果和板效率。

15. 求理论塔板数通常有两种方法，即逐板计算法和简易图解法。两种方法的基本依据是不同的。（×）

正确答案：求理论塔板数通常有两种方法：逐板计算法和简易图解法。两种方法的基本依据相同。一是板上气液相的平衡关系，二是相邻两塔板之间气液相之间的操作关系。

16. 物理吸附可以认为被吸附的气体分子与吸附剂表面原子或离子间的作用力有类似化学键的性质。（×）

正确答案：物理吸附可以认为被吸附的气体分子与吸附剂表面原子或离子间的作用力有类似范德华力的性质。

17. 板式塔性能的好坏主要取决于塔板的结构。（√）

18. 每单位时间内在单位干燥体积上汽化的水分量，称为干燥速率。（×）

正确答案：每单位时间内在单位干燥面积上汽化的水分量，称为干燥速率。

19. 当回流比为最小时，塔板数为无限多，设备费用为无限大。（√）

20. 离心泵的扬程就是升扬高度。（×）

正确答案：离心泵的扬程和升扬高度不是一回事，扬程是泵赋予 1N 重流体的外加能量；而升扬高度是泵将液体从低处送到高处的高度差。

21. 机械密封都属于接触式密封。（×）

正确答案：机械密封中的干气密封属于非接触式密封。

22. 正常运转时机械密封动、静环间直接接触形成密封。（×）

正确答案：正常运转时机械密封动、静环间会形成很薄的液膜，起到密封和润滑作用。

23. 单纯的物理作用不会引起金属材料腐蚀。（×）

正确答案：单纯的物理作用也会引起金属材料腐蚀，称为物理腐蚀。

24. 管道内介质流速越低对管道防腐越有利。（×）

正确答案：在某些场合为了减小氯离子的腐蚀反而规定了最低流速。

25. 波纹膨胀节可用于高频低幅振动场合，不适合低频高幅振动场合。（√）

26. 可以采取调节入口阀门开度的办法调节离心泵出口流量。（×）

正确答案：入口阀门开度过小可能造成离心泵汽蚀，所以不允许用调节入口阀门开度的办法调节流量。

27. U 形管换热器的 U 形管弯曲段对应力腐蚀较为敏感。（√）

28. 在电阻分压电路中，电阻值越大，其两端分得的电压就越高。（√）

29. 进入电气设备及其通风、正压系统内的气体，不应含有易燃物质或其他有害物质。（√）

30. 对于闭路通风的防爆通风型电气设备及其通风系统，应供给清洁气体以补充漏损，保持系统正压。（√）

31. 隔爆电动机检修时，拆动的隔爆面要进行清理、涂防锈油，并检查隔爆面应完整无损伤。（√）

32. 在爆炸危险环境内，防爆电气设备的金属外壳不应接地。（×）

正确答案：在爆炸危险环境内，防爆电气设备的金属外壳一般应可靠接地。

33. 临时用电设备现场就近要装设在紧急情况下能断开电源的开关。 (√)

34. 绝缘材料不能起到灭弧作用。 (×)

正确答案：绝缘材料在某些情况下兼起灭弧作用。

35. 异步电动机反接制动时，转子转速小于同步转速。 (√)

36. 选择避雷器时，避雷器击穿电压越低越好。 (×)

正确答案：选择避雷器时，避雷器击穿电压要视设备的绝缘水平而定。

37. 对地电压为380V及以下的为低电压。 (×)

正确答案：对地电压为250V及以下的为低电压。

38. 绕组的三相电流电阻，针对检查出来的情况排除故障。 (√)

39. 椭圆齿轮流量计的进出口压差增大，泄漏量增大；流体介质黏度增大，泄漏量减小。 (√)

40. 对于含有固体颗粒的流体，也可以用椭圆齿轮流量计测量其流量。 (×)

正确答案：对于含有固体颗粒的流体，不可以用椭圆齿轮流量计测量其流量。

41. 所谓的节流装置就是设置在管道中能使流体产出局部收缩的节流元件和差压变送器的总称。 (×)

正确答案：所谓的节流装置就是设置在管道中能使流体产出局部收缩的节流元件和取压装置的总称。

42. 当旋涡流量计为脉冲输出时，其脉冲频率和流量之间是线性关系。 (√)

43. 电磁流量计变送器和化工管道紧固在一起，可以不必再接地线。 (×)

正确答案：电磁流量计变送器虽然和化工管道紧固在一起，但法兰之间的垫片是绝缘的所以必须接地线。

44. 电磁流量计是不能测量气体流量的。 (√)

45. 超声波物位计为不接触测量仪表，因此可以适用于腐蚀性、有毒、或无毒介质的物位测量，但不能测量高黏度的物位。 (×)

正确答案：超声波物位计为不接触测量仪表，因此可以适用于腐蚀性、有毒、或无毒介质的物位测量，同时也可以测量高黏度的物位。

46. 调节系统的参数整定在工程上都采用4∶1或10∶1衰减曲线作为理想的过渡过程曲线。 (√)

47. 串级调节系统在结构上，是由两个串接工作的调节器构成的单闭环控制系统。 (×)

正确答案：串级调节系统在结构上，是由两个串接工作的调节器构成的双闭环控制系统。

48. 均应调节系统的特点是其控制结果是使被控变量保持不变。 (×)

正确答案：均应调节系统的特点是其控制结果不像其他控制系统那样，不是为了使被控变量保持不变，而是使两个互相联系的变量都在允许的范围内缓慢变化。

49. 加热炉的进料系统应选择气开式。 (×)

正确答案：加热炉的进料系统应选择气关式。

50. 调节阀的气开、气关特性是不能改变的。 (×)

正确答案：调节阀的气开、气关特性是可以通过改变调节阀的正、反装或改变执行机构的正、反作用实现的。

51. DCS 通信网络协议是指通信网络内信息传送的方式，常用的有广播式和存储转发式。（✓）

52. 压缩机的旁路阀应选择气关式。（✓）

单选题

1. 反应速率常数 K 随温度的升高而(A)。

A. 增大　B. 减少　C. 不变　D. 无法确定

2. 化学平衡的影响因素有(A)。

A. 浓度、压力、温度　B. 浓度、压力、催化剂的种类

C. 浓度、温度、催化剂的种类　D. 压力、温度、催化剂

3. 当增加气体反应的总压力时，平衡向气体分子数(A)的方向移动。

A. 减少　B. 增加　C. 不变　D. 无法确定

4. 影响化学反应速率的决定性因素是(A)。

A. 反应物的种类和性质　B. 浓度

C. 压力、温度　D. 催化剂

5. 有 A、B、C 三种含碳、氢、氧元素的有机物，1molA 完全燃烧时，可生成 2mol 的 CO_2 和 3mol 的水，A 在催化剂 Cu 或 Ag 存在并加热的条件下能被空气氧化成 B；B 能起银镜反应，被氧化成 C，B 在催化剂存在时能被还原成 A，C 溶液的 pH 值小于 7。A、B 和 C 三种物质依次是(C)。

A. 乙醇、乙醚和乙酸　B. 乙醚、乙醛和乙酸

C. 乙醇、乙醛和乙酸　D. 乙醛、乙酸和乙醇

6. 下列反应中不属于水解反应的是(A)。

A. 丙酰胺与 Br_2、NaOH 共热　B. 皂化

C. 乙酰氯在空气中冒白雾　D. 乙酐和水共热

7. 乙酰乙酸乙酯的结构简式是(A)。

A. 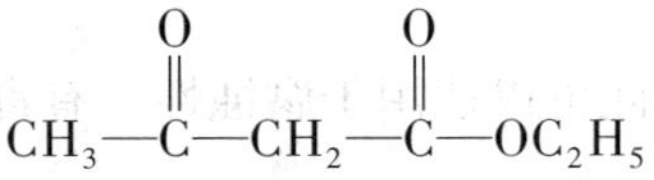　B. 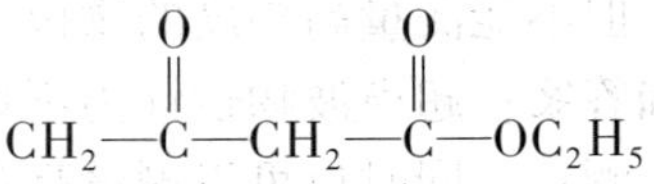

C. 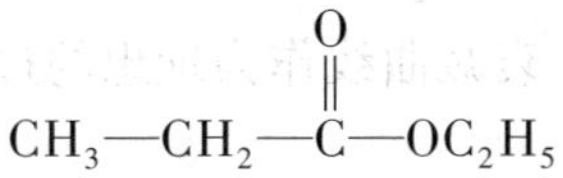　D. 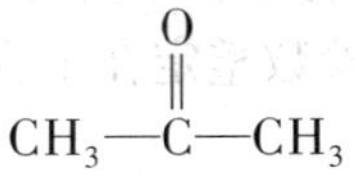

8. 静止液体内任一点的(C)与液体的密度以及该点距离面的深度有关。

A. 密度　B. 浮力　C. 压强　D. 重力

9. 在脱盐水罐内装有脱盐水，在水中有一点距液面 2m，液面的压强为 100kPa，则该点压强为(B)。

A. 19.62kPa　B. 119.62kPa　C. 80.38kPa　D. 109.81kPa

10. 某设备内部操作压强为 10kPa，外部设有一水封，则水封管应插入距水面(C)m 深。

A. 1　B. 2　C. 1.02　D. 1.5

11. 在换热器内，用热水加热某溶液，已知热水的进口温度 363K，出口温度为 333K。冷溶液从 298K 被加热至 338K。如逆流换热其平均温差为(D)K。

A. 25　B. 35　C. 60　D. 30

12. 在间壁式换热器中，两流体恒温传热时，其平均温差(D)。

A. 逆流最大　　B. 并流最大

C. 折流最大　　D. 任何流都一样大

13. 已知混合气体的体积流量为 $Q\text{m}^3/\text{s}$，空塔气速为 $u_1\text{m/s}$，则吸收塔的塔径为(D)。

A. Q/u_1　　B. Q^2/u_1　　C. $(Q/u_1)^{1/2}$　　D. $(4Q/\pi u_1)^{1/2}$

14. 液体在没有外加能量和摩擦阻力的情况下作稳定流动时，液体在不同截面上总的机械能为一常数，称为(C)方程式。

A. 柏努利　　B. 连续性

C. 理想液体的柏努利　　D. 液体静力学

15. 利用柏努利方程式计算时，损失能应加在(D)。

A. 上游截面上　　B. 1-1′截面

C. 任何截面上　　D. 2-2′截面上

16. *Re* 为(C)值时，液体处于过渡流。

A. 小于 1000　　B. 小于 2000　　C. 2000～4000　　D. 大于 4000

17. 在一台换热器中，传热速率与热负荷的关系为(B)。

A. 传热速率=热负荷　　B. 传热速率≥热负荷

C. 传热速率≤热负荷　　D. 互不相干

18. 化工生产中，冷，热流体的传热往往通过换热器的间壁进行，两种流体的温度都不很高，(D)不显著，一般可以不考虑。

A. 导热　　B. 对流传热　　C. 散热损失　　D. 辐射传热

19. 在单位时间里，当壁面与流体主体的温差为 1K 时，每 1 ㎡固体壁面与流体之间所传递的热量是(B)的物理意义。

A. R　　B. α　　C. λ　　D. k

20. 精馏塔的最适宜回流比是最小回流比的(C)倍。

A. 1.5～2.5　　B. 2～2.5　　C. 1.1～2　　D. 1.8～3

21. 已知精馏塔精馏操作线方程式为 $Y=0.73X+0.257$，则其回流比和塔顶液相组成为(A)。

A. $R=2.7$，$X_p=0.95$　　B. $R=2.5$，$X_p=0.9$

C. $R=2.8$，$X_p=0.98$　　D. $R=2.6$，$X_p=0.93$

22. 离心泵的效率与流量的关系是(C)。

A. 随流量增加而升高

B. 随流量增加而下降

C. 开始随流量增加而升高，达到一定值后则随流量增加而下降

D. 相互不影响

23. 装置内使用不合格压力表，造成生产波动给予(B)。

A. 说服教育

B. 一定的经济处罚，情节严重的给予处分

C. 继续使用

D. 以上都不对

24. 某装置在检修期间，对于属于强制检定的仪表没有进行检定，而是伪造强制检定印、证的，则处以(B)和全部违法所得。

A. 没收其非法检定印、证

B. 没收其非法检定印、证并处以一定罚款

C. 处以一定罚款

D. 说服教育

25. 下面(C)不是计量器具的特点。

A. 用于测量　　B. 为了确定被测对象的量值

C. 可以长期使用　　D. 本身是一个技术装置

26. 计量检定人员出具的检定数据，用于量值传递、计量认证、技术考核、裁决计量纠纷和(B)具有法律效力。

A. 检查　　B. 实施计量监督　　C. 计算　　D. 监督

27. 计量强制检定是由县级以上人民政府计量行政部门(B)或授权的计量检定机构对强制检定的计量器具实行的定点定期检定。

A. 制定机构　　B. 法定计量检定机构

C. 企业内部　　D. 任何机构

28. 连接 Z41H-6. 4*DN*80 阀门的法兰的密封面型式是(D)。

A. RF 型　　B. FF 型　　C. FM 型　　D. M 型

29. 润滑油确定牌号的依据是(B)。

A. 闪点　　B. 黏度　　C. 倾点　　D. 酸值

30. 介质易结晶、有腐蚀性、较黏稠和压力较低的场合应选用(B)机械密封。

A. 内装式　　B. 外装式　　C. 双端面　　D. 单端面

31. 下列现象中不属于化学腐蚀的是(D)。

A. 铁生锈　　B. 铜生绿

C. 铝生白斑　　D. 舰船外壳腐蚀

32. 涂装防腐主要是防止(D)。

A. 化学腐蚀　　B. 应力腐蚀　　C. 物理腐蚀　　D. 电化学腐蚀

33. 固定式离心式压缩机的叶轮一般采用(B)。

A. 前弯叶片式　　B. 后弯叶片式　　C. 径向直叶片式　　D. 径向弯叶片式

34. 从叶轮处获得能量的气体经过(B)后速度降低、压力升高。

A. 弯道　　B. 扩压器　　C. 回流器　　D. 蜗壳

35. 对于高温高压以及易燃易爆的介质管子与管板采取(B)连接。

A. 涨接　　B. 焊接　　C. 涨焊结合　　D. 铆接

36. 下列换热器中管板与壳体采用不可拆连接的是(A)。

A. 固定管板式　　B. 浮头式　　C. U 形管式　　D. 填料函式

37. 热油泵启动前应预热，预热速度为(C)℃/h。

A. 30　　B. 40　　C. 50　　D. 60

38. 浮头式换热器的(C)泄漏不易发现和处理，应特别加以注意。

A. 管箱法兰　　B. 外头盖法兰　　C. 浮头盖法兰　　D. 管箱隔板

39. 在全电路中，负载电阻增大，端电压将(A)。

A. 增高　　B. 减少　　C. 不变　　D. 成倍增加

40. 更换防爆型灯具的灯泡时，应(B)。

A. 更换比标明瓦数大的灯泡可亮些

B. 更换与标明瓦数相同的同型号灯泡

C. 更换与标明瓦数相同的普通白炽灯泡

D. 因无防爆灯泡更换成普通灯具

41. 临时用电的一个开关或插座只允许控制(A)台电动机具。

A. 1　　B. 2　　C. 3　　D. 4

42. 电气设备绝缘老化变质的主要原因是(B)。

A. 电压过高　　B. 长期温度过高

C. 环境湿度太大　　D. 对地电压过高

43. 绝缘材料受潮后，绝缘电阻会显著(A)。

A. 下降　　B. 上升　　C. 不变　　D. 上下浮动

44. 用于控制电动机的组合开关，在换向时必须在电动机(A)时才允许反向接通。

A. 完全停止转动　　B. 正向开关打开　　C. 正向工作　　D. 任何时候

45. 一般情况下低压电动机允许温升不可(B)℃。

A. 高于 40　　B. 高于 125　　C. 低于 125　　D. 低于 100

46. DZ5-20 型自动空气开关的欠压脱扣器用做(B)。

A. 过载保护　　B. 欠压保护　　C. 短路保护　　D. 过流保护

47. DW10 系列自动空气开关，用于交流 380V 和直流 440V 配电系统中作(D)。

A. 短路保护　　B. 过载保护

C. 欠压保护　　D. 短路、过载保护、欠压保护

48. 阀型避雷器内并联电容是用于控制(D)。

A. 额定电压　　B. 工频放电电压　　C. 雷电电压　　D. 冲击放电电压

49. 一个完整的防雷设备一般由接闪器、(A)和接地装置等三部分组成。

A. 引下线　　B. 接地干线　　C. 接地体　　D. 接地极

50. 静电中和法是消除静电危害的重要措施，感应中和器(B)。

A. 带有工频外电源　　B. 没有外加电源

C. 带有直流外电源　　D. 带有高频外电源

51. 在低压回路检修设备时，先将检修设备的各方面电源断开，取下熔断器，刀闸把手上挂(A)标示牌。

A.“禁止合闸，有人工作”　　B.“止步，高压危险”

C.“在此工作”　　D.“禁止合闸，线路有人工作”

52. 电动机在运行过程中，若闻到特殊的绝缘漆气味，这是由于(A)引起的。

A. 电动机过载发热　　B. 轴承缺油

C. 散热不良　　D. 转子扫膛

53. 真空表所测得的读数是(A)。

A. 表压　　B. 大气压　　C. 绝对压力　　D. 真空度

54. U 形管液柱压力计是以液体的(B)为基础的。

A. 连通器原理　B. 静力平衡原理　C. 液体膨胀原理　D. 位移平衡原理

55. 椭圆齿轮流量计是一种(B)流量计。

A. 速度式　B. 容积式　C. 节流式　D. 叶轮式

56. 下列(C)不是差压式流量计的组成部分。

A. 节流元件和取压装置　B. 导压管

C. 仪表伴热　D. 差压变送器

57. 在管道上安装孔板时，如果将方向装反了会造成(B)。

A. 差压计倒指示　B. 差压计指示变小

C. 差压计指示变大　D. 对指示无影响

58. 以下(D)不是 DCS 控制系统的通信网络结构形式。

A. 星形网络结构　B. 环形网络结构

C. 总线形网络结构　D. 树形网络结构

59. (B)不是 DCS 的通讯网络。

A. 信息管理层　B. 现场仪表　C. 过程控制层　D. 输入/输出层

60. 用浮筒测液面时，当浮铜液面最高时浮筒所受的力为(C)。

A. 最大　B. 不受力　C. 最小　D. 没有变化

61. 决定浮筒液位变送器的液位量程主要是(A)。

A. 浮筒的长度　B. 浮筒的重量

C. 浮筒的横截面　D. 浮筒的材质

62. (B)设备不是科氏力质量流量计的组成部分。

A. 传感器　B. 导压管　C. 变送器　D. 显示器

63. 热电偶接触电势产生的原因是由于两种不同导体 A 与 B 接触时两者(B)而形成的电位差。

A. 冷端与热端的温度不同　B. 导体 A 与导体 B 电子密度不同

C. 导体 A 与导体 B 的不同　D. 两导体粗细不同

64. 在热电偶回路中，只要中间导体的两端(A)，那么接入中间导体后，对热电势没有影响。

A. 温度相同　B. 温度不同

C. 温度变化不定　D. 和温度没有关系

65. 自动调节系统的过渡过程是调节作用不断克服(B)过程。

A. 随机影响　B. 干扰影响　C. 设定值变化　D. 人工操作

66. 一般在自控中可采取的过渡过程曲线是(C)。

A. 发散振荡　B. 等幅振荡　C. 衰减振荡　D. 随意振荡

67. (D)设备不是 PLC 的硬件系统组成部分。

A. 中央处理单元　B. 输入输出单元　C. 电源单元　D. 打印机

68. 比值调节系统应先明确(C)。

A. 调节阀的选择　B. 比值系数确定

C. 何为主动物料与从动物料　D. 变送器的选择

69. 以下(D)不是分散控制系统的通信网络结构形式。

A. 星形网络结构　　B. 环形网络结构

C. 总线形网络结构　　D. 树形网络结构

70. DCS 数据高速通路屏蔽层接地电阻应符合(A)Ω 要求。

A. ≤1　　B. ≤10　　C. ≤5　　D. ≤50

71. 以下(C)不是调节阀的气开、气关选择原则。

A. 事故条件下，工艺装置应尽量处于安全状态

B. 事故状态下，减少原料或动力消耗

C. 节约成本

D. 考虑介质特性

多选题

1. 下列关于氧化还原反应的说法正确的是(A，B，D)。

A. 在氧化还原反应中，失去电子的物质叫还原剂，自身被氧化

B. 反应前后各元素的原子总数必须相等

C. 在氧化还原反应中，氧化剂和还原剂可以不同时存在

D. 当一种元素有多种化合态时，具有中间氧化数的化合物既可作氧化剂，也可作还原剂

2. 关于某一体系理想气体，下列等式表达正确的有(A，C)。

A. T一定时，$\frac{P_2}{P_1}=\frac{V_1}{V_2}$　　B. T一定时，$\frac{P_2}{P_1}=\frac{V_2}{V_1}$

C. V一定时，$\frac{P_2}{P_1}=\frac{T_2}{T_1}$　　D. V一定时，$\frac{P_2}{P_1}=\frac{T_1}{T_2}$

3. 液体在直管中流动时，沿程阻力与(B，D)成正比，与管径成反比。

A. 流速　　B. 管长　　C. 流量　　D. 动压头

4. 除沫器的型式很多，约分为(A，B，C，D)几种。

A. 折流式　　B. 球形　　C. 丝网　　D. 离心式

5. 一种好的板式塔结构，应当在较大程度上满足(A，B，C，D)要求。

A. 塔板效率高

B. 生产能力大

C. 操作稳定，操作弹性大

D. 气流通过塔板的压强降小，结构简单，制造和维修方便，造价低

6. 影响干燥速率的因素有(A，B，D)。

A. 湿物料的性质，形状和温度　　B. 干燥介质的温度和湿度

C. 干燥介质的体积　　D. 干燥器的结构

7. 离心泵扬程的大小，取决于泵的(A，B，C)。

A. 结构　　B. 转速　　C. 流量　　D. 输送液体密度

8. 根据催化剂活性随时间的变化情况，可作出催化剂的活性曲线，曲线可以分为(A，B，C)。

A. 成熟期　　B. 稳定期　　C. 衰退期　　D. 再生复活期

9. 计量的特点是(A、B、C、D)。

A. 准确性　B. 一致性　C. 溯源性　D. 法制性

10. 下列动密封中属于接触密封的有(B，C)。

A. 迷宫密封　B. 机械密封　C. 填料密封　D. 铁磁流体密封

11. 机械密封通常由(A，B，C)组成。

A. 动环　B. 静环　C. 弹簧　D. 辅助密封圈

12. 离心泵试车时造成轴承温度过高的主要原因有(A，B，C，D)。

A. 润滑油不足　B. 电机轴与泵轴不同心

C. 轴承装配不当　D. 润滑油过多

13. 换热管一旦泄漏不易更换的换热器有(A，C)。

A. 固定管板式　B. 浮头式　C. U 形管式　D. 填料函式

14. 在只有一个电源的闭合电路中，电流的大小(A，C)。

A. 与电源电动势成正比

B. 与电路中负载电阻及电源内阻之和成正比

C. 与电路中负载电阻及电源内阻之和成反比

D. 与电源电动势成反比

15. 电气设备防火防爆措施有(A，B，C，D)。

A. 合理选用电气设备　B. 保持电气设备正常运行

C. 保持良好的通风　D. 有可靠、规范的接地装置

16. 电动机绕组温度升高的原因可能是由于(A，B，C，D)。

A. 电机过载　B. 通风道堵塞　C. 绕组接地　D. 短路

简答题

1. 对下列方程式进行配平：$KMnO_4+HCl \longrightarrow MnCl_2+Cl_2+KCl+H_2O$

答：$2KMnO_4+16HCl = 2MnCl_2+5Cl_2+2KCl+8H_2O$

2. 简述乙酰乙酸乙酯的用途。

答：①乙酰乙酸乙酯广泛用于合成吡啶、吡咯、吡唑酮、嘧啶、嘌呤和环内酯等杂环化合物，还广泛用于药物合成；②乙酰乙酸乙酯与多种苯胺缩合，可制成黄色颜料，用于油漆工业；③与苯肼缩合生成的吡唑酮衍生物可进一步制造染料。

3. 什么叫加聚反应？

答：由不饱和低分子化合物相互加成，或由环状化合物开环相互连接成高聚物的反应，叫做加成聚合反应，简称加聚反应或聚合反应。

4. 什么叫缩聚反应？

答：具有两个或两个以上官能团的单体，通过官能团间的相互作用，生成高聚物的同时有低分子副产物析出的反应，叫做缩聚反应。

5. 什么是稳定传热和不稳定传热？

答：①在传热过程中，传热面上各点的温度因位置不同而不同，但不随时间而改变的称为稳定传热；②如果各点不仅随位置变化，而且随时间变化而变化的，称不稳定传热。

6. 简述精馏原理。

答：利用液体混合物相对挥发度的不同，通过部分汽化和多次部分冷凝，使液体中各组分得到较完全的分离。

7. 简述传热速率和热负荷的关系。

答：热负荷是由工艺决定的，是生产上要求换热器在单位时间里所具有的换热能力；而传热速率则代表换热器本身所具有的换热能力，是设备的特性。

8. 简述除沫器的作用。

答：在蒸发过程中，二次蒸汽从沸腾的溶液中逸出，夹带着大量的液滴。当它进到分离室之后，由于流道截面的扩大，速度下降，有大部分液滴因重力而沉降，但仍然带有相当量的液沫，除沫器就是起到将液沫同蒸汽分离的目的。

9. 何谓理论塔板？

答：所谓理论塔板，是指在塔板上汽液两相接触十分充分，接触时间足够长，以至于从该板上升的蒸汽组成之间处于平衡状态。

10. 什么叫最小回流比？

答：当回流比减小至两操作线的交点移至平衡曲线上，或使操作线与平衡线相切时，分离混合液需要无限数目的塔板，这种情况下的回流比称为最小回流比。

11. 催化剂的装填步骤是什么？

答：①清洗反应器内部；②检查催化剂承载装置；③筛去催化剂粉尘和碎粒；④确定催化剂填装量和高度；⑤测量床层压力降。

12. 什么是动密封？动密封有哪两大类？请各列举其中一种形式。

答：彼此有相对运动的结合面间的密封称为动密封。分为旋转轴密封和往复轴密封两大类。机械密封属于旋转轴密封，活塞环式密封属于往复轴密封。

13. 设备润滑油的“三级过滤”指哪三级？

答：润滑油加注时要做到“三级过滤”，即进站转桶时的过滤、发出时的过滤、加入设备油箱时的过滤。

14. 什么是端面比压？它对机械密封有什么影响？

答：端面比压是端面密封面上所承受的接触压力。端面密封的端面比压应控制在合理的范围内，过小会降低密封性能，过大会加剧密封面发热和磨损。

15. 什么是金属的电化学腐蚀？它有什么特点？请举出一例。

答：金属表面与周围介质发生电化学作用而产生的破坏称为电化学腐蚀。它的主要特点是在腐蚀介质中有能够导电的电解质溶液存在。如金属在酸、碱、盐溶液中的腐蚀就属于电化学腐蚀。

16. 离心式压缩机的轴向力是怎样产生的？它有什么危害？

答：离心式压缩机在工作时，由于叶轮的轮盘和轮盖两侧所受的气体作用力不同，不能完全相互抵消，还会剩下一部分作用于转子，作用方向从高压端指向低压端，这个力即是轴向力。轴向力最终由止推轴承承担，如果过大会影响轴承寿命，严重的会烧坏轴瓦，引起转子轴向窜动，使转子上的零件和固定元件碰撞，以致破坏机器。

17. 固定管板式换热器为什么安装膨胀节？

答：固定管板式换热器壳程流体和管程流体之间存在温差，而管子、壳体均与管板固定连接，在使用状态时壳体均与管子间存在膨胀差，使壳体与管子受到轴向载荷，为避免壳体破坏、管子失稳、管子从管板上拉脱，必须在壳体中间设置良好的变形补偿元件——膨胀节，以降低壳体与管子上的轴向载荷。

18. 什么是离心泵的汽蚀？

答：离心泵运行时，如泵的某区域液体的压力低于当时温度下的液体汽化压力，液体会开始汽化产生气泡；也可使溶于液体中的气体析出，形成气泡，当气泡随着液体运动到泵的高压区后，气体又开始凝结，使气泡破灭。气泡破灭的速度极快，周围的液体以极高的速度冲向气泡破灭前所占有的空间，即产生强烈的水力冲击，引起泵流道表面损伤，甚至穿透。这种现象称为汽蚀。

19. 换热管与管板采用焊接连接有什么优点和缺点？

答：采用焊接连接的优点为：高温、高压下仍能保证连接的紧密性，管板孔加工要求低，节约加工工时，工艺操作比涨接简便。采用焊接连接的缺点为：焊接接头处存在热应力，可能造成应力腐蚀和破裂，同时管与板孔间存在间隙，间隙中的液体不流动，易造成“间隙腐蚀”。

20. 什么是全电路欧姆定律？

答：含内阻的实际电源与负载电阻构成的闭合回路中，电动势、电流及电阻三者关系的基本定律称全电路欧姆定律。即 $I=\dfrac{E}{R+r}$。

21. 为什么防爆开关使用前，应擦去厂家涂抹的黄油？

答：因为黄油内所含的水分在高温作用下会分解为氢与氧，氢能自燃，氧能助燃，极易引起爆炸。

22. 对临时照明电压的要求有哪些？

答：①220V 照明禁止带电移动，如须移动必须停电；②行灯电压不得超过 36V、在金属容器内或潮湿的场所工作时，行灯电压不得超过 12V；③如 220V 电源需要进入金属容器内时要有安全部门批准的安全作业票，并有可靠的安全措施和接有漏电保护器等。

23. 三相异步电动机的允许温升是怎样规定的？

答：电动机的允许温升是指在规定的环境温度下电动机各部分允许超出的最高温度即允许最高温度减去规定的环境温度。

24. 运行中的自动开关，巡视检查的主要内容有哪些？

答：①检查所带最大负荷是否超过了自动开关的额定值；②检查触头系统和导线的连接处是否有过热氧化现象；③检查开关的合闸状态是否与辅助指示信号相符；④监听自动开关有无异常声音；⑤检查传动机构及绝缘的状态有无变形、锈蚀、裂痕、放电等异常现象；⑥检查灭弧罩有无破损，喷弧烧蚀是否严重等，若受损严重应停止使用，并更换灭弧罩。

25. 消除静电有哪些措施？每一措施要解决什么问题？

答：①泄漏法。让已产生的静电电荷泄漏入地消失，以免静电积累；②中和法。使已产生的静电得到中和而消除，避免静电积累；③工艺控制法。控制静电的产生，使之不超过危险程度。

26. 什么叫熔断器？

答：熔断器是接在电路里的一种电器，当电路中通过的电流超过规定值，并经过足够长的时间后，熔断器中熔体熔化，断开所接入的电路，对接入的设备起短路和过载保护作用，所以它又称为保护电器。

27. 电动机振动大的原因主要有哪些?

答:原因是:①地脚螺丝松动;②转子不平衡;③轴承间隙过大、轴承损坏;④联轴节中心不正,联轴节螺栓松动;⑤弹性胶圈磨损严重、轴弯曲等。

28. 电动机接通电源后,转动不起来,并发出"嗡嗡"的叫声,主要有哪些原因?

答:①电源电压过低,启动转矩小;②电源缺相,单相运行;③定子绕组或转子绕组断路;④定子与转子铁芯相擦(扫膛);⑤轴承损坏或被卡住;⑥负载故障。

29. 简述差压式流量计的测量原理。

答:它是基于流体流动的节流原理,利用流体流经节流装置时产生的压力差与其流量有关而实现流量测量的。

30. 简述涡街流量计的测量原理。

答:它是利用流体自然振荡的原理制成的一种旋涡分离型流量计。当流体以足够大的流速垂直于流体流向的物体时,若该物体的几何尺寸适当,则在物体的后面,沿两条平行直线上产生整齐排列、转向相反的涡列。涡列的个数即涡街的频率,和流速成正比,通过测频率即可知道流速,从而测出流体的流量。

31. 简述浮筒式液位计的工作原理。

答:它由浮筒、杠杆、扭力管、表轴等组成。当液位低于浮筒时,浮筒的全部重量作用在杠杆上,作用在扭力管上的扭力距最大,扭力管的自由端逆时针方向扭转角最大(扭转角约为7°),这就是仪表的零位;当液位高于浮筒下端时,作用在杠杆上的力量浮筒重力与浮筒浮力之差;随着液位逐渐升高,扭力距逐渐减小,扭力管所产生的扭转角相应减小,经机械传动放大机构带动指针(或喷嘴档板)就显示液位,浮筒的长度就是液位测量的变化范围。

32. 简述电磁流量计的工作原理。

答:是基于电磁感应定律工作的。被测介质垂直于磁力线方向流动,因而在于介质流动和磁力线都垂直的方向上产出一感应电动势。流量和感应电动势成线性关系。

33. 简述超声波物位计的工作原理。

答:超声波物位计是应用回声测距法的原理制成的一种物位仪表。声波从发射到接收到反射回波的时间间隔与物位的高度成正比,只要测出时间就可知道物位的高度。

34. 简述科氏力质量流量计的工作原理。

答:是根据科里奥利加速度理论制成的流量计。

35. 简述热电偶测温原理。

答:热电偶温度计是以热电效应为基础的测温仪表。当两种不同材质的导体一端焊接在一起,插入某一温度的设备内,另一端(即冷端)用补偿导线与仪表连接成回路,再回路内即产生热电势。如将冷端温度恒定,则该热电势与测温设备内温度成比例关系。

36. 简述调节器参数整定的任务。

答:根据已定的控制方案,来确定调节器的最佳参数(包括比例度、积分时间、微分时间)以便使系统获得好的品质。

37. 什么是串级调节系统?

答:它是由主、副调节器串接工作的。主调节器的输出作为副调节器的给定值,副调节器的输出去操纵调解阀,以实现对主变量的定值控制。

38. PLC的中文意思是什么？

答：可编程序控制器。

39. 什么是比值控制系统？

答：实现两个或两个以上的参数符合一定比例关系的控制系统，称为比值控制系统。

40. 什么是均匀控制系统？

答：均匀控制系统是为了解决前后工序的供求矛盾，使两个变量之间能够互相兼顾和协调操作的控制系统。

41. 什么是分程控制系统？

答：分程控制系统就是一个调节器同时控制两个或两个以上调节阀。每个调节阀根据工艺的要求在调节器输出的一段信号范围内动作。

42. 分散控制系统(DCS)一般由哪几个部分构成？

答：一般由四个部分构成。过程输入/输出接口单元、过程控制单元、CRT操作站和高速数据通路。

43. 什么是调节阀的气开式？

答：调节阀的气开式为有信号压力时调节阀开，无信号压力时调节阀关。

44. 什么是调节阀的气关式？

答：调节阀的气关式为，有信号压力时调节阀关，无信号压力时调节阀开。

45. 什么是ESD系统？

答：ESD中文的意思是紧急停车系统，它用于监视装置或独立单元的操作，如果生产过程中超出安全操作范围，可以使其进入安全状态，确保装置或独立单元具有一定的安全度。

46. 什么是故障安全？

答：故障安全是指ESD系统发生故障时，不会影响到被控过程的安全运行。ESD系统正常情况时处于励磁状态，故障工况下处于非励磁状态。当发生故障时，ESD系统通过保护开关将其故障部分断电，称为故障旁路或故障自保险，因而在ESD系统发生故障时，仍然是安全的。

计算题

1. 在70℃时，KNO_3的溶解度为135g，问：① 70℃时，100g饱和溶液中能溶解多少克KNO_3？② 70℃时，溶解100gKNO_3至少需要多少克水？

解：① 70℃时，KNO_3的溶解度为135g，其饱和溶液为100+135=235g。设100g饱和溶液中溶解KNO_3为x g，则

$$235:135=100:x$$

$$x=57.45(g)$$

② 70℃时，溶解135g KNO_3需用100g水。设溶解100gKNO_3需用y g水，则

$$135:100=100:y$$

$$y=74.07(g)$$

答：100g饱和溶液中溶解57.45g KNO_3，溶解100g KNO_3需要74.07g水。

2. 在80℃时，KCl的溶解度为51g，那么在80℃时，100g KCl饱和溶液中溶解了多少克KCl？若该溶液蒸发掉10g水，将有多少克晶体析出？此时溶液质量分数为多少？

解：① 设在 100g KCl 溶液中溶解了 Xg KCl，则

$$(100+51):51=100:X$$

$$X=33.8(\mathrm{g})$$

② 设蒸发 10g 水有 Yg 晶体析出，则

$$10:Y=100:51$$

$$Y=5.1(\mathrm{g})$$

③ $51/151\times100\%=33.8\%$

答：100g KCl 饱和溶液中溶解了 33.8g KCl。有 5.1g 晶体析出。溶液浓度为 33.8%。

3. 合成氨的反应式为 $N_2+3H_2 \rightleftharpoons 2NH_3$，在 400℃时，反应达到平衡，各物质的平衡浓度为：$[N_2]=3\mathrm{mol/L}$，$[H_2]=9\mathrm{mol/L}$，$[NH_3]=4\mathrm{mol/L}$。求在该温度下的平衡常数 K_c、K_p 以及 N_2 和 H_2 的原始浓度。

解：

$$N_2+3H_2 \rightleftharpoons 2NH_3$$

	N_2	$3H_2$	$2NH_3$
原始浓度 mol/L：			0
平衡浓度 mol/L：	3	9	4

$K_c=[NH_3]^2/([N_2][H_2]^3)=4^2/(3\times9^3)=7.32\times10^{-3}(\mathrm{mol/L})$

$K_p=K_c(RT)^{\Delta n}$

$K_p=7.32\times10^{-3}\times[0.082\times(273+400)]^{[2-(3+1)]}$

$=2.4\times10^{-6}$

N_2的原始浓度为：$3+4\times1/2=5(\mathrm{mol/L})$

H_2的原始浓度为：$9+4\times3/2=15(\mathrm{mol/L})$

答：在该温度下的平衡常数 $K_c=7.32\times10^{-3}$，$K_p=2.4\times10^{-6}$，N_2 的原始浓度为 5mol/L，H_2的原始浓度为 15mol/L。

4. 反应 $2NO+O_2 \rightleftharpoons 2NO_2$ 在密闭容器中进行，试求：

① 反应物初始浓度$[NO]=0.3\mathrm{mol/L}$，$[O_2]=0.2\mathrm{mol/L}$ 时的反应速率(设此反应为基元反应)；

② 在恒温下，增加反应物浓度使其达到$[NO]=0.6\mathrm{mol/L}$，$[O_2]=1.2\mathrm{mol/L}$ 时的反应速率。它是①中正反应速率的多少倍?

③ 恒温下，增加压力到原来压力的 4 倍，则此时的反应速率又是反应①中正反应速率的多少倍?

解：

① 根据质量作用定律，且此反应为基元反应，故有：

$$v_1=k[NO]^2[O_2]$$

将反应物初始浓度代入式中，则可得到：

$$v_1=k[0.3]^2\times0.2=0.018k$$

② 将$[NO]=0.6\mathrm{mol/L}$，$[O_2]=1.2\mathrm{mol/L}$ 代入式中计算，得到

$$v_2=k[0.6]^2\times1.2=0.43k$$

则$\dfrac{v_2}{v_1}=\dfrac{0.43k}{0.018k}=24$ 即速率为原来的 24 倍。

③ NO和O_2可近似看作理想气体，故压力增加4倍时，气体的浓度将相应增加到初始的4倍，即：

$[NO]=4\times0.3=1.2(mol/L)$

$[O_2]=4\times0.2=0.8(mol/L)$

$v_3=k[1.2]^2\times0.8=1.152k$

$\frac{v_3}{v_1}=\frac{1.152k}{0.018k}=64$ 即速率为原来的64倍。

答：反应物初始浓度$[NO]=0.3mol/L$，$[O_2]=0.2mol/L$时的反应速率为$0.018k$；在恒温下，增加反应物浓度使其达到$[NO]=0.6mol/L$，$[O_2]=1.2mol/L$时的反应速率。它是①中正反应速率的24倍；恒温下，增加压力到原来压力的4倍，则此时的反应速率又是反应①中正反应速率的64倍。

5. 已知1mol某理想气体，在300K的温度下，压强是5×10^5Pa，其体积为多少升？[常数R取8.314kJ/(kmol·K)]

解：理想气体状态方程：$PV=nRT$

则
$$V=\frac{nRT}{P}$$

$$V=\frac{1\times8.314\times300}{5\times10^5}=4.99\times10^{-3}m^3=4.99(L)$$

答：气体的体积是4.99L。

6. 已知3mol某理想气体，体积是20L，压强是6×10^5Pa，其温度为多少？[常数R取8.314kJ/(kmol·K)]

解：理想气体状态方程：$PV=nRT$

则
$$T=\frac{PV}{nR}$$

$$T=\frac{6\times10^5\times20\times10^{-3}}{3\times8.314}=481.12(K)$$

$$t=481.12-273=208.12\ (℃)$$

答：气体的温度为208.12℃。

7. 合成氨的原料气体主要是由氢气和氮气组成的混合气体，它们在原料气体中的体积比为3∶1，如果混合气体总压为150×10^5Pa，试计算氢气和氮气的分压各是多少？

解：设氢气和氮气的分压分别为$p_{(H_2)}$、$p_{(N_2)}$

已知$V_{H_2}=3$，$V_{N_2}=1$，$V=3+1=4$，$p=150\times10^5Pa$

$$p_{H_2}=P\frac{V_{H_2}}{V}=150\times10^5Pa\times3/4=112.5\times10^5(Pa)$$

$$p_{N_2}=p\frac{V_{N_2}}{V}=150\times10^5Pa\times1/4=37.5\times10^5(Pa)$$

或$p_{N_2}=p-p_{H_2}=150\times10^5-112.5\times10^5=37.5\times10^5(Pa)$

答：氢气和氮气的分压分别为112.5×10^5Pa和37.5×10^5Pa。

8. 已知某混合气体的体积分数为：C_2H_3Cl 90%，HCl 8.0%，$C_2H_4$2.0%。在始终保持压力为101.3kPa不变的条件下，经水洗除去其中的HCl气体，求剩余干气体(不考虑所含水蒸气)中各组分的分压力。

解：设C_2H_4和C_2H_3Cl的分压分别为$p_{C_2H_4}$、$p_{C_2H_3Cl}$；摩尔分数分别为$y_{C_2H_4}$、$y_{C_2H_3Cl}$。

又设混合气体的总体积为$100m^3$，则

$V_{C_2H_3Cl}=90m^3$，$V_{HCl}=8.0m^3$，$V_{C_2H_4}=2.0m^3$

除去HCl气体后气体的总体积为

$$V=V_{C_2H_3Cl}+V_{C_2H_4}=90+2.0=92(m^3)$$

则 $y_{C_2H_4}=\dfrac{V_{C_2H_4}}{V}=2.0/92=0.022$

$$y_{C_2H_3Cl}=1-0.022=0.978$$

$$p_{C_2H_4}=y_{C_2H_4}\times p=0.022\times 101.3=2.23(kPa)$$

$$p_{C_2H_3Cl}=y_{C_2H_3Cl}\times p=0.978\times 101.3=99.07(kPa)$$

答：剩余干气体C_2H_4和C_2H_3Cl的分压分别为2.23kPa和99.07kPa。

9. 有一个由4mm厚钢板制成的煤气柜，直径7m，高6m，设已知钢的相对密度为7.85，忽略钟罩浸入水中的浮力，试求：

① 煤气压强要达到多大才能将气柜钟罩顶起？

② 求水封高度(罐内外的水面差)h。

解：要想使气柜钟罩顶起，必须使得气体对气柜钟罩产生升力大于或等于钟罩的重力。

已知：钟罩的直径$D=7m$

钟罩的高度$H=6m$

钢板的厚度$\delta=0.004$

钢板密度$\rho_{钢}=7.85\times 10^3kg/m^3$

① 将钟罩近似地视为平顶，则钟罩的重力：

$$F=V\rho g=(\pi/4D^2+H\pi D)\times\delta\times\rho g$$
$$=(\pi/4\times 7^2+6\times 7\times\pi)\times 0.004=7.85\times 10^3\times 9.81$$
$$=52.47(kN)$$

② 气体对钟罩的升力$=P\times A=\pi/4D^2P=\pi/4\times 7^2P=38.465P$

③ 当气体对钟罩的升力和钟罩的质量相等时，则：

$$P=52.47\times 10^3/38.465=1.36\times 10^3(Pa)$$

④ 当压力平衡时，气柜内的压强P与水封高度所造成的压强相等

$$P+P_0=P_0+h\rho_{水}g$$

$$h=P/\rho_{水}g=1.36\times 10^3/1\times 10^3\times 9.81=0.139(m)$$

答：①煤气压强要达到1.36×10^3Pa时才能将气柜钟罩顶起。②水封高度为0.139m。

10. 如图所示为二氧化碳水洗塔的供水系统，水塔内绝对压强为210kPa，储槽水面绝对压强为100kPa，塔内水管入口处高于储槽水面18.5m，

管道内径为 52mm，送水量为 $15m^3/h$，塔内水管出口处水的绝对压强为 225kPa，设系统中全部的能量损失为 $5mH_2O$，求输水泵所需的外加压头。

解：

①列出该系统的柏努利方程式：

$$Z_1 + u_1^2/2g + P_1/\rho g + H = Z_2 + u_2^2/2g + P_2/\rho g + h_{损}$$

已知：$Z_2 - Z_1 = 18.5m$

$$U_1 = 0，P_1 = 100kPa，P_2 = 225kPa，h_{损} = 5m，\rho = 1000kg/m^3$$

② 根据题意标出：$u_2 = 15/(0.785 \times 0.052^2 \times 3600) = 1.96(m/s)$

③ 将以上各值代入上式，得：

$$H = 18.5 + 1.96^2/2 \times 9.81 + (225-100) \times 10^3/1000 \times 9.81 + 5 = 36.44(m)$$

答：输水泵所需的外加压头为 36.44m。

11. 某列管换热器中用 110kPa 的饱和水蒸气来加热苯使其从 293K 加热至 343K。苯走管内，蒸汽走管外，已知：苯的流量为 $4.49m^3/h$，试求每小时蒸汽的消耗量。[已知 110kPa 饱和水蒸气的冷凝热 $r = 2245kJ/kg$，苯的比热容为 $1.756kJ/(kg \cdot K)$，密度为 $900kg/m^3$]

解：① $q_1 = W_{苯} \cdot C_{苯}(t_1 - t_2)$

$$q_2 = W_{气} \cdot r$$

② $q_{损} = 0 \quad q_1 = q_2$

$$W_{苯} \cdot C_{苯}(t_1 - t_2) = W_{汽} \cdot r$$

③ $W_{汽} = W_{苯}(t_1 - t_2)/r = 4.49 \times 900 \times 1.756 \times (343-293)/2245 = 158.04(kg/h)$

答：每小时蒸汽的消耗量为 158.04kg。

12. 某化工车间想上一台列管式换热器，以便利用反应后的余热预热未反应的原料，产物的温度为 550K，比热容为 $1.5kJ/(kg \cdot K)$。原料的初温 300K，要求预热到 400K，比热容为 $1.2kJ/(kg \cdot K)$。两物料的流量均为 3600kg/h，逆流换热。若传热系数 K 为 $50W/(m^2 \cdot K)$，求所需换热面积。

解：①计算热负荷

$$q = G_1 \cdot C_1(T_2 - T_1)$$

已知：$G_1 = 3600kg/h = 1kg/s$，$C_1 = 1.2kJ/(kg \cdot K) = 1.2 \times 10^3 J/(kg \cdot K)$，$T_1 = 300K$，$T_2 = 400K$，将各值代入上式得：

$$q = 1 \times 1.2 \times 10^3(400-300) = 1.2 \times 10^5 W$$

② 求平均温差 Δt_m

$$q = G_2 \cdot C_2(t_1 - t_2) t_2 = t_1 - q/(C_2 \cdot G_2)$$

已知：$t_1 = 550K$，$C_2 = 1.5kJ/(kg \cdot K) = 1.5 \times 10^3 J/(kg \cdot K)$

$$G_2 = G_1 = 1kg/s$$

将各值代入得：

$$t_2 = 550 - 1.2 \times 10^5/(1.5 \times 10^3 \times 1) = 470(K)$$

$$\Delta t_2 = t_2 - T_1 = 470 - 300 = 170(K)$$

$$\Delta t_1 = t_1 - T_2 = 550 - 400 = 150(K)$$

$$\Delta t_2/\Delta t_1 = 170/150 = 1.13 < 2$$

$$\Delta t_m = (170+150)/2 = 160(K)$$

③ 计算换热面积

$$A=q/(K\cdot\Delta t_m),\ K=50W/(m^2\cdot K)$$

$$A=1.2\times10^5/(50\times160)=15(m^2)$$

考虑20%安全系数：

$$A=1.2\times15=18(m^2)$$

答：所需换热面积为 $18m^2$。

13. 某连续精馏塔在常压下分离苯–甲苯混合液，已知处理量为15300kg/h，原料液中苯的含量为45.9%，工艺要求塔顶馏出液中苯的含量不小于94.2%，塔釜残液中苯的含量不大于4.27%(以上均为质量分数)。试求馏出液量和残液量。

解：①根据精馏塔物料衡算有：$F=P+W$ (1)

$$F\cdot X_F=P\cdot X_p+W\cdot X_w \quad (2)$$

② (1)、(2)联立得：$F\cdot X_F=(F-W)\cdot X_p+W\cdot X_w$

整理得：$W=F\cdot(X_p-X_F)/(X_p-X_w)$

已知：$F=15300kg/h$，$X_F=45.9\%=0.459$，$X_p=94.2\%=0.942$，$X_w=4.27\%=0.0427$

③ 将各值代入得：$15300=P+W$

$$15300\times0.459=0.942P+0.0427W$$

解出：$P=7082.6kg/h$，$W=8217.4kg/h$

答：馏出液量和残液量分别为7082.6kg/h，8217.4kg/h。

14. 某泵的流量为 $60.3m^3/h$，扬程为49.5m，流体的密度为 $998.2kg/m^3$，该泵的效率为60%，试确定电机的功率。

解：已知：① $Q=60.3m^3/h=60.3/3600=0.01675m^3/s$

$H=49.5m$，$\rho=998.2kg/m^3$，$\eta=60\%$

② $N_{效}=Q\rho gH=0.01675\times998.2\times9.81\times49.5/1000=8.119(kW)$

③ $N_{轴}=N_{效}/\eta=8.119/60\%=13.53(kW)$

答：电机的功率为13.53kW。

15. 为测定一台离心泵的扬程，以293K的清水为物料，测得出口处压力表的读数为 $4.8kg/cm^2$(表压)，入口处真空表的读数为147mmHg，出入口之间高度差为0.4m，实测泵的流量为 $70.37m^3/h$，若吸入管和压出管的管径相同，试计算该泵的扬程。

解：① $H=Z+(P_1+P_2)/\rho g+(u_2^2-u_1^2)/2g$

已知：② $Z=0.4m$

$$P_1=4.8kg/m^2=4.8\times9.81\times10^4Pa$$

$$P_2=147mmHg=(147/735.60)\times9.81\times10^4=0.2\times9.81\times10^4Pa$$

$$u_1=u_2\quad \rho=998.2kg/m^3$$

③ 将以上各值代入①式得：

$$H=0.4+(4.8+0.2)\times9.81\times10^4/(998.2\times9.81)=50.5(m)$$

答：该泵的扬程为50.5m。

工种理论知识试题

判断题

1. 催化剂会诱导化学反应发生改变，而使化学反应变快或者在较低的温度环境下进行

化学反应。（✓）

2. 现场联锁摘除前，必须同工艺值班长取得联系，经值班长确认，同时检查旁路灯状态，状态无误后，就可以摘除联锁。（×）

正确答案： 现场联锁摘除前，必须同工艺值班长取得联系，调节回路由工艺人员切到手动，经仪表人员两人以上确认，同时检查旁路灯状态，状态无误后，摘除联锁。

3. 现场联锁摘除后应确认旁路灯是否显示，如果没有显示，必须查清原因。（✓）

4. 间断的蒸汽吹扫方式，可使管线产生冷热收缩、膨胀，这有利于管线内壁附着物的剥离和吹除，故能达到最佳的吹扫效果。（✓）

5. 装置引入燃料后，现场应有专人就地检查，发现跑、冒、滴、漏应立即进行处理。（✓）

6. 装置引入氮气前，必须停止现场所有的进容器作业，防止发生事故。（✓）

7. 对蒸汽凝液管线进行吹扫时，应当按照主管线、支线由高到低依次吹扫。（×）

正确答案： 对蒸汽凝液管线进行吹扫时，应当按照其压力等级由高到低依次吹扫。

8. 水压试验过程中，如有渗漏，补焊后不用重新试验。（×）

正确答案： 水压试验过程中，如有渗漏，补焊后应重新试验。

9. 加强水冷器泄漏检查，相关装置工艺人员积极配合采样分析，查找漏点，以期在最短的时间内发现漏点，避免影响循环水水质。（✓）

10. 在装填催化剂过程中，催化剂应分散铺开，装填均匀。不能集中倾倒或只从一边倾倒，以免装填不均匀，引起气体偏流。（✓）

11. 当进料状态为气液混合物时，$q>1$。（×）

正确答案： 当进料状态为气液混合物时，$0<q<1$。

12. 精馏塔进料状态对操作线的影响不大。（×）

正确答案： 当进料状态不同时，进料线的倾斜率不同，当饱和液相进料时，$q=1$，此时进料线为 $x=x_1$ 的垂直线；当饱和气相进料时 $q=0$，进料线为 $y=x_F$ 的水平线。

13. 精馏塔的负荷能力主要条件是塔径和塔内的结构参数。一般来说，塔径决定塔的负荷能力，塔高决定产品的分离质量。（✓）

14. 透平开车时，应关闭机体导淋。（×）

正确答案： 透平开车时，应打开机体导淋。

15. 透平暖机达到的标准为蒸汽压力、温度达到系统工作状态即可。（✓）

16. 固定床反应器内没有任何加热（或取热）措施，即没有反应器床层内外热量的交换，称为绝热床。（✓）

17. 流化床反应器只能用于催化裂化装置。（×）

正确答案： 流化床反应器广泛用于催化裂化、加氢还原、甲氧基化等多种单元的反应装置。

18. 反应器床层反应异常只与反应温度波动有关，与反应器内部压力波动无关。（×）

正确答案： 反应器床层反应异常与反应温度波动及反应器内部压力波动都有关系。

19. 催化剂结焦处理方法是更换全部新的催化剂。（×）

正确答案： 催化剂结焦处理方法是采用体内或体外再生方法，补加适量的新鲜催化剂。

20. 生产过程中温度、压力、催化剂、物料配比等是影响反应速度的主要因素。（✓）

21. 在考察催化裂化反应时，人们常用空速的倒数来相对地表示反应时间的长短。（✓）

22. 可逆吸热反应和不可逆反应区别在于高的温度下进行反应，以尽可能提高反应速率，获得较高的反应产率。 (×)

正确答案： 可逆吸热反应和不可逆反应一样，应该在尽可能高的温度下进行反应，以尽可能提高反应速率，获得较高的反应产率。

23. 影响催化剂使用寿命的因素有催化剂中毒、制造质量等因素。 (√)

24. 压缩机的工作原理是压缩气体的体积，使单位体积内气体分子的密度降低以提高压缩空气的压力。 (×)

正确答案： 压缩机的工作原理是压缩气体的体积，使单位体积内气体分子的密度增加以提高压缩空气的压力。

25. 透平压缩机组在升速过程中发生剧烈的震动，应停止升速，检查原因。 (√)

26. 精馏塔塔底轻组分高可以通过加大塔顶冷凝器冷却水流量来解决。 (×)

正确答案： 精馏塔塔底轻组分高可以通过加大再沸器加热介质流量来解决。

27. 在催化剂使用后期，提高反应器的反应温度可以提高催化剂的使用周期。 (×)

正确答案： 在催化剂使用后期，提高反应器的反应温度可以提高催化剂的使用周期，但是很容易造成催化剂活性急剧下降。

28. 提高反应器的反应压力可以提高产品的转化率。 (×)

正确答案： 提高反应器的反应压力不一定能提高产品的转化率。

29. 改变排出阀的开度能改变往复泵的排出压力和流量。 (×)

正确答案： 改变排出阀的开度能改变往复泵的排出压力却改变不了流量。

30. 催化剂颗粒在装填过程中被雨水浇湿，可用蒸汽进行干燥。 (×)

正确答案： 催化剂颗粒在装填过程中被雨水浇湿，不能用蒸汽进行干燥。

31. 催化反应的选择性不仅与反应温度有关，也和反应器的性能有关。 (√)

32. 成品罐中产品分析合格后不需要再进行产品质量分析。 (×)

正确答案： 成品罐中产品分析合格后必须定期再进行产品质量分析。

33. 任何热量的传递只能通过传导、对流、辐射三种方式进行。 (√)

34. 催化剂中毒后不影响催化剂的继续使用。 (×)

正确答案： 催化剂出现暂时性中毒后可进行催化剂再生，使催化剂活性恢复。

35. 催化剂的制备方法有浸渍法、沉淀法、共混合法、熔融法。 (√)

36. 蒸汽加热炉临时停车也必须进行清洗，以免影响传热效率。 (√)

37. 进入设备内进行用火作业，根据实际情况可以不进行氧含量分析。 (×)

正确答案： 进入设备内进行用火作业，必须进行氧含量分析。

38. 反应器停车时应严格按工艺规定进行，防止设备因温度变化梯度过大使设备产生泄漏。 (√)

39. 长期停车时，应将透平隔离，并通氮气保护。 (√)

40. 透平压缩机在暖管操作中，要注意蒸汽压力和温度的变化情况。 (√)

41. 往复式压缩机的电机可以反转。 (×)

正确答案： 往复式压缩机的电机必须是正转。

42. 润滑油压力低于联锁值时，会导致机组停车。 (√)

43. 压力容器全面检验的主要内容是只进行压力试验即可。 (×)

正确答案：压力容器全面检验的主要内容除内外部检验项目外，还要进行压力试验。

44. 截止阀的密封性能较闸阀差。（√）

45. 截止阀适用于黏度大、含有颗粒、易沉淀的介质。（×）

正确答案：截止阀不适用于黏度大、含有颗粒、易沉淀的介质。

46. 节流装置中孔板最简单，价格最便宜，但在相同差压下，其压力损失最大。（√）

47. 对易燃液体管线交付检修前的安全确认就是对管线内部的可燃气体含量的确认工作。（√）

48. 具有独立润滑油系统的大型机组检修后，润滑油循环一定时间后，方可试车或投入运行。（×）

正确答案：具有独立润滑油系统的大型机组检修后，润滑油循环一定时间后，经检验合格，方可试车或投入运行。

49. 在山区等电阻率较高的场所，专设的静电接地体的电阻值应不大于100Ω。（×）

正确答案：在山区等电阻率较高的场所，专设的静电接地体的电阻值应不大于1000Ω。

50. 燃料生产系统出现生产故障，燃料生产受阻，装置燃料输送无影响。（×）

正确答案：燃料生产系统出现生产故障，燃料生产受阻，造成装置燃料停送。

51. 搅拌器不允许进行空载试车。（×）

正确答案：搅拌器在水试之前应进行空负荷试车。

52. 真空回转过滤机的滤布损坏会造成系统真空低。（√）

53. 空压机排出的空气中含油量大的原因是刮油环失去作用。（√）

54. 压缩机的循环冷却水温度过高也会造成因润滑油超温而联锁停机。（√）

55. 冷却水压力高也会造成空气压缩机的排气温度高。（×）

正确答案：冷却水不足会造成压缩机排气温度高。

56. 反应系统的压力波动，对于气-固相和液-液相反应的催化剂的催化反应有影响。（×）

正确答案：反应系统的压力波动，对于气-固相反应器催化剂的催化反应有影响，对液-液相反应无影响。

57. 若原料输送管线出现严重的泄漏造成原料停供，则关闭进料管线的总阀后检修或更换管线。（×）

正确答案：若原料输送管线出现严重的泄漏造成原料停供，则关闭进料管线的总阀，将管线物料进行吹扫置换等处理，分析合格后方可动火检修堵漏或更换管线。

58. 由于排气节流调节方法简单、经济性好，因此常被用作离心式压缩机的气量调节方法。（×）

正确答案：排气节流调节方法虽然简单，但其经济性不好，很少用作离心式压缩机的气量调节方法。

59. 在雷击天气巡检时，不要穿潮湿的衣服靠近或站在露天金属框架上。（√）

60. 停电后，如发生危险化学品泄漏或其他事故，应立即向调度室汇报，由当班调度向工厂应急指挥中心汇报后，适时启动《厂突发事件应急救援预案》。（√）

61. 联锁误动作引起的事故停车，不能解除联锁，应查明原因，修复联锁后再开车。（√）

62. 气体脏或汽缸进入异物也能造成汽缸温度高。（√）

63. 活塞式压缩机汽缸发热的主要原因是因为排气温度高造成的。 (×)

正确答案： 活塞式压缩机汽缸发热的主要原因是冷却水量不足造成的。

64. 转子不平衡也能造成离心泵密封发生泄漏。 (√)

65. 轴承压盖过紧也会诱发罗茨鼓风机出现过热现象。 (√)

66. 包胶垫片不仅适用于水系统的法兰密封，而且也适用于蒸汽系统的法兰密封。 (×)

正确答案： 包胶垫片适用于水系统的密封，而应用在蒸汽系统则会发生泄漏。

67. 更换法兰也是解决固定床反应器短节密封泄漏的办法之一。 (√)

68. 壳程水压试验能判断出浮头换热器小浮头的内漏情况。 (×)

正确答案： 只有管程的水压试验才能判断出浮头换热器小浮头的内漏情况。

69. 异步电动机的额定转速永远小于同步转速。 (√)

70. 配管图中，管路交叉时，一般将下方(或后方)的管路断开，也可将上面(或前面)的管路画上断裂符号断开。 (√)

71. 化工设备图中各视图应该选用同一比例不能放大或缩小。 (×)

正确答案： 除局部放大图外，化工设备图中画在基本视图之外的剖视图、断面图、向视图以及单独表示的零件的视图等，可不按基本视图的比例而放大或缩小画出。

72. 带控制点的工艺流程图中除画出主要物料的流程线外，还应画出辅助物料的流程线。流程线上的管段、管件、阀门和仪表控制点等都要用符号表示，并编号或作适当标注。 (√)

单选题

1. “三剂”是(A)、添加剂和溶剂的俗称。

A. 催化剂　B. 水处理剂　C. 净水剂　D. 防腐剂

2. 多级离心泵大修后，填料密封的泄漏应满足：轻质油小于(D)滴/min。

A. 5　B. 10　C. 15　D. 20

3. 在进行联锁校验时需要填写(B)，并相关人员签字确认。

A. 联锁解除(恢复)申请书　B. 联锁报警系统试验记录

C. 联锁设定值修改任务书　D. 工作联系单

4. 系统进行气密试验时，可以利用(A)进行。

A. 压缩机　B. 风机　C. 储罐　D. 离心风机

5. 气密试验时，如发现焊缝或连接部位有泄漏，需(C)。

A. 马上修补　B. 带压修补　C. 泄压后修补　D. 开车后修补

6. 工艺管道空气吹扫气源压力一般要求为(A)。

A. 0.6~0.8MPa　B. 0.5~1.5MPa

C. 高于管道操作压力　D. 等于管道操作压力

7. 原料接收前系统应处于关闭状态的阀门有(A)。

A. 所有的导淋阀　B. 现场液位计的上游阀

C. 现场液位计的下游阀　D. 所有冷却水的进出口手阀

8. 对蒸汽管线吹扫时，应用(B)沿着蒸汽的流动方向进行吹扫。

A. 压缩空气　B. 相同压力等级的蒸汽

C. 较低压力等级的蒸汽　D. 中压氮气

9. 装置引入循环水时，水冷器投用的正确方法是(C)。

A. 同时开水冷却器的进出口阀门进水

B. 先打开水冷却器的出口阀门进行排气操作

C. 先打开水冷却器的进口阀门进行排气，气排净后再打开其出口阀门

D. 可以根据需要随时打开水冷却器的进出口阀门

10. 各换热设备具备投用条件将循环水送入时，一定要进行排气操作其目的是(D)。

A. 保护设备　B. 结垢　C. 防腐　D. 提高换热效果

11. 对蒸汽管线吹扫时，所用的吹扫介质是(D)。

A. 消防水　B. 压缩空气

C. 氮气　D. 与管道压力等级相同的蒸汽

12. 水压试验时容器顶部应设排气口，充液时应先将容器中充满液体，滞留在容器内的气体必须排净，试验过程中，应保持容器可观察表面的(C)。

A. 干净　B. 清洁　C. 干燥　D. 以上都是

13. 循环水冷却器发生泄漏，泄漏点主要集中在(A)和垫片等部位。

A. 管束　B. 封头　C. 浮头　D. 法兰

14. 循环水水质出现(A)，可以判定循环水冷却器发生泄漏。

A. 水质恶化，浊度上升　B. 悬浮物下降，COD 值下降

C. 微生物上升　D. 离子浓度上升

15. 循环水系统在酸洗后，应立即投加具有缓蚀效果的(A)，在金属表面形成沉淀性保护膜，从而阻止腐蚀的发生。

A. 预膜剂　B. 防腐剂　C. 氯气　D. 缓蚀剂

16. 在向反应器装填固体催化剂时，通常催化剂具有较强的毒性，所以进入装填现场的人员必须(D)。

A. 戴安全帽　B. 戴手套　C. 带手电筒　D. 穿戴防护服装

17. 以获得精馏总成本最低的回流比为(A)。

A. 最优回流比　B. 最小回流比　C. 最大回流比　D. 极限回流比

18. 回流比从最小值逐渐增大的过程中，所需理论板数起初急剧(B)，设备费用亦明显下降，足以补偿能耗费用的增加。

A. 增加　B. 减少　C. 不变　D. 以上都不对

19. 透平机组开车前，必须先利用蒸汽进行(A)。

A. 暖机　B. 吹扫　C. 除油　D. 试压

20. 为保证汽轮机顺利启动，要尽可能减少(C)和热应力，并缩短启动时间。

A. 弹性变形　B. 塑性变形　C. 热变形　D. 温变形

21. 由于汽轮机在负荷剧烈变动时，产生巨大的(A)和热变形，因此要进行良好的暖机操作。

A. 热应力　B. 动应力　C. 惯性　D. 温变形

22. 多管固定床反应器适用于(C)反应。

A. 放热　B. 吸热　C. 放热和吸热　D. 绝热

23. 流化床反应器的主要特点是(A)。
A. 催化剂颗粒小，重度轻　　B. 催化剂颗粒大小不受控制
C. 催化剂重度轻　　D. 催化剂在反应器内流速快
24. 在其他条件相同时，升高反应物的温度，化学反应速率(A)。
A. 加快　　B. 减慢　　C. 无变化　　D. 以上都不对
25. 催化剂表面上的(B)称为结焦。
A. 保护膜　　B. 含碳沉积物　　C. 涂层　　D. 氧化层
26. 物料应严格按照配比加入反应器，若配比失衡，最终将影响反应(B)。
A. 过程　　B. 质量　　C. 机理　　D. 特点
27. 在床层反应器中通常采用(B)来表示物料与催化剂的接触时间，它指每小时通过单位质量(体积)催化剂的物料质量(体积)。
A. 流速　　B. 空速　　C. 氢油比　　D. 转化率
28. 在大多数化学反应中，反应速率随温度的升高而逐渐(A)，它们之间呈指数关系。
A. 加快　　B. 减慢　　C. 无明显变化　　D. 降低
29. 压缩机的盘车操作应在润滑系统运行正常(B)。
A. 之前　　B. 之后　　C. 同时　　D. 无要求
30. 透平机组升速时应该(B)。
A. 避免机组喘振应迅速提升速度
B. 透平机组应迅速通过扭振转速
C. 透平升速时中间应停留 15min 检查机组振动情况
D. 机组开车均应做超速跳闸试验
31. 透平压缩机开车，升速要平稳防止(B)。
A. 转速波动　　B. 压缩机喘振
C. 润滑油压力波动　　D. 控制油压力波动
32. 泵在管路提供的流量不符合要求或者生产任务变动时需进行流量调节，其实质是改变泵的(A)。
A. 工作点　　B. 功率　　C. 出口压力　　D. 转速
33. 所谓的冷冻，是将物料的(B)降到比周围空气或水的温度还要低的操作。
A. 湿度　　B. 温度　　C. 密度　　D. 强度
34. 精馏塔塔底轻组分高的调节方法正确的是(A)。
A. 提高塔底温度　　B. 增加精馏塔回流量
C. 加大塔釜采出量　　D. 减少再沸器加热介质流量
35. 精馏塔塔底轻组分高的调节方法不正确的是(D)。
A. 减少塔釜采出量　　B. 减少精馏塔回流量
C. 增加再沸器加热介质流量　　D. 降低塔底温度
36. 解决精馏塔塔顶重组分高的正确调节方法是(C)。
A. 增加再沸器加热介质流量　　B. 提高精馏塔真空度
C. 增加精馏塔回流量　　D. 提高塔底温度

37. 精馏塔塔顶重组分高的调节方法不正确的是(A)。

A. 减少塔釜采出量　　B. 增加精馏塔回流量

C. 减少再沸器加热介质流量　　D. 降低塔底温度

38. 提高反应器的反应速率的最有效方法是(D)。

A. 提高反应器压力　　B. 提高反应器投料量和采出量

C. 提高反应器投料量　　D. 提高反应器温度

39. 反应器反应压力低采取的措施中不正确的是(D)。

A. 提高生产负荷　　B. 增加原料投入量

C. 提高反应器内部温度　　D. 加大反应器采出量

40. 往复泵的流量随压力的变化而(A)。

A. 不变　　B. 变大　　C. 变小　　D. 均不对

41. 下面选项中，不是DCS的硬件组成的是(C)。

A. PC 机　　B. CRT 显示器　　C. UPS 电源　　D. 控制卡

42. 通常情况下，仪表调节阀所用的仪表风的压力范围为(C)MPa。

A. 0~0.3　　B. 0~0.5　　C. 0.3~1.0　　D. 1.0~2.0

43. 控制高黏度、带纤维、细颗粒的流体选用最为合适的调节阀是(D)。

A. 蝶阀　　B. 套筒阀　　C. 直通双坐阀　　D. 偏心旋转阀

44. 下面不是按能源分的执行器的选项是(C)。

A. 气动　　B. 电动　　C. 薄膜式　　D. 液动

45. 在 TCD3000 中，TREND 表示的意义(B)。

A. 自动　　B. 趋势　　C. 串级　　D. 程序

46. 催化剂的特性(B)。

A. 催化剂是能够提高反应压力，但本身能够复原的物质

B. 催化剂是能够增大反应速率，但本身能够复原的物质

C. 催化剂是能够减小反应速率，但本身不能复原的物质

D. 催化剂是能够增大反应速率，但本身不能复原的物质

47. 下列操作对催化剂使用周期产生影响的是(D)。

A. 原料分析合格　　B. 反应温度适当

C. 反应器内部压力平稳　　D. 出现飞温

48. 正确描述催化剂选择性与温度的关系的是(C)。

A. 温度越高，催化剂的选择性越高　　B. 温度越低，催化剂的选择性降低

C. 温度不同，选择性也不同　　D. 温度与催化剂的选择性无关

49. 反应温度过低，催化剂选择性(D)。

A. 上升　　B. 不变　　C. 递增　　D. 下降

50. 精馏塔塔顶产品当中轻组分多的原因是(B)。

A. 精馏塔塔釜温度过低　　B. 精馏塔回流量过大

C. 精馏塔再沸器蒸汽量少　　D. 精馏塔真空度降低

51. 在下列选项中，工业污水中不存在的污染因子是(D)。

A. pH　　B. COD　　C. 石油类　　D. 二氧化硫

52. 催化剂中毒可分为永久中毒和(B)。

A. 长期中毒　B. 暂时中毒　C. 失误中毒　D. 原料中毒

53. 当催化剂活性下降时，为维持正常生产可通过(B)进行生产调整。

A. 提高进料的流量提高催化剂的活性

B. 适当提高反应温度来提高催化剂的活性

C. 减少进料量来提高催化剂的活性

D. 立即进行催化剂再生

54. 蒸汽加热炉停车检查内容中不正确的是(C)。

A. 检查压力表、温度计、安全阀、液位计和有关阀门是否好用

B. 打开冷凝水排放阀门，排除积水和污垢

C. 停车时可以不停加热蒸气，但必须关紧阀门

D. 检查加热炉有无渗漏、外壳有无变形

55. 透平压缩机临时停机后，润滑系统在轴承温度低于(C)℃后才可以停止。

A. 60　B. 50　C. 40　D. 30

56. 透平排凝阀排净后再关闭(C)及相关阀门。

A. 蒸汽总阀　B. 放空阀　C. 主汽门　D. 排液阀

57. 有限空间动火作业分析时，当被测的气体或蒸气的爆炸下限小于4%时，其被测浓度应小于等于(C)。

A. 0.05%　B. 0.02%　C. 0.2%　D. 0.1%

58. 工厂的(D)负责制订、落实各类风险消减措施，负责对有限空间作业过程中的安全监护。

A. 安全环保科　B. 机动设备科　C. 生产运行科　D. 作业所在车间

59. 作业人员进入有限空间前，应首先制定(C)，作业过程中适当安排人员轮换。

A. 作业方案　B. 个人防护方案　C. 逃生方法　D. 值班方案

60. 用于防苯等有机蒸气的滤毒罐是(A)。

A. 褐色、3#　B. 灰色、4#　C. 黄色、7#　D. 红色、3#

61. 一般情况下，在反应器停车过程中，首先进行的操作步骤为(D)。

A. 停车后需要更换真空泵喷嘴　B. 排净真空泵冷却器的冷却水回水

C. 排出真空泵内的蒸汽冷凝液　D. 先停止反应器进料

62. 三级真空泵的停车顺序(C)。

A. 先停二级真空泵　B. 先停三级真空泵

C. 先停一级真空泵　D. 三级同时停止工作

63. 系统检修完毕后需用惰性气体置换，使设备内的气体中氧含量降低，一般要求不大于(A)。

A. 1%　B. 2%　C. 4%　D. 5%

64. 化工操作单元中的冷却操作过程中，停车时的操作顺序是(B)。

A. 应先停物料，不停冷却系统　B. 应先停物料，后停冷却系统

C. 应先停冷却系统，后停物料　D. 应先停冷却系统，不停物料

65. 装置停车时，换热器内蒸汽回水要放掉的主要目的是(C)。

A. 为了防止换热器内生锈

B. 为了回收冷凝水

C. 为了防止在设备投用时，发生水锤现象而损坏设备

D. 为了便于检修

66. 工业“三废”是指废水、废气和(B)。

A. 废油　B. 废渣　C. 危废　D. 以上都对

67. (C)是破坏大气臭氧层的物质之一。

A. 粉尘污染　B. 氢气　C. 氟利昂　D. 以上都对

68. 污水处理技术包括物理、化学、生物处理技术。超滤属于(A)处理技术，多用于污水深度处理。

A. 物理　B. 化学　C. 生物　D. 以上都对

69. 清洁生产将整体预防的战略持续地应用于(D)。

A. 产品　B. 产品生产

C. 产品生产的全过程　D. 产品和产品生产的全过程

70. 离心泵叶轮是(A)。

A. 径流式　B. 轴流式　C. 混流式　D. 旋涡式

71. 启动前不需要灌泵的是(C)。

A. 高速泵　B. 屏蔽泵　C. 齿轮泵　D. 磁力泵

72. 铸铁管道常采用(B)连接方式。

A. 对焊　B. 承插　C. 螺纹　D. 活接头

73. 塑料管线常采用(C)连接方式。

A. 卡套　B. 卡箍　C. 承插粘接　D. 法兰式

74. 停机后，向汽缸内引入氮气，是通过(A)以达到保护设备的目的。

A. 隔绝空气　B. 降低转子温度

C. 提高转子温度　D. 降低转子的湿度

75. 透平停车后油系统至少要保持(D)h 运行。

A. 6　B. 8　C. 10　D. 12

76. 管式换热器的设备为(D)。

A. 混合式　B. 辐射式　C. 板式　D. 列管式

77. 气液分离罐上的金属网的作用是(B)。

A. 防止固体颗粒物上升　B. 防止液滴上升

C. 过滤　D. 传质

78. 透平低速暖机，速度要(A)。

A. 缓慢　B. 快速

C. 连续不间断　D. 只能升速，不能降速

79. 按工作原理来讲，转子式压缩机属于(C)压缩机。

A. 离心式　B. 往复式　C. 回转式　D. 速度式

80. 往复式压缩机的典型代表是(A)。

A. 活塞式压缩机　　B. 膜片式压缩机

C. 滑片式压缩机　　D. 螺杆式压缩机

81. 往复式压缩机启动前检查汽缸内有无障碍的方法是(B)。

A. 瞬时启动　　B. 盘车　　C. 汽缸拆检　　D. 以上都不对

82. 润滑剂的(A)使杂质不停留在摩擦面破坏油膜，形成干摩擦。

A. 清洗作用　　B. 冷却作用　　C. 减振作用　　D. 密封作用

83. 润滑剂能降低摩擦面之间的(B)，达到降低摩擦阻力的作用。

A. 摩擦阻力　　B. 摩擦系数　　C. 磨损阻力　　D. 磨损系数

84. 一般情况下，当屏蔽泵的指示表为黄区时，表示应检查更换(B)。

A. 转子　　B. 轴承　　C. 定子　　D. 叶轮

85. 下列属于屏蔽泵易损件的是(D)。

A. 转子　　B. 叶轮　　C. 前端盖　　D. 石墨轴承

86. 具有良好调节性能的阀门是(D)。

A. 球阀　　B. 闸阀　　C. 蝶阀　　D. 截止阀

87. 不属于管壳式换热器的是(B)。

A. 列管式　　B. 热管式　　C. 浮头式　　D. 填料函式

88. 应用最为广泛的管式换热器是(C)。

A. 蛇管式　　B. 套管式　　C. 管壳式　　D. 螺旋管式

89. 离心泵发生气缚现象的根本原因是叶轮对空气的(B)小，离心泵无法将空气排出。

A. 密度　　B. 离心作用　　C. 向心作用　　D. 做功

90. 离心泵发生汽蚀现象与(A)有关。

A. 吸液高度　　B. 排液高度　　C. 流量　　D. 扬程

91. 适用于含有粒状固体的阀门是(D)。

A. 截止阀　　B. 球阀　　C. 蝶阀　　D. 闸阀

92. 适用于作防空阀和低真空系统的阀门是(D)。

A. 截止阀　　B. 球阀　　C. 蝶阀　　D. 闸阀

93. 压力容器的外观检查要每(B)年至少一次。

A. 半　　B. 1　　C. 2　　D. 3

94. 特种设备的作业人员，应当按照国家有关规定经特种设备安全监督管理部门考核合格，取得国家统一格式的(D)，方可从事相应的作业或者管理工作。

A. 安全培训证书　　B. 上岗证书

C. 劳动等级证书　　D. 特种设备操作人员资格证书

95. 钢丝径向磨损或锈蚀达到原直径的40%或钢丝绳直径相对于公称直径减少(C)，应报废。

A. 5%　　B. 6%　　C. 7%　　D. 8%

96. 压力容器的内部检验要每(C)年进行一次。

A. 1　　B. 2　　C. 3　　D. 5

97. 适用于蒸汽等高温介质的阀门是(B)。

A. 球阀　　B. 截止阀　　C. 蝶阀　　D. 旋塞阀

98. 下列阀门中，产生流体阻力较大的是(C)。

A. 球阀　　B. 旋塞阀　　C. 截止阀　　D. 隔膜阀

99. 截止阀的(C)比闸阀差。

A. 流动性　　B. 节流性　　C. 密封性　　D. 调节性

100. 汽轮机高压端的汽封是用来防止(C)自汽缸内漏出，造成工质损失。

A. 低压蒸汽　　B. 中压蒸汽　　C. 高压蒸汽　　D. 空气

101. 汽轮机低压端的汽封用以防止(D)漏入汽缸，破坏凝汽器的正常工作。

A. 低压蒸汽　　B. 中压蒸汽　　C. 高压蒸汽　　D. 空气

102. 传动设备交付检修前的安全确认选项是(C)。

A. 检查入口阀门　　B. 检查出口阀门

C. 电机断电　　D. 以上都不对

103. 管线系统交付检修前的安全确认工作是(C)。

A. 清洗置换情况　　B. 氧含量分析结果

C. 可燃气体分析情况　　D. 盲板加堵情况

104. 螺杆泵不允许(A)试车。

A. 空负荷　　B. 10%负荷　　C. 50%负荷　　D. 满负荷

105. 离心式压缩机的油位低于液面计的(B)高度时，应进行加油。

A. 1/2　　B. 2/3　　C. 80%　　D. 100%

106. 长期停车时，离心式压缩机要每天盘动转子(B)一次。

A. 90°　　B. 180°　　C. 270°　　D. 360°

107. 要定期检查、清洗(C)，保证离心式压缩机的油压稳定。

A. 油杯　　B. 油位视镜　　C. 油过滤器　　D. 油阀

108. 搅拌器减速机的滚动轴承温度不应超过(A)℃。

A. 70　　B. 75　　C. 80　　D. 85

109. 真空回转过滤机的刮刀与转鼓绕线的间隙为(B)mm。

A. 0.2~0.4　　B. 0.5~1.0　　C. 1.0~3.0　　D. 3.0~5.0

110. 真空回转过滤机的真空度应不低于(C)mm 汞柱。

A. 750　　B. 600　　C. 450　　D. 300

111. 活塞式压缩机的冷却水温度应(C)。

A. 高　　B. 低　　C. 适中　　D. 无关

112. 日常巡检时应检查压缩机各级的压力、(C)等。

A. 油压　　B. 电流　　C. 温度　　D. 润滑

113. 离心泵强制机械送油的特点就是供油随机组启停而(A)。

A. 启停　　B. 无关　　C. 一直运转　　D. 随时启停

114. 离心泵完好标准中规定，出力应达到铭牌能力的(B)以上。

A. 80%　　B. 90%　　C. 95%　　D. 98%

115. 离心泵完好标准中规定，滚动轴承温度应不超过(C)℃。

A. 60　　B. 65　　C. 70　　D. 75

116. 离心泵检修后的验收标准中，规定离心泵应连续运转(B)h 后，各项技术指标均达到设计要求或能满足生产要求。

A. 12　　B. 24　　C. 36　　D. 48

117. 离心泵检修后，盘车时应无(A)感觉。

A. 轻重不均　　B. 停滞　　C. 滑畅　　D. 顺畅

118. 润滑油的黏度越大，油膜强度越高，流动性(B)。

A. 越好　　B. 越差　　C. 无影响　　D. 适中

119. 润滑油的黏温性能好是指润滑油黏度随温度变化而变化的程度(A)。

A. 小　　B. 大　　C. 不变　　D. 无关

120. 一般认为，油品的闪点应比使用温度高(A)℃即可安全使用。

A. 20~30　　B. 30~40　　C. 40~50　　D. 50~60

121. 浮动式金属罐顶无防雷接地时，应将罐顶用挠性连接线与罐内连接，连接点不少于(B)处。

A. 1　　B. 2　　C. 4　　D. 8

122. 为消除静电，汽槽车装车时应采用(A)与接地支线相连接。

A. 鳄式夹钳　　B. 缠绕　　C. 捆绑　　D. 焊接

123. 建、构筑物的防雷种类共有(B)种。

A. 2　　B. 3　　C. 5　　D. 6

124. 原料生产系统出现(C)，致使装置的原料无法供应。

A. 循环水温高　　B. 伴热蒸汽压力低

C. 故障　　D. 蒸汽管网波动

125. 燃料输送系统出现故障后，引起燃料停送，装置燃料可能发生(D)。

A. 超压　　B. 超温　　C. 增加　　D. 中断

126. 如果燃料为油质物质，在冬季输送管线伴热不佳会导致管线出现(A)，导致燃料中断。

A. 冻堵　　B. 泄漏　　C. 振动　　D. 弯曲

127. 润滑系统(D)能造成压缩机联锁停车。

A. 油温低　　B. 冷却水压高　　C. 冷却水流量大　　D. 油位低

128. 造成压缩机因排气温度高而联锁停车的原因是(D)。

A. 出口管路阀门堵塞　　B. 出口止逆阀堵塞

C. 旁路调节阀漏气　　D. 排气阀损坏

129. 造成空气压缩机的一级排气温度高的原因是(C)。

A. 空气滤清器堵塞　　B. 空气温度低

C. 一级排气阀损坏　　D. 二级排气阀损坏

130. 空气压缩机二级进气温度高的原因是(C)。

A. 一级进气温度高　　B. 中冷器换热效果好

C. 二级进气阀损坏　　D. 二级排气阀损坏

131. 原料输送泵出现故障或因停电等原因停止工作，造成反应器进料量突然(B)。

A. 减少　　B. 中断　　C. 增加　　D. 不变

132. 反应器出现超温超压现象，造成反应系统(D)，进料阀关闭，反应器进料中断。

A. 正常停车　B. 长期停车　C. 检修停车　D. 紧急停车

133. 物料管线伴热不佳会导致物料凝固管线出现(A)。

A. 堵塞　B. 泄漏　C. 振动　D. 弯曲

134. 操作方法不当，物料出现(C)现象，导致放料管线堵塞。

A. 溶解　B. 吸收　C. 结块　D. 分解

135. 对于气固相的固定床反应器，反应系统压力过高时，会造成催化剂因压力过高而下移，床层高度(B)。

A. 升高　B. 降低　C. 不变　D. 以上都不对

136. 日常维护中，法兰出现泄漏的常见原因是(A)。

A. 垫片损坏　B. 系统超压　C. 焊口出现裂纹　D. 管线振动

137. 会导致法兰口发生泄漏的选项是(D)。

A. 介质压力小　B. 介质流速低　C. 管径大　D. 介质温度变高

138. 使用循环水冷却器时，若被冷却介质的压力高于循环水的压力，则冷却器出现泄漏时循环水的出水温度(B)。

A. 降低　B. 升高　C. 不变　D. 减少

139. 若循环水的换热介质压力低于循环水的压力，则冷却器出现泄漏时设备出口物料的压力(B)。

A. 降低　B. 升高　C. 不变　D. 减少

140. 换热器壳程走的介质为蒸汽，壳程出现(D)时，蒸汽从换热器表面溢出。

A. 堵塞　B. 结垢　C. 进水　D. 泄漏

141. 换热器壳程走的介质为(A)物料，壳程出现泄漏时，物料从换热器表面溢出后，可以闻到物料的特殊气味。

A. 易挥发　B. 易结垢　C. 易溶解　D. 易氧化

142. 造成空气压缩机的一级排气温度高的原因是(C)。

A. 空气滤清器堵塞　B. 空气温度低

C. 一级排气阀损坏　D. 二级排气阀损坏

143. 造成空气压缩机二级排气温度高的直接原因是(A)。

A. 中冷器换热效果差　B. 一级排气阀损坏

C. 后置冷却器换热效果差　D. 环境温度高

144. 造成空压机最终排气温度高的直接原因是(C)。

A. 排气压力大　B. 一级进气温度高

C. 汽缸冷却不好　D. 环境温度高

145. 装置突然停蒸汽时，可根据实际情况和装置自产蒸汽量，调整负荷维持(B)。

A. 设备运转　B. 生产　C. 仪表运行　D. 流量

146. 对于气固相的固定床反应器，反应系统的压力波动，势必会导致进料量出现波动，引起催化剂表面物料不均匀，容易引起(C)现象。

A. 降温　B. 降负荷　C. 飞温　D. 降压

147. 反应原料带来的杂质含有对催化剂有毒的物质，导致催化剂出现(D)。

A. 超温　　B. 超压　　C. 超负荷　　D. 失活

148. 离心式压缩机出口风量调节常用的节流调节法是(B)。

A. 排气节流调节　　B. 进气节流调节

C. 变转速调节　　D. 变元件调节

149. 使进入叶道中的气流产生预旋转的调节气量方法是(D)，可将离心式压缩机出口风量调整为正常值。

A. 排气节流调节　　B. 进气节流调节

C. 转动扩压器叶片法　　D. 转动进口导叶法

150. 精馏塔的回流比不宜无限的增加，回流比过大会造成液量过多而导致(A)，此时应减少回流量。

A. 液泛　　B. 雾沫夹带　　C. 塔釜轻组分低　　D. 塔釜重组分高

151. 精馏塔发生液泛时，要调整回流量与再沸器上升蒸气量使之平衡，使精馏恢复正常的(C)状态。

A. 加热　　B. 降温　　C. 传质传热　　D. 进料

152. 若为瞬时晃电，各岗位要按照装置的晃电应急预案进行紧急处理。送电后外操要立即重新(C)原运转设备，并确认设备运转正常。

A. 停止　　B. 启动　　C. 更换　　D. 检修

153. 若停电时间较长，装置的各岗位按(D)的操作程序处理。

A. 长期停车　　B. 正常停车　　C. 正常开车　　D. 紧急停车

154. 装置突然停原料时，反应系统应按(D)程序进行处理。

A. 长期停车　　B. 正常停车　　C. 正常开车　　D. 紧急停车

155. 有机物料泄漏时，根据泄漏部位对整个装置生产的影响程度，决定是否进行全线停车，如停车，按照(B)要求进行停车，如果不需停车，要尽量维持生产，组织人员对泄漏部位进行紧急抢修。

A. 正常停车　　B. 紧急停车　　C. 计划停车　　D. 停车清洗

156. 若装置突然停蒸汽，无自产蒸汽维持生产时，各岗位要按照装置的应急预案进行(D)处理。

A. 长期停车　　B. 正常停车　　C. 正常开车　　D. 紧急停车

157. 当装置蒸汽压力较低的蒸汽突然停供后，可以通过高压蒸汽(C)使用。

A. 降温　　B. 升压　　C. 降压　　D. 加压

158. 只使用一种燃料的装置突然停燃料时，使用燃料的岗位必须按照装置的应急预案进行(D)处理。

A. 长期停车　　B. 正常停车　　C. 正常开车　　D. 紧急停车

159. 装置突然停循环水时，先将循环水的总线进出口阀门关闭，引入过滤水作为冷却水维持(B)，待循环水恢复供应。

A. 设备运转　　B. 生产　　C. 仪表运行　　D. 流量

160. 装置突然停仪表空气时，装置应按(D)程序进行处理。

A. 长期停车　　B. 正常停车　　C. 正常开车　　D. 应急预案

161. 如果空气压缩机出现运转故障，造成仪表空气中断，则重新(D)备用机运转，恢复仪表空气的供应。

A. 确认　　B. 检修　　C. 停机　　D. 启动

162. 联锁误动作引起事故后，应立即通知仪表人员查找事故发生的(B)。

A. 现象　　B. 原因　　C. 处理　　D. 结果

163. 有机物料泄漏时，尽快关掉所有与(B)相关的阀门，将泄漏范围控制在最小范围内。

A. 伴热　　B. 泄漏设备　　C. 风机　　D. 机泵

164. 仪表故障引起的事故，应密切注意反应器、塔及、受槽等设备(D)，防止超压。

A. 温度　　B. 声音　　C. 仪表　　D. 压力

165. 仪表故障引起的事故，应(D)故障原因，仪表修复后再开车。

A. 杜绝　　B. 解决　　C. 研究　　D. 查明

166. (C)也能造成活塞式压缩机的汽缸温度高。

A. 排气阀损坏　　B. 吸气阀损坏　　C. 汽缸拉毛　　D. 润滑油压高

167. (B)也能造成活塞式压缩机的汽缸温度高。

A. 十字头松动　　B. 滑道与汽缸不同轴度过大

C. 排气阀损坏　　D. 出口阀门关小

168. 活塞式压缩机汽缸发热的正确处理办法是(C)。

A. 开大出口阀　　B. 开大入口阀　　C. 加大冷却水量　　D. 加大回流量

169. 固定床反应器进行气密过程中解决法兰泄漏的办法是(C)。

A. 更换垫片　　B. 降低气密压力　　C. 紧固螺栓　　D. 以上都不对

170. 固定床反应器的密封泄漏属于(B)。

A. 动密封泄漏　　B. 静密封泄漏　　C. 混合型泄漏　　D. 以上都对

171. 能解决离心式水泵填料密封泄漏的方法是(A)。

A. 更换轴套　　B. 调整比压　　C. 更换密封环　　D. 更换弹簧

172. (A)能造成离心泵机械密封泄漏。

A. 密封面划伤　　B. 出口压力大　　C. 液体流量大　　D. 液体密度大

173. 油不清洁造成罗茨风机的轴承过热的正确处理方法是(A)。

A. 更换油　　B. 降负荷　　C. 降风量　　D. 降低介质温度

174. 轴承损坏造成罗茨鼓风机轴承过热的正确处理方法是(D)。

A. 降低油压　　B. 消除漏气　　C. 降低介质温度　　D. 更换轴承

175. 在装置日常维护工作中，操作工处理法兰泄漏的办法是(A)。

A. 更换垫片　　B. 带压堵漏　　C. 动火补焊　　D. 降低负荷

176. 常见的处理管壳式换热器管束泄漏的方法是(C)。

A. 换管　　B. 打堵　　C. 补焊　　D. 以上都不对

177. 管道连接方式的画法中，(C)是螺纹连接。

A. 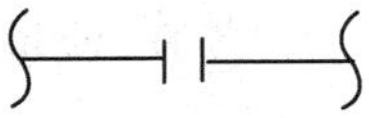　　B. 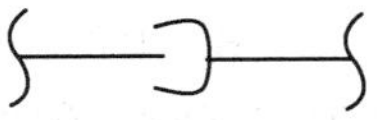

C. 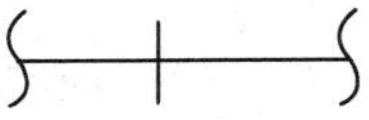　　D. 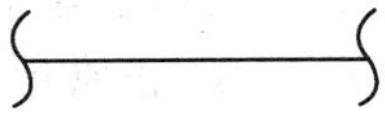

178. 在带控制点的工艺流程图上，根据 HG20519. 32—92 标准图例绘制出的下列管道线的阀门中，(C)是旋塞阀。

A. 　B. 　C. 　D. 

179. 根据 HG20519. 4—92 表示测量仪表安装要求的图形符号中，(A)表示就地盘面安装。

A. 　B. 　C. 　D. 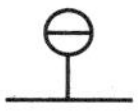

180. 在带控制点的工艺流程图上，根据 HG20519. 32—92 标准图例绘制出的下列管道线上的管件中，(B)是管端盲板。

A. 　B. 　C. 　D. 

181. 在配管图中表示管路的转折时，在反映转折的投影中，转折处用(D)表示。

A. 细实线小圆　B. 粗实线小圆　C. 波浪线　D. 圆弧

182. 化工设备的制造需要依据(C)来进行。

A. 零件图　B. 施工图　C. 化工设备图　D. 化工工艺图

183. 由于化工设备多为回转体，为了在视图上清楚地进行表达，化工设备图可以采用(C)的表达方法。

A. 局部放大　B. 夸大　C. 多次旋转　D. 局部旋转

184. 由于化工设备的主体结构比较简单，化工设备图通常选择(B)个基本视图来表达。

A. 1　B. 2　C. 3　D. 4

多选题

1. 列管式换热器检修后的验收内容包括(A，B，D)。

A. 压力试验合格　B. 无泄漏点　C. 润滑系统　D. 检修记录

2. 气密性试验时，检查人员在检查部位喷涂肥皂液或其他检查液时，如果无泄漏，判断试验合格的标准有(A，B，D)。

A. 无可见的异常变形　B. 压力不下降

C. 压力缓慢上升　D. 压力降符合设计规定

3. 新建装置引入原料前要进行检查和最终确认，检查项目分为(B，C，D)。

A. 后勤保障

B. 专业检查：由科室按专业系统组织检查

C. 三级检查：厂、车间、操作岗位的检查

D. 综合检查：由生产、设计、施工等单位的有关人员组成综合小组进行检查

4. 装置引入燃料前，应严格对燃油管道进行(A，B)。

A. 气密性试验　B. 水压试验　C. 负压试验　D. 静压试验

5. 装置开车引入蒸汽时应注意(A，B)。

A. 接收蒸汽时要先排凝液

B. 无凝液后开打阀门暖管，然后正常引入

C. 打开排气阀

D. 打开设备入口阀

6. 装置引入高压氮气时，其管线上的各级(C，D)应正常投用。
A. 排气阀　B. 导淋阀　C. 减压阀　D. 压力表
7. 常用的预膜剂有(A，B)。
A. 无机磷　B. 有机磷　C. 有机酸　D. 无机酸
8. 精馏塔的负荷能力与塔的(A，C)有关。
A. 塔的直径　B. 塔的高度　C. 塔板结构　D. 塔的材质
9. 物料配比最优体现在(A，B，C)。
A. 工艺指标　B. 反应物组成　C. 收率　D. 选择性
10. 防止催化剂结焦的方法主要有(A，B，C)。
A. 设备的改进　B. 使用性能优良的阻垢剂
C. 选择合适的反应温度　D. 降低反应压力
11. 温度高低影响反应的主要特征是(A，B，D)。
A. 反应速率　B. 反应组成　C. 反应效果　D. 能源消耗
12. 催化剂能够改变化学反应速率，而本身在反应前后，其(A，B，C)等均保持不变。
A. 质量　B. 化学组成　C. 化学性质　D. 温度
13. 压缩机的盘车方法有(A，B)。
A. 手动盘车　B. 电动机构盘车
C. 启动主电机盘车　D. 以上均可
14. 冷冻循环的一般过程包括(A，B，C)。
A. 压缩　B. 冷凝　C. 膨胀　D. 蒸馏
15. 往复泵适用于(A，D)。
A. 小流量　B. 小扬程　C. 大流量　D. 高扬程
16. 催化剂的基本特征是(A，B，C)。
A. 产生中间产物，改变反应途径　B. 能改变平衡状态和反应热
C. 具有选择性　D. 不能改变平衡状态和反应热
17. 强化管式换热器传热途径主要有(A，B，C，D)。
A. 翅片管　B. 螺旋槽纹管　C. 缩放管　D. 静态混合器
18. 城市生产、生活污水是通过(A，D)方式排入江中。
A. 经过企业污水处理厂处理　B. 直接外排
C. 经过工厂或物业内部处理　D. 经过市政污水处理厂处理
19. 水污染通常可分为三大类，即(A，B，D)。
A. 生物性　B. 物理性　C. 自燃生态性　D. 化学性
20. 催化剂的再生方式有(B，D)。
A. 燃烧再生　B. 器内再生　C. 冲洗再生　D. 器外再生
21. 催化剂中毒的危害(A，C)。
A. 将使催化剂的活性降低　B. 不会影响产品的质量
C. 会缩短催化剂的使用寿命　D. 必须重新更换催化剂
22. 透平压缩机组临时停车的情况有(A，B，C，D)。
A. 发生水击　B. 机组剧烈振动　C. 油位突然降低　D. 机组轴位移过大

23. 换热器管程清理污垢的方法有(A，B，C)。
A. 手工清洗　　B. 机械清洗　　C. 化学清洗　　D. 以上都不对
24. 带有搅拌器的釜式反应器停车后应对设备内部(A，B，C)进行检查。
A. 搅拌是否牢固，有无脱落　　B. 进出料管线是否畅通
C. 测温元件套管有无泄漏　　D. 电机运转情况
25. 适用于无缝钢管管道连接方式的是(A，B，C)。
A. 焊接　　B. 法兰连接　　C. 承插焊　　D. 螺纹连接
26. 汽轮机驱动蒸汽带水时，应该(B，C)。
A. 降低汽轮机转速　　B. 改善蒸汽质量
C. 增加暖管时间　　D. 提高汽轮机转速
27. 汽轮机的主要部件包括(A，B，C，D)。
A. 主气阀　　B. 调速阀　　C. 汽缸　　D. 转子
28. 往复压缩机启动前应(A，B，C，D)。
A. 盘车　　B. 瞬时启动　　C. 检查水压　　D. 检查联锁系统
29. 能造成离心泵发生气缚的因素有(A，B，D)。
A. 入口法兰漏　　B. 泵壳漏　　C. 出口阀漏　　D. 过滤器堵
30. 闸阀的优点有(A，C)。
A. 密封性好　　B. 调节性好　　C. 流体阻力小　　D. 密封面不易磨损
31. 压力容器进行外观检查的内容包括(A，B，C，D)。
A. 安全附件是否齐全、灵敏、可靠　　B. 紧固螺栓是否完好
C. 基础有无下沉、倾斜等现象　　D. 接管焊缝、密封结构有无泄漏
32. 下列属于特种设备的是(A，C，D)。
A. 锅炉　　B. 凉水塔　　C. 蒸汽管道　　D. 桥式起重机
33. 螺杆泵流量不足或出口压力低的原因是(A，B，C)。
A. 泵体漏气　　B. 入口管线堵塞　　C. 螺杆间隙过大　　D. 泵内有杂质
34. 搅拌器的搅拌轴晃动过大的原因是(A，B，C)。
A. 轴端螺母松动　　B. 填料箱磨损
C. 轴承间隙大　　D. 容器内无液体
35. 真空回转过滤机的维护内容包括(A，B，C，D)。
A. 转动部位保持良好润滑　　B. 及时更换滤布
C. 料槽内不允许有料沉淀　　D. 检查绕线情况
36. 工业汽轮机常采用的迷宫式汽封的型式有(C，D)。
A. 炭精式　　B. 水封式　　C. 薄片型　　D. 高低齿型
37. 引起离心泵外漏的原因可能有(A，B，C)
A. 填料未压紧
B. 填料发硬失去弹性
C. 机械密封动静环接触面安装时找平未达标
D. 泵壳与叶轮之间缝隙过小

38. 大型机组常用的润滑方法有(A，D)。

A. 机械强制送油润滑　　B. 集中润滑

C. 飞溅润滑　　D. 压力循环润滑

39. 多级离心泵完好标准内容包括(A，B，C)。

A. 运行正常，效能良好　　B. 主体整洁，零附件齐全好用

C. 技术资料齐全　　D. 泵房环境卫生好

40. 离心泵检修后带负荷验收的内容为(A，B，C，D)。

A. 轴承温度　　B. 电流情况　　C. 密封情况　　D. 震动情况

41. 润滑油的质量指标有(A，B，C，D)。

A. 黏度　　B. 闪点　　C. 总酸值和总碱值　D. 水分

42. 工业建、构筑物的防雷种类有(A，B，C)。

A. 直击雷　　B. 雷电感应　　C. 雷电波侵入　　D. 以上都不对

43. 装置停原料的原因以下正确的是(A，B，C，D)。

A. 原料泵出现故障或因停电等原因停止运行

B. 原料输送系统出现较大泄漏

C. 原料储罐液位太低

D. 仪表故障

44. 装置停燃料的原因以下正确的是(A，B，C，D)。

A. 停电　　B. 燃料输送系统出现较大泄漏

C. 发生着火事故　　D. 仪表故障

45. 能造成压缩机联锁停机的原因是(A，B，C)。

A. 润滑油超温　　B. 排气温度高

C. 轴承温度高　　D. 停电

46. 换热器管程为高温高压介质，壳程为低压冷却介质时，换热器管程出现泄漏，会发生的现象有(A，B，C)。

A. 冷却器导淋阀打开有物料　　B. 管程物料压力降低

C. 壳程冷却介质出口温度升高　　D. 壳程冷却介质出口温度降低

47. 换热器管程为低温介质，壳程为加热介质且压力管程高于壳程时，换热器管程出现泄漏，会发生的现象有(B，C)。

A. 管程物料压力升高　　B. 管程物料压力降低

C. 管程物料出口温度升高　　D. 管程物料出口温度降低

48. 可能导致物料管线出现堵塞的原因是(B，D)。

A. 管线漏料　　B. 物料析出速度过快

C. 结晶温度过高　　D. 管线伴热不良

49. 装置内法兰发生泄漏的原因是(A，B，C)。

A. 螺栓松动　　B. 垫片失效　　C. 焊口有缺陷　　D. 系统温度降低

50. 若循环水的换热介质压力高于循环水的压力，则冷却器出现泄漏时会出现(A，B，C)。

A. 循环水出水压力升高　　B. 循环水出水温度升高

C. 循环水冷却器导淋阀打开水中有物料　D. 循环水进水流量增大

51. 雨季空气湿度大，电气设备上所用的绝缘材料会因吸收水分或表面附着水分而使绝缘强度降低，造成漏电事故。在雷击天气巡检时，应注意(A，B，D)。

A. 做好防电保护　　B. 防止电击
C. 要站在湿的材料上　　D. 远离电线

52. 精馏塔出现液泛时错误的处理方法是(C，D)。

A. 降低塔的进料量　　B. 减少回流量
C. 降低塔顶温度　　D. 增加进料量

53. 装置恢复供电后，各岗位进行开车前应(A，B，C，D)。具备开车条件后，按照工艺规程的要求恢复开车。

A. 逐台设备进行检查　　B. 工艺条件确认
C. 公用工程情况　　D. 控制系统的恢复

54. 装置突然停原料时，正确的处理方法是(A，B，C)。

A. 关闭反应器的进料阀　　B. 检查原料输送泵
C. 检查原料储罐液位　　D. 检查反应器有无泄漏

55. 装置突然停蒸汽时，错误的处理方法有(A，B，C)。

A. 装置正常运行　　B. 未执行紧急预案
C. 停带伴热的机泵　　D. 进行紧急处理

56. 若燃料气管线出现大量泄漏，装置突然停燃料时，正确的处理方法是(A，B，C，D)。

A. 对扩散区进行紧急戒严　　B. 防止火种带入
C. 防止发生爆炸事故　　D. 防止发生中毒

57. 若反应器使用循环冷却水进行热量交换，装置突然停循环水，正确的处理方法是(A，B，C，D)。

A. 反应器停止进料　　B. 关闭进料阀
C. 防止发生超温超压　　D. 可引入过滤水冷却

58. 有机物料泄漏时，应尽快确定发生泄漏的部位及物料的(B，C)。

A. 密度　　B. 组成　　C. 性质　　D. 相对密度

59. 活塞式压缩机汽缸发热的处理办法有(A，B)。

A. 调整水量　　B. 清除汽缸异物　　C. 更换排气阀　　D. 更换吸气阀

60. 介质温度过高造成法兰发生泄漏的正确处理方法是(A，D)。

A. 紧固螺栓　　B. 更换垫片　　C. 更换螺栓　　D. 降低介质温度

61. 浮头式换热器内漏的处理办法是(A，B，C，D)。

A. 打堵　　B. 补焊
C. 小浮头螺栓紧固　　D. 小浮头换垫

62. 配管图的视图主要包括(A，C，D)。

A. 装配图　　B. 管路布置平面图　　C. 剖面图　　D. 零件图

63. 化工设备图的作用是用来指导(B，C，D)。

A. 设备的设计　　B. 设备的制造
C. 设备的安装　　D. 设备的使用及维修

64. 列管式换热器通常采用的换热管规格为(B，C)。

A. Φ17mm×1. 5mm　　B. Φ19mm×2mm

C. Φ25mm×2. 5mm　　D. Φ32mm×3mm

65. 下列机泵中，属于叶片泵的有(A，B，C)。

A. 离心泵　　B. 旋涡泵　　C. 轴流泵　　D. 蒸汽往复泵

66. 造成活塞式压缩机排气温度高的原因有(A，B，C)。

A. 冷却水量不足　　B. 排气阀损坏

C. 吸气阀损坏　　D. 出口局部污物堵塞

67. 透平停机后，汽缸内可以引入干燥的热空气，是通过(C，D)以达到防止腐蚀的目的。

A. 隔绝空气　　B. 降低转子温度

C. 提高转子温度　　D. 降低转子的湿度

简答题

1. 在吹扫系统时，要做哪方面的工作?

答: ① 对所有的用汽设备，应当先打开出口法兰吹扫，把出口法兰复位后再吹扫入口法兰；对所有管线，按其压力等级由低压至高压逐渐进行吹扫；② 控制阀应拆下，分别打开上下游阀进行吹扫；③ 对每一个压力等级上的支线，视其距气源的位置由近而远逐条进行吹扫。

2. 在装置引入原料前和引入过程中，应进行哪些操作?

答: ① 关闭设备及管线所有的导淋阀；② 打开液位计、调节阀、电磁阀、压力表、流量表等根部阀；③ 输送泵完好；④ 原料质量分析合格；⑤ 系统无泄漏、渗漏现象。

3. 开车前，应对蒸汽凝液系统进行吹扫，其作用有哪些?

答: ① 对所有的工艺管线正常供汽、伴热；② 对所有的设备正常供汽、伴热；③ 给蒸汽透平提供合格的工作蒸汽；④ 回收凝液。

4. 透平压缩机组开车时应具备哪些条件?

答: ① 透平油系统运行；② 循环水系统投用；③ 抽真空系统正常；④ 动力蒸汽暖管合格；⑤ 出口流程具备条件。

5. 简述流化床反应器的优点。

答: ① 气-固相间传热和传质速率快，床层温度均匀；② 便于实现连续化和自动化；③ 设备生产强度大，操作条件平稳。

6. 化工生产常用制冷的方法主要有哪些?

答: 化工生产常用制冷的方法主要有：① 冰融化法；② 冰盐水法；③ 干冰法；④ 液体汽化法。

7. 精馏塔塔顶中重组分含量增高时，采用加大回流比的方法有何优点?

答: 增加塔内下降的液体流量，使上升蒸气中难挥发组分冷凝的可能性加大，降低重组分含量，从而提高塔顶产品的质量。

8. 提高对流传热膜系数的具体途径是什么?

答: ① 提高流体的流速或改变流动方向；② 采用导热系数较大的加热剂或冷却剂；③ 尽量采用有物态变化的流体，设法防止垢层的形成。

9. 处理化工废水的方法有哪些？

答：① 物理法；② 化学法；③ 物理化学法；④ 生物化学法。

10. 简述流化床反应器的停车步骤。

答：① 停流化床进料。② 继续通入循环气体，将反应器内物料反应完毕。③ 用惰性气体置换完毕后，卸出催化剂。④ 停气体压缩机。

11. 请简述水环真空泵的停车顺序。

答：① 关闭真空泵的进气入口阀门；② 关闭真空泵的电源；③ 关闭真空泵的工艺水阀门。

12. 装置排空置换物料如何处理？

答：① 装置停车时，设备管道内的液体物料应尽可能抽空，再进行吹扫、置换等直至物料干净；② 可燃、有毒气体物料应排到火炬烧掉；③ 对残存的物料排放时，应采取相应措施，不得就地排放或排放到下水道中，装置周围应杜绝一切火源。

13. 请简述离心泵的停车程序。

答：① 与连接岗位取得联系后，慢慢关闭离心泵的出口阀；② 按电动机按钮，停止电机运转；③ 关闭离心泵入口阀及密封液阀；④ 通知电气人员停电。

14. 清洁生产的定义是什么？

答：清洁生产是指不断采取改进设计、使用清洁的能源和原料、采用先进工艺技术和设备、改善管理、综合利用等措施，从源头削减污染，提高资源利用效率，减少或者避免生产、服务和产品使用过程中污染物的产生和排放，以减轻或者消除对人类健康和环境的危害。

15. 如何进行蒸汽汽轮机的暖机操作？

答：① 打开主蒸汽和背压蒸汽阀前排放，进行暖管。② 稍开背压蒸汽阀，打开机室排放暖机。③ 稍开主蒸汽阀进行暖机。④ 汽轮机复位，打开紧急事故切断阀进行暖机。

16. 简述有机物料泄漏时的处理程序。

答：① 要立即报告车间领导、车间有关人员及调度室；② 若物料泄漏点能堵住，可联系带料堵漏，此时漏的物料要用桶接，进行回收；③ 若物料泄漏点不能堵住，系统按临时停车处理；④ 将泄漏点处理干净，与系统隔离；⑤ 泄漏点修复后重新开车。

17. 雷击天气装置巡检的注意事项是什么？

答：化工装置遇雷击天气易出现停电，火灾和爆炸事故，在巡检时应注意检查传动设备是否有偷停现象；是否有物料泄漏，装置是否出现火灾迹象，以及粉尘场所情况。

18. 固体催化剂失活的原因有哪些？

答：中毒、结焦、堵塞、烧结和热失活。

计算题

1. 一苯精馏塔在压强为104kPa下分离粗苯酐混合液，已知处理量为5×10^3kg/h，原料中苯酐的含量为99%，工艺要求馏出液中苯酐的含量不小于99.95%，残液中苯酐的含量不大于70%（均以质量分数计），求馏出液和残液的量。

解：根据精馏塔全塔物料衡算

$$F = D + W$$

$$F \cdot X_F = D \cdot X_D + W \cdot X_W$$

已知：$F=5\times10^3$

$X_F=99\%$

$X_D=99.95\%$

$X_W=70\%$

将以上各值代入上述两式，得：

$$5\times10^3=D+W$$

$$5\times10^3\times99\%=D\times99.95\%+W\times70\%$$

解方程式得：$D=4841.4$(kg/h)，$W=158.6$(kg/h)

答：塔顶馏出液的量为4841.4kg/h，塔底残液的量为158.6kg/h。

2. 某连续精馏塔在压强为101.3kPa下分离苯－甲苯的混合液，已知处理量为15300kg/h,原料液中苯的含量为45.9%，工艺要求馏出液中苯的含量不少于94.2%，残液中苯的含量不大于4.27%(均以质量分数计)，试求馏出液和残液的量。

解：①根据全塔物料衡算方程 $F=D+W$，$F\cdot X_F=D\cdot X_D+W\cdot X_W$

② 将 $X_W=0.0427$，$X_D=0.942$，$X_F=0.459$ 代入

则
$$15300\times0.459=D\times0.942+W\times0.0427 \quad (A)$$

$$15300=D+W \quad (B)$$

③A、B联立方程组解得 $D=7082.6$(kg/h)，$W=8217.4$(kg/h)

答：馏出液量为7082.6kg/h，残液量为8217.4kg/h。

3. 40%的酒精水溶液以20kmol/h进行精馏，要求馏出液含酒精89%，残液中酒精含量不大于3%，(以上均为摩尔分数)，求馏出液和残液的量。

解：由题意知：$F=20$kmol/h，$X_D=0.89$，$X_F=0.4$

$$X_W=0.03$$

根据　$F=D+W$，$F\cdot X_F=D\cdot X_D+W\cdot X_W$

计算得出　$D=8.6$(kmol/h)

$W=11.4$(kmol/h)

答：馏出液的量为8.6kmol/h，残液的量为11.4kmol/h。

4. 在一精馏操作中，要将质量分数为60%的乙醇溶液，以1000kg/h的加料量进入精馏塔，要求塔顶产出90%乙醇，塔釜出来的残液中含乙醇小于10%，试计算每小时产量和残液量。(以每小时1000kg原料为基准)

解：设加料量为 F，产量为 D，残液量为 W，则 $F=D+W$

由精馏操作中物料平衡关系式：

$$\begin{cases}F=D+W\\Fx_F=Dx_D+Wx_W\end{cases}\quad 得：\begin{cases}1000=D+W\\1000\times60\%=D\times90\%+W\times10\%\end{cases}$$

$$D=\frac{1000\times(0.6-0.1)}{0.9-0.1}=625(\text{kg})$$

$$W=1000-625=375(\text{kg})$$

5. 某装置10月份生产产品21000t，当月消耗的原料为24000t，则生产每吨产品的物耗为多少?

解：物耗＝原料消耗量/产品产量＝24000/21000＝1.2t/t(产品)

答：生产每吨产品的物耗为1.2t/t(产品)。

6. 某装置进料量为150t/h，进料中甲苯含量65%。C_9A含量32%。汽提塔底流量为146t/h，物流中甲苯含量42%，苯含量11%，C_8A含量32%，C_9A含量13%。求该装置物耗。(以上均为质量分数)

解：装置物耗=(反应掉的甲苯+C_9A)/(产品苯+C_8A)

$$=[(150\times65\%-146\times42\%)+(150\times32\%-146\times13\%)]/(146\times11\%+146\times32\%)$$

$$=1.039\text{t(甲苯}+C_9A)/\text{t(苯}+C_8A)$$

$$=1039\text{kg(甲苯}+C_9A)/\text{t(苯}+C_8A)$$

答：该装置的物耗为1039kg(甲苯+C_9A)/t(苯+C_8A)。

7. 在一列管式换热器中用冷水冷却高温油，冷水走管内油走管外，两流体设逆流流动。已知冷却水进口温度为280K，出口温度为330K，高温油进口温度为400K，出口温度为320K。求换热中冷、热流体的平均温差。

解：$T_1=400\text{K}$，$T_2=320\text{K}$

$t_1=280\text{K}$，$t_2=330\text{K}$

$$\Delta t_{大}=T_1-t_2=400-330=70(\text{K})$$

$$\Delta t_{小}=T_2-t_1=320-280=40(\text{K})$$

$$\Delta t_{大}/\Delta t_{小}<2$$

$\Delta t_{均}$取算术平均值

$$\Delta t_{均}=(\Delta t_{大}-\Delta t_{小})/2=(70+40)/2=55(\text{K})$$

答：换热中冷、热流体的平均温差55K。

8. 某冷、热两种流体在一列管换热器中进行交换，已知热流体进口温度为493K，出口温度为423K，冷流体从323K升到363K，求冷、热流体在换热器中采用并流和逆流的平均温度差。

解：逆流时：热流体493K→423K

冷流体363K→323K

$\Delta t_{进}=130\text{K}$，$\Delta t_{出}=100\text{K}$

$$\Delta t_{逆流}=(\Delta t_{进}+\Delta t_{出})/2=(130+100)/2=115(\text{K})$$

并流时：热流体493K→423K

冷流体323K→363K

$\Delta t_{进}=170\text{K}$，$\Delta t_{出}=60\text{K}$

$$\Delta t_{均并}=(\Delta t_{进}+\Delta t_{出})/\ln(\Delta t_{进}/\Delta t_{出})=(170-60)/\ln(170/60)=105.8(\text{K})$$

答：换热器中采用并流的平均温度差为105.8K，采用逆流的平均温度差为115K。

9. 已知水的比热容是1kcal/kg，水的质量是10000kg，从30℃升高到50℃，问需要吸收多少热量？

解：$G=10000\text{kg}$，$t_2=50℃$，$t_1=30℃$

$$C=1\text{kcal/kg}$$

$$Q=G\times C\times(t_2-t_1)=10000\times1\times(50-30)=20000(\text{kcal})$$

答：需要吸收20000kcal热量。

10. 蒸汽压力为1.0MPa，密度为0.0042t/m³，汽线管径为100mm，蒸汽流速为30m/s，求蒸汽流量。

解：$\rho=0.0042\text{t/m}^3$，$D=100\text{mm}=0.1\text{m}$

$$u = 30\text{m/s}$$

$$Q = \pi r^2 u\rho = 3.14 \times (0.1/2)^2 \times 30 \times 3600 \times 0.0042 = 3.56(\text{t/h})$$

答：蒸汽流量为3.56t/h。

11. 在一冷凝器内，用300K的冷却水来冷凝某精馏塔内上升的有机物的饱和蒸汽，已知有机物蒸汽的温度为348K，冷却水的出口温度为313K，求冷热流体的平均温度差。

解：已知热流体温度不变

$$T = 348\text{K}$$

冷流体进口温度 $t_1=300\text{K}$

出口温度 $t_2=313\text{K}$

则 $$\Delta t_{大} = T - t_1 = 48(\text{K})$$

$$\Delta t_{小} = T - t_2 = 35(\text{K})$$

由于 $$\Delta t_{大}/\Delta t_{小} = 48/35 = 1.37 < 2$$

所以 $$\Delta t = (\Delta t_{大} + \Delta t_{小})/2 = 41.5(\text{K})$$

答：冷热流体的平均温度差为41.5K。

12. 在一换热器内，用热水来加热某种溶液，已知热水的进口温度为360K，出口温度为340K，冷溶液从290K被加热到330K。计算逆流下的平均温度差。

解：逆流时，$\Delta t_{大}=50\text{K}$

$\Delta t_{小}=30\text{K}$

因为 $$\Delta t_{大}/\Delta t_{小}=50/30=1.7<2$$

所以 $$\Delta t=(\Delta t_{大}+\Delta t_{小})/2=40(\text{K})$$

答：逆流下的平均温度差为40K。

13. 利用冷却器来冷凝380K的某塔顶上升蒸汽，已知冷却水的进口温度为290K，进出口温度差控制在15K之内，试求冷热流体的平均温度差。

解：① 因热流体有相变无温度变化，故逆并流效果一样。

② 已知 $T=380\text{K}$ 冷流体 $t_1=290\text{K}$，$t_2=305\text{K}$

则 $\Delta t_{大}=380-290=90\text{K}$，$\Delta t_{小}=380-305=75\text{K}$

③ 因 $\Delta t_{大}/\Delta t_{小} < 2$

$$\Delta t_m = (\Delta t_{大} + \Delta t_{小})/2 = (90 + 75)/2 = 82.5(\text{K})$$

或 $$\Delta t_m = (\Delta t_{大} - \Delta t_{小})/\ln(\Delta t_{大}/\Delta t_{小}) = (90 - 75)/\ln(90/75) = 82.3(\text{K})$$

答：冷热流体的平均温度差为82.5K或82.3K。

14. 有一由 ϕ25mm×2mm 无缝钢管制成的列管式换热器，已知管内为二氧化碳气体，流量为15kg/s，入口温度为320K，出口温度为310K，操作压强为101.3kPa，管外为冷却水，与二氧化碳成逆流流动，入口温度为300K，流量为5.52kg/s，已知 $\alpha_{内}=50\text{W/(m}^2\cdot\text{K)}$，$\alpha_{外}=5000\text{W/(m}^2\cdot\text{K)}$，钢的传热膜系数 $\lambda=46.5\text{W/(m}^2\cdot\text{K)}$，二氧化碳的比热容为0.9kJ/(kg·K)，水的比热容为4.2kJ/(kg·K)，忽略垢层影响，求换热器所需的换热面积是多少？

解：① 首先计算热负荷

$$q_{热}=W_{热}\cdot C_{热}\Delta t=15\times0.9\times10^3\times(320-310)=135000(J/s)$$

② 根据热量衡算 $q_{热}=q_{冷}$

$$q_{冷}=W_{冷}\cdot C_{冷}\Delta t=135000(J/s)$$

已知 $W_{冷}=5.52kg/s$

$$\Delta t=t_{出}-t_{进}=t_{出}-300K$$

$$C_{冷}=4.2kJ/(kg\cdot K)$$

所以 $t_{出}=135000/5.52\times4.2\times10^3+300=306(K)$

③ 求平均温度差

$$\Delta t_{大}=320-306=14K,\ \Delta t_{小}=310-300=10K$$

因为 $\Delta t_{大}/\Delta t_{小}=1.4<2$

所以 $\Delta t=(\Delta t_{大}-\Delta t_{小})/2=12(K)$

④ 计算换热器的传热系数

$$K=1/(1/\alpha_{内}+\delta/\lambda+1/\alpha_{外})$$

$$=1/(1/50+0.002/46.5+1/5000)=49.40[W/(m^2\cdot K)]$$

⑤ 计算传热面积

$$A=q/(K\cdot\Delta t)=135000/(49.40\times12)=227.73(m^2)$$

答：换热器的传热面积为 $227.73m^2$。

15. 有一用 $\phi25mm\times2.5mm$ 无缝钢管制成的列管式换热器，用 200kPa 的饱和水蒸气(393K)将某原料气从 300K 加热到 350K，已知原料气处理量为 5755kg/h，比热容为 1.03kJ/(kg · K)，换热器的换热系数为 $48W/(m^2\cdot K)$，求该换热器所需的换热面积是多少？

解：① 首先计算热负荷

$$q=(5755/3600)\times1.03\times10^3\times(350-300)=82328.47(J/s)$$

② 求平均温度差

$$\Delta t_{大}=393-300=93K,\quad \Delta t_{小}=393-350=43K$$

因为 $\Delta t_{大}/\Delta t_{小}=2.2>2$

所以 $\Delta t=(\Delta t_{大}-\Delta t_{小})/\ln(\Delta t_{大}/\Delta t_{小})=64.8(K)$

③ 计算传热面积

$$A=q/(K\cdot\Delta t)=82328.47/(48\times64.8)=26.47(m^2)$$

答：换热器的传热面积为 $26.47m^2$。

16. 现有一台列管式换热器，有 3400 根 $\Phi25mm\times2.5mm$ 的无缝钢管组成，管长 6m，用作某车间的冷凝器，管内走比热 4.2kJ/(kg · K) 的某溶液，流量为 258kg/s，进口温度为 330K，出口温度为 310K，管外为冷却水，进口温度为 285K，出口温度为 300K，设已知换热器的总传热系数 $K=675W/(m^2\cdot K)$，试问该换热器能否适用？

解：① 计算热负荷：$q=W_{热}C_{热}\Delta t=258\times4.2\times(330-310)=21672(kW)$

② 假定采用逆流方式，计算 Δt_m：

溶　液	T	330K→	310K
冷却水	t	300K←	285K
	Δt	30K	25K

因 $\Delta t_{大}/\Delta t_{小} < 2$，$\Delta t_m = (\Delta t_{大}+\Delta t_{小})/2 = (30+25)/2 = 27.5(K)$

计算传热面积 $A_{算}$：$A_{算} = q/(K\Delta t_m) = 21672\times10^3/(657\times27.5) = 1200(m^2)$

以20%的安全系数考虑：$A = 1.2\times1200 = 1440(m^2)$

③ 计算出现有的换热器的换热面积：

$$A = n\pi dl = 3400 \times 3.14 \times 0.0225 \times 6 = 1442(m^2)$$

答：现有换热器可满足生产要求，能适用。

17. 已知一台离心泵的流量为 $0.0125m^3/s$，试验测得的扬程为29.5m，试验采用4℃的清水，机泵的效率为70%。试计算在实验条件下该泵的轴功率。

解：由公式 $N = Q\times H\times\rho g/\eta$ 得

$$N = 0.0125 \times 29.5 \times 1000 \times 9.81/0.7$$

$$N = 5185.3W = 5.19(kW)$$

答：该泵的轴功率为5.19kW。

四、技能操作鉴定要素细目表

鉴定范围						鉴定点	
一级		二级		三级		代码	名称
代码	名称	代码	名称	代码	名称		
A	技能要求	A	工艺操作	A	开车准备	001	反应系统开车前工艺检查
						002	精馏系统开车前工艺检查
				B	开车操作	001	吸收系统的开车操作
						002	反应系统的开车操作
						003	精馏系统的开车操作
				C	正常操作	001	反应负荷的调整操作
						002	反应器出口指标的分析及控制
						003	DCS系统的操作
						004	调节阀进行手自动切换的操作
						005	精馏塔塔顶压力波动的调节
				D	停车操作	001	反应器系统的停车操作
						002	精馏系统的停车操作
						003	蒸汽系统停车操作
						004	水系统停车操作
						005	装置停车“三废”排放处理
		B	设备使用与维护	A	使用设备	001	精馏塔的操作
						002	冷换设备的操作
						003	推车式干粉灭火器的使用
						004	空气呼吸器使用

续表

鉴定范围						鉴定点	
一级		二级		三级		代码	名称
代码	名称	代码	名称	代码	名称		
				B	维护设备	001	设备的验收
						002	机泵检修的隔离确认
		C	事故判断与处理	A	判断事故	001	机械密封的泄漏判断
						002	过滤器堵塞的判断
						003	液体物料跑料的判断
						004	冬季管线冻堵的判断
				B	处理事故	001	物料自燃事故处理
						002	反应器发生超温事故处理
						003	液体跑料处理
						004	精馏塔出现液泛事故的处理
						005	着火事故的处理
		D	绘图与计算	A	绘图	001	工艺配管单线图的绘制
				B	计算	001	反应的转化率、收率计算
						002	单一设备的物料平衡计算
		E	培训与指导	A	培训与指导	001	培训初、中级操作人员
						002	技术指导

五、技能操作试题

试题1：反应系统开车前工艺检查(现场模拟)

（考核时间：20min）

序号	考核内容	考核要点	配分	评分标准	检测结果	扣分	得分	备注
1	准备工作	穿戴劳保用品	3	穿戴不规范扣3分				
		工具、用具准备	2	工具选择不正确扣2分				
2	操作程序	确认反应系统设备管线试压、试漏合格	10	未确认反应器试压、试漏合格，扣5分				
				未确认管线试压、试漏合格扣5分				
		确认反应系统清洗、吹扫干净，氮气置换合格	10	未确认清洗吹扫干净扣3分				
				未确认氮气置换合格扣4分				
				不清楚氮气置换合格标准扣3分				

续表

序号	考核内容	考核要点	配分	评分标准	检测结果	扣分	得分	备注
		确认安全阀、压力表、防爆膜等安全附件是否完好	20	未确认安全阀扣10分				
				未确认压力表、防爆膜等安全附件扣10分				
		检查确认仪表电器是否具备条件	10	未确认仪表阀门调校、联锁调试完成扣5分				
				未检查确认机泵及其他电器具备条件并送电扣5分				
		确认公用工程具备使用条件	10	未确认公用工程扣10分				
		确认原料及辅助原料具备使用条件	20	未确认原料扣10分				
				未确认辅助原料扣10分				
		检查确认流程设定正确	10	未检查确流程设定是否正确扣10分				
3	使用工具	使用工具	3	工具使用不正确扣3分				
		维护工具	2	工具乱摆乱放扣2分				
4	安全及其他	按国家法规或企业规定		违规一次总分扣5分；严重违规停止操作			—	
		在规定时间内完成操作		每超时1min总分扣5分，超时5min停止操作			—	
合　计			100					

试题2：精馏系统开车前工艺检查(现场模拟)

(考核时间：20min)

序号	考核内容	考核要点	配分	评分标准	检测结果	扣分	得分	备注
1	准备工作	穿戴劳保用品	3	穿戴不规范扣3分				
		工具、用具准备	2	工具选择不正确扣2分				
2	操作程序	确认精馏系统设备管线试压、试漏合格	10	未确认精馏塔试压、试漏合格扣5分				
				未确认管线试压、试漏合格扣5分				
		确认精馏系统清洗、吹扫干净，氮气置换合格	10	未确认清洗吹扫干净扣3分				
				未确认氮气置换合格扣4分				
				不清楚氮气置换合格标准扣3分				

续表

序号	考核内容	考核要点	配分	评分标准	检测结果	扣分	得分	备注
		确认安全阀、压力表、液面计及其他安全附件是否完好	20	未确认安全阀、压力表、液面计扣 10 分，漏项扣 4 分				
				未确认其他安全附件扣 10 分				
		检查确认仪表电器具备条件	10	未确认仪表阀门调校、联锁调试完成扣 5 分				
				未检查确认机泵及其他电器具备条件并送电扣 5 分				
		确认冷凝器冷却水具备投用条件	10	未确认冷凝器冷却水扣 10 分				
		确认塔釜再沸器具备投用条件	10	未确认再沸器扣 10 分				
		检查确认流程设定正确	20	未检查确流程设定是否正确扣 20 分				
3	使用工具	使用工具	3	工具使用不正确扣 3 分				
		维护工具	2	工具乱摆乱放扣 2 分				
4	安全及其他	按国家法规或企业规定		违规一次总分扣 5 分；严重违规停止操作			—	
		在规定时间内完成操作		每超时 1min 总分扣 5 分，超时 5min 停止操作			—	
合计			100					

试题 3：固定床式反应器开车操作(现场模拟)

(考核时间：25min)

序号	考核内容	考核要点	配分	评分标准	检测结果	扣分	得分	备注
1	准备工作	穿戴劳保用品	3	穿戴不规范扣 3 分				
		工具、用具准备	2	工具选择不正确扣 2 分				
2	技术准备	制订反应器开车操作方案	5	未制订反应器开车操作方案扣 5 分				
		检查安全阀、仪表投用	5	未检查扣 10 分				
3	操作程序	流程设定	10	未设定扣 6 分				
				设定错误扣 4 分				
		反应器充料操作	10	未打开进料阀扣 3 分				
				进料阀开度不当扣 2 分				
				充料操作不平稳扣 2 分				
				未进行排汽操作扣 3 分				

续表

序号	考核内容	考核要点	配分	评分标准	检测结果	扣分	得分	备注
		进料后检查	10	未确认反应器物料充满扣4分				
				未检查阀门状态是否正常扣3分				
				未检查系统工作状态是否正常扣3分				
		升温操作	10	反应器升温方法不正确扣5分				
				不清楚升温速度扣5分				
		加入其他参与反应物料操作	20	其他参与反应物料加入不及时扣10分				
				其他参与反应物料配比不清楚扣10分				
		参数调整	10	反应温度、压力、流量未调整到规定值扣10分，一项不符合要求扣3分				
4	操作结果	操作平稳，波动小	10	操作发生较大波动扣10分				
5	使用工具	使用工具	2	工具使用不正确扣2分				
		维护工具	3	工具乱摆乱放扣3分				
6	安全及其他	按国家法规或企业规定		违规一次总分扣5分；严重违规停止操作			—	
		在规定时间内完成操作		每超时1min总分扣5分，超时3min停止操作			—	
合计			100					

否定项说明：若违章操作或发生事故等情况，该题为零分。

试题4：加压精馏系统的开车操作（模拟）

（考核时间：25min）

序号	考核内容	考核要点	配分	评分标准	检测结果	扣分	得分	备注
1	准备工作	穿戴劳保用品	3	穿戴不规范扣3分				
		工具、用具准备	2	工具选择不正确扣2分				
2	操作程序	检查精馏系统具备开车条件	30	未确认精馏系统气密置换合格扣8分				
				未检查冷凝器具备条件扣5分				
				未检查再沸器所用蒸汽引至入口扣5分				
				进料前未将精馏塔压力卸至微正压扣2分				

续表

序号	考核内容	考核要点	配分	评分标准	检测结果	扣分	得分	备注
				未确认机泵具备条件扣2分				
				未确认开车流程设定正确扣8分				
		岗位联系及时到位	10	未进行联系扣10分				
		投料操作	30	进料步骤错误扣5分				
				再沸器、冷凝器投用错误扣5分				
				未按正确程序开泵扣5分				
				回流未建立扣10分				
				物料送出时间不当扣5分				
		参数调整	10	未调整塔压、温度、流量、液面至规定值扣10分				
3	操作结果	操作平稳，波动小	10	操作发生较大波动扣10分				
4	使用工具	正确使用工具	2	工具使用不正确扣2分				
		正确维护工具	3	工具乱摆乱放扣3分				
5	安全及其他	按国家法规或企业规定		违规一次总分扣5分；严重违规停止操作			—	
		在规定时间内完成操作		每超时1min总分扣5分，超时3min停止操作			—	
合　计			100					

否定项说明：若违章操作或发生事故等情况，该题为零分。

试题5：反应负荷的调整操作（现场模拟）

（考核时间：15min）

序号	考核内容	考核要点	配分	评分标准	检测结果	扣分	得分	备注
1	准备工作	穿戴劳保用品	3	穿戴不规范扣3分				
		工具、用具准备	2	工具选择不正确扣2分				
2	操作程序	确认负荷调整执行单	20	未确认负荷调整执行单扣10分				
				不清楚调整负荷流量大小扣10分				
		增减负荷时，调节参数掌握准确	10	增减负荷时，相应调节参数不清楚扣10分				
		负荷调整操作	10	负荷调整过快扣10分				
			10	其他相关参数调整不及时扣10分				

续表

序号	考核内容	考核要点	配分	评分标准	检测结果	扣分	得分	备注
			10	其他相关参数调整幅度不正确扣10分				
		异常情况处理得当	30	未及时发现异常情况扣15分				
				出现异常处理不得当扣15分				
3	使用工具	正确使用工具	2	工具使用不正确扣2分				
		正确维护工具	3	工具乱摆乱放扣3分				
4	安全及其他	按国家法规或企业规定		违规一次总分扣5分；严重违规停止操作			—	
		在规定时间内完成操作		每超时1min总分扣5分，超时3min停止操作			—	
		合　计	100					

试题6：反应出口指标不合格的原因及处理方法（现场模拟）

（考核时间：20min）

序号	考核内容	考核要点	配分	评分标准	检测结果	扣分	得分	备注
1	准备工作	穿戴劳保用品	3	穿戴不规范扣3分				
		工具、用具准备	2	工具选择不正确扣2分				
2	反应器出口指标不合格原因及处理方法	确认化验室分析数据是否准确	15	未检查操作参数是否正常扣5分				
				未检查原料组成是否变化扣5分				
				未判断分析化验室数据是否准确扣5分				
		反应温度低的处理	20	未提高反应温度扣10分				
				提高反应温度方法不正确扣10分				
		原料配比不当的处理	15	原料配比计算方法不正确扣5分				
				原料配比比例不清楚扣5分				
				反应机理叙述不清楚扣5分				
		进料组成变化的处理方法	10	进料组成变化未调整相应参数扣5分				
				不清楚进料组成变化如何调整扣5分				
		反应压力低的处理方法	10	未提高反应压力扣10分				
				反应压力提高方法不正确扣10分				

续表

序号	考核内容	考核要点	配分	评分标准	检测结果	扣分	得分	备注
3	操作结果	反应器出口指标合格	20	反应器出口指标未调整合格扣20分				
4	使用工具	正确使用工具	2	工具使用不正确扣2分				
		正确维护工具	3	工具乱摆乱放扣3分				
5	安全及其他	按国家法规或企业规定		违规一次总分扣5分；严重违规停止操作			—	
		在规定时间内完成操作		每超时1min总分扣5分，超时3min停止操作			—	
		合　计	100					

试题7：DCS系统操作(现场模拟)

（考核时间：15min）

序号	考核内容	考核要点	配分	评分标准	检测结果	扣分	得分	备注
1	准备工作	穿戴劳保用品	3	穿戴不规范扣3分				
		工具、用具准备	2	工具选择不正确扣2分				
2	操作过程	DCS盘面键盘的作用	20	常用键盘英文代号代表意思不清楚扣5分				
				常用键盘的作用不清楚扣10分				
				其他键盘作用不清楚扣5分				
		DCS相关操作	30	不会调出某一时间某点的实际数据扣5分				
				不会调出某一时间某点的具体阀位扣5分				
				不会设定自定义组扣5分				
				不会调出趋势图扣10分				
				不会调出点的细目扣5分				
		调节点的操作	30	不能熟练调出某一画面扣10分				
				不能熟练调节某一参数扣5分				
				不会使用点细目的方法调节操作扣5分				
				不会使用组的方法调节操作扣5分				
				不会使用流程图画面的方法调节操作扣5分				

续表

序号	考核内容	考核要点	配分	评分标准	检测结果	扣分	得分	备注
		报警系统操作	10	报警响不会消音扣5分				
				报警响不会确认扣5分				
3	使用工具	正确使用工具	2	工具使用不正确扣2分				
		正确维护工具	3	工具乱摆乱放扣3分				
4	安全及其他	按国家法规或企业规定		违规一次总分扣5分；严重违规停止操作			—	
		在规定时间内完成操作		每超时1min总分扣5分，超时3min停止操作			—	
合　计			100					

试题8：DCS上趋势的调出(现场模拟)

（考核时间：15min）

序号	考核内容	考核要点	配分	评分标准	检测结果	扣分	得分	备注
1	准备工作	穿戴劳保用品	3	穿戴不规范扣3分				
		工具、用具准备	2	工具选择不正确扣2分				
2	操作过程	键盘英文代号对应的译文	15	不清楚组所对应的英文代号扣5分				
				不清楚趋势所对应的英文代号扣5分				
				不清楚点细目所对应的英文代号扣5分				
		操作组画面的调出	30	不清楚直接输入组号进入操作组扣10分				
				不清楚通过点细目调出操作组扣10分				
				不清楚一个操作组包含几个点扣10分				
		DCS趋势图的调出	30	不会同时调出某组单元点的趋势图扣5分				
				不会单独调出某一点的趋势图扣5分				
				不清楚每一点所对应的趋势曲线颜色扣10分				
				不会分别调出20min、1h、2h、8h、16h、48h、96h的趋势图扣10分				

续表

序号	考核内容	考核要点	配分	评分标准	检测结果	扣分	得分	备注
		趋势图上数据的察看及修改	15	不会在趋势图上更改设置点的上限、下限数值扣5分				
				不会在趋势图上察看某点的现场实际指示数值扣5分				
				不会在趋势图上通过翻页键调阅趋势图的各段时间显示扣5分				
3	使用工具	正确使用工具	2	工具使用不正确扣2分				
		正确维护工具	3	工具乱摆乱放扣3分				
4	安全及其他	按国家法规或企业规定		违规一次总分扣5分；严重违规停止操作			—	
		在规定时间内完成操作		每超时1min总分扣5分，超时3min停止操作			—	
合计			100					

试题9：调节阀进行手自动切换操作（现场模拟）

（考核时间：20min）

序号	考核内容	考核要点	配分	评分标准	检测结果	扣分	得分	备注
1	准备工作	穿戴劳保用品	3	穿戴不规范扣3分				
		工具、用具准备	2	工具选择不正确扣2分				
2	操作过程	手动自动操作涉及的英文代号掌握清楚	15	不清楚手动所对应的英文代号扣5分				
				不清楚自动所对应的英文代号扣5分				
				不清楚回车键所对应的英文代号扣5分				
		调出手自动切换画面	30	不会在流程图上调出调节点的框图进行手自动切换扣10分				
				不会在点细目上进行手自动切换扣10分				
				不会在组上进行手自动切换扣10分				
		手自动切换操作	30	不清楚如何点击MAN卸为手动扣10分				
				不清楚如何点击AUTO投入手动扣10分				
				不清楚使用回车键手自动切换结束扣10分				

续表

序号	考核内容	考核要点	配分	评分标准	检测结果	扣分	得分	备注
		手自动切换过程平稳，调整模式正确	15	手自动切换时造成调节参数波动扣 7 分				
				不清楚自动模式调整的是 SP 值扣 2 分				
				不清楚手动模式调整的是 OP 值扣 2 分				
				不清楚 OP 代表的意义扣 2 分				
				不清楚 SP 代表的意义扣 2 分				
3	使用工具	正确使用工具	2	工具使用不正确扣 2 分				
		正确维护工具	3	工具乱摆乱放扣 3 分				
4	安全及其他	按国家法规或企业规定		违规一次总分扣 5 分；严重违规停止操作			—	
		在规定时间内完成操作		每超时 1min 总分扣 5 分，超时 3min 停止操作			—	
		合　　计	100					

试题 10：精馏塔塔顶压力波动的调节（模拟）

（考核时间：25min）

序号	考核内容	考核要点	配分	评分标准	检测结果	扣分	得分	备注
1	准备工作	穿戴劳保用品	3	穿戴不规范扣 3 分				
		工具、用具准备	2	工具选择不正确扣 2 分				
2	操作程序	塔釜温度原因导致压力波动的调节	10	如果是塔釜温度波动原因而未调整釜温扣 10 分				
		塔顶冷凝器原因导致压力波动的调节	20	如果是塔顶冷凝器冷却水温度、压力、流量波动原因而未采取方法调节处理扣 10 分				
				如果是塔顶冷凝器换热效果下降原因而未采取措施进行处理扣 10 分				
		仪表原因导致压力波动的调节	10	如果是控制塔压的调节阀故障原因而未将调节阀卸为手动并找仪表处理扣 10 分				
		进料原因导致压力波动的调节	10	如果是进料中轻重组分变化原因而未调整其他相关参数扣 10 分				
		塔顶回流原因导致压力波动的调节	10	如果是塔顶回流量波动而未稳定调整好回流量扣 10 分				

续表

序号	考核内容	考核要点	配分	评分标准	检测结果	扣分	得分	备注
		塔板堵塞原因导致压力波动的调节	5	如果是塔板堵塞原因而未采取相应措施进行处理扣5分				
		塔内不凝气原因导致压力波动的调节	10	如果是塔内不凝气增多原因而未增加不凝气排放量扣10分				
		液面原因导致压力波动的调节	5	如果是塔釜液面及回流罐液面波动原因而未恢复液面至正常扣5分				
		采出原因导致压力波动的调节	10	如果是塔釜、塔顶采出波动大原因而未恢复正常采出扣10分				
3	使用工具	正确使用工具	2	工具使用不正确扣2分				
		正确维护工具	3	工具乱摆乱放扣3分				
4	安全及其他	按国家法规或企业规定		违规一次总分扣5分；严重违规停止操作			—	
		在规定时间内完成操作		每超时1min总分扣5分，超时3min停止操作			—	
合计			100					

否定项说明：若违章操作或发生事故等情况，该题为零分。

试题11：反应器系统的停车操作(现场模拟)

(考核时间：25min)

序号	考核内容	考核要点	配分	评分标准	检测结果	扣分	得分	备注
1	准备工作	穿戴劳保用品	3	穿戴不规范扣3分				
		工具、用具准备	2	工具选择不正确扣2分				
2	技术准备	确认反应器停车操作方案	8	未确认停车方案扣8分				
3	操作前提	确认流程及操作条件	8	未确认流程扣4分				
				未确认相关操作条件扣4分				
4	操作程序	岗位联系及时到位	6	未进行岗位间联系扣6分				
		反应器降温操作	20	反应器未进行降温操作扣10分				
				降温方法不正确扣10分				
		停止进料操作	22	未停止主物料进料扣4分				
				未停止其他参与反应物料扣4分				
				反应器出口未改至不合格品线扣4分				
				操作发生超压情况扣5分				

续表

序号	考核内容	考核要点	配分	评分标准	检测结果	扣分	得分	备注
				操作发生超温情况扣5分				
		物料导出，无温升，吹扫置换合格	26	温度未降至要求扣6分				
				物料导出方法不正确扣6分				
				吹扫置换方法不正确扣6分				
				吹扫置换不合格扣8分				
5	使用工具	使用工具	2	工具使用不正确扣2分				
		维护工具	3	工具乱摆乱放扣3分				
6	安全及其他	按国家法规或企业规定		违规一次总分扣5分；严重违规停止操作			—	
		在规定时间内完成操作		每超时1min总分扣5分，超时3min停止操作			—	
合计			100					

否定项说明：若出现违章操作或发生事故等情况，该题为零分。

试题12：精馏系统的停车操作(模拟)

(考核时间：30min)

序号	考核内容	考核要点	配分	评分标准	检测结果	扣分	得分	备注
1	准备工作	穿戴劳保用品	3	穿戴不规范扣3分				
		工具、用具准备	2	工具选择不正确扣2分				
2	操作程序	检查精馏系统具备停车条件	15	未确认排放系统畅通扣5分				
				未确认仪表阀门状态良好扣5分				
				未检查确认停车流程扣5分				
		岗位联系及时到位	10	未进行联系扣10分				
		停车操作	20	未降低进料负荷扣5分				
				未缓慢降低塔釜再沸器蒸汽用量扣5分				
				当精馏塔温度、压力低于正常值时塔釜、塔顶采出未改至不合格品管线或该改线的未改线而污染产品扣10分				
		检查确认	25	未检查确认进料停止扣5分				
				当塔釜液面、回流罐液面空时未及时停泵扣10分				
				未确认塔釜蒸汽停用扣10分				

续表

序号	考核内容	考核要点	配分	评分标准	检测结果	扣分	得分	备注
		系统物料排放	10	塔内存在液体物料时未反复启泵将其送空扣5分				
				塔内液体物料送空后未打开精馏塔各处去指定排放系统排放剩余气体扣5分				
		氮气置换操作	10	精馏塔未进行氮气置换并合格扣10分				
3	使用工具	正确使用工具	2	工具使用不正确扣2分				
		正确维护工具	3	工具乱摆乱放扣3分				
4	安全及其他	按国家法规或企业规定		违规一次总分扣5分；严重违规停止操作			—	
		在规定时间内完成操作		每超时1min总分扣5分，超时3min停止操作			—	
合计			100					

否定项说明：若精馏塔发生超温、超压情况，该题为零分。

试题13：循环水系统的停车操作(模拟)

（考核时间：25min）

序号	考核内容	考核要点	配分	评分标准	检测结果	扣分	得分	备注
1	准备工作	穿戴劳保用品	3	穿戴不规范扣3分				
		工具、用具准备	2	工具选择不正确扣2分				
2	操作程序	检查循环水流程，并具备停车条件	20	未检查循环水换热器是否系统停车扣10分				
				未检查换热器降温降压结束扣10分				
		关闭循环水换热器相关阀门	20	未关闭冷凝器上下水阀门扣10分				
				未关闭冷却器上下水阀扣10分				
		关闭循环水总管相关阀门	30	未关闭循环水上水总阀扣15分				
				未关闭循环水下水总阀扣15分				
		关闭循环水系统连通阀	20	未确认所有循环水上下水连通阀关闭扣20分				
3	使用工具	正确使用工具	2	工具使用不正确扣2分				
		正确维护工具	3	工具乱摆乱放扣3分				

续表

序号	考核内容	考核要点	配分	评分标准	检测结果	扣分	得分	备注
4	安全及其他	按国家法规或企业规定		违规一次总分扣5分；严重违规停止操作			—	
		在规定时间内完成操作		超时1min总分扣5分，超时3min停止操作			—	
合　　计			100					

否定项说明：若违章操作或发生事故等情况，该题为零分。

试题14：装置停车“三废”排放处理（模拟）

（考核时间：50min）

序号	考核内容	考核要点	配分	评分标准	检测结果	扣分	得分	备注
1	准备工作	穿戴劳保用品	3	穿戴不规范扣3分				
		工具、用具准备	2	工具选择不正确扣2分				
2	操作程序	检查系统操作条件是否正常	10	未检查温度扣3分				
				未检查压力扣3分				
				未检查流量扣4分				
		检查机泵运行是否正常	10	未检查电流扣4分				
				未检查压力扣4分				
				未检查润滑扣2分				
		确认仪表指示正常，调节阀好用	20	未确认仪表指示的流量、温度、压力、液位是否正常好用扣10分				
				未确认调节阀扣10分				
		系统内废气处理	20	废气未排放至指定系统扣20分				
		系统内液体处理	20	液体未排入相应储罐扣10分				
				未回收处理扣10分				
		废渣处理	10	对于卸出的废催化剂、废固等废渣未用专车拉走扣10分				
3	使用工具	正确使用工具	2	工具使用不正确扣2分				
		正确维护工具	3	工具乱摆乱放扣3分				
4	安全及其他	按国家法规或企业规定		违规一次总分扣5分；严重违规停止操作			—	
		在规定时间内完成操作		每超时1min总分扣5分，超时3min停止操作			—	
合　　计			100					

否定项说明：若违章操作或发生事故等情况，该题为零分。

试题 15：精馏塔的开车操作(现场模拟)

（考核时间：20min）

序号	考核内容	考核要点	配分	评分标准	检测结果	扣分	得分	备注
1	准备工作	穿戴劳保用品	3	穿戴不规范扣 3 分				
		工具、用具准备	2	工具选择不正确扣 2 分				
2	处理程序	开车流程设定及检查	13	流程设定错扣 9 分				
				未进行检查确认扣 2 分				
				检查漏项扣 2 分				
		换热器的投用准备	10	换热器未排汽及进行检查扣 5 分				
				换热器未通入冷却水扣 5 分				
		进料、加热器的投用	25	进料过大扣 5 分				
				液面过低就加热扣 5 分				
				加热过速扣 5 分				
				未控制好塔压扣 5 分				
				放空过速扣 5 分				
		回流罐液面及回流的建立	12	液面较低就启泵扣 4 分				
				回流量设定不适当扣 4 分				
				未注意液面稳定扣 4 分				
		分析与调整	10	未联系分析扣 5 分				
				未调整相关参数扣 5 分				
		塔顶产品及釜液物料外送	20	塔釜液面较低启泵扣 5 分				
				未注意液面稳定扣 5 分				
				采出过大扣 5 分				
				未根据回流罐液位进行采出操作扣 5 分				
3	使用工具	使用工具	2	工具使用不正确扣 2 分				
		维护工具	3	工具乱摆乱放扣 3 分				
4	安全及其他	按国家法规或企业规定		违规一次总分扣 5 分；严重违规停止操作			—	
		在规定时间内完成操作		每超时 1min 总分扣 5 分，超时 3min 停止操作			—	
合计			100					

否定项说明：若出现处理步骤严重错误等情况，该题为零分。

试题 16：换热器设备的操作（现场模拟）

（考核时间：20min）

序号	考核内容	考核要点	配分	评分标准	检测结果	扣分	得分	备注
1	准备工作	穿戴劳保用品	6	未穿戴整齐扣 6 分				
		工具、用具准备	4	工、用具选择不正确扣 4 分				
2	操作程序	投用前的检查操作	24	未检查管束、壳程清理干净，无腐蚀、变形扣 8 分				
				未检查管线、阀门等连接正确、排净阀齐全、位置正确扣 8 分				
				未对封头、管线连接法兰进行操作压力下的气密试漏扣 8 分				
		装置开停工过程	24	换热器应缓慢升温和降温，避免造成压差过大和热冲击，未答出扣 8 分				
				开工时未遵循“先冷后热”，即先进冷介质，再进热介质扣 8 分				
				停工时未遵循“先热后冷”，即先退热介质，再退冷介质扣 8 分				
		控制室仔细检查换热器运行参数，严禁超温、超压	17	出现超温扣 9 分				
				出现超压扣 8 分				
		定时对换热设备进行巡回检查	15	未检查设备保温层的完好状况扣 5 分				
				未检查基础支座是否稳固扣 5 分				
				未检查换热器的振动及设备泄漏等扣 5 分				
3		使用工具	4	工具使用不正确扣 4 分				
		维护工具	6	工具乱摆乱放扣 6 分				
4	安全及其他	按国家法规或企业规定		违规一次总分扣 5 分；严重违规停止操作			—	
		在规定时间内完成操作		每超时 1min 总分扣 5 分，超时 5min 停止操作			—	
		合　　计	100					

试题 17：干粉灭火推车的使用（现场模拟）

（考核时间：15min）

序号	考核内容	考核要点	配分	评分标准	检测结果	扣分	得分	备注
1	准备工作	穿戴劳保用品	3	穿戴不规范扣 3 分				
		工具、用具准备	2	工具选择不正确扣 2 分				

续表

序号	考核内容	考核要点	配分	评分标准	检测结果	扣分	得分	备注
2	操作程序	将干粉车迅速推到火灾现场上风口，尽量靠近火场	29	灭火器材选型错扣10分				
				速度过慢扣3分				
				未注意风向扣4分				
				未推至上风口扣6分				
				未靠近火场扣6分				
		取下干粉车的灭火枪，展开粉带	15	未取下灭火枪扣6分				
				未展开粉带扣6分				
				操作不正确扣3分				
		拔去干粉灭火机顶部的保险销，拉起顶部的提环	17	未拔去保险销扣6分				
				未拉起顶部提环扣6分				
				顺序错扣5分				
		手持喷枪，向后扣动喷枪上扳机(开关)	17	站位错扣8分				
				持喷枪姿势错扣4分				
				未扣动扳机扣5分				
		对准火焰的根部喷射	12	未注意灭火部位扣7分				
				未对准火焰根部扣5分				
3	使用工具	使用工具	2	工具使用不正确扣2分				
		维护工具	3	工具乱摆乱放扣3分				
4	安全及其他	按国家法规或企业规定		违规一次总分扣5分；严重违规停止操作			—	
		在规定时间内完成操作		每超时1min总分扣5分，超时3min停止操作			—	
合　计			100					

否定项说明：若出现使用严重不当等情况，该题为零分。

试题18：检修后设备的验收(现场模拟)

(考核时间：25min)

序号	考核内容	考核要点	配分	评分标准	检测结果	扣分	得分	备注
1	准备工作	穿戴劳保用品	3	穿戴不规范扣3分				
		工具、用具准备	2	工具选择不正确扣2分				
2	操作程序	设备验收	70	未验收设备效能满足生产需要或达到设计要求扣5分				
				未验收压力、压降、温度、液面等仪表指示准确灵敏，调节灵活，波动在允许范围内扣5分				

续表

序号	考核内容	考核要点	配分	评分标准	检测结果	扣分	得分	备注
				未验收各出入口、降液管无堵塞、各部构件无损、质量符合要求扣7分				
				未验收设备构件的腐蚀在允许范围内扣5分				
				未验收设备、构件、衬里及焊缝无超标缺陷扣7分				
				未验收设备各构件材质及安装质量符合规程规定扣7分				
				未验收主体整洁、零部件齐全好用扣7分				
				未验收安全阀及各种仪表灵敏准确扣5分				
				未验收消防线、放空线、紧急放空线等安全设施齐全完好，各阀门开关灵活无内漏，防雷接地可靠扣7分				
				未验收梯子、平台、栏杆等完整牢固、油漆完整美观、静密封无泄漏扣5分				
				未验收基础、钢结构裙座无不均匀下沉，各紧固件齐整牢靠，合乎抗震要求扣5分				
				技术资料不齐全扣5分				
		接受技术资料	20	未接受设计变更及材料代用单，材质、零部件合格证扣5分				
				未接受隐蔽工程记录和封闭记录扣5分				
				未接受检修记录扣5分				
				未接受焊缝质量检验扣5分				
				未接受试验报告扣5分				
3	使用工具	正确使用工具	2	工具使用不正确扣2分				
		正确维护工具	3	工具乱摆乱放扣3分				
4	安全及其他	按国家法规或企业规定		违规一次总分扣5分；严重违规停止操作			—	
		在规定时间内完成操作		每超时1min总分扣5分，超时5min停止操作			—	
合　计			100					

试题19：机泵检修的隔离(现场模拟)

（考核时间：30min）

序号	考核内容	考核要点	配分	评分标准	检测结果	扣分	得分	备注
1	准备工作	穿戴劳保用品	3	穿戴不规范扣3分				
		工具、用具准备	2	工具选择不正确扣2分				
2	操作程序	机泵隔离	72	未将机泵冷却水停用、阀门关闭扣8分				
				未将冷却水套水排净扣8分				
				未将关闭机泵入口阀门扣8分				
				未将关闭机泵出口阀门扣8分				
				未将机泵内物料排净扣8分				
				未将机泵润滑油系统关闭，机泵内润滑油排净扣8分				
				未将机泵出口压力表阀门关闭扣8分				
				未将机泵出口最小回流阀门关闭扣8分				
				未将其他与泵体相连的特殊阀门关闭扣8分				
		隔离确认	18	未将机泵冷却水系统的隔离确认扣3分				
				未将机泵物料隔离确认扣4分				
				未将机泵润滑油系统隔离确认扣4分				
				未将机泵最小回流线的隔离确认扣4分				
				未将其他特殊管线的隔离确认扣3分				
3	使用工具	正确使用工具	2	工具使用不正确扣2分				
		正确维护工具	3	工具乱摆乱放扣3分				
4	安全及其他	按国家法规或企业规定		违规一次总分扣5分；严重违规停止操作			—	
		在规定时间内完成操作		每超时1min总分扣5分，超时5min停止操作			—	
合　计			100					

试题 20：机械密封泄漏的判断（现场模拟）

（考核时间：15min）

序号	考核内容	考核要点	配分	评分标准	检测结果	扣分	得分	备注
1	准备工作	穿戴劳保用品	3	穿戴不规范扣 3 分				
		工具、用具准备	2	工具选择不正确扣 2 分				
2	判断程序	检查密封圈是否失效	12	未检查密封圈扣 6 分				
				未判断是否失效扣 6 分				
		检查石墨环浸渍是否适合及耐温和耐腐蚀性	18	石墨环浸渍适合度未检查扣 6 分				
				耐温性能未检查扣 6 分				
				耐腐蚀性未检查扣 6 分				
		传动座传动突耳是否磨穿，传动是否失效	11	突耳未检查扣 5 分				
				传动性未检查扣 6 分				
		动环传圆弧是否磨损和传动座是否卡	12	未检查动环传圆弧扣 6 分				
				未检查动环传圆弧与传动座情况扣 6 分				
		检查摩擦辅材料质量	7	材料质量未检查扣 7 分				
		检查载荷系数及端面比压是否太大	11	未检查载荷系数扣 5 分				
				未检查端面比压扣 6 分				
		弹簧是否断裂，若是波纹管则检查是否破裂等	19	弹簧未检查扣 7 分				
				未检查是否破裂扣 6 分				
				未检查是否失弹扣 6 分				
3	使用工具	使用工具	2	工具使用不正确扣 2 分				
		维护工具	3	工具乱摆乱放扣 3 分				
4	安全及其他	按国家法规或企业规定		违规一次总分扣 5 分；严重违规停止操作			—	
		在规定时间内完成操作		每超时 1min 总分扣 5 分，超时 3min 停止操作			—	
合　计			100					

否定项说明：若出现原因判断不明等情况，该题为零分。

试题 21：过滤器堵塞的判断（现场模拟）

（考核时间：15min）

序号	考核内容	考核要点	配分	评分标准	检测结果	扣分	得分	备注
1	准备工作	穿戴劳保用品	3	穿戴不规范扣 3 分				
		工具、用具准备	2	工具选择不正确扣 2 分				

续表

序号	考核内容	考核要点	配分	评分标准	检测结果	扣分	得分	备注
2	判断程序	检查流量	10	未确认流量仪表指示准确扣5分				
				未检查流量呈下降趋势或自投仪表阀门呈开趋势扣5分				
		检查阀门	10	未检查入口管路阀门完好情况扣5分				
				未检查出口管路阀门完好情况扣5分				
		检查过滤器压力	40	未确认现场及DCS压力指示准确扣10分				
				未确认入口压力呈逐步升高趋势扣10分				
				未确认出口压力呈逐步降低趋势扣10分				
				未确认过滤器进出口压力差增大超出允许值扣10分				
		检查传动设备运行情况	20	未确认机泵运行正常扣10分				
				未检查机泵出口压力未波动扣10分				
		确认	10	未开启旁路阀检查流量是否达正常值扣10分				
3	使用工具	使用工具	2	工具使用不正确扣2分				
		维护工具	3	工具乱摆乱放扣3分				
4	安全及其他	按国家法规或企业规定		违规一次总分扣5分；严重违规停止操作			—	
		在规定时间内完成操作		每超时1min总分扣5分，超时3min停止操作			—	
合计			100					

否定项说明：若出现原因判断不明等情况，该题为零分。

试题22：液体物料跑料的判断(现场模拟)

(考核时间：15min)

序号	考核内容	考核要点	配分	评分标准	检测结果	扣分	得分	备注
1	准备工作	穿戴劳保用品	3	穿戴不规范扣3分				
		工具、用具准备	2	工具选择不正确扣2分				

续表

序号	考核内容	考核要点	配分	评分标准	检测结果	扣分	得分	备注
2	判断程序	检查事故罐液位	14	未确认事故罐液位仪表指示准确及液位变化情况扣7分				针对有密排系统装置
				未根据可燃气体报警情况进行判断扣7分				
		进行物料衡算	14	未确认流量或液位仪表指示准确扣7分				
				未通过物料衡算进行判断扣7分				
		检查流程及设备情况	23	未检查确认各旁路阀、导淋阀无泄漏或内漏情况扣7分				
				未检查冷换设备冷却水及蒸汽凝液内无物料扣7分				
				未必要时对冷却水及蒸汽凝液进行取样分析扣9分				
		检查工艺操作参数情况	32	未检查操作温度有无异常波动扣8分				
				未检查流量有无异常波动扣8分				
				未检查操作压力有无异常波动扣8分				
				未检查其他参数有无异常波动扣8分				
		现场确认	7	未将现场地面有液体或有异味扣7分				
3	使用工具	使用工具	2	工具使用不正确扣2分				
		维护工具	3	工具乱摆乱放扣3分				
4	安全及其他	按国家法规或企业规定		违规一次总分扣5分；严重违规停止操作			—	
		在规定时间内完成操作		每超时1min总分扣5分，超时3min停止操作			—	
	合　计		100					

否定项说明：若出现原因判断不明等情况，该题为零分。

试题23：冬季管线冻堵的判断(现场模拟)

(考核时间：20min)

序号	考核内容	考核要点	配分	评分标准	检测结果	扣分	得分	备注
1	准备工作	穿戴劳保用品	3	穿戴不规范扣3分				
		工具、用具准备	2	工具选择不正确扣2分				
2	判断程序	检查流量	20	未确认流量仪表指示准确扣10分				
				未检查流量仪表呈下降趋势或急速归零扣10分				
		检查伴热管线	20	未检查伴热来汽盘送热情况扣10分				
				未检查伴热管线回水盘畅通情况扣10分				
		检查设备运行情况	40	未检查与之相连设备压力情况扣10分				
				未检查与之相连的设备流量情况扣10分				
				未检查与之相连设备液位情况扣10分				
				未检查其他参数有无异常波动扣10分				
		现场确认	10	未将现场有旁路的打开旁路阀进行流量确认扣10分				
3	使用工具	使用工具	2	工具使用不正确扣2分				
		维护工具	3	工具乱摆乱放扣3分				
4	安全及其他	按国家法规或企业规定		违规一次总分扣5分；严重违规停止操作			—	
		在规定时间内完成操作		每超时1min总分扣5分，超时3min停止操作			—	
合计			100					

否定项说明：若出现原因判断不明等情况，该题为零分。

试题24：物料自燃事故处理(现场模拟)

(考核时间：45min)

序号	考核内容	考核要点	配分	评分标准	检测结果	扣分	得分	备注
1	准备工作	穿戴劳保用品	3	穿戴不规范扣3分				
		工具、用具准备	2	工具选择不正确扣2分				

续表

序号	考核内容	考核要点	配分	评分标准	检测结果	扣分	得分	备注
2	操作程序	上报程序	18	未向车间及工厂汇报扣6分				
				未打119报火警扣6分				
				未派人到路口接消防车扣6分				
		泄漏设备隔离；工艺隔离	42	未停止与之相连的加热扣6分				
				未将设备内物料排入事故罐扣6分				
				未关闭流量阀门扣6分				
				未停止机泵运行扣6分				
				未将设备与其他设备隔离扣6分				
		消防隔离		未打开设备水喷淋设施扣6分				
				未打开设备间水幕扣6分				
		扑救初级火灾	15	未使用移动灭火设备扑灭初级火灾扣5分				
				未使用消防水枪及水炮扑救初级火灾扣5分				
				未使用塔喷淋、蒸汽消防等固定消防设施扑救初级火灾扣5分				
		启动应急预案	5	未制订应急预案扣3分				
				未将预案启动扣2分				
		现场处理	10	未将未燃烧物料回收处理扣5分				
				未将火场清理扣5分				
3	使用工具	正确使用工具	2	工具使用不正确扣2分				
		正确维护工具	3	工具乱摆乱放扣3分				
4	安全及其他	按国家法规或企业规定		违规一次总分扣5分；严重违规停止操作			—	
		在规定时间内完成操作		每超时1min总分扣5分，超时5min停止操作			—	
合计			100					

试题25：反应器发生超温事故处理(现场模拟)

(考核时间：30min)

序号	考核内容	考核要点	配分	评分标准	检测结果	扣分	得分	备注
1	准备工作	穿戴劳保用品	3	穿戴不规范扣3分				
		工具、用具准备	2	工具选择不正确扣2分				

续表

序号	考核内容	考核要点	配分	评分标准	检测结果	扣分	得分	备注
2	操作程序	反应器排放	21	未用放空管线向指定部位排放扣7分				
				未降低反应器进料量扣7分				
				未降低反应器温度扣7分				
		反应器超温原因查找	48	未查找原料配比扣8分				
				未查找进料温度变化扣8分				
				未查找催化剂运行情况扣8分				
				未查找压力变化情况扣8分				
				未查找原料组成变化情况扣8分				
				未查找辅助三剂组成变化扣8分				
		采取措施	21	未调整原料配比扣7分				
				未调整进料温度扣7分				
				未根据情况调整其他参数扣7分				
3	使用工具	正确使用工具	2	工具使用不正确扣2分				
		正确维护工具	3	工具乱摆乱放扣3分				
4	安全及其他	按国家法规或企业规定		违规一次总分扣5分；严重违规停止操作			—	
		在规定时间内完成操作		每超时1min总分扣5分，超时5min停止操作			—	
合计			100					

试题26：液体跑料事故处理（现场模拟）

（考核时间：20min）

序号	考核内容	考核要点	配分	评分标准	检测结果	扣分	得分	备注
1	准备工作	穿戴劳保用品	3	穿戴不规范扣3分				
		工具、用具准备	2	工具选择不正确扣2分				
2	处理程序	根据可燃气报警仪判断出泄漏地点和泄漏介质	18	未查出泄漏地点扣6分				
				未查出泄漏介质扣6分				
				未对泄漏区域用蒸汽进行稀释扣6分				

续表

序号	考核内容	考核要点	配分	评分标准	检测结果	扣分	得分	备注
		泄漏设备物料的处理	18	未切断物料源扣6分				
				未进行物料转移扣6分				
				处理措施错扣6分				
		现场防火工作	18	未禁止现场用火扣6分				
				未禁止机动车辆通行扣6分				
				未禁止现场启动泵的操作扣6分				
		泄漏量较大时，报警	12	判断失误扣6分				
				未及时报警扣6分				
		需要紧急停车时的处理	12	未实施停车扣6分				
				未在消防队安全部门监护下实施停车扣6分				
		漏点堵漏工作处理	12	堵漏未泄压扣6分				
				动火时未进行氮气置换或蒸煮扣6分				
3	使用工具	使用工具	2	工具使用不正确扣2分				
		维护工具	3	工具乱摆乱放扣3分				
4	安全及其他	按国家法规或企业规定		违规一次总分扣5分；严重违规停止操作			—	
		在规定时间内完成操作		每超时1min总分扣5分，超时3min停止操作			—	
		合　　计	100					

否定项说明：若出现违章操作或发生事故等情况，该题为零分。

试题27：精馏塔出现液泛事故处理（现场模拟）

（考核时间：15min）

序号	考核内容	考核要点	配分	评分标准	检测结果	扣分	得分	备注
1	准备工作	穿戴劳保用品	3	穿戴不规范扣3分				
		工具、用具准备	2	工具选择不正确扣2分				
2	处理程序	精馏塔液泛原因判断	10	未进行原因判断扣5分				
				原因判断错误扣5分				
		若是设备引起液泛时的处理方法	15	未进行停车处理扣5分				
				在停车前未采取措施维持生产扣4分				
				维持生产时措施错扣6分				

续表

序号	考核内容	考核要点	配分	评分标准	检测结果	扣分	得分	备注
		当因工艺不当引起液泛允许停止进料时的措施	25	未停止或减少进料扣5分				
				未降低釜温扣5分				
				未停止塔顶采出扣5分				
				未全回流操作扣5分				
				采取措施错扣5分				
		当不允许停止进料时的处理措施	30	未将釜温控制在低于正常操作温度扣5分				
				未降低塔顶压力扣5分				
				未稍减少回流扣5分				
				未调整塔顶采出扣5分				
				调整幅度过大扣5分				
				采取措施错扣5分				
		当塔压差恢复正常后，再将操作条件恢复正常	10	操作条件恢复时间选择不当扣4分				
				操作条件未恢复至正常扣6分				
3	使用工具	使用工具	2	工具使用不正确扣2分				
		维护工具	3	工具乱摆乱放扣3分				
4	安全及其他	按国家法规或企业规定		违规一次总分扣5分；严重违规停止操作			—	
		在规定时间内完成操作		每超时1min总分扣5分，超时3min停止操作			—	
合计			100					

否定项说明：若出现违章操作或发生事故等情况，该题为零分。

试题28：着火事故处理方法(现场模拟)

（考核时间：20min）

序号	考核内容	考核要点	配分	评分标准	检测结果	扣分	得分	备注
1	准备工作	穿戴劳保用品	3	穿戴不规范扣3分				
		工具、用具准备	2	工具选择不正确扣2分				
2	处理程序	报警	11	未及时报警扣6分				
				未报告调度及相关人员扣5分				
		佩戴防护器械	11	佩戴错误扣5分				
				未佩戴防护器械扣6分				

续表

序号	考核内容	考核要点	配分	评分标准	检测结果	扣分	得分	备注
		查明火源及着火原因	23	未迅速查清着火部位扣6分				
				未查出泄漏介质扣6分				
				物料来源未检查扣6分				
				未检查着火原因扣5分				
		火灾扑救	29	未关闭切断阀扣8分				
				未切断电源扣7分				
				未进行紧急泄压扣7分				
				未立即进行扑救隔离扣7分				
		防止火势扩大	16	未及时做出工艺处理意见扣4分				
				处理决策错误扣8分				
				未向消防人员介绍现场情况扣4分				
3	使用工具	使用工具	2	工具使用不正确扣2分				
		维护工具	3	工具乱摆乱放扣3分				
4	安全及其他	按国家法规或企业规定		违规一次总分扣5分；严重违规停止操作			—	
		在规定时间内完成操作		每超时1min总分扣5分，超时3min停止操作			—	
合计			100					

否定项说明：若出现违章操作或发生事故等情况，该题为零分。

试题29：绘制单元工艺流程图(现场模拟)

(考核时间：30min)

序号	考核内容	考核要点	配分	评分标准	检测结果	扣分	得分	备注
1	准备工作	穿戴整齐	3	穿戴不规范扣3分				
		工具、用具准备	2	器具准备不全扣2分				
2	绘制程序	绘制主要设备及辅助设备	20	塔、罐、反应器漏画或画错一项扣10分				
				机泵漏画或画错一项扣2分				
				其他辅助设备漏画或画错一处扣2分				
				设备位号漏标或标错一处扣2分				

续表

序号	考核内容	考核要点	配分	评分标准	检测结果	扣分	得分	备注
		绘制主要管线和阀门及次要管线和阀门	20	漏画或画错一条主要管线扣3分				
				漏画或画错一处主要阀门扣3分				
				漏画或画错一条次要管线扣1分				
				漏画或画错一处次要阀门扣1分				
		绘制调节阀及副线阀	10	调节阀漏画或画错一处扣3分				
				副线阀漏画或画错一处扣2分				
		绘出调节阀仪表位置、标注表号、仪表控制信号	20	位置错误扣3分				
				标注表号错误扣2分				
				漏画或画错一处仪表信号扣2分				
		绘出安全阀及相关附件	5	漏画或画错一处安全阀2分				
				漏画或画错一处取样点等相关附件扣1分				
		标明物料流向，进出物料名称	10	漏标或标错主物料来源去向扣2分				
				漏标或标错辅物料来源去向扣1分				
		卷面整洁、横平竖直	5	卷面不整洁扣2分				
				横不平竖不直扣3分				
		流程图布局合理、图形规范	5	布局不合理扣3分				
				图形不规范扣2分				
3	安全及其他	按国家法规或企业规定		违规一次总分扣5分；严重违规停止操作			—	
		在规定时间内完成操作		每超时1min总分扣5分，超时3min停止操作			—	
合计			100					

试题30：反应转化率、收率的计算（笔试）

（考核时间：45min）

序号	考核内容	考核要点	配分	评分标准	检测结果	扣分	得分	备注
1	准备工作	工具、用具准备	5	未自带工具扣2分				
2	数据采集	数据采集方法正确，数据无遗漏	20	采集方法错误扣10分				
				采集数据漏一项扣5分				
3	计算过程	采集数据处理合理	10	单位换算错误扣10分				
		计算过程数学描述准确，数据代入完整，核算步骤无遗漏，核算结果正确	35	应用公式错扣15分				
				数据代入错误扣5分				
				计算步骤漏一项扣5分				
				计算答案错误扣5分				
4	计算结果分析	计算结果分析内容完整，数据差异分析透彻，提出改进措施得当有意义	25	系统物料进入与采出、物料损耗内容不清楚扣5分				
				进入与采出物料出现差异的原因分析不正确扣5分				
				无改进措施扣5分				
				改进措施不完整扣5分				
				改进措施错误扣5分				
5	卷面情况	卷面整洁，字迹端正	5	卷面不整洁扣1分，字迹不端正扣2分				
6	其他	在规定时间内完成操作		每超时1min总分扣5分，超时3min停止操作			—	
		合　计	100					

试题31：单一设备物料衡算（笔试）

（考核时间：45min）

序号	考核内容	考核要点	配分	评分标准	检测结果	扣分	得分	备注
1	准备工作	工具、用具准备	2	未自带工具扣2分				
2	数据采集	数据采集方法正确，数据无遗漏	20	采集方法错误扣10分				
				采集数据漏一项扣5分				
3	核算过程	采集数据处理合理	10	单位换算错误扣10分				
		核算过程数学描述准确，数据代入完整，核算步骤无遗漏，核算结果正确	35	应用公式错扣25分				
				数据代入错误扣5分				
				核算步骤漏一项扣5分				
				核算答案错误扣5分				

续表

序号	考核内容	考核要点	配分	评分标准	检测结果	扣分	得分	备注
4	核算结果分析	核算结果分析内容完整，数据差异分析透彻，提出改进措施得当有意义	30	系统物料进入与采出、物料损耗内容不清楚扣5分				
				进入与采出物料出现差异的原因分析不正确扣10分				
				无改进措施扣5分				
				改进措施不完整扣5分				
				改进措施错误扣5分				
5	卷面情况	卷面整洁，字迹端正	3	卷面不整洁扣1分，字迹不端正扣2分				
6	其他	在规定时间内完成操作		每超时1min总分扣5分，超时3min停止操作			—	
合计			100					

试题32：初、中级操作人员的操作技能培训（笔试）

（考核时间：45min）

序号	考核内容	考核要点	配分	评分标准	检测结果	扣分	得分	备注
1	准备工作	穿戴劳保用品		穿戴不规范扣3分			—	
		工具、用具准备		工、用具选择不正确扣2分			—	
2	编制优化操作方案	调查摸底	20	未下发员工调查表扣7分				
				未将员工需培训知识统计扣7分				
				未紧密联系公司工厂培训要求及重点扣6分				
		制订员工培训方案和计划	20	未制订员工培训方案扣5分				
				未制订员工培训计划扣5分				
				未落实员工培训责任人扣5分				
				未确定员工培训教师扣5分				
		组织培训计划的实施	40	未编制员工培训教案扣10分				
				未安排培训教师及培训场地扣10分				
				未组织员工参加培训扣10分				
				未做员工填写培训签到及培训笔记扣10分				

续表

序号	考核内容	考核要点	配分	评分标准	检测结果	扣分	得分	备注
		培训效果评价验收与总结	20	未定期组织员工进行培训内容考试扣7分				
				未根据考试情况进行培训效果评价扣7分				
				未针对培训工作特色、不足进行培训总结扣6分				
3	安全及其他	按国家法规或企业规定		违规一次总分扣5分；严重违规停止操作			—	
		在规定时间内完成操作		每超时1min总分扣5分，超时5min停止操作			—	
合 计			100					

试题33：生产技术指导(现场模拟)

（考核时间：45min）

序号	考核内容	考核要点	配分	评分标准	检测结果	扣分	得分	备注
1	准备工作	穿戴劳保用品	3	穿戴不规范扣3分				
		工具、用具准备	2	工、用具选择不正确扣2分				
2	操作步骤	指导工艺指标波动时的判断、处理与参数的调节	15	未检查装置的温度、压力、流量扣5分				
				未检查运行机泵的电流、压力、润滑等扣5分				
				未检查仪表指示的流量、温度、压力、液位是否正确扣5分				
		指导装置运行质量指标波动时的判断、处理与参数的调节	15	未说明装置物耗、能耗状况扣5分				
				未说明中间产品和成品质量指标扣5分				
				未说明设备开工率扣5分				
		指导装置工况调整时的处理与参数的调节	15	未说明装置负荷调整扣8分				
				未说明塔、釜、罐、换热器以及机泵等设备的切换操作扣7分				

续表

序号	考核内容	考核要点	配分	评分标准	检测结果	扣分	得分	备注
		装置出现事故异常状况时的指导	20	未说明停电、仪表风、水、蒸气、氮气、压缩空气等扣7分				
				未说明装置或设备发生火灾扣7分				
				未说明设备超温、超压、泄漏等扣6分				
		安全工作的指导	15	未说明消防、防护器材的使用与管理扣5分				
				未说明安全检修、施工、动火的要求与注意事项扣5分				
				未说明岗位安全操作规程的落实等扣5分				
		指导协调装置上下岗位或工序之间设备与工艺管线停车检修与清理时间的安排	10	未说明本项，不得分				
3	使用工具	使用工具	2	工具使用不正确扣2分				
		维护工具	3	工具乱摆乱放扣3分				
4	安全及其他	按国家法规或企业规定		违规一次总分扣5分；严重违规停止操作			—	
		在规定时间内完成操作		每超时1min总分扣5分，超时5min停止操作			—	
合计			100					

第四部分

技师/高级技师

一、石油石化职业资格等级标准(技师工作要求)

职业功能	工作内容	技能要求	相关知识
一、工艺操作	(一)开车准备	1. 能组织开车流程的确认工作 2. 能组织落实开车原材料的准备工作 3. 能组织完成开车盲板的拆装确认工作 4. 能组织装置开车介质的引入工作 5. 能组织完成典型有机合成化工装置自修项目的验收 6. 能完成单机试车工作 7. 能按开车网络计划要求，组织完成装置吹扫、试漏工作 8. 能参与装置开车方案编制工作	1. 原材料的规格和技术指标 2. 开车流程确认要求 3. 开工方案编制方法 4. 生产准备相关内容
	(二)开车操作	1. 能根据开车网络图安排，组织完成工艺调整、循环、温控操作 2. 能调整、配制原料及助剂、装填催化剂 3. 能检查确认全系统开车运行状态 4. 能组织单机和联动试车	1. 装置开车管理规定 2. 典型有机合成化工岗位催化剂使用要求 3. 各类反应器内物理传递过程对反应过程的影响
	(三)正常操作	1. 能优化操作工况，降低装置物耗、能耗 2. 能调整装置的工艺条件 3. 能处理和解决技术难题 4. 能根据上下游装置重大工况变化提出本装置的处理方案	1. 装置历年主要技术改造情况 2. 工艺指标、产品质量指标的制定依据
	(四)停车操作	1. 能组织完成典型有机合成化工装置停车清洗、吹扫工作 2. 能按进度组织完成停车盲板的拆装工作 3. 能组织完成装置检修项目的验收 4. 能控制并降低停车过程中的物耗、能耗 5. 能控制“三废”排放的环保工作 6. 能编写装置的系统吹扫方案	1. 自修项目验收标准 2. 装置检维修管理规定 3. 实际消耗及理论消耗的计算 4. 装置综合能耗计算方法
二、设备使用与维护	(一)使用设备	1. 能处理复杂的设备故障 2. 能组织设备的验收工作 3. 能提出设备大修和改进意见 4. 能落实设备的防冻、防凝、防腐蚀等技术措施	1. 设备验收标准 2. 设备检修内容、技术要求 3. 有机腐蚀机理与防腐技术 4. 压力容器监测技术 5. 设备维护、选用原则和条件 6. 新建、改扩建装置中交验收标准
	(二)维护设备	1. 能根据装置特点提出设备防腐措施 2. 能根据设备运行中存在的问题提出大、中修项目及改进措施，并参与编制设备大修计划 3. 能参与制定设备维护保养制度 4. 能组织完成催化剂升温及钝化技术方案的实施工作 5. 能检查确认紧急停车系统运行状况	1. 设备大、中修规范 2. 设备防腐要求 3. 催化剂升温及钝化技术 4. 紧急停车系统程序及操作法

续表

职业功能	工作内容	技能要求	相关知识
三、事故判断与处理	（一）判断事故	1. 能判断复杂事故 2. 能组织复杂事故应急预案的演练	1. 反事故演习方案 2. 应急反应系统 3. 事故应急预案
	（二）处理事故	1. 能针对有机反应发生的各类事故，分析原因，提出预防措施 2. 能在紧急情况下采取果断措施，防止事故扩大 3. 能指挥处理有机反应器泄漏事故 4. 能指挥处理有机反应系统泄漏、着火等复杂事故	1. 本岗位有机反应系统应急预案 2. 事故处理“四不放过”原则 3. 各种灭火剂的灭火原理
四、绘图与计算	（一）绘图	1. 能绘制技术改造简图 2. 能识读零件图	1. 装置设计资料 2. 零件图识读方法
	（二）计算	1. 能完成一般的物料衡算 2. 能完成一般的热量衡算	化工设计计算方法
五、管理	（一）质量管理	1. 能组织 QC 小组开展质量攻关活动 2. 能按质量管理体系要求指导生产	1. 全面质量管理方法 2. 质量管理体系运行要求
	（二）生产管理	1. 能组织、指导班组进行经济核算和经济活动分析 2. 能应用统计技术对生产工况进行分析 3. 能参与装置的生产标定工作	1. 工艺技术管理规定 2. 基本统计方法 3. 装置标定方法
	（三）编写技术文件	1. 能撰写生产技术总结 2. 能参与编写装置开、停车方案	1. 技术总结撰写方法 2. 装置开、停车方案编写方法
	（四）技术改进	能参与技措、技改项目的实施	1. 国内同类装置常用技术应用信息检索方法 2. 本装置的历史数据
六、培训与指导	培训与指导	1. 能培训初、中、高级操作人员 2. 能传授特有的操作经验和技能	教案编写方法

二、石油石化职业资格等级标准（高级技师工作要求）

职业功能	工作内容	技能要求	相关知识
一、工艺操作	（一）开车准备	1. 能编写、审核开车方案及网络计划 2. 能组织确认装置开车条件 3. 能编写单机和联动试车方案	1. 装置化工投料试车方案的编写要求 2. 开、停车网络计划及方案的编写、审核要求 3. 反应过程催化剂作用机理 4. 有机化工化学反应工程基本原理 5. 生产运行的组织 6. 装置开停车有关规定
	（二）开车操作	1. 能组织新建、改扩建装置的首次化工投料试车 2. 能指挥典型有机合成化工装置开车 3. 能指导同类装置的试车、投产工作	

续表

职业功能	工作内容	技能要求	相关知识
	（三）正常操作	1. 能解决同类装置的工艺技术难题 2. 能优化生产方案，指导优化生产	
	（四）停车操作	1. 能指挥装置全系统停车 2. 能指导同类装置的停车检修工作	
二、设备使用与维护	（一）使用设备	1. 能分析各类设备的使用情况并提出操作改进意见 2. 能对设备的安装、调试提出建议	1. 设备安装、调试和使用方法 2. 各类设备腐蚀机理及防腐措施
	（二）维护设备	1. 能根据原料和工艺条件的变化提出装置防腐措施 2. 能完成重要设备、管线等工况安全的确认工作	
三、事故判断与处理	事故判断与处理	1. 能判断并处理工艺、设备等故障 2. 能判断事故原因 3. 能对国内外同类装置的事故原因进行分析	1. 国内外同类装置事故典型案例 2. 事故分析方法
四、绘图与计算	（一）绘图	能参与审定技术改造图	1. 装置初步设计 2. 工艺设计规范 3. 工艺设计原理 4. 装置综合能好的计算方法
	（二）计算	1. 能完成全装置的物料衡算 2. 能完成全装置的热量衡算	
五、管理	（一）质量管理	能提出产品质量的改进方案并组织实施	质量管理基本方法
	（二）生产管理	1. 能组织装置能耗、物耗的测评工作 2. 能组织实施节能降耗措施 3. 能组织装置生产标定工作	1. 经济活动分析方法 2. 装置物料平衡及能耗平衡计算
	（三）编写技术文件	1. 能撰写技术论文 2. 能参与制定各类生产方案 3. 能参与制定岗位操作法和工艺技术规程 4. 能参与编制装置标定方案 5. 能参与编制重大、复杂的事故处理预案	1. 技术论文撰写方法 2. 标定报告、技术规程等编写方法
	（四）技术改进	1. 能组织技术改造和技术革新 2. 能参与重大技术改造方案的审定	1. 国内外同类装置工艺、设备、自动化控制等方面的技术发展信息 2. 能用外语简单交流并可配合字典看懂本岗位设备外文说明书 3. 化工基础英语
六、培训与指导	培训与指导	1. 能系统讲授本工种基本知识，并能指导学员的实际操作 2. 能制订本工种培训班教学计划、大纲 3. 能合理安排教学内容，选择适当的教学方式	培训计划、大纲的编写方法

三、理论知识鉴定要素细目表

行业通用理论知识鉴定要素细目表

鉴定范围						鉴定点		
一级		二级		三级		代码	名称	重要程度
代码	名称	代码	名称	代码	名称			
A	基本要求	B	基础知识	B	识图基础知识	001	设备布置图基础知识	X
						002	管道布置图基础知识	X
						003	化工设备图尺寸标注方法	X
						004	装配图内容	X
				D	质量基础知识	001	ISO 9000 族标准质量管理审核的依据	X
						002	ISO 9001 标准质量管理体系的总体思路	X
				E	计算机基础知识	001	数据库的概念	X
						002	数据表的建立	X
						003	PowerPoint 课件的制作	X
B	相关知识	E	管理知识	A	生产管理	001	生产的管理	X
						002	设备的管理	X
						003	现场的管理	X
				B	编写技术文件	001	生产总结报告的常用格式	X
						002	技术论文的结构内容	X
						003	技术论文标题拟订的基本原则	X
						004	技术论文摘要拟订的基本原则	X
						005	技术论文编写的基本要素	X
						006	装置标定报告主要内容	X
						007	装置验收报告主要内容	X
						008	工艺技术规程主要内容	X
						009	岗位操作法的主要内容	X
						010	检修方案的主要内容	X
						011	开工方案的主要内容	X
						012	停工方案的主要内容	X
				C	技术改进	001	技术改造的目的	X
						002	技术改造的程序	X
						003	技术改造方案的主要内容	X
						004	技术改造的有关步骤	X
						005	技术改造申请书的编写格式	X
						006	技术革新成果的鉴定知识	X

续表

鉴定范围						鉴定点		
一级		二级		三级		代码	名称	重要程度
代码	名称	代码	名称	代码	名称			
						007	技术改造的注意事项	X
						008	技术革新成果报告的主要内容	X
		F	培训与指导	A	培训与指导	001	专项培训方案制定的要求	X
						002	培训教学常用方法	X
						003	培训教案编写的要求	X
						004	培训教学的组织实施	X
						005	评估培训效果的意义	X

职业通用理论知识鉴定细目表(有机合成工)

鉴定范围						鉴定点		
一级		二级		三级		代码	名称	重要程度
代码	名称	代码	名称	代码	名称			
A	基本要求	B	基础知识	G	化学基础知识	001	化学平衡常数的计算	X
						002	原料转化率的计算	X
						003	不对称加成规则	X
						004	双烯合成反应机理	X
						005	亲电加成反应机理	X
						006	亲核加成反应机理	X
						007	查依采夫规则	X
						008	苯环上的取代反应机理	Y
				H	化工基础知识	001	精馏塔的热量衡算	Z
						002	双组分精馏气液相平衡浓度的计算	X
						003	精馏塔理论塔板数的计算	X
						004	单板效率的计算	X
						005	全塔效率的计算	X
						006	精馏塔精馏段操作线方程的计算	X
						007	精馏塔提馏段操作线方程的计算	X
						008	对流传热系数的影响因素	X
						009	液体阻力的计算	X
						010	影响精馏塔理论塔板数的因素	X
						011	平壁的导热计算	X
						012	圆筒壁的导热计算	X

续表

鉴定范围						鉴定点		
一级		二级		三级		代码	名称	重要程度
代码	名称	代码	名称	代码	名称			
						013	填料塔的理论板当量高度的概念	Y
						014	影响吸收操作的因素	X
						015	亨利定律	X
						016	气液比对吸收操作的影响	X
						017	气体吸收的操作线方程	X
						018	吸收速率方程	X
						019	精馏塔温差控制的基本原理	X
				I	计量基础知识	001	处理计量器具准确度引起纠纷的原则	Y
						002	破坏计量器具准确度的定义	X
						003	计量器具分级管理方法	X
				J	化工机械与设备知识	001	延长离心式压缩机使用寿命的主要措施	X
						002	延长加热炉使用寿命的措施	X
						003	机械密封失效的原因	X
						004	填料塔检修方案的主要内容	X
						005	板式塔检修方案的主要内容	X
						006	换热器更换方案的主要内容	X
						007	离心式压缩机检修方案的主要内容	X
						008	往复式压缩机检修方案的主要内容	X
						009	填料塔的验收标准	X
						010	板式塔的验收标准	X
						011	换热器的验收标准	X
						012	离心式压缩机大修后的试车程序	X
				K	电工基础知识	001	电子线路图的基本知识	X
						002	三相交流电路的基本知识	X
						003	常用电工仪表的使用知识	X
						004	交流电动机正反转的原理	X
						005	交流电动机启动的原理	X
						006	电子调速器的知识	X
						007	变频器的基本工作原理	Z
						008	变频器的使用常识	Z
						009	高、低压电气设备安全规程	X
						010	电气设备常见故障的判断方法	X

续表

鉴定范围						鉴定点		
一级		二级		三级		代码	名称	重要程度
代码	名称	代码	名称	代码	名称			
				L	仪表基础知识	001	大型机组状态监测仪表构成的基本内容	X
						002	大型机组状态监测仪表的测量原理	X
						003	简单仪表故障的判断方法	X
						004	DCS 网络的构成	X
						005	PLC 系统构成	Y
						006	ESD 系统的构成	Y
						007	FSC 系统的构成	X
						008	防爆(隔爆、本安)仪表的特点	X
						009	防爆(隔爆、本安)仪表的分类	X
						010	可燃性气体报警仪的测量原理	X
						011	联锁逻辑图的识读方法	Y
						012	前馈调节系统的工作原理	X
						013	压力测量仪表的分类	X
						014	流量测量仪表的分类	X

工种理论知识鉴定细目表

鉴定范围						鉴定点		
一级		二级		三级		代码	名称	重要程度
代码	名称	代码	名称	代码	名称			
B	相关知识	A	工艺操作	A	开车准备	001	新扩建装置生产准备内容	X
						002	循环水设备的预膜	X
						003	循环水结垢的主要原因	X
						004	气密试验标准	X
						005	设备中交的内容	X
						006	工艺联锁的投用后确认和检查	X
						007	装置开车准备内容	X
						008	装置开工方案的编制	X
						009	新扩建装置试车方案的内容	X
						010	水压试验规定	X
						011	催化剂的装填方案的编制	X
						012	总体试车方案的编制	Y

续表

鉴定范围						鉴定点		
一级		二级		三级		代码	名称	重要程度
代码	名称	代码	名称	代码	名称			
						013	编制开车网络进度图的方法	X
						014	装置开车方案的选择原则	Y
						015	开车条件确认的内容	Y
						016	大型机组的单机试车方案的编制	Y
						017	“三剂”的选择原则	X
				B	开车操作	001	反应器的工艺调整方法	X
						002	装置开车流程的确认	X
						003	全系统的优化操作方案	X
						004	提负荷的注意事项	Y
						005	联锁保护系统的检查确认	X
						006	开车网络图的实施要求	X
						007	延长催化剂使用寿命的操作要点	X
						008	影响反应活性的因素	X
						009	装置安、稳、长、满、优运行的措施	X
				C	正常操作	001	生产运行状况分析要求	X
						002	化工投料试车的生产考核内容	Y
						003	反应器撤热的方法	X
						004	消耗高的瓶颈解决方法	Y
						005	避免反应器飞温控制方法	X
						006	提高传热效率的途径	X
						007	装置生产的优化与调整方法	X
						008	延长催化剂使用寿命的操作要点	X
						009	影响装置物耗的主要因素	X
						010	降低装置能耗的主要因素	X
						011	装置冬季运行时注意事项	X
						012	装置夏季运行时注意事项	X
				D	停车操作	001	装置停车流程的确认条件	X
						002	正常停车操作步骤	X
						003	紧急停车操作步骤	X
						004	停车置换盲板的添加位置确定要求	X
						005	开停车抽加盲板程序	X

续表

鉴定范围						鉴定点		
一级		二级		三级		代码	名称	重要程度
代码	名称	代码	名称	代码	名称			
						006	停车方案编制要求	X
						007	方案及工艺指导的编制方法	X
						008	监护设备检修时的注意事项	Y
						009	装置局部停车注意事项	X
		B	设备使用与维护	A	设备使用	001	压力表的选择条件	X
						002	流量表的选择条件	X
						003	气动调节阀的安装使用要求	X
						004	电动调节阀的安装使用要求	X
						005	编制设备防冻凝方案	X
						006	质量流量计的测量原理	Y
						007	孔板流量计的测量原理	Y
						008	转子流量计的测量原理	X
						009	压缩机组的验收条件	X
						010	透平做超速实验的情况	X
						011	设备选型的原则	X
						012	离心泵大修后验收内容	X
				B	设备维护	001	设备大修计划编制方法	X
						002	常用金属材料的防腐方法	Y
						003	设备防腐措施	Y
						004	备用设备维护保养	X
						005	设备完好对维护的要求	X
						006	压力管道的使用管理	X
						007	压力容器的定期检验的分类	X
						008	压力容器的定期检验周期	X
						009	压力容器检验的内容	X
		C	事故判断与处理	A	事故判断	001	生产事故应急预案的编制要点	X
						002	危险度和可操作性分析要点	Y
						003	火灾原因分析方法	X
						004	应急救援预案的编制要点	X
						005	有机产品色度不合格的原因	X
						006	催化剂结焦的故障判断原因	X

续表

鉴定范围						鉴定点		
一级		二级		三级		代码	名称	重要程度
代码	名称	代码	名称	代码	名称			
						007	催化剂中毒的故障判断原因	X
						008	精馏真空泵吸入压力低的原因	X
						009	精馏塔产品质量突然变化的原因	X
						010	精馏塔压差增大的原因	X
						011	透平运行中的故障原因	Y
						012	换热器内管破裂的原因	X
						013	着火事故原因	X
						014	装置隐患的排查方法	X
						015	同类装置历史事故教训统计方法	X
						016	阀门内漏的原因	X
						017	换热器内漏原因	X
						018	循环水消耗高的原因	X
						019	装置防静电的措施	X
				B	事故处理	001	正常运行反应器飞温后的处理方法	Y
						002	报火警程序	X
						003	发生事故后的善后处理程序	X
						004	防汛预案内容	X
						005	火灾事故的预案内容	X
						006	重大事故的处理原则	X
						007	透平运转中发生水冲击的处理方法	X
						008	循环水消耗高的处理办法	X
						009	厂际间燃料气管线泄漏处理程序	X
						010	真空系统泄漏处理程序	X
		C	绘图与计算	A	绘图	001	PID 图的绘制方法	Z
						002	设备结构图识读要求	X
				B	计算	001	系统的物料衡算	Z
						002	系统的热量衡算	Z
						003	管道的传热计算	X
						004	精馏塔相平衡的计算	Y
						005	利用柏努利方程计算	Z
						006	装置能耗的计算	Z

四、理论知识试题

行业通用理论知识试题

判断题

1. 设备布置图是构思建筑图的前提，建筑图又是设备布置图的依据。 (√)

2. 化工设备图中，如图管道立面图，其平面图为。 (×)

正确答案：化工设备图中，如图管道立面图，其平面图为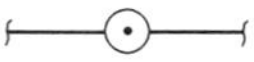。

3. 在化工设备图中，由于零件的制造精度不高，故允许在图上将同方向(轴向)的尺寸注成封闭形式。 (√)

4. 装配图中，当序号的指引线通过剖面线时，指引线的方向必须与剖面线平行。 (×)

正确答案：装配图中当序号的指引线通过剖面线时，指引线的方向必须与剖面线不平行。

5. 只有 ISO 9000 质量保证模式的标准才能作为质量审核的依据。 (×)

正确答案：除 ISO 9000 族质量标准以外，还有其他一些国际标准可以作为质量审核的依据。

6. ISO9000：2000 版标准减少了过多强制性文件化要求，使组织更能结合自己的实际，控制体系过程，发挥组织的自我能力。 (√)

7. 数据库就是存储和管理数据的仓库。 (×)

正确答案：数据库就是按一定结构存储和管理数据的仓库。

8. 在计算机应用软件中 VFP 数据表中日期字段的宽度一般为 10 个字符。 (×)

正确答案：在计算机应用软件中 VFP 数据表中日期字段的宽度一般为 8 个字符。

9. 在应用软件 PowerPoint 中可以插入 WAV 文件、AVI 影片，但不能插入 CD 音乐。 (×)

正确答案：在 PowerPoint 中可以插入 WAV 文件、AVI 影片，也能够插入 CD 音乐。

10. 在应用软件 PowerPoint 中播放演示文稿的同时，单击鼠标右键，选择“指针选项”中的“画笔”选项，此时指针会自动的变成一支画笔的形状，按住鼠标左键，就可以随意书写文字了。 (√)

11. 基本生产过程在企业的全部生产活动中居主导地位。 (√)

12. 企业的生产性质、生产结构、生产规模、设备工装条件、专业化协作和生产类型等因素都会影响企业的生产过程组织，其中影响最大的是生产规模。 (×)

正确答案：企业的生产性质、生产结构、生产规模、设备工装条件、专业化协作和生产类型等因素都会影响企业的生产过程组织，其中影响最大的是生产类型。

13. 日常设备检查是指专职维修人员每天对设备进行的检查。 (×)

正确答案：日常设备检查是指操作者每天对设备进行的检查。

14. 现场管理是综合性、全面性、全员性的管理。 (√)

15. 通过对工艺指标分析和对比可以找出设备运行中存在的不足和问题，指导有目的地加以优化和改进。 (√)

16. 关键词是为了文献标引工作，从论文中选取出来，用以表示全文主要内容信息款目的单词或术语，一般选用 3~8 个词作为关键词。 (√)

17. 技术论文的摘要是对各部分内容的高度浓缩，可以用图表和化学结构式说明复杂的问题，并要求对论文进行自我评价。 (×)

正确答案：技术论文的摘要是对各部分内的高度浓缩，在摘要中不可以用图表和化学结构式，不要对论文进行自我评价。

18. 理论性是技术论文的生命，是检验论文价值的基本尺度。 （×）

正确答案：创见性是技术论文的生命，是检验论文价值的基本尺度。

19. 生产准备应包括：组织机构(附组织机构图)、人员准备及培训、技术准备及编制《投料试车总体方案》(附投料试车统筹网络图)、物资准备、资金准备、外部条件准备和营销准备。 （√）

20. 工艺技术规程侧重于主要规定设备如何操作。 （×）

正确答案：工艺技术规程侧重于主要规定设备为何如此操作。

21. 岗位操作法应由车间技术人员根据现场实际情况编写，经车间主管审定，并组织有关专家进行审查后，由企业主管批准后执行。 （√）

22. 技术改造的过程中竣工验收时应以基础设计为依据。 （×）

正确答案：技术改造的过程中竣工验收的依据是批准的项目建议书、可行性研究报告、基础设计(初步设计)、有关修改文件及专业验收确认的文件。

23. 技术改造项目正式验收后要按照对技术经济指标进行考核标定，编写运行标定报告。 （×）

正确答案：技术改造项目正式验收前要按照对技术经济指标进行考核标定，编写运行标定报告。

24. 培训需求分析是培训方案设计和制定的基础和指南。 （√）

25. 案例教学因受到案例数量的限制，并不能满足每个问题都有相应案例的需求。（√）

26. 主题是培训教案的灵魂，提纲是教案的血脉，素材是培训教案的血肉。 （√）

27. 在培训活动中，学员不仅是学习资料的摄取者，同时也是一种可以开发利用的宝贵的学习资源。 （√）

28. 对内容、讲师、方法、材料、设施、场地、报名的程序等方面的评价属于结果层面的评价。 （×）

正确答案：对内容、讲师、方法、材料、设施、场地、报名的程序等方面的评价属于反应层面的评价。

单选题

1. 设备布置图中，用(B)线来表示设备安装基础。

A. 细实　　B. 粗实　　C. 虚　　D. 点划

2. 如图 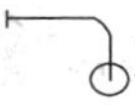 为一根管道空间走向的平面图，它的左视图是(B)。

A. 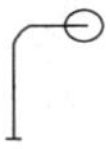　　B. 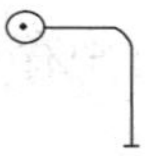　　C. 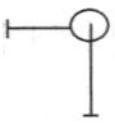　　D. 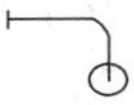

3. 在储罐的化工设备图中，储罐的筒体内径尺寸 $\phi2000$ 表示的是(A)尺寸。

A. 特性　　B. 装配　　C. 安装　　D. 总体

4. 关于零件图和装配图，下列说法不正确的是(C)。

A. 零件图表达零件的大小、形状及技术要求

B. 装配图是表示装配及其组成部分的联接、装配关系的图样

C. 零件图和装配图都用于指导零件的加工制造和检验

D. 零件图和装配图都是生产上的重要技术资料

5. 在 ISO 9000 族标准中，可以作为质量管理体系审核的依据是(A)。

A. GB/T 19001　　B. GB/T 19000　　C. GB/T 19021　　D. GB/T 19011

6. 按 ISO 9001：2000 标准建立质量管理体系，鼓励组织采用(A)方法。

A. 过程　　B. 管理的系统

C. 基于事实的决策　　D. 全员参与

7. 目前，比较流行的数据模型有三种，下列不属于这三种的是(D)结构模型。

A. 层次　　B. 网状　　C. 关系　　D. 星形

8. 在计算机应用软件中 VFP 数据库中浏览数据表的命令是(A)。

A. BROWS　　B. SET　　C. USE　　D. APPEND

9. 在应用软件 PowerPoint 中演示文稿的后缀名是(C)。

A. doc　　B. xls　　C. ppt　　D. ppl

10. 在生产过程中，由于操作不当造成原材料、半成品或产品损失的，属于(A)事故。

A. 生产　　B. 质量　　C. 破坏　　D. 操作

11. 对设备进行清洗、润滑、紧固易松动的螺丝、检查零部件的状况，这属于设备的(C)保养。

A. 一级　　B. 二级　　C. 例行　　D. 三级

12. 分层管理是现场 5S 管理中(C)常用的方法。

A. 常清洁　　B. 常整顿　　C. 常组织　　D. 常规范

13. 目视管理是现场 5S 管理中(D)常用的方法。

A. 常组织　　B. 常整顿　　C. 常自律　　D. 常规范

14. 按规定中、小型建设项目应在投料试车正常后(D)内完成竣工验收。

A. 两个月　　B. 一年　　C. 三个月　　D. 半年

15. 下列叙述中，(A)不是岗位操作法中必须包含的部分。

A. 生产原理　　B. 事故处理　　C. 投、停运方法　　D. 运行参数

16. 下列选项中，不属于标准改造项目的是(A)。

A. 重要的技术改造项目　　B. 全面检查、清扫、修理

C. 消除设备缺陷，更换易损件　　D. 进行定期试验和鉴定

17. 在停车操作阶段不是技师所必须具备的是(D)。

A. 组织完成装置停车吹扫工作

B. 按进度组织完成停车盲板的拆装工作

C. 控制并降低停车过程中物耗、能耗

D. 指导同类型的装置停车检修

18. 下列选项中，属于技术改造的是(C)。

A. 原设计系统的恢复的项目　　B. 旧设备更新的项目

C. 工艺系统流程变化的项目　　D. 新设备的更新项目

19. 为使培训计划富有成效，一个重要的方法是(A)。
    A. 建立集体目标
    B. 编成训练班次讲授所需的技术和知识
    C. 把关于雇员的作茧自缚情况的主要评价反馈给本人
    D. 在实施培训计划后公布成绩
20. 在培训教学中，案例法有利于参加者(D)。
    A. 提高创新意识　　B. 系统接受新知识
    C. 获得感性知识　　D. 培养分析解决实际问题能力
21. 课程设计过程的实质性阶段是(C)。
    A. 课程规划　　B. 课程安排　　C. 课程实施　　D. 课程评价
22. 正确评估培训效果要坚持一个原则，即培训效果应在(B)中得到检验。
    A. 培训过程　　B. 实际工作　　C. 培训教学　　D. 培训评价

多选题

1. 设备布置图必须具有的内容是(A，B，D)。
   A. 一组视图　　B. 尺寸及标注　　C. 技术要求　　D. 标题栏
2. 在化工设备图中，当控制元件位置与任一直角坐标轴平行时，可用(A，C，D)表示。

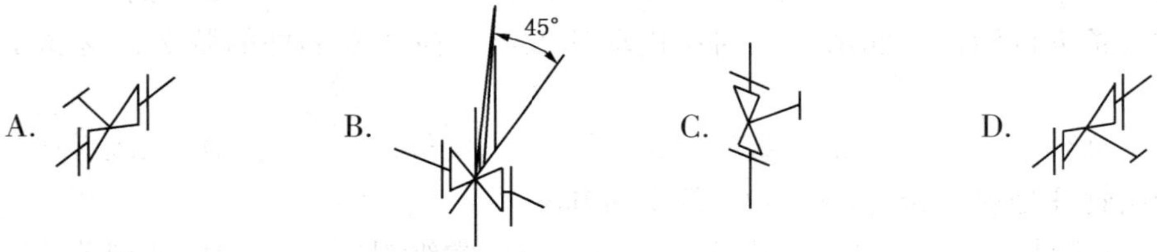

3. 在化工设备图中，可以作为尺寸基准的有(A，B，C，D)。
   A. 设备筒体和封头的中心线　　B. 设备筒体和封头时的环焊缝
   C. 设备法兰的密封面　　D. 设备支座的底面
4. 在化工设备图中，可以作为尺寸基准的有(A，B，D)。
   A. 设备筒体和封头的中心线　　B. 设备筒体和封头时的环焊缝
   C. 设备人孔的中心线　　D. 管口的轴线和壳体表面的交线
5. 下列叙述中，不正确的是(A，B，D)。
   A. 根据零件加工、测量的要求而选定的基准为工艺基准。从工艺基准出发标注尺寸，能把尺寸标注与零件的加工制造联系起来，使零件便于制造、加工和测量
   B. 装配图中，相邻零件的剖面线方向必须相反
   C. 零件的每一个方向的定向尺寸一律从该方向主要基准出发标注
   D. 零件图和装配图都用于指导零件的加工制造和检验
6. 在 ISO 9000 族标准中，内部质量体系审核的依据是(A，B，C，D)。
   A. 合同要素　　B. 质量文件
   C. ISO 9000 族标准　　D. 法律、法规要求
7. ISO 9001 标准具有广泛的适用性，适用于(B，D)。
   A. 大中型企业　　B. 各种类型规模及所有产品的生产组织
   C. 制造业　　D. 各种类型规模及所有产品的服务的组织

8. 在计算机应用软件中 VFP 能用来建立索引的字段是(C，D)字段。

A. 通用型(图文型)　B. 备注(文本型)　C. 日期　D. 逻辑

9. 关于幻灯片的背景，说法不正确的是(A，C，D)。

A. 只有一种背景　B. 可以是图片　C. 不能更改　D. 以上都错

10. 企业在安排产品生产进度计划时，对市场需求量大，而且比较稳定的产品，其全年任务可采取(A，B)。

A. 平均分配的方式　B. 分期递增方法

C. 抛物线形递增方式　D. 集中轮番方式

11. 设备的一级维护保养的主要内容是(A，B，C)。

A. 彻底清洗、擦拭外表　B. 检查设备的内脏

C. 检查油箱油质、油量　D. 局部解体检查

12. 现场目视管理的基本要求是(A，B，C，D)。

A. 统一　B. 简约　C. 鲜明　D. 实用

13. 在月度生产总结报告中对工艺指标完成情况的分析应包括(A，B，C，D)。

A. 去年同期工艺指标完成情况　B. 本月工艺指标完成情况

C. 计划本月工艺指标情况　D. 未达到工艺指标要求的原因

14. 技术论文标题拟订的基本要求是(B，C，D)。

A. 标新立异　B. 简短精练　C. 准确得体　D. 醒目

15. 技术论文摘要的内容有(A，C，D)。

A. 研究的主要内容　B. 研究的目的和自我评价

C. 获得的基本结论和研究成果　D. 结论或结果的意义

16. 技术论文的写作要求是(A，B，D)。

A. 选题恰当　B. 主旨突出　C. 叙述全面　D. 语言准确

17. 装置标定报告的目的是(A，B，D)。

A. 进行重大工艺改造前为改造设计提供技术依据

B. 技术改造后考核改造结果，总结经验

C. 完成定期工作

D. 了解装置运行状况，获得一手资料，及时发现问题，有针对性地加以解决

18. 下列选项中，属于竣工验收报告的内容有(A，B，C，D)。

A. 工程设计　B. 竣工决算与审计

C. 环境保护　D. 建设项目综合评价

19. “三级验收”是指(B，C，D)验收。

A. 个人　B. 班组　C. 车间　D. 厂部

20. 在技术改造过程中(A，B，C)的项目应该优先申报。

A. 解决重大安全隐患　B. 生产急需项目

C. 效益明显项目　D. 技术成熟项目

21. 在技术改造方案中(A，C，D)设施应按设计要求与主体工程同时建成使用。

A. 环境保护　B. 交通

C. 消防　D. 劳动安全卫生

22. 技术改造申请书应包括(A, B, C, D)。

A. 项目名称和立项依据　　B. 项目内容和改造方案

C. 项目投资预算及进度安排　　D. 预计经济效益分析

23. 进行技术革新成果鉴定必要的条件是(A, B, C, D)。

A. 技术革新确实取得了良好的效果

B. 申报单位编制好技术革新成果汇报

C. 确定鉴定小组人员、资格

D. 确定鉴定的时间、地点和参加人员，提供鉴定时所需各种要求

24. 培训方案应包括(A, B, C, D)等内容。

A. 培训目标　　B. 培训内容　　C. 培训指导者　　D. 培训方法

25. 在职工培训活动中，培训的指导者可以是(A, B, C, D)。

A. 组织的领导　　B. 具备特殊知识和技能的员工

C. 专业培训人员　　D. 学术讲座

26. 在职工培训中，案例教学具有(A, B, C)等优点。

A. 提供了一个系统的思考模式

B. 有利于使受培训者参与企业实际问题的解决

C. 可得到有关管理方面的知识与原则

D. 有利于获得感性知识，加深对所学内容的印象

27. 在职工培训中，讲授法的缺点是(A, B, D)。

A. 讲授内容具有强制性　　B. 学习效果易受教师讲授水平的影响

C. 适用的范围有限　　D. 没有反馈

28. 培训教案一般包括(A, B, C, D)等内容。

A. 培训目标　　B. 教学设计　　C. 培训目的　　D. 重点、难点

29. 编写培训教案的基本技巧是(A, B, C, D)。

A. 确立培训的主题　　B. 构思培训提纲

C. 搜集素材　　D. 整理素材

30. 培训项目即将实施之前需做好的准备工作包括(A, B, C, D)。

A. 通知学员　　B. 后勤准备　　C. 确认时间　　D. 准备教材

31. 生产管理或计划部门对培训组织实施的(A, B)是否得当具有发言权。

A. 培训时机的选择　　B. 培训目标的确定

C. 培训计划设计　　D. 培训过程控制

32. 在评估培训效果时，行为层面的评估，主要包括(B, C, D)等内容。

A. 投资回报率　　B. 客户的评价　　C. 同事的评价　　D. 主管的评价

33. 培训评估的作用主要有(B, D)等几个方面。

A. 提高员工的绩效和有利于实现组织的目标

B. 保证培训活动按照计划进行

C. 有利于提高员工的专业技能

D. 培训执行情况的反馈和培训计划的调整

简答题

1. 在ISO 9000族标准中质量体系审核的依据包括哪些内容？

答：①相关的质量保证模式标准(一般是ISO 9001、9002、9003)；②质量手册或质量管理手册或质量保证手册；③程序文件；④质量计划；⑤合同或协议；⑥有关的法律、法规。

2. 简述生产过程的基本内容。

答：①生产准备过程；②基本生产过程；③辅助生产过程；④生产服务过程。

3. 什么是设备检查？设备检查的目的是什么？

答：①设备检查是指对设备的运行状况、工作性能、磨损腐蚀程度等方面进行检查和校验；②设备检查能够及时查明和清除设备隐患，针对发现的问题提出解决的措施，有目的地做好维修前的准备工作，以缩短维修时间，提高维修质量。

4. 现场管理有哪些具体要求？

答：①组织均衡生产；②实现物流有序化；③设备状况良好；④纪律严明；⑤管理信息准确；⑥环境整洁，文明生产；⑦组织好安全生产，减少各种事故。

5. 经济指标分析时应注意什么？

答：①指标的准确性。指标的采集汇总必须准确，错误的数据缺乏参照和分析性，甚至产生错误的结论。②指标的可比性。在进行指标分析时通常要在相同运行的状况下进行比较，通常要参照上个月和去年同期的指标。如果运行的状况发生变化要对指标进行相应的修正，否则就失去了指标的可比性。③突出指标分析指导的作用。通过指标分析和对比要找出设备运行中存在的不足和问题，指导有目的地加以优化和改进。

6. 国家标准技术论文应该包括哪些内容？

答：技术论文应包括题目、作者、摘要、关键词、引言、正文、结论、致谢、参考文献、附录十个部分。

7. 通常情况下技术论文的结构是怎样的？

答：在通常情况下技术论文的正文结构应该是按提出问题——分析问题——提供对策来布置的。①要概括情况、阐述背景、说明意义、提出问题。②在分析问题时必须观点明确，既要抓住矛盾的主要方面，又不能忽视次要方面，析因探源，寻求出路。③要概括前文，肯定中心论点，提出工作对策。提供的对策要有针对性和必要的论证。

8. 技术论文摘要的要求是什么？

答：摘要文字必须十分简练，篇幅大小一般限制字数不超过论文字数的5%。论文摘要不要列举例证，不讲研究过程，不用图表，不给化学结构式，也不要作自我评价。

9. 简述技术论文的写作步骤。

答：①选题，确定论文的主攻方向和阐述或解决的问题。选题时一般要选择自己感兴趣的和人们关心的"焦点"问题；②搜集材料，要坚持少而精的原则，做到必要、可靠、新颖，同时必须充分；③研究资料，确定论点，选出可供论文作依据的材料，支持论点；④列出详细的提纲，使想法和观点文字化、明晰化、系统化，从而可以确定论文的主调和重点。提纲拟订好后，可以遵循论文写作的规范和通常格式动笔拟初稿。

10. 在竣工验收报告中关于工程建设应包括哪些内容？

答：①工程建设概况；②工程建设组织及总体统筹计划；③工程进度控制；④工程质量控制；⑤工程安全控制；⑥工程投资控制；⑦未完工程安排；⑧工程建设体会。

11. 工艺技术规程应包括哪些内容?

答:①总则;②原料、中间产品、产品的物、化性质以及产品单耗;③工艺流程;④生产原理;⑤设备状况及设备规范;⑥操作方法;⑦分析标准;⑧安全计划要求。

12. 岗位操作法应包括哪些内容?

答:①名称;②岗位职责和权限;③本岗位与上、下游的联系;④设备规范和技术特性,原料产品的物、化性质;⑤开工准备;⑥开工操作步骤;⑦典型状况下投、停运方法和步骤;⑧事故预防、判断及处理;⑨系统流程图;⑩运行参数正常范围和各种试验。

13. 检修方案应包括哪些内容?

答:①设备运行情况;②检修组织机构;③检修工期;④检修内容;⑤检修进度图;⑥检修的技术要求;⑦检修任务落实情况;⑧安全防范措施;⑨检修备品、备件;⑩检修验收内容和标准。

14. 在开车准备阶段技师应具备哪些技能要求?

答:①能完成开车流程的确认工作;②能完成开车化工原材料的准备工作;③能按进度组织完成开车盲板的拆装操作;④能组织做好装置开车介质的引入工作;⑤能组织完成装置自修项目的验收;⑥能按开车网络图计划要求,组织完成装置吹扫、试漏工作;⑦能参与装置开车条件的确认工作。

15. 开工方案应包括哪些内容?

答:①开工组织机构;②开工的条件确认;③开工前的准备条件;④开工的步骤及应注意的问题;⑤开工过程中事故预防和处理;⑥开工过程中安全分析及防范措施;⑦附录,重要的参数和控制点、网络图。

16. 停工方案应包括哪些内容?

答:①设备运行情况;②停工组织机构;③停工的条件确认;④停工前的准备条件;⑤停工的步骤及应注意的问题;⑥停工后的隔绝措施;⑦停工过程中事故预防和处理;⑧停工过程中安全分析及防范措施;⑨附录,重要的参数和控制点。

17. 技术改造的目的是什么?

答:通过采用新技术、新工艺,解决制约系统安、稳、优生产运行的问题,推动技术进步和技术创新,更好地提高企业经济效益。

18. 技术改造的前期准备是什么?

答:通过选题和论证确定技术改造的项目和内容,提出立项申请和改造方案。经领导和专家批准后,进行改造设计和设计审查。改造项目确定后,需及时落实资金,完成设备、材料的采购,落实施工单位,组织设计交底。

19. 技术改造方案的主要内容是什么?

答:①项目名称;②项目负责单位;③项目负责人;④建设立项理由和依据,包括原始状况、存在问题和改造依据;⑤改造主要内容,需要写明改造涉及装置设备及详细改造内容;⑥改造技术方案,需写明技术分析、技术要求、方案选择、设备选型及详细的技术方案,并注明动力消耗指标及公用工程配套情况;⑦预计改造效果及经济效益,包括改造后主要经济、技术指标及取得效果;经济效益(附计算式)及技术经济分析;⑧投资计划,包括主要设备材料清单和费用安排(设备询价、材料费用、安装施工费用等);⑨计划进度安排;⑩安全环保措施。

20. 技术改造的步骤是什么？

答：①前期准备，确定技术改造的项目和内容，经领导和专家批准后，进行改造设计和设计审查。改造项目确定后，需及时落实资金，完成设备、材料的采购，落实施工单位，组织设计交底；②实施阶段，根据改造设计的要求，施工单位应在规定工期内保质保量地完成改造的各项内容。在此过程中应对工程进度、工程质量、工程安全、工程投资进行重点控制；③验收阶段，改造项目完成后，应及时组织投用试车，进行性能考核，检验是否达到设计要求，在运行正常后组织进行竣工验收，并填写竣工验收报告；④后评估阶段，在设备稳定运行一段时间后，应组织对技术改造进行后评估，总结技术改造的效果和经验，根据生产运行实际情况提出建议。

21. 技术革新成果鉴定小组主要程序和主要内容是什么？

答：①听取申报单位技术革新成果汇报情况；②实地查验技术革新成果完成情况，审阅技术革新成果申报资料；③讨论对技术革新成果验收意见，签署技术革新成果验收证书；④颁发技术革新成果验收证书。

22. 在技术改造过程中施工管理时应注意什么？

答：①对改造工程施工全过程应进行组织和管理，及时发现并解决施工存在的问题，严格按照技术检修规程及施工图纸进行施工，确保工程质量和施工进度；②在施工过程中，应加强质量监督并进行实施阶段的设计协调工作，对检查发现的工程质量问题有权责令其停止施工并限期整改；③在施工过程中，应加强对施工现场安全、人身安全的监督，禁止“三违”现象的出现，对不符合要求的有权责令其停止施工并限期整改；④在施工过程中，应加强对施工周围环境的影响的监管，对施工过程中产生的废物要及时妥善处理。

23. 技术革新成果的主要内容是什么？

答：技术革新成果的主要内容是：①项目编号、成果名称、完成单位、申报日期、项目负责人、主要完成人、工作起止时间；②系统原始状况和技术难点；③实施报告，包括方案、措施、完成时间、取得成果(附图纸、资料、技术说明)；④社会、经济效益；⑤申报车间审核意见、技术主管部门审核意见、专业评审小组意见和企业主管领导意见。

24. 培训方案由哪些要素组成？

答：培训方案主要由培训目标、培训内容、培训指导者、受训者、培训日期和时间、培训场所与设备以及培训方法等要素组成。

25. 培训需求分析包括哪些内容？

答：培训需求分析需从多维度来进行，包括组织、工作、个人三个方面；①组织分析指确定组织范围内的培训需求，以保证培训计划符合组织的整体目标与战略要求；②工作分析指员工达到理想的工作绩效所必须掌握的技能和知识；③个人分析是将员工现有的水平与预期未来对员工技能的要求进行比照，发现两者之间是否存在差距。

26. 什么是培训方案？

答：培训方案是培训目标、培训内容、培训指导者、受训者、培训日期和时间、培训场所与设备以及培训方法的有机结合。

27. 什么是演示教学法？在教学中演示教学法具有哪些优点？

答：演示法是运用一定的实物和教具，通过实地示范，使受训者明白某种事务是如何完成的。演示法优点为：①有助于激发受训者的学习兴趣；②可利用多种感官，做到看、听、想、问相结合；③有利于获得感性知识，加深对所学内容的印象。

28. 如何准备教案？

答：准备教案要从以下几个方面着手：

①做好培训需求分析。②教案的编写：确定教案的核心内容与结构；选择合适的教案模式。③培训方式的选择与应用。

29. 在培训教学的组织实施与管理的前期准备阶段，主要的工作有哪些？

答：①确认和通知参加培训的学员；②培训后勤准备；③确认培训时间；④教材的准备；⑤确认理想的讲师。

30. 培训评估具有什么意义？

答：①能为决策提供有关培训项目的系统信息，从而做出正确的判断。②可以促进培训管理水平的提升。③可使培训管理资源得到更广泛的推广和共享。

31. 应从哪些方面评价培训效果？

答：主要应从以下四个层面评估培训效果：①反应，即课程刚结束时，了解学员对培训项目的主观感觉；②学习，即学员在知识、技能或态度等方面学到了什么；③行为，即学员的工作行为方式有多大程度的改变；④结果，即通过诸如质量、数量、安全、销售额、成本、利润、投资回报率等可以量度的指标来考查，看最终产生了什么结果。

职业通用理论知识试题(有机合成工)

判断题

1. 在过氧化物存在下，不对称烯烃与卤化氢加成时，违反马氏规则。 (×)

正确答案：在过氧化物存在下，不对称烯烃与溴化氢加成时，违反马氏规则。

2. 炔烃与共轭二烯烃的鉴别试剂是顺丁烯二酸酐。 (✓)

3. 烯烃的加成反应，都属于亲核加成反应。 (×)

正确答案：烯烃的加成反应，大多都属于亲电加成反应。

4. 在醛、酮的亲核加成反应中，羰基两边连接的烷基越大，反应愈难进行。 (✓)

5. 卤烷在碱的醇溶液中主要发生水解反应。 (×)

正确答案：卤烷在碱的醇溶液中主要发生脱卤化氢反应。

6. 苯环上的亲电取代反应生成正碳离子的速度很快。 (×)

正确答案：苯环上的亲电取代反应生成正碳离子的速度较慢。

7. 二甲苯的重要衍生物有邻苯二甲酸酐、间苯二甲酸和邻苯二甲酸、对苯二甲酸。 (✓)

8. 在 $y-x$ 图中，任何溶液的平衡线都在对角线的上方。 (×)

正确答案：在 $y-x$ 图中理想溶液的平衡线都在对角线的上方。

9. 在精馏塔中，每一块塔板上气、液都能达到平衡。 (×)

正确答案：在精馏塔中，理论板上气、液都能达到平衡。

10. 间接加热的蒸馏釜，相当于一块理论板。 (✓)

11. 实际装置的塔板数与理论塔板数相比，其比值即为该塔的全塔效率。 (×)

正确答案：理论塔板数与实际装置的塔板数相比，其比值即为该塔的全塔效率。

12. 精馏塔的操作线方程式是通过全塔物料衡算得出来的。 (×)

正确答案：精馏塔的操作线方程式是通过精馏段物料衡算得出来的。

13. 对流传热中，同样伴有流体质点之间的热传导。 (√)

14. 多层壁导热过程中，其推动力为总的温度差，总的热阻为各层热阻之和。 (√)

15. 在填料吸收塔中，填料过高会出现沟流现象。 (√)

16. 亨利系数小的气体溶解度大，亨利系数大的气体溶解度小。 (√)

17. 在 y-x 图上，液气比是吸收线的斜率。 (√)

18. 精馏操作过程可以说是一个多因素的“综合平衡”过程，而温度的调节起着最终目的质量调节作用。 (√)

19. 机械密封动静环自然磨损、泵输送介质的特性、机械密封冷却不好等都会引起机械密封的失效。 (√)

20. 填料塔检修后，其支承结构应平稳、牢固、通道孔不得堵塞。 (√)

21. 板式塔的检修内容很多，其中包括检查修理塔体和内衬的腐蚀、变形和各部焊缝。 (√)

22. 离心式压缩机轴承间隙的测量方法有抬瓦法、压铅丝法两种方法。 (×)

正确答案：离心式压缩机轴承间隙的测量方法有假轴法、抬瓦法、压铅丝法三种方法。

23. 检查、找正塔体垂直度，紧固地脚螺栓属于中修内容。 (×)

正确答案：检查、找正塔体垂直度，紧固地脚螺栓属于大修内容。

24. 列管式换热器水压试验时升到试验压力后保压时间不得低于 20min。 (×)

正确答案：对于最高工作压力小于 1.6MPa 的列管式换热器保压时间不少于 5min，最高工作压力大于 1.6MPa 的列管式换热器保压时间不少于 20min。

25. 三极管处于饱和状态时，其集电结和发射结都处于反偏。 (×)

正确答案：三极管处于饱和状态时，其集电结和发射结都处于正偏。

26. 在 R、L、C 串联的交流电路中，如果总电压相位落后于电流相位则 $X_L>X_C$。 (×)

正确答案：在 R、L、C 串联的交流电路中，如果总电压相位落后于电流相位则 $X_L<X_C$。

27. 不论是何种原因使中线断开时，都可能使三相电压不对称，导致负载不能正常工作。 (√)

28. 选择万用表欧姆档的档位时，应使被测阻值尽可能靠近中心刻度线。 (√)

29. 用兆欧表测量时，手摇转速应保持在 100r/min 左右。 (×)

正确答案：用兆欧表测量时，手摇转速应保持在 120r/min 左右。

30. 绕线型异步电动机适用于既要限制启动电流，又要求有较大的启动转矩的场合。 (√)

31. 应用变频器的主要目的是为了节约电能。 (×)

正确答案：应用变频器的主要目的是为了取得所需频率的电源。

32. 一般情况下变频器主回路要用 500V 级的兆欧表进行检测，绝缘电阻应在 5MΩ 以上。 (√)

33. 目前通用变频器改善输出波形的办法是采用 PWM 控制法。 (√)

34. DCS 通信网络的传输介质通常有双绞线、同轴电缆、铜电缆 (×)

正确答案：DCS 通信网络的传输介质通常有双绞线、同轴电缆、光纤。

35. FSC(Fail Safe Control System)故障安全控制系统是 Honeywell 公司的产品，主要用于安全保护和紧急停车系统。 (√)

36. 在 FSC 系统中，CP 可以冗余或非冗余配置，I/O 接口模块必须冗余配置。 (×)

正确答案：在 FSC 系统中，CP 可以冗余或非冗余配置，I/O 接口模块也可以冗余或非冗余配置。

37. 中央处理器(Control Part，CP)是 FSC 系统的心脏，是模块化的微处理器系统，用于对安全要求特别高的场合。CP 包括两种处理器模块：控制处理器模块，监控模块。（×）

正确答案：中央处理器(Control Part，CP)是 FSC 系统的心脏，是模块化的微处理器系统，用于对安全要求特别高的场合。CP 包括三种处理器模块：控制处理器模块、监控模块和通信处理器模块。

38. 可燃气体检测报警仪的检测范围下线为零，上限应大于或等于爆炸下线。（√）

39. 可燃气体检测报警仪一般由检测器、报警器、电源三部分组成。（×）

正确答案：可燃气体检测报警仪一般由检测器、报警器、指示仪、电源四部分组成。

40. 前馈控制是根据偏差的大小进行控制的。（×）

正确答案：前馈控制是根据干扰作用的大小进行控制的。

41. 单纯前馈控制对干扰只有补偿作用，但对补偿结果没有检验。（√）

单选题

1. 在下列烯烃中，最易与浓硫酸反应而被吸收的物质是(C)。

A. $CH_2{=}CH_2$　　B. $CH_3{-}CH{=}CH_2$

C. $(CH_3)_2C{=}CH_2$　　D. $CH_3CH_2CH{=}CH_2$

2. 在一定条件下，能发生双烯合成反应的物质是(C)。

A. 炔烃　B. 累积二烯烃　C. 共轭二烯烃　D. 孤立二烯烃

3. 下列化合物在与溴、卤化氢(亲电试剂)发生加成反应时，其反应活性由大到小的顺序是(C)。

a. $CH_3{-}CH{=}CH_2$　　b. $(CH_3)_2C{=}CH_2$

c. $(CH_3)_2C{=}C(CH_3)_2$　　d. $(CH_3)_2C{=}CHCH_3$

A. b>a>d>c　B. b>d>a>c　C. c>d>b>a　D. d>b>a>c

4. 苯环上的取代反应的第一个步骤为(A)。

A. 负离子夺取苯环上的氢离子并生成取代产物

B. 正碳离子失去氢离子并发生分子重排生成取代产物

C. 苯环上的氢离子自行离去生成取代产物

D. 苯环上的氢离子转移至取代基上生成取代产物

5. 常压连续操作的精馏塔，塔顶蒸汽放出热量为 10476000kJ/h，塔顶冷凝器的冷却水进口温度为 288K，出口温度为 298K，问每小时消耗的冷却水量是(A)kg。[水的比热容可取 $C=4.18$kJ(/kg·K)]

A. 250622　B. 1047600　C. 2506220　D. 104760

6. 在 $y-x$ 图中，平衡曲线离对角线越远，该溶液越(B)。

A. 难分离　　B. 容易分离

C. 不分离　　D. 无法确定分离难易

7. 在精馏塔内，压力表温度变化都比较小，计算中通常可以取塔底和塔顶相对挥发度的(C)平均值作为整个塔的相对挥发度的值。

A. 对数　B. 算术　C. 几何　D. 微分

8. 相对挥发度(B)的溶液，都可以用普通蒸馏方法分离。
A. 等于 1　B. 小于 1 和大于 1
C. 只有小于 1　D. 只有大于 1

9. 精馏操作中，以最小回流比时的理论板数为(B)。
A. 最小　B. 最多　C. 0　D. 1

10. 习惯上把精馏塔的进料板划为(B)。
A. 精馏段　B. 提馏段
C. 既可以是精馏段也可以是提馏段　D. 无法确定

11. 有相变化的给热系数(A)无相变化时的给热系数。
A. 大于　B. 等于　C. 小于　D. 无法确定

12. 精馏操作中，回流比越大，分离效果(A)。
A. 越好　B. 越差　C. 越不变化　D. 无法确定

13. 平面壁的导热热阻为(A)。
A. δ/λ　B. λ/δ　C. $\lambda/\Delta a$　D. $\lambda/a\delta$

14. 设备保温、保冷应选择(B)材料。
A. 导热系数大的　B. 导热系数小的
C. 导热系数中等的　D. 任意的

15. 填料吸收塔单段填料高度不应超过(B)m，计算填料高度超过值可将填料分段装填。
A. 3　B. 6　C. 9　D. 12

16. 亨利定律适用的条件是(A)。
A. 气相总压不超过 506. 5kPa，溶解的溶液是稀溶液
B. 气相总压一定，稀溶液
C. 常压下，稀溶液
D. 高压下，稀溶液

17. 大多数吸收过程可以认为是在(B)的情况下进行的。
A. 绝热　B. 等温　C. 等压　D. 等体积

18. 产生吸收操作线方程式的依据是(A)。
A. 全塔物料衡算　B. 液气比　C. 平衡线　D. 操作线

19. 操作线离平衡线越远，过程推动力会(A)。
A. 越大　B. 越小　C. 不变　D. 无法确定

20. 当吸收质在液相中溶解甚大的情况，吸收过程属于(B)。
A. 液膜控制　B. 气膜控制
C. 气、液膜同时控制　D. 无法确定

21. 用水吸收二氧化碳属于(B)吸收。
A. 化学　B. 物理　C. 变温　D. 等压

22. $P-P^*$ 差值越大，吸收速率(A)。
A. 越大　B. 越小　C. 越不发生变化　D. 衡定

23. 在一定的操作压强下，气液平衡与(B)有密切的关系。
A. 压强　B. 温度　C. 回流比　D. 填料

24. 我国《计量法》规定，处理计量器具准确度所引起的纠纷，以(B)器具或者社会公用计量标准器具检定的数据为准。

A. 地方计量基准　　B. 国家计量基准

C. 企业计量基准　　D. 以上都不是

25. 计量检定人员出具的检定数据，用于量值传递、计量认证、技术考核、裁决计量纠纷和(B)具有法律效力。

A. 检查　　B. 实施计量监督　　C. 计算　　D. 监督

26. 我国《计量法》规定：制造、销锻未经考核合格的计量器具新产品的，责令停止制造、销锻该新产品，没收违法所得，可以(C)。

A. 停止生产　　B. 销毁　　C. 并处罚款　　D. 处罚企业法人

27. 我国《计量法》规定，县级以上人民政府计量行政部门可以根据需要设置计量检定机构，或者授权其他单位的计量检定机构，执行(A)和其他检定、测试任务。

A. 强制检定　　B. 非强制检定　　C. 检定　　D. 一般计量

28. 避免离心式压缩机喘振的措施是(D)。

A. 提高压力时，适当提高压缩机进口流量

B. 提高出口流量时，必须提高其进口压力

C. 提高压力时，应保持出口流量的相对稳定

D. 降低压力时，应提高压缩机转速

29. 下列不是离心式压缩机润滑油温度低的原因是(B)。

A. 主油泵故障

B. 冷却水压力低

C. 油过滤器堵塞或损坏

D. 油释放阀、管线、机封、接头处泄漏

30. 加热炉正常运行时，吹灰器清除的是(B)的积灰。

A. 辐射段　　B. 对流段　　C. 烟囱　　D. 辐射段和对流段

31. 关于提高加热炉热效率的方法，下列表述不正确的是(A)。

A. 控制好“三门一板”提高炉子的过剩空气系数

B. 减少炉壁散热损失

C. 设置吹灰器

D. 对流室采用钉头管或翅片管

32. 机械密封的装配顺序为(B)。

①机械密封静止部件的组装；②机械密封旋转部件组装；③端盖装在密封体上，并用螺钉均匀拧紧；④盘动试车

A. ②①③④　　B. ①②③④　　C. ③①②④　　D. ③②①④

33. 下列各项中，不是填料塔检修内容的是(A)。

A. 检查浮阀的灵活性　　B. 检查修理喷淋装置

C. 清扫塔内壁　　D. 检查校验安全附件

34. 板式塔的操作特点是气液(A)逐级接触。

A. 逆流　　B. 错流　　C. 折流　　D. 并流

35. 关于板式塔塔板的组装，下列说法错误的是(D)。

A. 组装时对塔板各零件要轻拿轻放

B. 塔板的组装可采取卧装或立装

C. 对分块式塔板的安装，塔板两端支撑板间距、塔板长度、宽度应符合规定

D. 对整块式塔板的安装，原则上应是卧装

36. (B)换热器适用于壳程介质清洁、不易结垢以及两种流体温差不大的场合。

A. 套管式　　B. 固定管板式　　C. 浮头式　　D. 填料函式

37. 关于离心式压缩机运行中振动过大的原因，下列表述错误的是(A)。

A. 蒸汽温度高使压缩机产生水平冲击　　B. 调节系统不稳定使进汽量波动

C. 疏水不当，使蒸汽带水　　D. 叶片脱落等造成转子不平衡

38. 关于压缩机运行中吸、排气阀发生敲击声的原因，下了表述错误的是(D)。

A. 阀片折断　　B. 弹簧松软或折断

C. 阀座深入汽缸与活塞相碰　　D. 润滑油质量差

39. 填料塔的液体分布装置水平度允许误差为(B)mm。

A. ≤2　　B. ≤3　　C. ≤4　　D. ≤5

40. D_g≤1600mm 的板式塔支承圈与塔壁焊接后，其上表面的水平度在整个圈上的误差应为(A)mm。

A. ≤3　　B. ≤4　　C. ≤5　　D. ≤6

41. 板式换热器检修后的气密性试验压力为最大工作压力的(A)倍。

A. 1.05　　B. 1.10　　C. 1.15　　D. 1.25

42. 下列对离心式压缩机单机试车的目的表述不准确的是(C)。

A. 对运转机械输入动力使机械启动

B. 在接近或达到额定转速的情况下初步检验该机械的制造与安装质量

C. 检查机组运行情况

D. 为下一步联动试运和化工投料打好基础

43. 如图所示，电路中的三极管处于(B)状态。

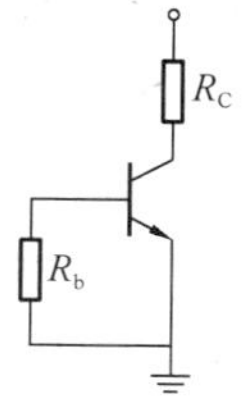

A. 放大　　B. 截止

C. 饱和　　D. 短路

44. 在纯电容正弦交流电路中，表示电流与电压数量关系的表达式是(D)。

A. $i=u/X_L$　　B. $i=u/\Omega l$　　C. $I=U/\omega C$　　D. $I=U\omega C$

45. 将三相电源的首、末端依次相连，再从三个连接点引出三根端线应是三相电源的(A)。

A. 三角形连接　　B. 星形连接

C. 延边三角形连接　　D. 既不是星形连接也不是三角形连接

46. 在 R、L、C 串联电路发生谐振时(C)。

A. 总电压超前于电流　　B. 总电压滞后于电流

C. 总电压与电流同相位　　D. 电流超前电压

47. 用钳形电流表测量单相负载电流的方法是(A)。

A. 钳口夹住一根导线　　B. 钳口夹住二根导线

C. 把钳形表串联在负载线路中　　D. 把钳形表与负载并联

48. 用电压表测量负载电压时，要求电压表的内阻(C)负载电阻。

A. 等于　B. 大于　C. 远远大于　D. 小于

49. 要想改变三相异步电动机的旋转方向只要将原相序 U-V-W 改接为(B)即可实现。

A. V-W-U　B. W-V-U　C. W-U-V　D. 可以任意连接

50. 具有接触器联锁的正反转控制线路，其联锁触点应采用(B)。

A. 常开辅助触点　B. 常闭辅助触点

C. 常开、常闭辅助触点均可　D. 必须采用常开和常闭辅助触点串联

51. 一般鼠笼型三相异步电动机启动电流是额定电流的(B)倍。

A. 1~3　B. 5~7　C. 15~20　D. 7~10

52. 动态性能要求高，调速范围要求不大的调速系统应选用(C)控制方式。

A. U/f　B. VVVF

C. 无速度传感器的矢量控制　D. 有速度传感器的矢量控制

53. 逆变器调速 U/f 控制方式属于(A)控制。

A. 开环　B. 闭环　C. 转差　D. 矢量

54. 变频器的主回路一般由(A)组成。

A. 整流器、逆变器、中间直流环节　B. 放大器、逆变器、中间直流环节

C. 整流器、逆变器　D. 逆变器

55. 在变频调速时，若保持 U/f=常数，可实现(D)，并能保持过载能力不变。

A. 恒功率调速　B. 恒电流调速　C. 恒效率调速　D. 恒转矩调速

56. 电压等级为 10kV 及以下时，设备不停电时的安全距离为(C)m。

A. 0.40　B. 0.60　C. 0.70　D. 1.00

57. 三相异步电动机外壳带电的原因是(C)。

A. 绕组断路　B. 一相绕组接反　C. 绕组接地　D. 绕组匝间短路

58. 一个三相电动机单向启动、停止控制回路，能启动不能停止，原因是(C)。

A. 停止按钮接触不良

B. 保持接点接触不良

C. 启动、停止的串联支路误与保持触点并联

D. 启动按钮接触不良

59. 三相电动机单向启动、停止控制回路，两个按钮都是复合式，其故障是接通电源，电机就启动运行，按停止按钮可以停止，但不能撒手，只有先按住启动按钮，再按一下停止按钮可以停止，但启动按钮撒手，电机又启动，原因是(A)。

A. 将启动按钮的常闭触点误认为常开触点接入线路

B. 保持触点误与停止按并联

C. 误将接触器一对常闭触点作保持触点

D. 启动按钮接触不良

60. (A)不是大机组旋转状态监测的参数。

A. 流量　B. 轴的径向振动值

C. 轴向位移值　D. 机器的转速

61. 电涡流式趋近传感器是根据(B)原理工作的。

A. 电场　B. 电磁场　C. 脉冲感应　D. 电压感应

62. 在管道上安装孔板时，如果将方向装反了会造成(B)。

A. 差压计倒指示　B. 差压计指示变小

C. 差压计指示变大　D. 对差压计指示无影响

63. 热电偶或补偿导线短路时，显示仪表的示值约为短路处的温度值，习惯上称短路时仪表指示(A)。

A. 室温　B. 热端温度　C. 冷端温度　D. 以上都不对

64. (D)不是 PLC 的硬件系统。

A. 中央处理单元　B. 存储器　C. 输入输出单元　D. 打印机

65. 仪表的防爆措施就是控制(D)。

A. 易爆气体　B. 爆炸范围

C. 引爆源　D. 以上三个条件同时出现

66. 室内顶部安装一台扩散式气体检测仪，其仪表所测的可能是(C)。

A. 氯气　B. 瓦斯气　C. 氢气　D. 硫化氢气体

67. 前馈调节系统是(C)。

A. PID 调节　B. 闭环负反馈调节

C. 开环调节　D. 闭环调节

68. 压力测量仪表按工作原理分为(B)。

A. 薄膜式、波纹管式、弹簧管等

B. 液柱式和活塞式压力计、弹性式压力计、电测型压力计

C. 液柱型压力计、活塞式压力计

D. 以上都不对

69. U 形管液柱压力计是以液体的(B)为基础的。

A. 连通器原理　B. 静力平衡原理

C. 液体膨胀原理　D. 位移平衡原理

70. 膜式压力计以膜片或膜盒为感测原件是基于(B)测量原理。

A. 力平衡式　B. 位移平衡　C. 力矩平衡　D. 压力平衡

71. 流量测量仪表按工作原理分为(A)。

A. 体积流量测量法和质量流量测量法　B. 直接法和间接法

C. 容积法和声学法　D. 以上都不对

72. 下面(C)不是体积流量的测量方法。

A. 容积法　B. 电学法　C. 直接法　D. 光学法

73. 转子流量计中的流体流动方向是(B)。

A. 自上而下　B. 自下而上

C. 自上而下和自下而上都可以　D. 以上选择都不对

74. 转子流量计属于(A)流量计。

A. 恒压降　B. 变浮力　C. 静压式　D. 以上都对

多选题

1. 在一定条件下，可以发生烯烃亲电加成反应的物质是(C，D)。

A. H_2　　B. Br_2　　C. H_2O　　D. H_2SO_4

2. 影响传热膜系数的因素是很多的，其中主要有(A，B，C，D)。

A. 流体的种类和流体的性质　　B. 流体的运动状态

C. 流体的对流状况　　D. 传热壁的形状、位置和大小

3. 流体在管内流动时，管壁处属于(B，D)。

A. 湍流　　B. 层流　　C. 过渡流　　D. 滞流

4. 影响精馏塔理论塔板数的因素有(A，B，C，D)。

A. 回流比　　B. 塔底再沸器的加热蒸汽

C. 塔顶冷凝器的冷却水消耗量　　D. 进料量

5. 在正常的化工生产中，吸收塔的结构形式及设备尺寸都已确定，影响吸收操作的主要因素有(A，B，C，D)。

A. 气流速度　　B. 喷淋密度　　C. 温度　　D. 压力

6. 在操作压强基本稳定的情况下，常常由于(A，B，C，D)而引起温度的变化。

A. 再沸器中加热蒸汽量　　B. 冷凝器中冷却介质流量、回流量

C. 塔釜液位高度　　D. 进料状态的变化

7. 有利于延长加热炉的使用寿命的是(A，D)。

A. 工艺条件许可的情况下尽可能降低其热负荷

B. 火焰刚性好，油火焰分布均匀、长度不超过辐射段高度

C. 烧油时应尽可能增加吹灰频率，减少对流段炉管积灰

D. 按时巡检，发现问题及时处理

8. 泵用机械密封泄漏部位有(A，B，C，D)。

A. 轴套与轴间的密封　　B. 动环与轴套间的密封

C. 动、静环间密封　　D. 对静环与静环座间的密封

9. 填料塔在检修时，必须检修其塔内件，包括(A，B，C)。

A. 支撑结构　　B. 液体分布装置　　C. 除沫器　　D. 受液盘

10. 更换换热管时，必须对管板孔进行清理、修磨和检查。关于管板孔的检查，下列说法正确的是(A，B，D)。

A. 管孔内不得有穿通的纵向螺旋形的刀痕

B. 管板的密封槽或法兰面应光滑无伤痕

C. 管孔轴线应平行于管板平面

D. 管孔直径的偏差要在允许范围内

11. 当出现下列(A，B，C，D)情况时压缩机禁止启动。

A. 润滑油质不合格或主油箱油位低于允许值等

B. 交、直流油泵不能正常运行

C. 盘车装置不能正常投入运行

D. 主要仪表等不齐备或指示不正常

12. 往复式压缩机紧急停车的情况包括(A，B，C，D)。

A. 润滑油中断　　B. 冷却水中断

C. 轴承温度高　　D. 主零、部件及管道断裂

13. 填料塔检修后塔体质量验收的要求为(A，B，C，D)。

A. 塔体的不垂直度不大于塔高的1/1000；塔高大于20m时，最大不超过30mm

B. 塔体的防腐层不应有鼓包、裂纹和脱层

C. 塔体的保温材料应符合设计图纸要求

D. 塔体外壁应按现行国家或相关行业标准的规定刷漆、保温

14. 板式塔检修后验收的内容有(A，B，C，D)。

A. 检查各部件是否安装齐全

B. 有完整的检查、鉴定和检修记录

C. 人孔封闭前检查内部结构的检修质量

D. 有水压试验和气密性试验记录(执行国家标准)

15. 化工投料试车要达到的要求是(B，C，D)。

A. 试车负荷与原料必须达到最高

B. 一次性投料试车成功

C. 不发生重大的设备操作、人员、火灾、爆炸事故，环保设施做到“三同时”，不污染环境

D. 投料试车期不亏损，经济效益好

16. 改变电容启动单相异步电动机的转向，只需将(B，D)。

A. 主、副绕组对调　　B. 主绕组首尾端对调

C. 电源的相线与中性线对调　　D. 副绕组首尾端对调

17. 交-交变频器适用于(A，D)的场合。

A. 低速　　B. 高速　　C. 小容量　　D. 大容量

18. 下列需填第二种工作票的工作是(B，D)。

A. 在高压设备上工作　　B. 低压带电作业

C. 在停电设备上工作　　D. 在带电设备外壳上工作

19. 在全部停电或部分停电的电气设备上工作，必须具备的安全措施有(A，C，D)。

A. 停电、验电　　B. 取下熔断器

C. 装设接地线　　D. 悬挂标示牌和装设遮拦

简答题

1. 什么叫查依采夫规则？

答：卤烷在脱卤化氢时，含氢较少的那个相邻碳原子，比较容易脱去氢原子，这个规律称为查依采夫规则。

2. 对于一个连续精馏塔，进入精馏塔的热量和离开精馏塔的热量分别有哪几项？

答：(1)进入精馏塔的热量：①加热蒸汽带入的热量；②回流带入的热量；③原料带入的热量。(2)离开精馏塔的热量：①塔顶蒸汽放出的热量；②蒸馏釜内残液带出的热量；③损失于周围的热量。

3. 确定精馏塔理论板数主要有哪几种方法？各有什么优、缺点？

答：①逐板计算法和简易图解法；②逐板计算的优点是比较准确，并能反映每块理论板的气液组成。缺点是比较复杂，特别是理论板多的情况下，很费时间；③图解法优点是简单明了。缺点是误差大，特别是平衡线与操作线相距很近时，误差更大。

4. 减低流体阻力的途径有哪些？

答：①管路尽可能短些，尽量走直线，少拐弯；②没必要的管件和阀尽量不装；③适当放大管径。

5. 液气比大小对吸收操作有什么影响？

答：①液气比是吸收操作线的斜率，液气比小，斜率小，操作线向平衡线靠近，溶液出口浓度增大，过程推动力变小，吸收率小；②反之，推动力增大，吸收率增加。

6. 试述影响离心式压缩机使用寿命的因素有哪些？

答：离心式压缩机使用寿命与压缩机质量、辅助设施、安装、介质、操作条件、操作及维护、检修有关。主要取决于：①压缩机质量；②安装；③操作；和④维护检修。

7. 简述减少蒸汽加热炉热损失的方法。

答：①加强管理、制定合理的操作规程；②控制好“三门一板”、降低炉子的过剩空气系数；③采用自控系统、计算机操作；④采用在线分析仪控制辐射室的氧含量；⑤纯辐射炉加对流室。

8. 试述引起摩擦副密封失效的因素主要有哪些？

答：①操作中，因抽空、汽蚀、憋压等异常现象，引起较大的轴向力，使动、静环接触面分离；②安装机械密封时压缩量过大，导致摩擦副端面严重磨损、擦伤；③动环密封圈过紧，弹簧无法调整动环的轴向浮动量；④静环密封圈过松，当动环轴向浮动时，静环脱离静环座；⑤工作介质中有颗粒状物质，运转中进入摩擦副，擦伤动、静环密封端面；⑥设计选型有误，密封端面比压偏低或密封材质冷缩性较大等。

9. 试述填料塔中检修的内容。

答：①清理塔壁，检查塔壁腐蚀情况，测量壁厚；②做气密性试验或按规定作水压强度试验；③检查修理支撑环、栅板、液体再分布器、喷淋装置、视镜；④检查清洗或更换填料；⑤检查、修理或更换进出料管和回流管，清洗进料过滤器；⑥检查安全阀、流量计、温度计、压力表；⑦修补保温层、涂漆。

10. 板式塔检修方案应包括哪些内容？

答：①设备运行情况；②检修组织机构；③检修工期；④检修内容；⑤检修进度图；⑥检修的技术要求；⑦检修任务落实情况；⑧安全防范措施；⑨检修备品、备件、检修验收内容和标准。

11. 换热器检修后验收合格的要求是什么？

答：①换热器投用运行一周，各项指标达到技术要求或满足生产需要；②换热器防腐、保温完整无损，达到完好标准；③提交设计变更材料代用通知单及材质、零部件合格证；④提交检修记录、试验记录；⑤提交焊缝质量检验(包括外观检验和无损探伤等)报告。

12. 离心式压缩机中修都包括哪些方面？

答：①检查和清洗油过滤器；②消除油、水、气系统的管线、阀门、法兰的泄漏缺陷；

③包括小修项目；④检查、测量、修理或更换径向轴承和止推轴承，清扫轴承箱；⑤检查、测量各轴颈的完好情况，必要时对轴颈表面进行修理；⑥重新整定轴颈测振仪表，移动转子，测量轴向窜动间隙，检查止推轴承定位的正确性；⑦检查止推盘表面粗糙度及测量端面跳动；⑧检查联轴器齿面磨损、润滑油供给以及轴向串动和螺栓、螺母的连接情况，进行无损探伤，复查机组中心改变情况，必要时予以调整；⑨检查、调整各测振探头，轴位移探头及所有报警信号、联锁、安全阀及其他仪表装置；⑩检查拧紧各部位紧固件、地脚螺栓、法兰螺栓及管接头等。

13. 请简述压缩机运行中气量显著降低的原因。

答：①因吸气阀的弹簧折断，造成阀片失去密封作用而严重漏气；②阀片磨损或断裂；③在安装时，吸气阀和排气阀装反；④在阀片与阀座之间进入的碎物把阀片垫住；⑤活塞环在活塞槽内被咬住；⑥活塞环与汽缸壁的间隙过大。

14. 简述塔体检修的质量要求。

答：塔体的不垂直度不超过于塔高的1/1000；塔高大于20m时，最大不超过30mm，塔体的防腐层不应有鼓包、裂纹和脱层，塔体的保温材料应符合设计图纸要求，塔体外壁应按现行国家或相关行业标准的规定刷漆、保温。

15. 简述换热器检修后的验收内容。

答：有检查试验记录；如果进行了改造或更新某零部件应该有某结构或零部件材质变更的审批文件；设备的各部螺栓紧固，整齐并符合设备完好标准；投入正常运行后即可办理验收手续，交付生产使用。

16. 试述离心式压缩机检修后试车时要注意的操作要点。

答：①严格按照升速曲线操作，每升高一个梯度的转速，应详细检查轴承、机体内有无异常响声和振动，检查轴承温度的变化，并做好记录；②迅速通过临界转速区域；③试车中发现异常现象，须研究处理，必要时停车处理；④动密封可靠，静密封无泄漏；⑤试车过程中径向轴承和止推轴承的温度、轴位移、轴承部位的水平和垂直轴振动最大峰值应小于压缩机制造商给定的限值；⑥压缩机出口压力达到设计要求。

17. 笼型三相异步电动机有哪几种启动方法？

答：①笼型电动机启动方法可以分为全压启动和降压启动两大类；②常用的降压启动方法有自耦变压器启动、星形-三角形启动、延边三角形启动三种。

18. 简述变频器的日常检查内容。

答：①安装地点的环境是否有异常；②冷却系统是否正常；③变频器、电动机、变压器、电抗器等是否过热、变色或有异味；④变频器和电动机是否有异常振动；⑤主回路电压和控制电路电压是否正常；⑥滤波电容器是否有异味；⑦各种显示是否正常。

19. 电气安全规程的主要内容是什么？

答：①规程将电气设备分成高压和低压两种；②电气作业人员必须持证上岗；③高压设备上巡视要有安全距离；④高压设备上工作要有工作票、双人操作、有保证人员安全的组织措施和技术措施。

20. 巡视运行中的自动开关时，检查的主要内容有哪些？

答：①检查所带最大负荷是否超过了自动开关的额定值；②检查触头系统和导线的连接

处是否有过热氧化现象；③检查开关的合闸状态是否与辅助指示信号相符；④监听自动开关有无异常声音；⑤检查传动机构及绝缘的状态有无变形、锈蚀、裂痕、放电等异常现象；⑥检查灭弧罩有无破损，喷弧烧蚀是否严重等，若受损严重应停止使用，并更换灭弧罩。

21. 状态监测中采用的传感器有哪几种？

答：状态监测中采用的传感器分为接触传感器和非接触传感器两种。

22. 什么叫旋转机械状态监测？

答：是指用各种仪器仪表对反映旋转机械运行状态的参数进行测量和监视，从而了解其运行状态，保证安全运转，提高设备的科学管理水平。

23. 探头安装有什么要求？

答：防止噪声和电磁的干扰；探头磁力线在其顶端以环状向周围空间发散，安装时注意交叉干扰和边缘效应。

24. DCS 的通信网络一般分为哪几层？

答：一般分为三层，第一层为信息管理层，第二层为过程控制层，第三层为输入/输出层。

25. 什么是 ESD 系统？

答：ESD 中文的意思是紧急停车系统。

26. 什么是安全火花型防爆系统？

答：所谓安全火花型防爆系统即在危险场所使用安全火花型防爆仪表；在控制室仪表和危险场所仪表之间设置了安全栅。上述二者缺一不可，这样构成的系统叫做安全火花型防爆系统。

27. 隔爆型仪表有何特点？

答：将仪表正常工作中和事故状态下可能产生的火花、电弧的部分放在一个或分放在几个外壳中；这种外壳除了将火花、电弧与使用环境的爆炸气体隔开以外，还具有一定的强度，各零件间的连接有一定的结构形式与结构参数；从环境中进入壳内的爆炸性气体与空气的混合物被火花、电弧引爆时，外壳不致被炸坏，不会通过隔爆面而引爆环境中的爆炸性气体与空气的混合物。

28. 什么是安全火花型防爆仪表？

答：所谓安全火花型防爆仪表。是指在正常状态和事故状态下产生的火花均为安全火花的仪表。

29. 本质安全型仪表有何特点？

答：本质安全型仪表又叫安全火花型仪表。它的特点是仪表在正常状态下和事故状态下，电路、系统产生的火花和达到的温度都不会引起爆炸性混合物爆炸。

30. 什么是信号报警和联锁保护系统？功能及作用是什么？

答：信号报警起到自动监视的作用，当工艺参数超限或运行状态异常时，以灯光或声响的形式发出报警，提醒操作人员注意，并及时加以处理。联锁保护实质上是一种自动操作系统，能使有关设备按照规定的条件或程序完成操作任务，达到消除异常，防止事故的目的。

31. 联锁线路通常是由哪几个部分组成？

答：联锁线路通常是由输入部分、逻辑部分和输出部分这三个部分组成。

计算题

1. 将 5mol 的 CO_2 在 101. 3kPa(1 大气压)下通过 900℃的赤热炭层。问：在平衡时生成多少摩尔 CO？已知：$CO_2+C \rightleftharpoons 2CO$ 在 900℃时 $K_P=35.4$kPa。

解：设 CO 平衡时物质的量为 $2x$。

$$CO_2+C \rightleftharpoons 2\,CO$$

原始物质的量(mol)　　5

平衡物质的量(mol)　　$5-x$　　$2x$

平衡总物质的量：$5-x+2x=5+x$

各组分摩尔分数：$x_{CO_2}=(5-x)/(5+x)$，　$x_{CO}=2x/(5+x)$

平衡时各组分分压 $P_{CO_2}=P\times(5-x)/(5+x)$，　$P_{CO}=P\times 2x/(5+x)$

$P=1$(大气压)，$K_P=P_{CO_2}/P_{CO_2}=[P\times 2x/(5+x)]^2/[P\times(5-x)/(5+x)]=35.4$

$x=4.74$(mol)

CO 的平衡物质的量为 $2\times4.74=9.48$(mol)

答：在平衡时生成 9. 48molCO。

2. 某条件下，氢和氮在密闭容器中反应合成氨，各物质的浓度变化如下：

$$N_2+3\,H_2 \rightleftharpoons 2\,NH_3$$

	N_2	H_2	NH_3
起始浓度(mol/L)	1. 0	3. 0	0
2s 后浓度(mol/L)	0. 8	2. 4	0. 4

则各种物质的反应速率分别为多少？

解：$V_{N_2}=-\Delta[N_2]/\Delta t=-(0.8-1.0)/2.0=0.1[mol/(L\cdot s)]$

$V_{H_2}=-\Delta[H_2]/\Delta t=-(2.4-3.0)/2.0=0.3[mol/(L\cdot s)]$

$V_{NH_3}=\Delta[NH_3]/\Delta t=(0.4-0)/2.0=0.2[mol/(L\cdot s)]$

答：氮气的反应速率是 0. 1mol/(L · s)，氢气的反应速率是 0. 3mol/(L · s)，氨的反应速率是 0. 2mol/(L · s)。

3. 合成氨的反应式为 $N_2+3H_2 \rightleftharpoons 2NH_3$，在 400℃时，反应达到平衡，各物质的平衡浓度为：$[N_2]=3$mol/L，$[H_2]=9$mol/L，$[NH_3]=4$mol/L。求在该温度下的平衡常数 K_c、K_p 以及 N_2和 H_2的原始浓度。

解：

$$N_2+3\,H_2 \rightleftharpoons 2\,NH_3$$

	N_2	H_2	NH_3
原始浓度 mol/L：			0
平衡浓度 mol/L：	3	9	4

$$K_c=[NH_3]^2/([N_2][H_2]^3)=4^2/(3\times9^3)=7.32\times10^{-3}(mol/L)$$

$$K_p=K_c(RT)^{\Delta n}$$

$$K_p=7.32\times10^{-3}\times[0.082\times(273+400)]^{[2-(3+1)]}$$

$$=2.4\times10^{-6}$$

N_2的原始浓度为 $3+4\times1/2=5$(mol/L)

H_2的原始浓度为 $9+4\times3/2=15$(mol/L)

答：在该温度下的平衡常数 $K_c=7.32\times10^{-3}$，$K_p=2.4\times10^{-6}$，N_2的原始浓度为5mol/L，H_2的原始浓度为 15mol/L。

4. 已知在500℃时，一氧化碳和水蒸气反应平衡常数为 $K_c=9$，且一氧化碳和水的起始浓度都是0.02mol/L，求一氧化碳转化率。

解：设 X 为反应达到平衡时二氧化碳的浓度

$$\begin{array}{cccc} CO & + \quad H_2O & \rightleftharpoons CO_2 & +H_2 \\ 0.02 & 0.02 & 0 & 0 \\ (0.02-X) & (0.02-X) & X & X \end{array}$$

$K=[CO_2][H_2]/[CO][H_2O]$

得 $X^2/(0.02-X)^2=9$

$X=0.015(\text{mol/L})$

故CO转化率为$(0.015/0.02)\times100\%=75\%$

答：CO转化率为75%。

5. 某连续精馏塔在压强为101.3kPa下分离苯-甲苯的混合液，已知处理量为15300kg/h,原料液中苯的含量为45.9%，工艺要求馏出液的含量不小于94.2%，残液中苯的含量不大于4.27%(以上均以质量分数计)，试求馏出液和残液的量。若回流比 $R=2$，试写出精馏段的操作线方程式。

解：馏出液和残液的量可以根据全塔的物料衡算式求得

$$F=D+W$$

$$F\times X_F=D\times X_D+W\times X_W$$

已知数

$$F=15300\text{kg/h}$$

$$X_F=0.459,\ X_D=0.942,\ X_W=0.0427$$

将以上各值代入上述两式，得

$$15300=D+W$$

$$15300\times0.459=0.942D+0.0427W$$

解出

$$D=7082.6(\text{kg/h}),\ W=8217.4(\text{kg/h})$$

精馏段操作线方程式

$$y=\frac{R}{R+1}x+\frac{X_D}{R+1}$$

已知

$$R=2$$

由于操作线方程式中的物质组成均以摩尔分数计，将各质量分数换算成摩尔分数

$$X_F=\frac{0.459/78}{0.459/78+0.541/92}=0.5$$

$$X_D=\frac{0.942/78}{0.942/78+0.058/92}=0.95$$

$$X_W=\frac{0.0427/78}{0.0427/78+0.9573/92}=0.05$$

将以上各值代入精馏段操作线方程式，得：

$$y=\frac{2}{2+1}x+\frac{0.95}{2+1}=0.67x+0.317$$

答：精馏段的操作线方程式是 $y=\frac{2}{2+1}x+\frac{0.95}{2+1}=0.67x+0.317$

6. 在某精馏中塔分离一种液体混合物，已知在沸点下进料，并已知其精馏段操作线方程式为 $y=0.714x+0.284$，提馏段操作线方程式为 $y=1.06x-0.0032$，试求该操作条件下的回流比，以及原料液、馏出液和残液的组成。

解：①$R/(R+1)=0.714$，$X_D/(R+1)=0.284$，得：$R=2.5$，$X_D=0.994$

② 进料板是塔内两段分界处，并为沸点进料，所以应符合：

$$0.714X_F+0.284=1.06X_F-0.0032，X_F=0.83$$

③ 因为提馏段操作线应通过对角线上 $y=X_W$ 的点，应符合 $X_W=1.06X_W-0.0032$，所以 $X_W=0.053$

答：原料液 X_F 为 0.83，馏出液 X_p 为 0.994，残液 X_W 为 0.053。

7. 有一 ϕ325mm×8mm 的蒸汽管道，设已知其内壁温度为 473K，内壁和外壁的温差为 1K，当管道上敷以 100mm 的保温层[其导热系数 $\lambda=0.06W/(m \cdot K)$]，保温层外表温度为 273K，试比较保温前后管道上的热损失。

解：先计算不保温时的热损失：

$$q/l=\frac{2\pi\Delta t}{\frac{1}{\lambda_1}\ln\frac{r_2}{r_1}}$$

已知钢的导热系数 $\lambda_1=46.5W/(m \cdot K)$

$$\Delta t = 1K$$

$$r_2 = 0.325/2 = 0.1625$$

$$r_1 = 0.1625 - 0.008 = 0.1545$$

将以上各值代入上式，得：

$$q/l = \frac{2\pi}{\frac{1}{46.5}\ln\frac{0.1625}{0.1545}} = \frac{2\pi}{0.0215 \times 0.05} = 5841.9(W/m) = 5.84[kJ/(s \cdot m)]$$

$$3600 \times 5.84 = 21024[kJ/(h \cdot m)]$$

然后根据计算保温以后的热损失：

$$q'/l = \frac{2\pi\Delta t}{\frac{1}{\lambda_1}\ln\frac{r_2}{r_1}+\frac{1}{\lambda_2}\ln\frac{r_3}{r_2}} = \frac{2\pi \times 200}{\frac{1}{46.5}\ln\frac{0.1625}{0.1545}+\frac{1}{0.06}\ln\frac{0.2625}{0.1625}}$$

$$= 2\pi \times 200/(0.001086 + 7.993) = 157.2(W/m)$$

$$= 0.1572[kJ/(s \cdot m)] = 565.9[kJ/(h \cdot m)]$$

试将保温与不保温进行比较：

$$\frac{q'/l}{q/l} = 565.9/21024 = 2.7\%$$

答：保温之后的热损失仅为不保温时损失热量的 3%左右。

8. 空气和氨的混合气体，在直径为 0.8m 的填料塔中用清水吸收其中所含氨的 99.5%，送入惰性气体量为 48.3kmol/h，混合气体进塔组成为 0.0133kmol(氨)/kmol(惰性气)，实际吸收剂用量为最小用量的 1.4 倍，操作温度下的平衡关系为 $Y=0.75X$，吸收总系数 $K_{Ya}=0.088kmol/(m^2 \cdot s)$，求每小时的吸收剂量及所需填料层层高度。

解：①求吸收剂量

$Y_1 = 0.0133$

$Y_2 = Y_1(1 - 吸收率) = 0.0133 \times (1 - 0.995) = 0.0000665$

$X_2 = 0$

$V = 48.3\text{kmol/h}$

$$L_{小} = \frac{V(Y_1 - Y_2)}{X_1^* - X_2} = \frac{V(Y_1 - Y_2)}{\frac{Y_1}{m} - X_2} = \frac{48.3 \times (0.0133 - 0.0000665)}{\frac{0.0133}{0.75} - 0} = 36(\text{kmol/h})$$

$L_{实} = 1.4L_{小} = 1.4 \times 36 = 50.4(\text{kmol/h})$

②求填料层高度

$V(Y_1 - Y_2) = L(X_1 - X_2)$

$X_1 = V(Y_1 - Y_2)/L + X_2$

$= 48.3 \times (0.0133 - 0.0000665)/50.4 + 0 = 0.0127$

$Y_1^* = 0.75X_1 = 0.75 \times 0.0127 = 0.0095$

$Y_2^* = 0$

$\Delta Y_1 = Y_1 - Y_1^* = 0.0133 - 0.0095 = 0.0038$

$\Delta Y_2 = Y_2 - Y_2^* = 0.0000665 - 0 = 0.0000665$

$$\Delta Y_m = \frac{\Delta Y_1 - \Delta Y_2}{\ln \frac{\Delta Y_1}{\Delta Y_2}} = \frac{0.038 - 0.0000665}{\ln \frac{0.0038}{0.0000665}} = 0.000921$$

$$Z = \frac{V(Y_1 - Y_2)}{\frac{\pi}{4}D^2 K_{Ya}\Delta Y_m} = \frac{48.3 \times (0.0133 - 0.0000665)}{3600 \times 0.785 \times 0.8^2 \times 0.088 \times 0.000921} = 4.36(\text{m})$$

答：每小时的吸收剂量 50.4kmol/h，填料层层高度 4.36m。

9. 在一填料塔中用净油来吸收混合气体中的苯，已知混合气体的总量为了 $1000\text{m}^3/\text{h}$，其中苯的体积分数为 4%，操作压强为了 101.3kPa，温度为 293K，吸收剂的用量为了 103kmol/h，求塔底溶液出口的浓度。

解：根据 $X_1 = (V/L) \times (Y_1 - Y_2) + X_2$

已知 $y_1 = 0.04$

$Y_1 = y_1/(1 - y_1) = 0.04/(1 - 0.04) = 0.0417$[kmol(苯)/kmol(载体)]

则 $Y_2 = Y_1(1 - \eta_{吸}) = 0.0417 \times (1-0.8) = 0.00834$[kmol(苯)/kmol(载体)]

已知塔顶为净油，即 $X_2 = 0$

混合气体中的惰性气体量 $V = 1000 \times (1-0.04) = 960(\text{m}^3/\text{h})$

惰性气体的摩尔分数 $V = (960/22.4) \times (273/293) = 39.93$[kmol(载体)/h]

已知吸收剂用量 $L = 103$[kmol(油)/h]

将以上各值代入上式，得：

$X_1 = (39.93/103) \times (0.0417-0.00834) + 0 = 0.013$[kmol(苯)/kmol(油)]

答：塔底溶液出口的浓度 0.013[kmol(苯)/kmol(油)]。

工种理论知识试题

判断题

1. 项目建设中，全员培训的“四个阶段”是指基础知识培训阶段、专业知识培训阶段、同类装置实习培训阶段和岗位练兵与参加预试车阶段。（√）

2. 循环冷却水系统在开车正常加药之前都要进行检修、预膜工作。（×）

正确答案：循环冷却水系统在开车正常加药之前都要进行清洗、预膜工作。

3. 压力容器进行气密试验时，要缓慢升压至试验压力，保压30min，然后降压至设计压力，进行检查。（×）

正确答案：压力容器进行气密试验时，要缓慢升压至试验压力，保压10min，然后再降压至设计压力。

4. 完成设备中交就表明施工方对设备的安装质量不用负责了。（×）

正确答案：完成设备中交就表明施工方进入装置保运阶段。

5. 仪表联锁投用后，工艺要对联锁条件发生现场联锁进行效验和确认。（√）

6. 只要公用工程启动，化工装置的试车和正常生产就可以进行了。（×）

正确答案：只有公用工程系统已平稳运行，并能满足化工装置的需要，化工装置的试车和正常生产才能进行。

7. 网络图均带时间坐标，箭线的长短可以随意绘制。（×）

正确答案：一般情况下网络图不带时间坐标，有些情况下则要求网络图带有时间坐标，这时箭线的长短应按工序所需时间的比例绘制。

8. 装置全局停车大检修时，一般将前部检修工作安排前期完成，使装置实施从前至后进行的开车方案。（√）

9. 装置全局停车大检修的开车投料前，一定要将完工检修项目进行检查验收，只有确认合格后，才能交付工艺。（√）

10. 设备装置检修工作完成后，就具备了化工装置开车条件。（×）

正确答案：在化工装置开车前，需对检修过的设备装置进行试车，只有试车符合要求后，设备才具备开车条件。

11. 往复活塞式压缩机空气负荷试运转后，应清洗油过滤器和更换润滑油。（√）

12. 当在用催化剂无法满足生产需要时，或市场出现价格较低的同类产品时，由使用单位提出试用新催化剂申请。（×）

正确答案：当在用催化剂无法满足生产需要时，或市场出现技术性能良好、产品质量稳定、价格较低的同类产品时，由使用单位提出试用新催化剂申请。

13. 装置开车流程必须按正常开车步骤，进行开车前的确认。（×）

正确答案：装置开车流程必须按开车方案中的开车步骤确认。

14. 在开车提负荷的过程中，停车频繁不影响催化剂的使用寿命。（×）

正确答案：在开车提负荷的过程中一定要保持装置稳定运行，避免出现停车事故，保证催化剂不受损害。

15. 反应压力对催化剂活性没有影响。（×）

正确答案：反应压力波动大时，会造成催化剂破损，影响催化剂的活性。

16. 在提负荷的过程中，反应温度一定恒定，防止出现超温超压现象。（×）

正确答案：在提负荷的过程中，反应温度一定按规定进行控制，防止出现超温超压现象。

17. 投料试车产出合格产品，稳定运行一段时间后，一般要求对装置进行连续的生产考核。（✓）

18. 采用增加壳层挡板的方法提高管外流体的流速，不能提高列管式换热器的传热系数。（×）

正确答案：采用增加壳层挡板的方法提高管外流体的流速，可以提高列管式换热器的传热系数。

19. 优化生产是在现有装备和资源的前提下，获得最大效益的最佳途径。（✓）

20. 装置出现非计划停车，反应系统的物料必须送入火炬进行焚烧处理，对装置的物耗没有影响。（×）

正确答案：装置出现非计划停车，反应系统的物料必须送入火炬进行焚烧处理，会导致装置的物耗上升。

21. 在下雪天要及时清理装置区域内的巡检道路和安全通道的积雪及冻冰，确保各级巡检人员巡检工作的顺利完成，避免因路滑而造成人身伤害事故。（✓）

22. 装置停车流程必须按正常停车步骤，进行停车后的确认。（×）

正确答案：装置停车流程必须按停车方案中的停车步骤进行确认。

23. 装置发生停电，机泵无法运转时，按紧急停车步骤作紧急停车处理。（✓）

24. 抽堵多个盲板时，应按盲板编号进行操作即可。（×）

正确答案：抽堵多个盲板时，应按盲板位置图及编号作业，统一指挥。

25. 抽堵盲板属危险作业，应办理作业许可证和审批手续，并指定专人指定作业方案和检查落实相应的安全措施。（✓）

26. 停工方案中一定要有停工过程中的事故预防和处理的内容。（✓）

27. 装置在精馏塔出现故障需要检修时，可作精馏单元局部停车处理，停车物料清理完毕后即可进行检修操作。（×）

正确答案：装置在精馏塔出现故障需要检修时，可作精馏单元局部停车处理，但在检修前必须将停车部分与运行系统做好彻底的隔离，避免出现事故。

28. 电动调节阀的安装应注意电动阀与伺服放大器的配套性，不可随意更换。（✓）

29. 编制设备防冻防凝方案时，只需考虑设备本身，无需结合工艺特点。（×）

正确答案：编制设备防冻防凝方案时，不仅考虑设备本身问题，还需结合生产工艺特点，二者要有机的结合起来。

30. 科氏力流量计中流量管产生扭曲的两个条件是流动管振动和流体充满流动管。（×）

正确答案：科氏力流量计中流量管产生扭曲的两个条件是流动管振动和管内有流体流动。

31. 通常规定汽轮机运行转速上升到额定转速的120%时，汽轮机的超速保护装置启动。（×）

正确答案：通常规定汽轮机运行转速上升到额定转速的110%～112%时，汽轮机的超速保护装置启动。

32. 离心泵大修后进行负荷试车时，滚动轴承温度应不大于65℃。（×）

正确答案：离心泵大修后进行负荷试车时，滚动轴承温度应不大于70℃。

33. 带搅拌器的反应釜大修时，必须切断电源，并悬挂“禁止合闸”警示牌。（√）

34. 压力容器的定期检验的种类是根据其盛装介质的性质进行划分的。（×）

正确答案：压力容器的定期检验种类是根据其检验项目、范围和期限进行划分的。

35. 在进行危险、有害因素的识别时，要全面、有序地进行识别，防止出现漏项，识别的过程实际上就是系统安全分析的过程。（√）

36. 物质的燃点越低越不容易引起火灾。（×）

正确答案：物质的燃点越低越容易引起火灾。

37. 发生了燃烧就发生了火灾。（×）

正确答案：发生了燃烧不一定发生了火灾。

38. 高压、超高压容器的主要紧固螺栓使用磁粉和着色法检查有无裂纹是压力容器的外观检查内容。（×）

正确答案：高压、超高压容器的主要紧固螺栓使用磁粉和着色法检查有无裂纹是压力容器的内部检查内容。

39. 精馏塔真空突然出现波动，精馏塔产品质量无变化。（×）

正确答案：精馏塔真空突然出现波动，导致精馏塔产品质量突然变化。

40. 汽轮机在正常运行中，需要经常对其转速进行升降调节。（×）

正确答案：汽轮机在正常运行中，需要保持其转速稳定。

41. 换热器内管破裂后可通过采取堵管进行消漏。（√）

42. 介质中含有颗粒是造成闸阀内漏的原因之一。（×）

正确答案：介质中含有颗粒不能造成闸阀发生内漏。

43. 在山区等电阻率较高的场所，专设的静电接地体的电阻值应不大于100Ω。（×）

正确答案：在山区等电阻率较高的场所，专设的静电接地体的电阻值应不大于1000Ω。

44. 下大雨初期，罐区围堰内的排水将通过雨排水管线排除装置外，同时将污水线阀门关闭。（×）

正确答案：下大雨初期，罐区围堰内的排水将通过污水管线进入隔油池。

45. 火场上扑救原则是先人后物、先重点后一般、先控制后消灭。（√）

46. 汽轮机发生水击后可以不停机处理。（×）

正确答案：汽轮机发生水击后，必须马上停机进行排水。

47. 厂际间燃料气管线出现大量泄漏，可以对其进行蒸汽幕和氮气、蒸汽的吹扫保护。（√）

48. 厂际间燃料气管线出现大量泄漏，要防止扩散区内发生爆炸，注意保护设备和管线的安全。（√）

49. 真空管线焊接时产生砂眼也能造成真空系统泄漏。（√）

单选题

1. 生产准备工作是指在工程建设过程中为(B)和初期生产所做的准备工作。

A. 开车　　B. 试车　　C. 施工　　D. 验收

2. 清洗和(A)被称作循环水系统化学处理的预处理。

A. 预膜　　B. 加药　　C. 加酸　　D. 加氯

3. 金属冷却设备因(A)而产生的铁的氧化物或氢氧化物等腐蚀产物在循环水系统中形成结垢。

A. 腐蚀　　B. 检修　　C. 安装　　D. 清洗

4. 容器进行气密试验是在液压试验(A)进行。

A. 之前　　B. 之后　　C. 无次序　　D. 以上都不对

5. 设备中交是在施工方完成(C)后进行的。

A. 到货拆检　　B. 设备安装

C. 设备试运转　　D. 设备介质试运转

6. 设备进行中交表明已进入(C)阶段。

A. 安装　　B. 设备解体检查

C. 系统投料试车　　D. 以上都不对

7. 仪表联锁投用后，工艺应按(A)将联锁点进行一一确认，防止出现遗漏的联锁。

A. 联锁清单　　B. 逻辑图　　C. 画面　　D. 流程图

8. 装置检修完成后，交付(A)验收合格，是装置开车准备一项重要的工作。

A. 工艺　　B. 检修　　C. 仪表　　D. 安全

9. 装置开车方案的编制工作由(B)完成。

A. 设备员　　B. 技术员　　C. 生产主任　　D. 值班长

10. 装置的开工方案中组织机构一定要有明确的人员(D)和职责。

A. 数量　　B. 质量　　C. 权利　　D. 分工

11. 新扩建项目试车方案中应制订出行之有效的事故(C)，以确保装置试车的顺利进行。

A. 责任者　　B. 扣罚条款　　C. 应急预案　　D. 处理意见

12. 容器进行水压试验时应使用(B)经校正的量程相同的压力表。

A. 1 个　　B. 2 个　　C. 至少两个　　D. 以上都不对

13. 一般容器水压试验时试验压力是(C)的 1.25 倍。

A. 工作压力　　B. 最大工作压力

C. 设计压力　　D. 以上都不对

14. 对于催化剂的(B)，在催化剂的装填方案中一定要有介绍，选择切实有效的防护措施，操作人员正确使用和佩戴劳动保护用品，避免出现中毒。

A. 活性　　B. 毒性　　C. 选择性　　D. 实用性

15. 对于固定床列管式反应器，催化剂的装填方案中(A)的装填非常重要，它关系到测量温度的准确性。

A. 热电偶　　B. 催化剂　　C. 支撑物　　D. 金属网

16. 建设单位在编制试车方案时，应根据装置工艺特点、原料供应的可能，尽量采用(B)的方法。

A. 正开车　　B. 倒开车　　C. 单体开车　　D. 单元开车

17. 网络进度图的时间安排一定要以装置的(D)方案中规定的时间相一致。

A. 清洗　　B. 置换　　C. 吹扫　　D. 开、停车

18. 可根据停车前的(B)罐存情况具备后部开车条件时，装置的开车方案可以从后部开始进行进料开车。

A. 原料　　B. 中间产品　　C. 产品　　D. 助剂

19. 装置局部停车检修并未影响到其他单元时，开车方案只按(C)开车制订。

A. 整体　　B. 全部　　C. 局部　　D. 全局

20. 化工装置开车投料前，化工仪表的联锁条件投用必须经(D)进行确认。

A. 主任　　B. 设备　　C. 安全　　D. 工艺

21. 往复活塞式压缩机单机试车方案包括启动前检查、空负荷试运转和(A)。

A. 空气负荷试运转　　B. 氮气负荷试运转

C. 工作介质负荷试运转　　D. 以上都不对

22. 往复活塞式压缩机空气负荷试运转时，应先进行各级吹扫，每级吹扫时间不少于(B)min，直至排出的空气清洁为止。

A. 10　　B. 30　　C. 60　　D. 120

23. 反应器的进料配比的选定应依据进料负荷表和(A)。

A. 反应收率　　B. 停留时间　　C. 压力　　D. 进料速率

24. 反应温度是反应进行好坏的重要指标，反应温度过低，主反应发生较慢或反应停止；反应温度过高，副反应(B)，产品收率下降。

A. 下降　　B. 增多　　C. 减少　　D. 不变

25. 装置开车投料前必须将工艺流程中的(A)抽出情况进行确认。

A. 盲板　　B. 设备　　C. 仪表　　D. 压力表

26. 根据市场变化和产品创效情况，充分考虑原料优化，及时优化调整(D)和编制生产作业计划。

A. 设备　　B. 安全　　C. 操作　　D. 生产方案

27. 及时优化调整操作参数，进一步优化操作过程，强化对(C)的考核，加强岗位巡检，保证生产运行始终满足工艺的要求。

A. 设备泄漏率　　B. 安全使用率　　C. 操作平稳率　　D. 仪表完好率

28. 在反应器提负荷过程中，可以先升温，后(D)负荷。

A. 降低　　B. 减少　　C. 不变　　D. 增加

29. 在装置开车前，必须对联锁系统进行(C)。

A. 检查　　B. 确认　　C. 试验　　D. 以上都不对

30. 在装置开车前，联锁系统进行试验时，参加人员为(D)。

A. 工艺人员　　B. 电气人员

C. 仪表人员　　D. 工艺、仪表、电气人员

31. 开车的时间安排必须以开车(D)为依据，进行开车计划的实施。

A. 清洗　　B. 置换　　C. 吹扫　　D. 网络图

32. 开车一定要围绕开车网络图进行，保证每一项工作在网络图规定的范围内完成，在(B)时间内开车投料。

A. 先前　　B. 预计　　C. 后序　　D. 错后

33. 原料中带入的杂质可使催化剂中毒，所以投料前对原料必须进行(C)，保证原料合格，延长催化剂的使用寿命。

A. 清洗　　B. 过滤　　C. 检验　　D. 干燥

34. 新装填的固体催化剂在投料前都要经过活化处理，以获得反应所需的催化剂活性。如果催化剂活化处理不好就会导致催化剂的活性(C)。

A. 上升　　B. 不变　　C. 下降　　D. 增加

35. 在装填催化剂的过程中，由于操作不当，导致催化剂的(C)脱落，催化剂的活性下降。

A. 支撑物　　B. 载体　　C. 活性组分　　D. 保护层

36. 加强工艺纪律、劳动纪律的检查和考核，发现问题及时处理，提高岗位人员处理(B)的应急能力。

A. 正常操作　　B. 异常现象　　C. 开车操作　　D. 停车操作

37. 装置运行平稳率是指装置平稳运行的总时间与装置运行总时间比值的百分数。装置运行平稳率越(A)，装置的生产运行就越稳定。

A. 高　　B. 低　　C. 减少　　D. 不变

38. (D)不是投料试车应达到的标准之一。

A. 生产装置连续运行产出合格产品，一次投料成功

B. 投料试车的主要控制指标正点到达

C. 不发生重大的人身、设备、操作事故，不发生火灾和爆炸

D. 各项生产管理制度已落实

39. 对反应器进行降温时，不能用(C)直接降温，应以强制通风、自然降温为宜。

A. 氮气　　B. 空气　　C. 冷水　　D. 蒸汽

40. 在反应过程中，若为放热反应，反应热要及时通过换热介质移走，从而保持反应(A)的稳定。

A. 温度　　B. 物料　　C. 流速　　D. 配比

41. 对于放热反应，一定按要求进行进料操作，反应温度要严格控制，反应热要及时移出，避免出现(B)现象。

A. 超负荷　　B. 飞温　　C. 流量高　　D. 温度低

42. 通过调整(A)，可使产品转化率提高。

A. 反应条件　　B. 流动状态　　C. 原料组成　　D. 管径

43. 装置的物耗和(C)是衡量一个装置运行情况的重要指标，因此，装置生产优化与调整也要紧紧围绕这两项内容来抓。

A. 技术消耗　　B. 实物消耗　　C. 能耗　　D. 三剂消耗

44. (C)是通过采取新技术、新工艺，解决制约系统安、稳、长、满、优生产运行的问题，推动技术进步和技术创新，更好地提高企业经济效益。

A. 创新　　B. 更换　　C. 技术改造　　D. 新项目

45. 对于流化床的固体催化剂使用，一定选择适宜的流速，防止(A)出现因破碎而流失，导致催化剂的使用寿命缩短。

A. 催化剂　　B. 原料　　C. 废液　　D. 产品

46. 原料进料管线或储罐发生泄漏，会导致原料的消耗(C)。

A. 不变　B. 减少　C. 升高　D. 降低

47. (A)装置的非计划停车次数，实现长周期稳定运行，是节能降耗的一项重要措施。

A. 减少　B. 增加　C. 调整　D. 杜绝

48. 做好装置能量(B)，合理利用能源，避免出现浪费现象，从根本上做好节能工作。

A. 损失　B. 输出　C. 平衡　D. 消耗

49. 装置在(A)运行时，对容易发生冻堵的区域一定要重点检查，发现伴热不好时，及时处理，保证生产正常。

A. 冬季　B. 夏季　C. 高温　D. 雨季

50. 由于化工生产的特殊性，夏季必须对装置做好防雷措施，在设备和建筑物上安装(D)。

A. 防静电装置　B. 保温　C. 防水　D. 防雷电装置

51. 装置停车后必须将工艺流程中的(A)堵加情况进行确认。

A. 盲板　B. 设备　C. 仪表　D. 压力表

52. 反应器正常停车时，必须首先切断(D)。

A. 催化剂　B. 助剂　C. 出料　D. 进料

53. 停车后的系统处理不包括(D)。

A. 物料清理　B. 清洗　C. 吹扫　D. 抽出盲板

54. 装置出现仪表空气中断，导致(B)阀门不能动作，可根据情况，作紧急停车处理。

A. 手动　B. 气动　C. 电动　D. 静止

55. 检修设备时必须与运行系统进行可靠的隔离，在这两者之间添加(C)。

A. 短接　B. 法兰　C. 盲板　D. 阀门

56. 设备抽加盲板时，盲板要添加在进料阀门之(D)。

A. 左　B. 右　C. 前　D. 后

57. 机泵添加盲板时，盲板要添加在(B)阀门之后。

A. 进口　B. 出口　C. 旁路　D. 导淋

58. 进行抽堵盲板作业时，严禁在(C)条管线上同时进行两处或两处以上的作业。

A. 3　B. 2　C. 1　D. 4

59. (B)方案必须有装置在停工过程中安全分析及防范措施。

A. 开工　B. 停工　C. 应急　D. 安全

60. 化工检修进行罐内作业时，必须指定专人在罐外进行监护，罐内作业一般应指派(B)人以上进行监护。

A. 1　B. 2　C. 3　D. 4

61. 装置局部停车后必须将停车部分与运行系统做好彻底的隔离，隔离最有效的方法是添加(B)。

A. 法兰　B. 盲板　C. 短接　D. 阀门

62. 当测量高压压力时，正常操作压力应为量程的(D)。

A. 1/3　B. 2/3　C. 3/4　D. 3/5

63. 在测量流量的节流装置中，适用于测量脏污介质的有(C)。

A. 标准孔板　B. 标准喷嘴　C. 圆缺孔板　D. 文丘里管

64. 当需要测量腐蚀、导电或带固体微粒的流量时，可选用(A)。
A. 电磁流量计　　B. 椭圆齿轮流量计
C. 均速管流量计　　D. 旋涡流量计
65. 下列有关调节阀安装的说法，正确的是(D)。
A. 调节阀安装通常情况下有一个调阀组，即上游阀、旁路阀、下游阀和调节阀
B. 如果调节阀不能直立安装，要考虑合适的安装位置
C. 调节阀的安装高度应便于操作人员操作
D. 以上说法都对
66. 调节阀副线的作用是(D)。
A. 防止故障停车　　B. 必要时进行人工副线调节
C. 便于进行更换或检修　　D. 以上说法都对
67. 停泵后不能暖泵的泵体，可以(A)暖泵，以防冻坏。
A. 盘蒸汽带暖泵　　B. 用蒸汽吹
C. 定期盘车　　D. 以上都不是
68. 闲置机泵的冷却水套管，需(C)，以防冻坏。
A. 投用　　B. 停用
C. 用风或氮气吹干净　　D. 以上都不是
69. 下列选项中不是科氏力质量流量计的组成部分的是(B)。
A. 传感器　　B. 导压管　　C. 变送器　　D. 显示器
70. 在管道上安装孔板时，如果将方向装反了会造成(B)。
A. 差压计倒指示　　B. 差压计指示变小
C. 差压计指示变大　　D. 对指示无影响
71. 用节流式差压计测流量，流量与差压之间的定量关系是(B)。
A. 线性关系　　B. 开方关系　　C. 平方关系　　D. 对数关系
72. 转子流量计中的流体流动方向是(B)。
A. 自上而下　　B. 自下而上
C. 自上而下和自下而上都可以　　D. 以上都对
73. 转子流量计必须(A)安装。
A. 垂直　　B. 水平　　C. 倾斜　　D. 以上都可以
74. 转子流量计属于(A)流量计。
A. 恒压降　　B. 变浮力　　C. 静压式　　D. 以上都对
75. 压缩机组试车时使用的介质是(C)。
A. 工作介质　　B. 干燥空气　　C. 空气　　D. 以上都不对
76. 压缩机气阀组装完毕后，需用(B)进行试漏。
A. 汽油　　B. 煤油　　C. 蒸馏水　　D. 酒精
77. 透平超速保护的目的是(C)。
A. 防止喘振　　B. 防止过载　　C. 防止转子损坏　　D. 降低消耗
78. 能满足无泄漏要求的离心泵是(C)。
A. 单端机封泵　　B. 双端机封泵　　C. 屏蔽泵　　D. 填料泵

79. 最适宜不凝气体量很大的减压塔顶真空泵的是(A)。

A. 蒸汽喷射泵　　B. 水环真空泵

C. 往复式真空泵　　D. 活塞式真空泵

80. 多级离心泵大修的周期一般为(D)个月。

A. 10　　B. 12　　C. 18　　D. 12~18

81. 属于活塞式压缩机大修项目的是(D)。

A. 更换润滑油　　B. 检查更换气阀

C. 检查调整活塞死点间隙　　D. 曲轴探伤检查

82. 依靠自身热力学稳定性而达到耐腐蚀的金属材料是(A)。

A. 铜及铜合金　　B. 镁及镁合金　　C. 铝及铝合金　　D. 钛及钛合金

83. 在腐蚀介质中形成钝化膜而耐腐蚀的常用金属材料是(D)。

A. 铸铁　　B. 碳钢　　C. 铜　　D. 不锈钢

84. 在众多设备防腐措施中，(C)最为简便、经济、适用范围广泛。

A. 衬里　　B. 电化学保护　　C. 涂装防腐　　D. 缓蚀剂

85. 备用机泵应(A)天进行一次盘车。

A. 1　　B. 2　　C. 3　　D. 7

86. 设备主体完整，零附件齐全好用是指(A)。

A. 压力表准确好用　　B. 压力平稳

C. 流量平稳　　D. 运行平稳

87. 在线检验是在运行条件下，对在用工业管道进行的检验，在线检验(A)至少一次。

A. 每年　　B. 2 年　　C. 3 年　　D. 6 年

88. 输送流体介质并且设计压力≥10.0MPa 的管道级别是(A)级。

A. GC1　　B. GC2　　C. GC3　　D. GC4

89. 压力容器根据其检验项目、范围和期限分为(A)、内部检查、全面检查。

A. 外部检查　　B. 宏观检查　　C. 简体检查　　D. 附件检查

90. 压力容器的外部检查通常是在(C)时进行。

A. 停车　　B. 检修　　C. 运行　　D. 无负荷

91. 压力容器进行全面检查的周期是(C)年一次。

A. 1　　B. 3　　C. 6　　D. 9

92. 有强烈腐蚀介质、剧毒介质的压力容器的内部检查周期为(D)。

A. 1 年　　B. 3 年　　C. 6 年　　D. 小于 3 年

93. 安全附件是否齐全、灵敏、可靠是压力容器的(A)检查内容。

A. 外部　　B. 内部　　C. 全面　　D. 随时的

94. 检查开孔接管处有无介质腐蚀或冲刷磨损等现象是压力容器的(B)检查内容。

A. 外部　　B. 内部　　C. 全面　　D. 随时的

95. 以下不属于行为性危险、有害因素的是(A)。

A. 从事禁忌作业　　B. 指挥错误

C. 操作错误　　D. 监护错误

96. 以下属于化学性危险、有害因素的是(B)。

A. 噪声危害　　B. 有毒物质

C. 电磁辐射　　D. 粉尘与气溶胶

97. 在识别危险分析方面，(C)的评估是非常有价值的。

A. 定性　　B. 定量

C. 定性和半定量　　D. 半定性

98. 应急预案能否在应急救援中成功地发挥作用，不仅仅取决于应急预案自身的完善程度，还取决于(A)的充分与否。

A. 应急准备　　B. 应急响应　　C. 应急恢复　　D. 应急设备

99. 制订应急预案有利于做出及时的(B)，降低事故后果。

A. 应急策划　　B. 应急响应　　C. 应急准备　　D. 应急管理

100. 应急预案的层次可划分为(A)。

A. 综合预案、专项预案和现场预案　　B. 综合预案、前馈预案和具体预案

C. 整体预案、专项预案、现场预案　　D. 整体预案、前馈预案、具体预案

101. 反应产物需经(B)处理时，使用的脱色剂失效，可以造成产品色度升高。

A. 干燥　　B. 脱色　　C. 水解　　D. 过滤

102. 对装置进行(A)操作的排查，查找生产中存在的问题，消除生产隐患。

A. 工艺　　B. 设备　　C. 安全　　D. 管理

103. 固定床列管式反应器，装置停车并再次开车前催化剂活化过程中出现碳化物，则可以判定催化剂产生(A)。

A. 结焦　　B. 中毒　　C. 脱落　　D. 移动

104. 反应原料中杂质的(C)超过催化剂的标准范围，造成有毒物质侵入催化剂，导致催化剂中毒，催化剂的活性明显下降。

A. 性质　　B. 熔点　　C. 含量　　D. 密度

105. 反应出现飞温后，催化剂的活性明显下降，可以判断是由于催化剂结焦而造成催化剂(D)。

A. 钝化　　B. 活化　　C. 升温　　D. 中毒

106. 精馏塔真空系统的抽真空介质压力过低，会造成真空喷射系统吸入压力过(A)。

A. 低　　B. 高　　C. 不变　　D. 快

107. 反应出现异常，生成物组成发生变化，而(C)操作未及时作调整，导致精馏塔产品质量突然变化。

A. 反应　　B. 还原　　C. 精馏　　D. 干燥

108. 精馏塔进料量(B)，塔釜液位升高，会使塔压差升高。

A. 减少　　B. 增加　　C. 不变　　D. 平衡

109. 精馏塔釜物料中重组分含量过(A)，可造成精馏塔塔压升高。

A. 多　　B. 少　　C. 不变　　D. 下降

110. 透平运行中，润滑油温度降低的原因是(B)。

A. 转速波动　　B. 油冷却器水量过大

C. 透平负荷降低　　D. 润滑油量过大

111. 不会造成换热器内管破裂的是(B)。

A. 应力　　B. 高温　　C. 腐蚀　　D. 结冻

112. 对装置进行(C)隐患排查，及时对其进行整改，确保装置安全稳定运行。

A. 工艺　　B. 设备　　C. 安全　　D. 管理

113. 闸阀发生内漏的原因是(A)。

A. 密封面磨损　　B. 开关频繁　　C. 结构复杂　　D. 介质结焦

114. 截止阀密封性能差，但不会造成阀门内漏的原因是(D)。

A. 介质结焦　　B. 阀芯脱落　　C. 密封面损坏　　D. 结构简单

115. 循环水系统出现泄漏，可导致循环水消耗(B)。

A. 大　　B. 高　　C. 低　　D. 小

116. 循环水来水温度过(B)，可导致循环水消耗增高。

A. 大　　B. 高　　C. 低　　D. 小

117. 循环水计量仪表出现故障，导致测量值(D)于实际值时，循环水消耗增高。

A. 大　　B. 小　　C. 低　　D. 高

118. 为消除静电，汽槽车装车时应采用(A)与接地支线相连接。

A. 鳄式夹钳　　B. 缠绕　　C. 捆绑　　D. 焊接

119. 反应器出现飞温后，设置的安全保护设施触发联锁，反应器(B)。

A. 长期停车　　B. 联锁停车　　C. 正常停车　　D. 检修停车

120. 反应器出现(C)后，对反应器的测温元件进行校验，若出现故障，则检修或更换测温元件。

A. 反应　　B. 进料　　C. 飞温　　D. 泄漏

121. 报警内容包括：事故单位、事故发生地点、时间、化学品名称和泄漏量、事故性质(外溢、爆炸、火灾)、危险程度、有无人员伤亡以及(C)和联系电话。

A. 事故责任人姓名　　B. 指挥员姓名

C. 报警人姓名　　D. 负责人姓名

122. 人群疏散是减少人员伤亡扩大的关键，也是(A)的应急响应。

A. 最彻底　　B. 最根本　　C. 最基础　　D. 最后

123. 恢复工作应在事故发生后(A)，它首先使事故影响区域恢复到相对安全的基本状态，然后逐步恢复到正常状态。

A. 立即进行　　B. 分步骤开始　　C. 分项开始　　D. 分内容开始

124. 抢救受害人员是应急救援的首要任务，在应急救援行动中，(A)地实施现场急救与安全转送伤员是降低伤亡率，减少事故损失的关键。

A. 快速　　B. 有序　　C. 有效　　D. 准确

125. 造成汽轮机蒸汽带水的原因是(A)。

A. 主蒸汽温度低　　B. 主蒸汽流量大

C. 主蒸汽压力低　　D. 汽轮机负荷大

126. 汽轮机发生水击后，应采取(A)。

A. 停机　　B. 排水

C. 提高蒸汽温度　　D. 以上都不对

127. 循环水系统出现泄漏，可导致循环水消耗(B)，应进行堵漏处理。

A. 下降　B. 高　C. 低　D. 小

128. 循环水换热器的循环水进出口温差小，导致循环水消耗增高，可对出水流量的进行调节，使温差在(D)控制范围内。

A. 最大　B. 最小　C. 最低　D. 正常

129. 厂际间燃料气管线出现大量泄漏，对扩散区进行紧急戒严，防止火种带入，发生(C)事故。

A. 泄漏　B. 扩散　C. 爆炸　D. 中毒

130. 垫片失效引起真空系统泄漏的正确处理方法是(A)。

A. 更换垫片　B. 真空泵提负荷

C. 更换管线　D. 管线加长

131. 关于带控制点的流程图，下列说法不正确的是(D)。

A. 工艺物料和辅助物料的流程线均需画出来

B. 它是一种内容详实的工艺流程图

C. 流程线上以箭头表示物料走向

D. 工艺流程图中所使用的管件和阀门的代号和符号必须统一按照规定编制

132. 由于化工设备的主体结构比较简单，化工设备图通常选择(B)个基本视图来表达。

A. 1　B. 2　C. 3　D. 4

多选题

1. 新建或改扩建项目安全工作的“三同时”是指(A，B，D)。

A. 同时设计　B. 同时施工

C. 同时验收　D. 同时投产使用

2. 影响预膜的因素有(A，B，C，D)。

A. 钙离子和锌离子含量　B. pH 值

C. 浊度　D. 温度

3. 需进行气密性试验的容器种类有(A，B)。

A. 剧毒介质　B. 不允许有微量介质泄漏

C. 一类容器　D. 所有压力容器

4. 设备进行中交时，施工方应向建设单位上交(A，B，C)。

A. 设备基础复检记录　B. 设备安装记录

C. 设备试运记录　D. 试车方案

5. 装置开车所需进行的物资准备有(A，B，C)。

A. 各类原料、辅料　B. 化学品、“三剂”

C. 润滑油及设备的备品备件　D. 操作人员

6. 装置的开工方案中开工程序包括正常的(A，B)。

A. 开车步骤　B. 特殊操作

C. 产品分析指标　D. 废物的处置

7. 新扩建项目试车方案包括(A，B，C)。

A. 单体试车　B. 联动试车　C. 投料试车　D. 物资准备

8. 有关容器水压试验说法正确的是(A，B，C)。
   A. 压力表量程在实验压力的2倍左右
   B. 要排净容器内的气体
   C. 试验的介质一般为水
   D. 奥氏体不锈钢容器对试验介质无特殊要求

9. 编制催化剂的装填方案包括(A，B，C)。
   A. 装填的准备　　B. 催化剂的装填操作要点
   C. 安全注意事项　　D. 旧催化剂的处理

10. 根据生产及工艺需要，国产催化剂在(A，B，C)等方面无法满足要求或国内根本没有该种催化剂产品时，方可使用进口催化剂。
   A. 质量　　B. 性能　　C. 使用效果　　D. 加工

11. 反应器工艺调整应从(A，B，C，D)方面着手进行。
   A. 反应收率　　B. 压力　　C. 进料配比　　D. 反应温度

12. 确保开车按网络图实施的条件是(A，B，C，D)。
   A. 检修进度　　B. 开车的物资准备
   C. 人员配备　　D. 开车前的工艺确认

13. 在开车过程中，延长反应催化剂使用寿命的操作要点是(A，B)。
   A. 不能超过允许使用的最高温度　　B. 进料的配比不能低于催化剂允许值
   C. 进料预热温度要高　　D. 反应热量不移走

14. 装置的优化操作，应广泛学习新技术、(C，D)、新材料，使装置生产处于先进的行列。
   A. 新能源　　B. 新技术　　C. 新工艺　　D. 新设备

15. 装置设备频繁进行停车检修，说明装置在(A，D)等方面出现问题，必须积极查找漏洞，及时予以处理。
   A. 设备检修周期　　B. 工艺巡检
   C. 工艺纪律　　D. 设备日常管理

16. 装置生产运行情况应从以下方面进行分析：(A，B，C，D)、综合能耗、环保综合合格率、设备管理和大检修周期。
   A. 产品质量合格率　　B. 非计划停工
   C. 物耗或收率　　D. 产量

17. 属于生产考核范围的是(A，B，C，D)。
   A. 装置生产能力　　B. 工艺指标
   C. 产品质量　　D. 运行周期

18. 对于能量消耗高成为装置的瓶颈问题的解决方法是(A，B，C)。
   A. 引进节能新技术　　B. 技术改造
   C. 更新节能设备　　D. 加强岗位巡检

19. 对于物料消耗高成为装置的瓶颈问题的解决方法是(A，B，C)。
   A. 引进先进技术　　B. 进行技术改造
   C. 工艺优化　　D. 加强重要设备管理

20. 避免反应器出现飞温的注意事项有(A，B，C，D)。
A. 物料配比符合规定　B. 反应热及时移出
C. 搅拌器正常运行　D. 放热的副反应少
21. 在正常生产过程中，延长催化剂使用寿命的有效措施是(A，B，C)。
A. 减少非计划停车次数　B. 避免发生“飞温”
C. 原料严格检验　D. 钝化催化剂
22. 影响装置物耗的主要因素有(A，B，C，D)。
A. 原料的纯度　B. 反应收率
C. 产品提纯处理的收率　D. 过程控制中物料损失
23. 装置冬季操作法的具体内容有(A，B，C，D)。
A. 冬季安全生产注意事项　B. 防冻保温措施
C. 巡回检查路线　D. 巡回检查内容
24. 夏季化工装置运行时注意事项为(A，B，C)。
A. 防雷电　B. 防中暑　C. 防汛　D. 防冻
25. 装置停车后必须将工艺流程中的物料管线(C，D)情况进行确认。
A. 管径　B. 仪表　C. 吹扫置换　D. 物料清理
26. 装置正常停车主要步骤有(A，B，C，D)。
A. 反应系统停止进料　B. 后步工序的物料处理及停车
C. 公用工程的停送　D. 停车后的系统处理
27. 监护设备检修时的注意事项为(A，B，C，D)。
A. 建立罐内作业许可证制度　B. 进行安全隔离
C. 取样分析　D. 罐外监护
28. 局部紧急停车的处理原则是(A，B，C)。
A. 安全　B. 经济
C. 因地制宜　D. 各系统保温保压
29. 泵类设备在防冻防凝工作中应该(A，B，C)。
A. 放净泵内液体　B. 解体泵体
C. 氮气吹扫冷却水管　D. 长流水
30. 透平的超速保护装置由(A，B，C，D)构成。
A. 危急保安器　B. 危急切断油门
C. 自动主汽门　D. 电气超速保护装置
31. 离心泵大修后的验收内容包括(A，B，C，D)。
A. 试车前的检查　B. 负荷试车
C. 润滑系统　D. 检修记录
32. 提高金属材料耐腐蚀的方法有(A，B，C)。
A. 提高热力学稳定性　B. 提高钝化能力
C. 形成耐腐蚀的保护膜　D. 以上均不对
33. 化工设备的防腐蚀方法有(A，B，C，D)。
A. 衬里　B. 喷涂　C. 电镀　D. 通电

34. 备用设备的维护保养工作是指(A，B，C)。

A. 定期盘车　　B. 及时添换润滑油

C. 关闭冷却水　　D. 消除震动

35. 属于操作人员设备完好职责范围的是(A，B)。

A. 润滑良好　　B. 冷却良好

C. 检修记录齐全　　D. 验收记录齐全

36. 压力管道进行在线检验时的重点部位是(A，B，C，D)。

A. 压缩机的出口部位　　B. 泵的出口部位

C. 三通、弯头(弯管)　　D. 介质流动的死角等部位

37. 危险因素是指(A，B)的因素。

A. 能对人造成伤亡　　B. 对物造成突发性损害

C. 对物可能造成伤害　　D. 对设备、设施可能造成丢失

38. 有害因素是指能(A，B，C)的因素。通常情况下，与危险因素一起通称为危险、有害因素。

A. 影响人的身体健康　　B. 能导致疾病

C. 对物造成慢性损害　　D. 对环境造成污染

39. 按照导致事故的直接原因进行分类，属于化学性危险、有害因素的有(A，B，C，D)。

A. 易燃易爆性物质　　B. 自燃性物质

C. 有毒物质　　D. 其他化学性危险和有害因素

40. 岗位突发事故应急救援预案编制的内容包括(A，B，C，D)。

A. 事故现象　　B. 事故报告程序

C. 事故救援程序　　D. 组织机构

41. 专项预案是针对某种具体的、特定类型的紧急情况，例如(A，B，C)等的应急而制订的。

A. 危险物质泄漏　　B. 火灾

C. 某一自然灾害　　D. 安全生产

42. 下列(A，B，C，D)可能导致产品出现色度不合格。

A. 精馏未除去的深颜色的聚合物　　B. 反应生成众多的带有颜色的副产物

C. 设备不正常运转　　D. 脱色剂失效

43. 下列现象中会造成精馏塔真空喷射系统吸入压力低的原因是(A，C，D)。

A. 真空泵能力下降　　B. 进料量过大

C. 真空系统泄漏　　D. 真空系统调整不当

44. 精馏塔产品质量突然变化的原因，下列表述正确的是(A，B，C，D)。

A. 操作条件波动大　　B. 其他管线串料

C. 分析有错误　　D. 仪表失灵

45. 精馏塔塔压差升高的原因，下列表述错误的是(A，B，D)。

A. 操作条件波动大　　B. 其他管线串料

C. 回流量大　　D. 仪表失灵

46. 汽轮机蒸汽带水时，应该(B，C)。

A. 降低汽轮机转速　B. 改善蒸汽质量

C. 停汽轮机　D. 提高汽轮机转速

47. 造成汽轮机轴瓦温度过高的原因有(B，C，D)。

A. 负荷过大　B. 冷却系统堵塞

C. 仪表指示失灵　D. 轴瓦损坏

48. 造成换热器内管破裂的原因有(A，B，C，D)。

A. 内管存在应力　B. 管程结冻

C. 管壁腐蚀减薄　D. 管壁冲刷减薄

49. 重大事故往往具有(A，B，C)。

A. 发生突然　B. 扩散迅速

C. 危害范围广的特点　D. 影响小

50. 同类装置历史事故教训可采取以下正确方法搜集的是(A，B，C，D)。

A. 网络　B. 书籍　C. 期刊　D. 调研

51. 化工企业防止静电危害的措施有(A，B，C)。

A. 屏蔽带静电的物体　B. 泄漏和导走静电荷

C. 中和物体上积聚的静电荷　D. 以上都不对

52. 换热器管程为高温高压介质，壳程为冷却介质时，换热器管程出现内漏，会发生的现象有(A，B，C)。

A. 冷却器导淋阀打开有物料　B. 管程物料压力降低

C. 壳程冷却介质出口温度过高　D. 壳程冷却介质出口温度降低

53. 使用循环水冷却器时，若介质的压力高于循环水的压力，则冷却器出现内漏时，会出现(A，B，C)。

A. 循环水出水压力升高

B. 循环水出水温度升高

C. 循环水冷却器导淋阀打开水中有物料

D. 循环水进水流量增大

54. 反应出现飞温后，催化剂的(C，D)明显下降，可能是由于催化剂结焦而产生的。

A. 数量　B. 装填高度　C. 活性　D. 选择性

55. 反应器出现飞温后，处理错误的方法是(B，C)。

A. 停止进料　B. 反应热不移出　C. 增加进料　D. 反应停止

56. 对于火灾报警的规定，下面说法正确的是(A，B，C，D)。

A. 任何人发现火灾时，都应当立即报警

B. 任何单位、个人都应无偿为报警提供便利

C. 不得阻碍报警

D. 严禁谎报火警

57. 事故应急救援系统的应急响应程序按过程分为(A，B，C，D)、应急恢复和应急结束等几个过程。

A. 接警　B. 应急级别确定

C. 应急启动　D. 救援行动

58. 汽轮机发生水击现象后的处理方法有(A，B，C)。

A. 停机　　B. 打开疏水阀排水

C. 提高主蒸汽温度　　D. 降低负荷

59. 厂际间燃料气管线发生泄漏的处理程序是(A，B，C，D)。

A. 首先将泄漏源上游最近的阀门切断　　B. 向厂调度室汇报

C. 通知供应方停送燃料气　　D. 防止大面积扩散

60. PID 图中，一管线号为 2″NG-84502-A1S，这一代号中标明了该管线的(A，B，C，D)。

A. 管路公称直径　　B. 物料

C. 管路级别　　D. 保温等级

61. 化工设备图的作用是用来指导(B，C，D)。

A. 设备的设计　　B. 设备的制造

C. 设备的安装　　D. 设备的使用及维修

62. 在化工设备图中，可以作为尺寸基准的有(A，B，D)。

A. 设备筒体和封头的中心线　　B. 设备筒体和封头的环焊缝

C. 设备人孔的中心线　　D. 管口的轴线和壳体表面的交线

简答题

1. 循环水系统预膜的目的是什么?

答：①是让清洗后尤其是酸洗后处于活化状态下的新鲜金属表面上；②或是保护膜曾受到重大损伤的金属表面上；③在投入正常运行之前预先成一层完整而耐腐蚀的保护膜。

2. 新扩建装置的试车工作包括的内容有哪些?

答：试车工作包括：①预试车；②化工投料试车；③生产考核；④经济效益测算。

3. 编制总体试车方案的原则是什么?

答：①要有可靠的技术根据，获得设计图纸、设计文件、工艺技术文件、技术数据作为方案编制的依据；②技术经济原则，在保证开工安全的基础上最大限度减少试车费用；③总体试车方案的总体性原则。

4. 绘制网络图应遵循的原则是什么?

答：①网络图是有向的，不能“回头”，既不能从某节点出发，又不能回到该节点上；②网络图不能有死胡同，除终点外，不能出现任何一个没有连续工序的工序；③为了图的清晰，尽量不用交线；④虚工序是一种实际上并不存在的工序，它只表示工序间的衔接依赖关系，并不消耗时间和资源。虚工序用虚线表示，虚工序主要用于平行作业和交叉作业。

5. 催化剂的选择原则是什么?

答：①选择性好；②活性好；③使用周期长；④经济效益好。

6. 试车效益测算公式是什么?

答：试车效益=销售收入-产品成本-销售费用-销售税金及附加费-管理费用。

7. 飞温的定义是什么?

答：飞温是指反应过程恶化，在反应器催化剂床层局部区域产生温度失控；造成催化剂烧焦、物料燃烧甚至爆炸危险现象发生。

8. 提高传热系数的措施有什么？

答：①增加湍流程度，减少层流边界层厚度；②尽量采用有相变化的载热体；③采用热导率较大的载热体；④在流体中加入固体颗粒；⑤防止和减少结垢，及时除垢；⑥在蒸汽冷凝过程中，采取一些措施，使其成为滴状冷凝或减少冷凝液膜的厚度。

9. 强化传热的途径为什么？

答：①增加单位体积的传热面积；②提高传热温度差；③提高传热系数。

10. 编制停车方案应包括哪些具体内容？

答：包括：①组织机构、进度安排、吹扫置换方案；②盲板抽加明细、主要机组确认、特殊操作方案和正常停车方案等。

11. 工艺技术规程应包括哪些内容？

答：①名称；②原料、中间产品、产品的物、化性质以及产品单耗；③工艺流程；④生产原理；⑤设备状况及设备规范；⑥操作方法；⑦分析标准；⑧安全计划要求。

12. 岗位操作法应包括哪些内容？

答：①名称；②岗位职责及权限；③本岗位与上下游的联系；④设备规范和技术特性，原料产品的物、化性质；⑤开工准备；⑥开工操作步骤；⑦典型状态下投、停运方法和步骤；⑧事故预防、判断及处理；⑨系统流程图；⑩运行参数正常范围和各种试验。

13. 简述设备常用的非金属衬里的种类。

答：①橡胶衬里；②砖板衬里；③塑料衬里；④玻璃钢衬里。

14. 突发事故应急救援原则是什么？

答：突发事故应急救援以预防为主，贯彻统一领导、集中指挥、横向协调、自救互救与厂救援相结合的原则。

15. 紧急突发事故是如何分类的？

答：紧急突发事故分为10类，包括人员中毒事故、物料泄漏事故、停电事故、停水事故(包括停冷却水、消防水)、停气(包括氮气、仪表空气、蒸汽)、生产事故、设备事故、火灾事故、爆炸事故、控制系统事故。

16. 什么是催化剂的结焦？

答：催化剂的结焦是指由于生成积炭而覆盖催化剂的表面，或堵塞催化剂的孔道，导致催化剂失活。

17. 预防重大事故发生，平时应注意的主要方面是什么？

答：①不跑冒滴漏，不超温、超压、串压；②事故判断要及时准确、动作迅速，请示汇报要及时，相互联系要及时；③注意保护催化剂和设备；④不能随便排放可燃易爆物质，防止发生着火爆炸等恶性事故；⑤要服从值班长、技术人员、主任以及工厂的调度和指挥，积极配合，协调一致。

18. 重大事故的报告应包括哪些内容？

答：①事故发生的时间、地点、单位；②事故的简要经过、伤亡人数，直接经济损失的估计；③事故发生的初步判断；④事故发生后采取的措施及事故控制情况；⑤事故报告单位等。

计算题

1. 有一苯精馏塔在压强为 10^4kPa 下分离粗苯混合液，已知处理量为 5×10^3kg/h，原料中苯的含量为 99%，工艺要求馏出液中苯的含量不小于 99.95%，残液中苯的含量不大于 70%(均以质量分数计)，求馏出液和残液的量。

解：根据精馏塔全塔物料衡算

$$F = P + W$$

$$F \cdot X_F = P \cdot X_P + W \cdot X_W$$

已知：$F=5\times10^3$，$X_F=99\%$，$X_P=99.95\%$，$X_W=70\%$

将以上各值代入上述两式，得：

$$5 \times 10^3 = P + W$$

$$5 \times 10^3 \times 99\% = P \times 99.95\% + W \times 70\%$$

解方程式得：$P=4841.4$(kg/h)，$W=158.6$(kg/h)

答：塔顶馏出液的量为 4841.4kg/h，塔底残液的量为 158.6kg/h。

2. 40%的酒精水溶液以 20kmol/h 进行精馏，要求馏出液含酒精 89%，残液中酒精含量不大于 3%，以上均为摩尔分数，求馏出液和残液的量。

解：由题意知：$F=20$kmol/h，$X_D=0.89$，$X_F=0.4$，$X_W=0.03$

根据 $F=D+W$，$F \cdot X_F=D \cdot X_D+W \cdot X_W$

计算得出 $D=8.6$(kmol/h)

$$W=11.4\text{(kmol/h)}$$

答：馏出液的量为 8.6kmol/h，残液的量为 11.4kmol/h。

3. 在一精馏操作中，要将含有 60%乙醇的溶液，以 1000kg/h 的加料量进入精馏塔，要求塔顶产出 90%乙醇，塔釜出来的残液中含乙醇小于 10%，试计算每小时产量和残液量。(以每小时 1000kg 原料为基准)

解：设加料量为 F，产量为 D，残液量为 W，则 $F=D+W$

由精馏操作中物料平衡关系式

$$\begin{cases} F = D + W \\ Fx_F = Dx_D + Wx_W \end{cases} \quad \text{得：} \begin{cases} 1000 = D + W \\ 1000 \times 60\% = D \times 90\% + W \times 10\% \end{cases}$$

$$D = \frac{1000 \times (0.6 - 0.1)}{0.9 - 0.1} = 625\text{(kg/h)}$$

$$W = 1000 - 625 = 375\text{(kg/h)}$$

答：产量为 625kg/h，残液量 375kg/h。

4. 某列管式换热器用 110kPa 的饱和水蒸气加热苯，蒸汽量为 185.2kg/h，苯的流量为 5m^3/h，已知 110kPa 的饱和水蒸气的冷凝热为 2245kJ/kg；苯的密度为 900kg/m^3，比热容为 1.756kJ/(kg · K)，入口温度为 293K，求经过加热后苯的温度是多少？

解：饱和水蒸汽放出的热量 $Q_{热}=2245\times185.2=415774$(kJ/h)

根据热量衡算 $Q_{热}=Q_{冷}$

所以 $900\times5\times1.756\times(t_{出}-293)=415774$

解以上方程得 $t_{出}=345$(K)

答：经过加热后苯的温度是 345K。

5. 一冷凝器用冷却水来冷凝蒸馏塔的上升蒸汽，已知冷凝器的热负荷为433.67kJ/s，冷却水的流量为37.5m^3/h，冷却水入口温度为290K，求冷却水的出口温度是多少？（水的比热容为4.18kJ/(kg·K)，密度为1000kg/m^3）

解：根据 $Q=WC\Delta t$

得 $433.67=(37.5/3600)\times1000\times4.18\times(t_{出}-290)$

解以上方程得 $t_{出}=300(K)$

答：冷却水的出口温度是300K。

6. 在一换热器中，用冷却水将2520kg/h的硝基苯由350K冷却至306K，冷却水进口温度为288K，进出口温差控制在10K以内，已知硝基苯的比热容为1.66kJ/(kg·K)，水的比热容为4.22kJ/(kg·K)，求冷却水的消耗量是多少？

解：硝基苯放出的热量 $Q=2520\times1.66\times(350-306)=184060.8(kJ/h)$

冷却水吸收的热量=硝基苯放出的热量

冷却水的消耗量=184060.8/(4.22×10)=4361.63(kg/h)

答：冷却水的消耗量是4361.63(kg/h)。

7. 某列管式换热器中用110kPa的饱和水蒸汽加热苯，使其从293K加热至343K，已知苯的流量为5m^3/h，苯的比热容为1.756kJ/(kg·K)，苯的密度为900kg/m^3，饱和蒸汽的冷凝热为2245kJ/kg，求每小时的蒸汽消耗量是多少？（不考虑热损失）

解：冷热流体交换的热量 $Q=5\times900\times1.756\times(343-293)=395100(kJ/h)$

蒸汽的消耗量=395100/2245=176.00(kg/h)

答：每小时的蒸汽消耗量是176.00kg。

8. 在一传热外表面积 S_0 为300m^2的单程列管换热器中，300℃的某气体流过壳方被加热到430℃。另一种560℃的气体作为加热介质。两气体逆流流动，流量均为1×10^4kg/h，平均比热容为1.05kJ/(kg·℃)。试求总传热系数 K_0。（假设换热器的热损失为壳方气体热量的10%）。

解：对给定的换热器，其总传热系数可由总穿热速率方程求得。

换热器的传热量为：

$$Q=W_c c_{pc}(t_2-t_1)+Q_L=1.1[W_c c_{pc}(t_2-t_1)]$$
$$=1.1[1\times10^4\times1.05\times10^3(430-300)/3600]=4.17\times10^5(W)$$

热气体出口温度由热量衡算求得，即：

$$Q=W_h c_{ph}(T_1-T_2)$$
$$4.17\times10^5=1\times10^4\times1.05\times10^3(560-T_2)/3600]$$

解得 $T_2=417(℃)$

流体的平均温度差为：

因为 $$\Delta T_2/\Delta T_1=(560-430)/(417-300)=1.11<2$$
$$T_m=(\Delta T_1+\Delta T_2)/2$$
$$K_p=Q/S_0\Delta T_m=4.17\times10^5/(300\times123.5)=11.3[W/(m^2\cdot ℃)]$$

答：总传热系数 K_0 为11.3W/(m^2·℃)。

9. 在一冷凝器中，用 300K 的冷却水将精馏塔上升的有机物蒸汽全部冷凝下来，已知上升有机物蒸气的组成和物性参数如下表：

	苯酚	丙酮	水
质量分数/%	2	95	3
质量流量 W/(kg/h)	22.8	2706	80.4
汽化潜热 r/(kJ/kg)	510	488	2257

求该冷凝器的热负荷。

解：换热量 $q=(22.8\times510+2706\times488+80.4\times2257)/3600=420.45$(kJ/s)

答：该冷凝器的热负荷为 420.45kJ/s。

10. 在苯-甲苯的精馏系统中，已知物料中易挥发组分的相对挥发度 $\alpha=2.41$，各部分的组成为：$X_F=0.5$，$X_P=0.95$，$X_W=0.05$，实际采用的回流比 $R=2$，沸点进料，请用逐板计算法求精馏段的理论塔板数。

解：①先写出求理论板层数的两个关系式：

平衡关系式：

$$y=\frac{\alpha x}{1+(\alpha-1)x}$$

变换成：

$$x=\frac{y}{\alpha-(\alpha-1)y}=\frac{y}{2.41-1.41y}$$

② 操作线方程：

$$y=\frac{R}{R+1}x+\frac{X_p}{R+1}=\frac{2}{2+1}x+\frac{1}{3}\times0.95=0.667x+0.317$$

③ 精馏段第一块塔板：已知 $y_1=X_P=0.95$

$$x_1=\frac{0.95}{2.41-1.41\times0.95}=0.888$$

④ 第二块塔板：$y_2=0.667\times0.888+0.317=0.909$

$$x_2=\frac{0.909}{2.41-1.41\times0.909}=0.804$$

第三块塔板：$y_3=0.667\times0.804+0.317=0.853$

$$x_3=\frac{0.853}{2.41-1.41\times0.853}=0.705$$

第四块塔板：$y_4=0.667\times0.705+0.317=0.787$

$$x_4=\frac{0.787}{2.41-1.41\times0.787}=0.605$$

第五块塔板：$y_5=0.667\times0.605+0.317=0.721$

$$x_5=\frac{0.721}{2.41-1.41\times0.721}=0.519$$

第六块塔板：$y_6=0.667\times0.519+0.317=0.663$

$$x_6=\frac{0.663}{2.41-1.41\times0.663}=0.450$$

⑤ 所以，精馏段所需要的理论塔板数为 5 块板，第六块板为进料板。

答：精馏段所需要的理论塔板数为 5 块板。

11. 在一常压连续精馏塔中，分离苯-甲苯混合液，已知原料液中含苯为 25%，要求馏出液中含苯 98%，釜液中含苯 8.5%（均为摩尔分数），物系的相对挥发度为 $\alpha=2.47$。泡点进料，操作回流比为 5，塔顶为全凝器，泡点回流。试用逐板法求理论塔板数。

解：①相平衡关系式：

$$y_n=[\alpha x_n/1+(\alpha-1)x_n] \text{ 或 } x_n=y_n/[\alpha-(\alpha-1)y_n=y_n]/[2.47-1.47y_n]$$

② 精馏段操作线方程：

$$y_{n+1}=Rx_n/(R+1)+X_D/(R+1)=5x_n/(5+1)+0.98/(5+1)=0.8333x_n+0.1633$$

提馏段操作线方程：

$$y_{m+1}=[(R+F/D)x_m/(R+1)]-[(F/D-1)X_W/(R+1)]=1.737x_m-0.0626$$

③ 精馏段第一块塔板上升蒸汽组成 $y_1=X_D=0.98$

下降液体组成 $x_1=0.98/(2.47-1.47\times0.98)=0.952$

精馏段第二块塔板上升蒸汽组成 $y_2=0.8333\times0.952+0.1633=0.9567$

下降液体组成 $x_2=0.9567/(2.47-1.47\times0.9567)=0.8994$

④ 依据上述方法反复计算，即可求出 y_3、x_3、y_4、x_4…，当求出的 $x<0.25$ 时，该板即为加料板，再用相平衡方程与提馏段操作线方程反复计算，直至 $x\leq0.085$ 为止，通过计算，$x_8=0.2032<0.25$，则第 8 块为加料板。

⑤ $x_{10}=0.0836<0.085$ 则理论塔板数为 10 块（包括釜）。

答：所需要的理论塔板数为 10 块板。

12. 常压下用连续精馏塔分离含苯 0.44（摩尔分数，下同）的苯-甲苯混合物，进料为泡点液体，进料流量为 100kmol/h。要求馏出液中含苯不小于 0.94，釜液中含苯不大于 0.08，设该物系为理想溶液，相对挥发度为 $\alpha=2.47$，操作回流比为 3，塔顶为全凝器，试计算所需理论塔板数。

解：①相平衡关系式

$$y_n=\alpha x_n/[1+(\alpha-1)x_n] \text{ 或 } x_n=y_n/[\alpha-(\alpha-1)y_n]=y_n/(2.47-1.47y_n)$$

泡点进料，则 $q=1$，$X_q=X_F=0.44$

精馏段操作线方程：

$$y_{n+1}=Rx_n/(R+1)+X_D/(R+1)=3x_n/(3+1)+0.94/(3+1)=0.75x_n+0.235$$

提馏段操作线方程：

$$y_{m+1}=[(L+qF)x_m/(L+qF-W)]-[WX_W/(L+qF-W)]$$

② 由全塔物料衡算方程 $100=D+W$

$$100\times0.44=D\times0.94+W\times0.08$$

得 $D\approx41.86(\text{kmol/h})$

$$W\approx58.14(\text{kmol/h})$$

$$L=R\times D=3\times41.86=125.58(\text{kmol/h})$$

所以提馏段操作线方程为；$y_{m+1}=[(125.58+100)x_m/(125.58+100-58.14)]-[58.14\times0.08/(125.58+100-58.14)]=1.347x_m-0.0278$

③ 精馏段第一块塔板上升蒸汽组成 $y_1=X_D=0.94$

下降液体组成 $x_1=0.94/(2.47-1.47\times0.94)=0.8638$

精馏段第二块塔板上升蒸汽组成 $y_2=0.75\times0.8638+0.235=0.8829$

下降液体组成 $x_2=0.8829/(2.47-1.47\times0.8829)=0.7532$

往下逐板计算 $y_3=0.8$，$x_3=0.618$

$y_4=0.6985$，$x_4=0.484$

$y_5=0.598$，$x_5=0.376$，由于 $x_5=0.376<x_q=0.44$，

即第 5 块为进料板，精馏段有 4 块理论板。

④ 往下用提馏段操作线方程计算 $y_6=0.4787$，$x_6=0.271$

$y_7=0.3373$，$x_7=0.1709$

$y_8=0.2024$，$x_8=0.0932$

$y_9=0.0977$，$x_9=0.042$

⑤ 由于 $X_9<X_W=0.08$，所以所需理论塔板数为 9 块(包括塔釜)。

答：所需要的理论塔板数为 9 块板。

13. 用连续精馏塔分离甲醇-水溶液，已知 $X_F=0.6$，$X_D=0.96$，$X_W=0.03$，(均为甲醇的摩尔分数)，进料为泡点液体，$\alpha=3.74$，$R=1.95$，塔顶为全凝器，试逐板法求精馏段的理论塔板数。

解：①相平衡关系式：

$$y_n=\alpha x_n/[1+(\alpha-1)x_n]\text{或}x_n=y_n/[\alpha-(\alpha-1)y_n]=y_n/[3.74-2.74y_n]$$

精馏段操作线方程：

$$y_{n+1}=Rx_n/(R+1)+x_D/(R+1)$$

$$=1.95x_n/(1.95+1)+0.96/(1.95+1)=0.661x_n+0.325$$

② 精馏段第一块塔板上升蒸汽组成 $y_1=X_D=0.96$

下降液体组成 $x_1=0.96/(3.74-2.74\times0.96)=0.8652$

精馏段第二块塔板上升蒸汽组成 $y_2=0.661\times0.8652+0.325=0.8969$

下降液体组成 $x_2=0.8969/(3.74-2.74\times0.8969)=0.6993$

精馏段第三块塔板上升蒸汽组成 $y_3=0.661\times0.6993+0.325=0.787$

下降液体组成 $x_3=0.7872/(3.74-2.74\times0.7872)=0.4973$

③ 由于 $x_3=0.376<X_F=0.6$，即第 3 块为进料板，精馏段有 2 块理论板。

答：精馏段理论塔板数为 2 块。

14. 用一虹吸管将高位槽的水引向低位槽(假设高位槽的液面位置不变)，水在管中的流速为 1m/s，水在管内流动时能量损失为 20J/kg，求高位槽的液面应比虹吸管的出口高出多少？

解：取高位槽的液面为上游截面 1-1′，虹吸管出口为下游截面 2-2′，以截面 2-2′为基

准水平面，列柏努利方程式如下：(无外功)

$$gZ_1+\mu_1{}^2/2+p_1/\rho+W=gZ_2+\mu_2{}^2/2+p_2/\rho+h_{损}$$

已知：$Z_2=0$，$p_1=p_2=0$(表压)，$\mu_1\approx 0$，$\mu_2=1\text{m/s}$，$h_{损}=20\text{J/kg}$

所以：$9.81Z_1=1/2+20$

$Z_1=2.09(\text{m})$

答：高位槽的液面应比虹吸管的出口高出 2.09m。

五、技能操作鉴定要素细目表(技师)

鉴定范围						鉴定点	
一级		二级		三级		代码	名称
代码	名称	代码	名称	代码	名称		
A	技能要求	A	工艺操作	A	开车准备	001	开车前系统的总体检查
						002	物料管线伴热的投用
						003	压缩机开车前检查及开车条件的确认
				B	开车操作	001	装置开车方案编制
						002	催化剂更换方案编制
				C	正常操作	001	装置生产的组织协调
						002	罐区不合格物料的处理操作
				D	停车操作	001	装置停车方案编制
						002	置换清洗方案的制订和实施
		B	设备使用与维护	A	使用设备	001	设备运行故障的指导处理
						002	大修后设备的调试验收
				B	维护设备	001	压力容器的维护
		C	事故判断与处理	A	判断事故	001	离心式压缩机喘振的判断
						002	现场着火原因的判断
						003	产品质量事故的判断
				B	处理事故	001	隔离和动火条件的确认
						002	现场火灾的处理
		D	绘图与计算	A	绘图	001	工艺流程图的绘制
				B	计算	001	单元物料衡算
						002	单元热量衡算
		E	管理	A	质量管理	001	参与 QC 小组质量攻关
				B	生产管理	001	班组经济活动分析
				C	编写技术文件	001	生产技术总结
						002	装置开停车方案的编制

续表

鉴定范围						鉴定点	
一级		二级		三级		代码	名称
代码	名称	代码	名称	代码	名称		
				D	技术进步	001	工艺设备改进方案编制
						002	参与技术革新项目实施
		F	培训与指导	A	培训与指导	001	初、中、高级操作人员的操作技能培训

六、技能操作试题(技师)

试题1：开车前系统的总体检查(现场模拟)

(考核时间：30min)

序号	考核内容	考核要点	配分	评分标准	检测结果	扣分	得分	备注
1	准备工作	穿戴劳保用品	3	穿戴不规范扣3分				
		工具、用具准备	2	工具选择不正确扣2分				
2	操作程序	①组织进行设备清理、安装、试漏、保压和置换工作的检查；②组织确认设备附件齐全、正常；③组织确认设备是否具备投用条件	20	未组织设备清理、安装、试漏、保压和置换工作的检查，扣10分				
				未检查设备附件情况扣5分				
				未确认设备具备投用条件扣5分				
		①组织进行仪表的流量计、调节阀调校、报警、联锁及控制系统调校和投用工作的检查；②组织确认仪表是否具备投用条件	20	未进行仪表的调节阀调校、联锁调校和投用工作的检查扣10分				
				未确认仪表具备投用条件扣10分				
		①进行电气的动设备送电和投用工作的检查；②组织进行电气报警、联锁及控制系统调校和投用工作的检查；③组织确认电气是否具备投用条件	20	未组织电气的动设备送电和投用工作的检查扣10分				
				未组织电气报警、联锁及控制系统调校和投用工作的检查扣5分				
				未确认仪表具备投用条件扣5分				
		①组织进行工艺系统气密合格，氮气置换合格；②组织检查确认所有检修项目完毕，盲板抽出，流程打通和准备投用；③组织确认原料接收、配制液配制应具备投用条件，并进行投用准备	25	未组织工艺系统气密、氮气置换扣5分				
				未组织检查确认所有检修项目完毕，盲板抽出，流程打通和准备投用，扣10分				
				未组织确认原料接收、配制液配制的投用条件和投用准备，扣10分				

续表

序号	考核内容	考核要点	配分	评分标准	检测结果	扣分	得分	备注
		确认工艺、设备、电气、仪表是否符合要求	5	未确认工艺、设备、电气、仪表是否符合要求扣5分				
3	使用工具	使用工具	3	工具使用不正确扣3分				
		维护工具	2	工具乱摆乱放扣2分				
4	安全及其他	按国家法规或企业规定		违规一次总分扣5分；严重违规停止操作			—	
		在规定时间内完成操作		每超时1min总分扣5分，超时5min停止操作			—	
合　计			100					

试题2：物料管线伴热的投用（现场模拟）

（考核时间：30min）

序号	考核内容	考核要点	配分	评分标准	检测结果	扣分	得分	备注
1	准备工作	穿戴劳保用品	3	穿戴不规范扣3分				
		工具、用具准备	2	工具选择不正确扣2分				
2	操作程序	管线检查	27	未检查物料管线无泄漏情况扣9分				
				未检查伴热管线无泄漏情况扣9分				
				未检查伴热分配盘阀门完好，无内漏及泄漏情况扣9分				
		伴热热源检查	10	未检查伴热热源设备管线无泄漏扣5分				
				未确认伴热热源符合伴热要求扣5分				
		伴热管线投用	36	未打开来水分配盘伴热管线阀门扣9分				
				未打开回水盘导淋排凝扣9分				
				未关闭回水盘导淋，打开回水盘阀门扣9分				
				未控制阀门开度防止过热造成物料汽化扣9分				
		投用后检查确认	17	未检查来水盘与回水盘伴热线，确认伴热流程畅通扣9分				
				未检查伴热物料管线、确认不超温扣8分				

续表

序号	考核内容	考核要点	配分	评分标准	检测结果	扣分	得分	备注
3	使用工具	使用工具	3	工具使用不正确扣3分				
		维护工具	2	工具乱摆乱放扣2分				
4	安全及其他	按国家法规或企业规定		违规一次总分扣5分；严重违规停止操作			—	
		在规定时间内完成操作		每超时1min总分扣5分，超时5min停止操作			—	
合　计			100					

试题3：压缩机开车前检查及条件确认(现场模拟)

(考核时间：30min)

序号	考核内容	考核要点	配分	评分标准	检测结果	扣分	得分	备注
1	准备工作	穿戴劳保用品	3	穿戴不规范扣3分				
		工具、用具准备	2	工具选择不正确扣2分				
2	操作程序	试车前条件确认	36	未确认零部件完整齐全，质量符合要求扣6分				
				未确认主机检修资料齐全，记录完整，达到规定要求扣6分				
				试压找漏不合格扣6分				
				油系统试车不合格扣6分				
				蒸汽系统外部条件未确认或电气试验不合格扣6分				
				所有仪表装置、连锁、报警调试不合格扣6分				
		试车前检查	30	未盘车扣6分				
				未引蒸汽或送电扣6分				
				未检查冷却水及氮封系统扣6分				
				未检查润滑油位及油压、油质扣6分				
				未检查各联结部位紧固情况扣6分				
		技术资料准备	24	未检修方案及作业记录扣6分				
				未设备验收合格档案扣6分				
				未隐蔽工程图及文件接收扣6分				
				未试车方案准备扣6分				

续表

序号	考核内容	考核要点	配分	评分标准	检测结果	扣分	得分	备注
3	使用工具	使用工具	3	工具使用不正确扣3分				
		维护工具	2	工具乱摆乱放扣2分				
4	安全及其他	按国家法规或企业规定		违规一次总分扣5分；严重违规停止操作			—	
		在规定时间内完成操作		每超时1min，总分扣5分，超时5min停止操作			—	
合计			100					

试题4：编制装置开车方案(笔试)

（考核时间：45min）

序号	考核内容	考核要点	配分	评分标准	检测结果	扣分	得分	备注
1	准备工作	穿戴劳保用品	3	穿戴不规范扣3分				
		工具、用具准备	2	工具选择不正确扣2分				
2	操作程序	确定开车方案项目的内容	10	未确定开车方案项目的内容，扣10分				
		开车工况的确定	10	未确定开车负荷扣5分				
				未确定参数配比扣5分				
		开车介质的引入	10	未引入原料扣5分				
				未引入“三剂”扣5分				
		开车条件的确认	15	未确认设备具备开车条件扣5分				
				未确认仪表具备开车条件扣5分				
				未确认电气具备开车条件扣5分				
		开车流程及操作工艺卡片	25	未确定开车流程扣10分				
				未确定开车步骤扣10分				
				未制定开车操作工艺卡片扣5分				
		装置开车领导小组	10	未确定小组成员扣5分				
				未明确成员分工扣5分				
		开车方案审批	10	未将开车方案上报相关管理部门扣5分				
				未将经审批开车方案向员工传达扣5分				

续表

序号	考核内容	考核要点	配分	评分标准	检测结果	扣分	得分	备注
3	使用工具	使用工具	2	工具使用不正确扣 2 分				
		维护工具	3	工具乱摆乱放扣 3 分				
4	安全及其他	按国家法规或企业规定		违规一次总分扣 5 分；严重违规停止操作			—	
		在规定时间内完成操作		每超时 1min 总分扣 5 分，超时 5min 停止操作			—	
合　计			100					

试题 5：编制催化剂更换方案(笔试)

（考核时间：45min）

序号	考核内容	考核要点	配分	评分标准	检测结果	扣分	得分	备注
1	准备工作	穿戴劳保用品	3	穿戴不规范扣 3 分				
		工具、用具准备	2	工具选择不正确扣 2 分				
2	操作程序	编制进度计划	10	未编制进度计划扣 10 分				
		确定领导小组	10	未确定小组成员扣 5 分				
				未明确成员分工扣 5 分				
		编制反应器停车方案	10	未反应器停车操作步骤扣 5 分				
				未操作准备工作及注意事项扣 5 分				
		更换催化剂操作	20	未将工器具准备扣 5 分				
				未将机电仪准备扣 5 分				
				未将更换催化剂操作步骤扣 5 分				
				未说明操作注意事项扣 5 分				
		编制环境应急预案及应急预案	10	未编制环境应急预案扣 5 分				
				未编制应急预案扣 5 分				
		编制反应器开车方案	10	未确认开车前机电仪及工艺条件扣 5 分				
				未确定反应器开车操作步骤扣 5 分				
		编制废催化剂处理方案	10	未编制废催化剂处理方案扣 10 分				

续表

序号	考核内容	考核要点	配分	评分标准	检测结果	扣分	得分	备注
		开车方案审批	10	未将开车方案上报相关管理部门扣5分				
				未将经审批的开车方案向员工传达扣5分				
3	使用工具	使用工具	2	工具使用不正确扣2分				
		维护工具	3	工具乱摆乱放扣3分				
4	安全及其他	按国家法规或企业规定		违规一次总分扣5分；严重违规停止操作			—	
		在规定时间内完成操作		每超时1min总分扣5分，超时5min停止操作			—	
		合　计	100					

试题6：装置生产的组织协调（现场模拟）

（考核时间：45min）

序号	考核内容	考核要点	配分	评分标准	检测结果	扣分	得分	备注
1	准备工作	穿戴劳保用品	3	穿戴不规范扣3分				
		工具、用具准备	2	工具选择不正确扣2分				
2	操作程序	机电仪方面的组织协调	15	未组织协调设备维修工作扣5分				
				未组织协调电气维修工作扣5分				
				未组织协调仪表维修工作扣5分				
		原料接收及产品输送的组织协调	10	未组织协调原料接收工作扣5分				
				未组织协调产品输送工作扣5分				
		“三剂”接收及储存的组织协调	10	未组织协调“三剂”接收工作扣5分				
				未组织协调“三剂”储存工作扣5分				

续表

序号	考核内容	考核要点	配分	评分标准	检测结果	扣分	得分	备注
		“三废”处理工作的组织协调	15	未编制“三废”处理方案扣5分				
				未联系生产部门废油外运扣5分				
				未联系安全环保部门固废填埋工作扣5分				
		生产工况调整的组织协调	10	未组织协调升降负荷扣5分				
				未组织协调催化剂、助剂使用或再用工作扣5分				
		质量监控的组织协调	15	未组织协调原料质量监控工作扣5分				
				未组织协调产品质量监控工作扣5分				
				未组织协调现流样或中间产品质量监控扣5分				
		与工厂相关科室的协调工作	20	未协调与技术科的工作扣5分				
				未协调与生产科的工作扣5分				
				未协调与安全环保科的工作扣5分				
				未协调与机动科的工作扣5分				
3	使用工具	使用工具		工具使用不正确扣2分			—	
		维护工具		工具乱摆乱放扣3分			—	
4	安全及其他	按国家法规或企业规定		违规一次总分扣5分；严重违规停止操作			—	
		在规定时间内完成操作		每超时1min总分扣5分，超时5min停止操作			—	
合计			100					

试题7：罐区不合格物料的处理操作(现场模拟)

（考核时间：45min）

序号	考核内容	考核要点	配分	评分标准	检测结果	扣分	得分	备注
1	准备工作	穿戴劳保用品	3	穿戴不规范扣3分				
		工具、用具准备	2	工具选择不正确扣2分				

续表

序号	考核内容	考核要点	配分	评分标准	检测结果	扣分	得分	备注
2	操作程序	储罐及附件检查	30	未检查储罐液位扣10分				
				未检查储罐安全附件扣10分				
				未检查储罐附属管线扣10分				
		处理申请	20	未编写不合格物料处理申请报告，上报申请扣10分				
				未申请批复扣10分				
		不合格物料的处理操作	30	未将不合格物料回收操作扣10分				
				未将不合格物料管线外送操作扣10分				
				未将不合格物料装车外运操作扣10分				
		制定相应应急预案	10	未制定预案扣10分				
3	使用工具	使用工具	2	工具使用不正确扣2分				
		维护工具	3	工具乱摆乱放扣3分				
4	安全及其他	按国家法规或企业规定		违规一次总分扣5分；严重违规停止操作			—	
		在规定时间内完成操作		每超时1min总分扣5分，超时5min停止操作			—	
合　计			100					

试题8：编制装置停车方案

（考核时间：45min）

序号	考核内容	考核要点	配分	评分标准	检测结果	扣分	得分	备注
1	准备工作	穿戴劳保用品	3	穿戴不规范扣3分				
		工具、用具准备	2	工具选择不正确扣2分				
2	操作程序	编制组织机构	5	没有组织机构扣5分				
		编制进度安排	5	没有进度安排扣5分				
		编制停工前准备：①与相关车间和部门联系；②公用工程准备；③机电仪准备	15	没有与相关车间和部门联系扣5分				
				没有公用工程准备扣5分				
				没有机电仪准备扣5分				

续表

序号	考核内容	考核要点	配分	评分标准	检测结果	扣分	得分	备注
		编制停工操作：①制定正确的停工顺序；②制定正确的停工步骤；③制定操作确认单	20	没有制定正确的停工顺序扣7分				
				没有制定正确的停工步骤扣7分				
				没有制定操作确认单扣6分				
		编制停工过程危险源、环境因素识别与控制：①进行危险源与环境因素识别；②制定削减与控制措施	10	没有进行危险源与环境因素识别扣5分				
				没有制定削减与控制措施扣5分				
		编制应急处理措施：①负责人；②撤离方式；③撤离路线	10	没有负责人扣3分				
				没有撤离方式扣3分				
				没有撤离路线扣4分				
		编制辅助方案：①制定公用工程停送方案；②制定原料及三剂储存方案；③制定机电仪投运方案；④制定车间(厂)际管线处理方案	10	没有制定公用工程停送方案扣3分				
				没有制定原料及三剂储存方案扣3分				
				没有制定机电仪投运方案扣2分				
				没有制定车间(厂)际管线处理方案扣2分				
		制定排料方案：①制定排料流程；②确定排料操作步骤及操作时间；③确定责任人及注意事项	5	没有制定排料流程扣2分				
				没有确定排料操作步骤及操作时间扣2分				
				没有确定责任人及注意事项扣1分				
		编制环境应急预案：①负责人；②撤离方式；③撤离路线	10	没有负责人扣3分				
				没有撤离方式扣3分				
				没有撤离路线扣4分				
		制定清洗及吹扫置换方案	5	没有制定清洗方案扣2分				
				没有制定吹扫置换方案扣3分				

续表

序号	考核内容	考核要点	配分	评分标准	检测结果	扣分	得分	备注
3	安全及其他	按国家法规或企业规定		违规一次总分扣5分；严重违规停止操作			—	
		在规定时间内完成操作		每超时1min总分扣5分，超时5min停止操作			—	
		合　　计	100					

试题9：制定置换清洗方案并组织实施(现场模拟)

(考核时间：45min)

序号	考核内容	考核要点	配分	评分标准	检测结果	扣分	得分	备注
1	准备工作	穿戴劳保用品	3	穿戴不规范扣3分				
		工具、用具准备	2	工具选择不正确扣2分				
2	操作程序	制定置换清洗方案	15	未答出制定正确的置换清洗方案扣5分				
				未答出方案经相关部门审批扣5分				
				未答出置换清洗方案下达到班组扣5分				
		检查公用工程氮气、水、清洗剂等	15	未检查氮气扣5分				
				未检查水扣5分				
				未检查清洗剂扣5分				
		检查置换清洗是否具备条件	10	未检查置换清洗是否具备条件扣10分				
		置换清洗准备的内容：①物料排净、氮气及清洗剂准备完毕，流程打通；②对上述进行操作和检查	10	置换清洗准备的内容不全，扣5分				
				未进行操作和检查扣5分				
		置换操作	15	未答出确认操作流程正确扣5分				
				未答出确定各设备置换操作压力、接气点及排气点扣5分				
				未答出进行分析确认扣5分				

续表

序号	考核内容	考核要点	配分	评分标准	检测结果	扣分	得分	备注
		清洗操作	20	未答出配制清洗剂或引入工艺水扣5分				
				未答出确认操作流程正确扣5分				
				未答出进行清洗操作扣5分				
				未答出操作后进行分析确认扣5分				
		检查操作是否符合方案要求	5	未答出扣5分				
3	使用工具	使用工具	2	工具使用不正确扣2分				
		维护工具	3	工具乱摆乱放扣3分				
4	安全及其他	按国家法规或企业规定		违规一次总分扣5分；严重违规停止操作			—	
		在规定时间内完成操作		每超时1min总分扣5分，超时5min停止操作			—	
合计			100					

否决项：违章操作或违章指挥，此题不得分。

试题10：设备运行故障的指导处理(现场模拟)

（考核时间：30min）

序号	考核内容	考核要点	配分	评分标准	检测结果	扣分	得分	备注
1	准备工作	穿戴劳保用品	3	穿戴不规范扣3分				
		工具、用具准备	2	工具选择不正确扣2分				
2	操作程序	方案准备	10	未制定排除故障方案扣5分				
				未落实责任人扣5分				
		查找设备故障原因	30	未说明工艺操作条件方面排查扣10分				
				未说明设备维护方面排查扣10分				
				未说明设备材质、自身设计方面排查扣10分				
		设备故障的排除	30	未根据原因进行故障排除操作扣10分				
				未操作正确扣10分				
				未制定应急措施扣10分				

续表

序号	考核内容	考核要点	配分	评分标准	检测结果	扣分	得分	备注
		设备恢复运行后监控	20	未进行工艺操作条件监控扣10分				
				未进行设备自身运行情况监控扣10分				
3	使用工具	使用工具	2	工具使用不正确扣2分				
		维护工具	3	工具乱摆乱放扣3分				
4	安全及其他	按国家法规或企业规定		违规一次总分扣5分；严重违规停止操作			—	
		在规定时间内完成操作		每超过1min总分扣5分，超时5min停止操作			—	
合　计			100					

试题11：大修后设备的调试验收(现场模拟)

(考核时间：45min)

序号	考核内容	考核要点	配分	评分标准	检测结果	扣分	得分	备注
1	准备工作	穿戴劳保用品	3	穿戴不规范扣3分				
		工具、用具准备	2	工具选择不正确扣2分				
2	操作程序	验收前的试运工作	10	未将设备验收前试运行一周扣5分				
				未详细记录各项技术指标，要求各项技术指标达到技术要求或能满足生产需要扣5分				
		设备验收：①设备效能满足生产需要或达到设计要求；②压力、压降、温度、液面等指示准确灵敏，调节灵活，波动在允许范围内；③各出入口、降液管无堵塞；各部构件无损，质量符合要求；④设备构件的腐蚀在允许范围内；⑤设备、构件、衬里及焊缝无超标缺陷；⑥设备各构件材质及安装质量符合规程规定；⑦主体整洁，零部件齐全好用	60	未确认设备效能满足生产需要或达到设计要求扣5分				
				未确认压力、压降、温度、液面等指示准确灵敏，调节灵活扣5分				
				未确认各出入口、降液管无堵塞；各部构件无损扣5分				
				未确认设备构件的腐蚀在允许范围内扣5分				
				未确认设备、构件、衬里及焊缝无超标缺陷扣5分				
				未确认设备各构件材质及安装质量符合规程规定扣5分				

续表

序号	考核内容	考核要点	配分	评分标准	检测结果	扣分	得分	备注
		⑧安全阀及各种仪表灵敏准确；⑨消防线、放空线、紧急放空线等安全设施齐全完好，各阀门开关灵活无内漏，防雷接地可靠；⑩梯子平台栏杆等完整牢固，油漆完整美观，静密封无泄漏；⑪基础、钢结构裙座无不均匀下沉，各紧固件齐整牢靠，合乎抗震要求；⑫技术资料齐全：应该具有设备档案、压力容器使用许可证和设备的结构图和易损件图纸		未确认主体整洁，零部件齐全好用扣5分				
				未确认安全阀及各种仪表灵敏准确扣5分				
				未确认消防线、放空线、紧急放空线等安全设施齐全完好，各阀门开关灵活无内漏，防雷接地可靠扣5分				
				未确认梯子平台栏杆等完整牢固，油漆完整美观，静密封无泄漏扣5分				
				未确认基础、钢结构裙座无不均匀下沉，各紧固件齐整牢靠，合乎抗震要求扣5分				
				未确认技术资料齐全扣5分				
		接受下列技术资料：①设计变更及材料代用单，材质、零部件合格证；②隐蔽工程记录和封闭记录；③检修记录；④焊缝质量检验；⑤试验报告	20	未确认设计变更及材料代用单，材质、零部件合格证扣5分				
				未确认隐蔽工程记录和封闭记录扣5分				
				未确认检修记录扣5分				
				未确认焊缝质量检验扣5分				
				未确认试验报告扣5分				
3	使用工具	使用工具	2	工具使用不正确扣2分				
		维护工具	3	工具乱摆乱放扣3分				
4	安全及其他	按国家法规或企业规定		违规一次总分扣5分；严重违规停止操作			—	
		在规定时间内完成操作		每超时1min总分扣5分，超时5min停止操作			—	
合计			100					

试题12：压力容器的维护(现场模拟)

(考核时间：30min)

序号	考核内容	考核要点	配分	评分标准	检测结果	扣分	得分	备注
1	准备工作	穿戴劳保用品	3	穿戴不规范扣3分				
		工具、用具准备	2	工具选择不正确扣2分				
2	操作程序	日常检查：①检查物料管的各静密封点有无泄漏，管路、阀门、密封完好；②检查法兰紧固螺栓是否齐全，有无松动；③检查设备上的安全附件是否灵敏、可靠，灭火器材、静电避雷系统是否齐全完好	15	未检查物料管的各静密封点有无泄漏，管路、阀门、密封完好扣5分				
				未检查法兰紧固螺栓是否齐全，有无松动扣5分				
				未检查设备上的安全附件是否灵敏、可靠，灭火器材、静电避雷系统是否齐全完好扣5分				
		日常维护：①保持外观整洁、设备完好；②做好运转记录；③认真做好日常检修记录；④定期润滑；⑤消除设备的跑冒滴漏现象；⑥填写运行记录，及时消除运行中的问题	30	未保持外观整洁、设备完好扣5分				
				未做好运转记录扣5分				
				未认真做好日常检修记录扣5分				
				未定期润滑扣5分				
				未消除设备的跑冒滴漏现象扣5分				
				未填写运行记录，及时消除运行中的问题扣5分				
		定期检查：①操作压力检查；②操作温度检查；③其他方面检查(如冷却系统等)	15	未检查操作压力扣5分				
				未检查操作温度扣5分				
				未检查其他方面扣5分				
		定期检验：①全面检验；②耐压试验	20	未全面检验扣10分				
				未耐压试验扣10分				
		台账管理：①建立设备维护台账；②按期填写台账	10	未建立设备维护台账扣5分				
				未按期填写台账扣5分				

续表

序号	考核内容	考核要点	配分	评分标准	检测结果	扣分	得分	备注
3	使用工具	使用工具	2	工具使用不正确扣2分				
		维护工具	3	工具乱摆乱放扣3分				
4	安全及其他	按国家法规或企业规定		违规一次总分扣5分；严重违规停止操作			—	
		在规定时间内完成操作		每超时1min总分扣5分，超时5min停止操作			—	
合　计			100					

试题13：压缩机级间压力异常的判断(现场模拟)

(考核时间：15min)

序号	考核内容	考核要点	配分	评分标准	检测结果	扣分	得分	备注
1	准备工作	穿戴劳保用品	3	穿戴不规范扣3分				
		工具、用具准备	2	工具选择不正确扣2分				
2	操作程序	级间压力超高的判断：①检查后一级的吸排气阀是否泄漏；②检查前一级吸入压力是否过高；③检查前一级冷却器的冷却能力；④检查后一级活塞环是否泄漏；⑤检查到后一级管路是否畅通	25	未检查后一级的吸排气阀是否泄漏扣5分				
				未检查前一级吸入压力是否过高扣5分				
				未检查前一级冷却器的冷却能力扣5分				
				未检查后一级活塞环是否泄漏扣5分				
				未检查到后一级管路是否畅通扣5分				
		级间压力低的判断：①检查前一级排气阀是否存在排气不足问题；②检查前一级活塞环是否泄漏过大；③检查前一级排出或后一级吸入前是否有机外泄漏；④检查吸入管道畅通情况	20	未检查前一级排气阀是否存在排气不足问题扣5分				
				未检查前一级活塞环是否泄漏过大扣5分				
				未检查前一级排出或后一级吸入前是否有机外泄漏扣5分				
				未检查吸入管道畅通情况扣5分				

续表

序号	考核内容	考核要点	配分	评分标准	检测结果	扣分	得分	备注
		级间压力高的解决：①检查气阀，更换损坏件；②消除前一级吸入压力高问题；③检查清理冷却器；④更换活塞环；⑤保持管路畅通	25	未检查气阀、更换损坏件扣5分				
				未消除前一级吸入压力高问题扣5分				
				未检查清理冷却器扣5分				
				未更换活塞环扣5分				
				未保持管路畅通扣5分				
		级间压力低的解决：①检查排气阀，更换损坏件；②更换前一级活塞环；③消除泄漏；④保持管道畅通	20	未检查排气阀、更换损坏件扣5分				
				未更换前一级活塞环扣5分				
				未消除泄漏扣5分				
				未保持管道畅通扣5分				
3	使用工具	使用工具	2	工具使用不正确扣2分				
		维护工具	3	工具乱摆乱放扣3分				
4	安全及其他	按国家法规或企业规定		违规一次总分扣5分；严重违规停止操作			—	
		在规定时间内完成操作		每超时1min总分扣5分，超时5min停止操作			—	
	合计		100					

试题14：现场着火原因的判断（现场模拟）

（考核时间：25min）

序号	考核内容	考核要点	配分	评分标准	检测结果	扣分	得分	备注
1	准备工作	穿戴劳保用品	3	穿戴不规范扣3分				
		工具、用具准备	2	工具选择不正确扣2分				
2	操作程序	着火介质：①确定着火物料；②查找最初着火点；③查找设备、管线泄漏痕迹；④查找设备、管线损坏痕迹	30	未确定着火物料扣8分				
				未查找最初着火点扣8分				
				未查找设备、管线泄漏痕迹扣8分				
				未查找设备、管线损坏痕迹扣6分				

续表

序号	考核内容	考核要点	配分	评分标准	检测结果	扣分	得分	备注
		火源查找：①明火源查找；②静电火源查找；③其他火源查找	30	未查找明火源扣10分				
				未查找静电火源扣10分				
				未查找其他火源扣10分				
		操作原因查找：①是否存在超温超压问题；②现场巡检是否按时、认真、全面；③是否存在违章操作或误操作；④是否存在使用工具不当问题	30	未查找是否存在超温超压问题扣8分				
				未现场巡检是否按时、认真、全面扣7分				
				未查出是否存在违章操作或误操作扣8分				
				未查出是否存在使用工具不当问题扣7分				
3	使用工具	使用工具	2	工具使用不正确扣2分				
		维护工具	3	工具乱摆乱放扣3分				
4	安全及其他	按国家法规或企业规定		违规一次总分扣5分；严重违规停止操作			—	
		在规定时间内完成操作		每超时1min总分扣5分，超时5min停止操作			—	
	合　计		100					

试题15：产品质量事故的判断（现场模拟）

（考核时间：25min）

序号	考核内容	考核要点	配分	评分标准	检测结果	扣分	得分	备注
1	准备工作	穿戴劳保用品	3	穿戴不规范扣3分				
		工具、用具准备	2	工具选择不正确扣2分				
2	操作程序	原料质量检查	10	未检查原料质量扣10分				
		工艺操作情况检查：①检查温度控制有无异常；②检查压力控制有无异常；③检查其他参数配比是否超控制范围；④检查是否发生串料事故	30	未检查温度控制有无异常扣8分				
				未检查压力控制有无异常扣8分				
				未检查其他参数配比是否超控制范围扣7分				

续表

序号	考核内容	考核要点	配分	评分标准	检测结果	扣分	得分	备注
				未检查是否发生串料事故扣7分				
		生产工况查找：①检查生产运行是否波动；②检查生产负荷过高或过低	20	未检查生产运行是否波动扣10分				
				未检查生产负荷过高或过低扣10分				
		检查“三剂”质量无问题	10	未检查“三剂”质量有无问题扣10分				
		电气、仪表检查：①电气运行情况检查；②仪表运行情况检查	10	未检查电气运行情况扣5分				
				未检查仪表运行情况扣5分				
		设备运行情况检查：①检查设备有无泄漏；②检查阀门是否灵活有无泄漏	10	未检查设备有无泄漏扣5分				
				未检查阀门是否灵活有无泄漏扣5分				
3	使用工具	使用工具	2	工具使用不正确扣2分				
		维护工具	3	工具乱摆乱放扣3分				
4	安全及其他	按国家法规或企业规定		违规一次总分扣5分；严重违规停止操作			—	
		在规定时间内完成操作		每超时1min总分扣5分，超时5min停止操作			—	
		合　　计	100					

试题16：隔离和动火条件的确认(现场模拟)

（考核时间：25min）

序号	考核内容	考核要点	配分	评分标准	检测结果	扣分	得分	备注
1	准备工作	穿戴劳保用品	3	穿戴不规范扣3分				
		工具、用具准备	2	工具选择不正确扣2分				

续表

序号	考核内容	考核要点	配分	评分标准	检测结果	扣分	得分	备注
2	操作程序	隔离条件确认：①阀门可以断开的阀门切断；②无阀门的必须盲板隔离；③用火点半径15m内污水井地漏封死盖严；④将附近泄漏点封死挡严，与用火点隔离	40	未答出阀门可以断开的阀门切断扣10分				
				未答出无阀门的必须盲板隔离扣10分				
				未答出用火点半径15m内污水井地漏封死盖严扣10分				
				未答出将附近泄漏点封死挡严与用火点隔离扣10分				
		动火条件确认：①管道容器内可燃介质处理干净；②清除用火点附近可燃物；③作业时附近不准有放空或脱水操作；④现场消防设施齐全；⑤加强通风，必须分析检验合格	50	未将管道容器内可燃介质处理干净扣10分				
				未清除用火点附近可燃物扣10分				
				未确认作业时附近不准有放空或脱水操作扣10分				
				未确认现场消防设施齐全扣10分				
				未加强通风、必须分析检验合格扣10分				
3	使用工具	使用工具	2	工具使用不正确扣2分				
		维护工具	3	工具乱摆乱放扣3分				
4	安全及其他	按国家法规或企业规定		违规一次总分扣5分；严重违规停止操作			—	
		在规定时间内完成操作		每超时1min总分扣5分，超时5min停止操作			—	
		合　　计	100					

试题17：现场火灾处理方法(现场模拟)

(考核时间：30min)

序号	考核内容	考核要点	配分	评分标准	检测结果	扣分	得分	备注
1	准备工作	穿戴劳保用品	3	穿戴不规范扣3分				
		工具、用具准备	2	工具选择不正确扣2分				

续表

序号	考核内容	考核要点	配分	评分标准	检测结果	扣分	得分	备注
2	处理程序	报警	11	未及时报警扣 6 分				
				未报告调度及相关人员扣 5 分				
		佩戴防护器械	11	佩戴错误扣 5 分				
				未佩戴防护器械扣 6 分				
		查明火源及着火原因	23	未迅速查清着火部位扣 6 分				
				未查出泄漏介质扣 6 分				
				物料来源未检查扣 6 分				
				未检查着火原因扣 5 分				
		火灾扑救	29	未关闭切断阀扣 8 分				
				未切断电源扣 7 分				
				未进行紧急泄压扣 7 分				
				未立即进行扑救扣 7 分				
		防止火势扩大	16	未及时作出工艺处理意见扣 4 分				
				处理决策错误扣 8 分				
				未向消防人员介绍现场情况扣 4 分				
3	使用工具	使用工具	2	工具使用不正确扣 2 分				
		维护工具	3	工具乱摆乱放扣 3 分				
4	安全及其他	按国家法规或企业规定		违规一次总分扣 5 分；严重违规停止操作			—	
		在规定时间内完成操作		每超时 1min 总分扣 5 分，超时 3min 停止操作			—	
合计			100					

否定项说明：若出现违章操作或发生事故等情况，该题为零分。

试题 18：工艺流程图绘制（笔试）

（考核时间：30min）

序号	考核内容	考核要点	配分	评分标准	检测结果	扣分	得分	备注
1	准备工作	工具、用具准备	5	未自带工具扣 5 分				
2	图形绘制	工艺流程走向正确，排布合理	10	工艺流程画错一处扣 5 分				
				工艺流程走向画错一处扣 5 分				

续表

序号	考核内容	考核要点	配分	评分标准	检测结果	扣分	得分	备注
		取样点位置、位号正确，无遗漏	10	取样点位置、位号画错一处扣5分				
				取样点遗漏一处扣5分				
		各管线绘制完全正确无遗漏	10	管线遗漏一处扣5分				
				管线绘制错误一处扣5分				
		安全附件绘制完全正确无遗漏	10	遗漏一处扣5分				
				绘制错误一处扣5分				
		现场一次表绘制完全正确无遗漏	10	遗漏一处扣5分				
				绘制错误一处扣5分				
		仪表调节阀及位号、导淋	10	调节阀漏画一处扣3分				
				位号标错一处扣2				
				导淋阀少一个扣1				
		流程图内设备位置正确，无遗漏，排列整齐	10	流程图内设备画错一处扣5分				
				流程图内设备漏画一处扣5分				
3	绘图标注	标注符合要求	20	设备名称、位号标注错一处扣5分				
				介质名称、来源、去向标注错一处扣5分				
				标注位置错误扣10分				
4	卷面情况	绘图卷面清晰，整洁	5	卷面不整洁扣5分				
5	安全及其他	按国家法规或企业规定		违规一次总分扣5分；严重违规停止操作			—	
		在规定时间内完成操作		每超时1min总分扣5分，超时3min停止操作			—	
合　计			100					

试题19：单元物料衡算(笔试)

（考核时间：30min）

序号	考核内容	考核要点	配分	评分标准	检测结果	扣分	得分	备注
1	准备工作	工具、用具准备	2	未自带工具扣2分				
2	数据采集	数据采集方法正确，数据无遗漏	15	采集方法错误扣10分				
				采集数据漏一项扣5分				

续表

序号	考核内容	考核要点	配分	评分标准	检测结果	扣分	得分	备注
3	核算过程	单位换算正确	10	单位换算错误扣10分				
		核算过程数学描述准确，数据代入完整，核算步骤无遗漏，核算结果正确	40	应用公式错扣25分				
				数据代入错误扣5分				
				核算步骤漏一项扣5分				
				核算答案错误扣10分				
4	核算结果分析	核算结果分析内容完整，数据差异分析透彻，提出改进措施得当有意义	30	系统物料进入与采出、物料损耗内容不清楚扣5分				
				进入与采出物料出现差异的原因分析不正确扣15分				
				无改进措施扣10分				
				改进措施不完整扣5分				
				改进措施错误扣10分				
5	卷面情况	卷面整洁，字迹端正	3	卷面不整洁扣1分，字迹不端正扣2分				
6	其他	在规定时间内完成操作		每超时1min总分扣5分，超时3min停止操作			—	
		合　计	100					

试题20：单元热量衡算(笔试)

(考核时间：30min)

序号	考核内容	考核要点	配分	评分标准	检测结果	扣分	得分	备注
1	准备工作	工具、用具准备	2	未自带工具扣2分				
2	数据采集	数据采集方法正确，数据无遗漏	15	采集方法错误扣10分				
				采集数据漏一项扣5分				
3	核算过程	单位换算正确	10	单位换算错误扣10分				
		核算过程数学描述准确，数据代入完整，核算步骤无遗漏，核算结果正确	40	应用公式错扣25分				
				数据代入错误扣5分				
				核算步骤漏一项扣5分				
				核算答案错误扣10分				
4	核算结果分析	核算结果分析内容完整，数据差异分析透彻，提出改进措施得当有意义	30	系统热量进入与输出、热量损耗内容不清楚扣5分				
				进入与采出热量出现差异的原因分析不正确扣15分				
				无改进措施扣10分				
				改进措施不完整扣5分				
				改进措施错误扣10分				

续表

序号	考核内容	考核要点	配分	评分标准	检测结果	扣分	得分	备注
5	卷面情况	卷面整洁，字迹端正	3	卷面不整洁扣1分，字迹不端正扣2分				
6	其他	在规定时间内完成操作		每超时1min总分扣5分，超时3min停止操作			—	
合　计			100					

试题21：参与QC小组质量攻关(笔试)

（考核时间：30min）

序号	考核内容	考核要点	配分	评分标准	检测结果	扣分	得分	备注
1	准备工作	工具、用具准备	5	工具选择不正确，扣5分				
2	操作程序	参与攻关立项：①参与确定攻关命题；②参与确定攻关方向	20	未说明参与确定攻关命题扣10分				
				未说明参与确定攻关方向扣10分				
		参与攻关措施制定：①前期数据采集；②攻关工艺参数的改进；③管理措施的优化；④机电仪攻关方面的改进或改造	30	未说明前期数据采集扣7分				
				未说明攻关工艺参数的改进或参数改进错误扣8分				
				未说明管理措施的优化或措施错误扣7分				
				未说明机电仪攻关方面的改进或改造扣8分				
		攻关数据收集：①确定攻关数据采集点；②制定攻关记录表格	20	未确定攻关数据采焦点，扣5分				
				数据不能真空反映攻关效果扣5分				
				未制定攻关记录表格扣5分				
				表格中没有攻关日、周、月总结扣5分				
		参与编制攻关计划：①编制攻关月计划；②月计划下发到班组	15	未编制攻关月计划，扣5分				
				月计划中不包含攻关月目标和措施扣5分				
				月计划未下发到化工班组，扣5分				

续表

序号	考核内容	考核要点	配分	评分标准	检测结果	扣分	得分	备注
		攻关效果考核：①参与编制攻关总结；②攻关总结上交相关部门及下达到班组	10	未编写攻关总结或总结内容不全面、不真实，扣5分				
				攻关总结未上传下达，扣5分				
3	安全及其他	按国家法规或企业规定		违规一次总分扣3分；严重违规停止操作			—	
		在规定时间内完成操作		每超时1min总分扣5分，超时5min停止操作			—	
	合　计		100					

试题22：班组经济活动分析(笔试)

(考核时间：30min)

序号	考核内容	考核要点	配分	评分标准	检测结果	扣分	得分	备注
1	准备工作	工具、用具准备	5	工具选择不正确，扣5分				
2	操作程序	班组物耗情况分析：①原料消耗情况分析；②“三剂”消耗情况分析	10	未说明原料消耗情况分析扣5分				
				未说明“三剂”消耗情况分析扣5分				
		班组动力消耗情况分析：①水消耗数据录入及分析(包括新鲜水、循环水和工艺水)；②电消耗数据录入及分析；③氮气消耗数据录入及分析；④压缩空气消耗数据录入及分析；⑤仪表空气消耗数据录入及分析；⑥蒸汽消耗数据录入及分析	30	未说明水消耗数据录入及分析扣5分				
				未说明电消耗数据录入及分析扣5分				
				未说明氮气消耗数据录入及分析扣5分				
				未说明压缩空气消耗数据录入及分析扣5分				
				未说明仪表空气消耗数据录入及分析扣5分				
				未说明蒸汽消耗数据录入及分析扣5分				
		班组产品产量情况分析：①产品产量数据录入；②未完成或超计划原因分析	10	未说明产品产量数据录入扣5分				
				未说明未完成或超计划原因分析扣5分				

续表

序号	考核内容	考核要点	配分	评分标准	检测结果	扣分	得分	备注
		班组中控指标情况分析：①班组中控指标数据录入；②超标数据分析原因；③制定防范措施	15	未说明班组中控指标数据录入扣5分				
				未说明超标数据分析原因扣5分				
				未说明制定防范措施扣5分				
		班组生产运行情况分析：①负荷情况分析；②工艺操作参数情况分析；③生产波动情况分析；④环保情况分析；⑤设备运行情况分析	25	未说明负荷情况分析扣5分				
				未说明工艺操作参数情况分析扣5分				
				未说明生产波动情况分析扣5分				
				未说明环保情况分析扣5分				
				未说明设备运行情况分析扣5分				
		班组成本核算情况分析	5	未分析班组成本核算扣5分				
3	安全及其他	按国家法规或企业规定		违规一次总分扣3分；严重违规停止操作			—	
		在规定时间内完成操作		每超时1min总分扣5分，超时5min停止操作			—	
合计			100					

试题23：编写生产技术总结(笔试)

(考核时间：30min)

序号	考核内容	考核要点	配分	评分标准	检测结果	扣分	得分	备注
1	准备工作	工具、用具准备		工具选择不正确，扣5分			—	
2	操作程序	工艺技术情况：①主要工艺技术介绍；②装置标定及存在瓶颈；③引进技术的消化吸收	15	未说明主要工艺技术介绍扣5分				
				未说明装置标定及存在瓶颈扣5分				
				未说明引进技术的消化吸收扣5分				

续表

序号	考核内容	考核要点	配分	评分标准	检测结果	扣分	得分	备注
		生产运行情况：①装置物耗、能耗、运行中出现的问题；②达标完成情况及分析；③装置开工率、长周期运行情况、开停车、非计划停车次数原因及分析；④装置存在的隐患及分析（动、静、电设备）；⑤装置的运行及管理：控制技术及人员培训；仿真技术应用与人员培训；技术练兵；三基管理；班组成本核算及考核、成本管理、岗位标准、绩效考核	25	未说明装置物耗、能耗、运行中出现的问题扣5分				
				未说明达标完成情况及分析扣5分				
				未说明装置开工率、长周期运行情况、开停车、非计划停车次数原因及分析扣5分				
				未说明装置存在的隐患及分析扣5分				
				未说明装置的运行及管理扣5分				
		项目改造及检修：①项目改造内容；②检修作业内容	10	未说明项目改造内容扣5分				
				未说明检修作业内容扣5分				
		原料、产品、“三剂”情况分析：①原料的分析和质量控制；②主副产品产量、质量、牌号；③差别化产品及下游使用情况；④主副产品深加工及后续加工情况；⑤“三剂”使用及更换情况；⑥催化剂性能（物理性能、使用性能）评价；⑦设计操作条件、工业应用情况	25	未说明原料的分析和质量控制扣4分				
				未说明主副产品产量、质量、牌号扣4分				
				未说明差别化产品及下游使用情况扣4分				
				未说明主副产品深加工及后续加工情况扣4分				
				未说明“三剂”使用及更换情况扣3分				
				未说明催化剂性能评价扣3分				
				未说明设计操作条件、工业应用情况扣3分				
		动力消耗情况分析：①公用工程优化；②节水、节蒸汽、节电情况	10	未说明公用工程优化扣5分				
				未说明节水、节蒸汽、节电情况扣5分				
		安全环保情况分析：①事故情况汇总及分析；②污水、废气、废渣排放情况及治理	10	未说明事故情况汇总及分析扣5分				
				未说明污水、废气、废渣排放情况及治理扣5分				

续表

序号	考核内容	考核要点	配分	评分标准	检测结果	扣分	得分	备注
		结论及建议：①生产技术总体评价；②建议	5	未说明生产技术总体评价扣2分				
				未提出建议扣3分				
3	安全及其他	按国家法规或企业规定		违规一次总分扣3分；严重违规停止操作			—	
		在规定时间内完成操作		每超时1min总分扣5分，超时5min停止操作			—	
		合　　计	100					

试题24：编制装置开车方案(笔试)

（考核时间：30min）

序号	考核内容	考核要点	配分	评分标准	检测结果	扣分	得分	备注
1	准备工作	穿戴劳保用品	3	穿戴不规范扣3分				
		工具、用具准备	2	工具选择不正确扣2分				
2	操作程序	确定开车方案项目的内容	5	未确定开车方案项目的内容，扣5分				
		开车工况的确定：①确定开车负荷；②确定参数配比	10	未确定开车负荷扣5分				
				未确定参数配比扣5分				
		开车介质的引入：①原料引入；②“三剂”引入	10	未将原料引入扣5分				
				未将“三剂”引入扣5分				
		开车条件的确认：①确认设备具备开车条件；②确认仪表具备开车条件；③确认电气具备开车条件	15	未确认设备具备开车条件扣5分				
				未确认仪表具备开车条件扣5分				
				未确认电气具备开车条件扣5分				
		开车流程及操作工艺卡片：①确定开车流程；②确定开车步骤；③制定开车操作工艺卡片	15	未确定开车流程扣5分				
				未确定开车步骤扣5分				
				未制定开车操作工艺卡片扣5分				
		装置开车领导小组：①确定小组成员；②明确成员分工	10	未确定小组成员扣5分				
				未明确成员分工扣5分				

续表

序号	考核内容	考核要点	配分	评分标准	检测结果	扣分	得分	备注
		预案编制：①危险源及环境因素的识别；②制定化学事故应急预案；③制定环境事故应急预案	15	未危险源及环境因素的识别扣5分				
				未制定化学事故应急预案扣5分				
				未制定环境事故应急预案扣5分				
		开车方案审批：①开车方案上报工厂；②经审批开车方案向员工传达	10	未将开车方案上报工厂扣5分				
				未将经审批开车方案向员工传达扣5分				
3	使用工具	使用工具	2	工具使用不正确扣2分				
		维护工具	3	工具乱摆乱放扣3分				
4	安全及其他	按国家法规或企业规定		违规一次总分扣5分；严重违规停止操作			—	
		在规定时间内完成操作		每超时1min总分扣5分，超时5min停止操作			—	
	合　计		100					

试题25：工艺设备改进方案编制(笔试)

（考核时间：45min）

序号	考核内容	考核要点	配分	评分标准	检测结果	扣分	得分	备注
1	准备工作	穿戴劳保用品	3	穿戴不规范扣3分				
		工具、用具准备	2	工具选择不正确扣2分				
2	操作程序	确定工艺设备改进内容：①装置简介；②工艺设备改进前运行情况；③确定工艺设备改进内容	25	未确定装置简介扣7分				
				未确定工艺设备改进前运行情况扣8分				
				未确定工艺设备改进内容扣10分				
		确定组织机构：①确定组织机构人员；②确定人员责任	10	未确定组织机构人员扣5分				
				未确定人员责任扣5分				
		工艺设备改进实施措施：①物料排放；②设备清洗；③设备吹扫置换；④工艺设备改进措施实施步骤；⑤改进后验收	25	未确定物料排放扣5分				
				未确定设备清洗扣5分				
				未确定设备吹扫置换扣5分				
				未确定工艺设备改进措施实施步骤扣5分				
				未确定改进后验收扣5分				

续表

序号	考核内容	考核要点	配分	评分标准	检测结果	扣分	得分	备注
		电仪改进措施：①确认电气改进内容及措施；②确认仪表改进内容及措施	10	未确认电气改进内容及措施扣5分				
				未确认仪表改进内容及措施扣5分				
		确定安全注意事项	10	未确定安全注意事项扣10分				
		编制应急预案：①编制环境应急预案；②编制事故应急预案	10	未编制环境应急预案扣5分				
				未编制事故应急预案扣5分				
3	使用工具	使用工具	2	工具使用不正确扣2分				
		维护工具	3	工具乱摆乱放扣3分				
4	安全及其他	按国家法规或企业规定		违规一次总分扣5分；严重违规停止操作			—	
		在规定时间内完成操作		每超时1min总分扣5分，超时5min停止操作			—	
	合　计		100					

试题26：实施技术革新项目（现场模拟）

（考核时间：30min）

序号	考核内容	考核要点	配分	评分标准	检测结果	扣分	得分	备注
1	准备工作	穿戴劳保用品	3	穿戴不规范扣3分				
		工具、用具准备	2	工具选择不正确扣2分				
2	处理程序	项目实施前准备工作：①设备准备；②电气准备；③仪表准备；④原料及“三剂”准备；⑤人员配备；⑥方案及资料准备	30	未做设备准备扣5分				
				未做电气准备扣5分				
				未做仪表准备扣5分				
				未做原料及“三剂”准备扣5分				
				未做人员配备扣5分				
				未做方案及资料准备扣5分				
		项目实施操作：①工艺流程摆放及确认；②物料引入、流程打通，投料开车；③工艺操作情况监控及指导；④做好相关记录	30	未确认工艺流程摆放扣8分				
				未做好物料引入、流程打通，投料开车扣8分				
				未做好工艺操作情况监控及指导扣8分				
				未做好相关记录扣6分				

续表

序号	考核内容	考核要点	配分	评分标准	检测结果	扣分	得分	备注
		项目实施评价：①项目实施情况简介；②项目实施效果评价；③项目实施存在问题；④改进措施或建议	30	未检查项目实施情况简介扣6分				
				未检查项目实施效果评价扣8分				
				未检查项目实施存在问题扣8分				
				未检查改进措施或建议扣8分				
3	使用工具	使用工具	2	工具使用不正确扣2分				
		维护工具	3	工具乱摆乱放扣3分				
4	安全及其他	按国家法规或企业规定		违规一次总分扣5分；严重违规停止操作			—	
		在规定时间内完成操作		每超时1min总分扣5分，超时3min停止操作			—	
合　计			100					

否定项说明：若出现违章操作或发生事故等情况，该题为零分。

试题27：初、中、高级操作人员的操作技能培训（笔试）

（考核时间：45min）

序号	考核内容	考核要点	配分	评分标准	检测结果	扣分	得分	备注
1	准备工作	穿戴劳保用品	3	穿戴不规范扣3分				
		工具、用具准备	2	工、用具选择不正确扣2分				
2	编制优化操作方案	调查摸底：①下发员工调查表；②员工需培训知识统计；③紧密联系公司工厂培训要求及重点	20	未答出①扣7分				
				未答出②扣7分				
				未答出③扣6分				
		制定员工培训方案和计划：①制定员工培训方案；②制定员工培训计划；③落实员工培训责任人；④确定员工培训教师	20	未答出①扣5分				
				未答出②扣5分				
				未答出③扣5分				
				未答出④扣5分				
		组织培训计划的实施：①编制员工培训教案；②安排培训教师及培训场地；③组织员工参加培训；④员工填写培训签到及培训笔记	40	未答出①扣10分				
				未答出②扣10分				
				未答出③扣10分				
				未答出④扣10分				

续表

序号	考核内容	考核要点	配分	评分标准	检测结果	扣分	得分	备注
		培训效果评价验收与总结：①定期组织员工进行培训内容考试；②根据考试情况进行培训效果评价；③针对培训工作特色、不足进行培训总结	15	未答出①扣5分				
				未答出②扣5分				
				未答出③扣5分				
3	安全及其他	按国家法规或企业规定		违规一次总分扣5分；严重违规停止操作			—	
		在规定时间内完成操作		每超时1min总分扣5分，超时5min停止操作			—	
合计			100					

七、技能操作鉴定要素细目表(高级技师)

鉴定范围						鉴定点	
一级		二级		三级		代码	名称
代码	名称	代码	名称	代码	名称		
A	技能要求	A	工艺操作	A	开车准备	001	全系统大检修后的验收
						002	装置开车前各项条件的确认
				B	开车操作	001	开车操作方案的审定
				C	正常操作	001	优化操作方案的编制
						002	装置生产技术难题的解决
				D	停车操作	001	装置置换清洗方案的审定
						002	装置停车方案的审定
						003	装置紧急停车方案的制定
		B	设备使用与维护	A	使用设备	001	设备大修后的验收调试
				B	维护设备	001	装置检修计划的编制
		C	事故判断与处理	A	判断事故	001	物耗高、能耗高的原因分析
						002	催化剂活性下降的原因分析
						003	产品收率低的原因分析
						004	装置着火事故的原因分析
				B	处理事故	001	降低物耗、能耗高措施的实施
						002	装置事故预案的编制
						003	延长催化剂使用寿命的措施

续表

鉴定范围						鉴定点	
一级		二级		三级		代码	名称
代码	名称	代码	名称	代码	名称		
		D	绘图与计算	A	绘图	001	装置技术改造图的审定
				B	计算	001	全系统物料衡算
						002	全系统热量衡算
		E	管理	A	质量管理	001	组织 QC 小组质量攻关
				B	生产管理	001	节能降耗措施组织实施
				C	编写技术文件	001	技术论文撰写
						002	参与制定装置各类生产方案编制
				D	技术进步	001	组织技术改造实施
						002	组织本装置优化生产
		F	培训与指导	A	培训与指导	001	员工的理论和操作技能培训
						002	员工培训总体计划实施

八、技能操作试题(高级技师)

试题1：全系统大检修后的验收组织

（考核时间：45min）

序号	考核内容	考核要点	配分	评分标准	检测结果	扣分	得分	备注
1	准备工作	穿戴劳保用品	3	穿戴不规范扣3分				
		工具、用具准备	2	工具选择不正确扣2分				
2	操作程序	对设备(罐、釜、塔、冷换设备)清理验收组织	35	设备清理未达到验收标准，扣10分				
				各管口未疏通，有堵塞现象，扣10分				
				设备试压不合格扣10分				
				测温、测压点损坏扣5分				
		对管线、阀门的清理验收组织	20	管线未符合清理验收要求扣10分				
				阀门未符合清理验收要求扣10分				

续表

序号	考核内容	考核要点	配分	评分标准	检测结果	扣分	得分	备注
		①对管线、阀门的回装检查验收组织；②安全阀是否安装就位并投用	20	管线、阀门的回装未符合验收要求扣5分				
				管线上的测温点、测压点安装不齐全扣5分				
				安全阀没有安装就位并投用扣10分				
		对泵的过滤器进行清理或更换组织检查验收	5	未对泵的过滤器清理或更换验收扣5分				
		组织确认检修项目的验收完成	10	未组织确认装置自修项目的验收完成扣10分				
3	使用工具	使用工具	2	工具使用不正确扣2分				
		维护工具	3	工具乱摆乱放扣3分				
4	安全及其他	按国家法规或企业规定		违规一次总分扣5分；严重违规停止操作			—	
		在规定时间内完成操作		每超时1min总分扣5分，超时5min停止操作			—	
	合　计		100					

试题2：装置开车条件的确认(现场模拟)

(考核时间：30min)

序号	考核内容	考核要点	配分	评分标准	检测结果	扣分	得分	备注
1	准备工作	穿戴劳保用品	3	穿戴不规范扣3分				
		工具、用具准备	2	工具选择不正确扣2分				
2	操作程序	①设备、管线已安装，检修完毕；②验收合格	10	设备、管线未安装或检修完毕，扣5分				
				验收不合格，扣5分				
		①设备保压、试漏、置换合格；②管线吹扫干净；③工艺流程打通，具备投用	15	设备未保压、试漏、置换合格，扣5分				
				管线未吹扫干净扣5分				
				工艺流程未打通，不具备投用，扣5分				
		检查确认公用工程已引进装置	10	未检查确认，扣10分				

续表

序号	考核内容	考核要点	配分	评分标准	检测结果	扣分	得分	备注
		①所有调节阀和仪表调校合格，并投用；②现场液位计、温度计、安全阀完好并投用；③机泵单机试车合格	15	仪表未投用，扣5分				
				现场液位计、温度计、安全阀未完好并投用，扣5分				
				未确认机泵单机试车合格扣5分				
		检查确认安全阀及附件、消防等安全设施完好备用	10	未检查确认安全设施完好备用，扣10分				
		①检查确认原料准备齐全；②做好接收准备	10	原料准备不齐全，扣5分				
				未做好接收准备，扣5分				
		①检查确认化工三剂配制完成；②检查确认化工三剂具备输送条件	10	未检查确认三剂配制完成，扣5分				
				未检查确认配三剂具备输送条件，扣5分				
		确认装置具备开车条件	10	未确认装置具备开车条件，扣10分				
3	使用工具	使用工具	2	工具使用不正确扣2分				
		维护工具	3	工具乱摆乱放扣3分				
4	安全及其他	按国家法规或企业规定		违规一次总分扣5分；严重违规停止操作			—	
		在规定时间内完成操作		每超时1min总分扣5分，超时5min停止操作			—	
合　计			100					

试题3：审核开车方案（笔试）

（考核时间：45min）

序号	考核内容	考核要点	配分	评分标准	检测结果	扣分	得分	备注
1	准备工作	穿戴劳保用品	3	穿戴不规范扣3分				
		工具、用具准备	2	工具选择不正确扣2分				
2	编制程序	确定开车方案项目的内容	10	未确定开车方案项目的内容，扣10分				
		落实现场，检查机械、电气、仪表具备条件	10	未检查机械扣4分				
				未检查电气扣3分				
				未检查仪表扣3分				

续表

序号	考核内容	考核要点	配分	评分标准	检测结果	扣分	得分	备注
		检查公用工程，机电仪内容	10	未检查公用工程扣5分				
				未检查机电仪内容扣5分				
		编制装置气密、置换操作方案	10	未编制置换方案扣5分				
				未编制气密方案扣5分				
		①检查仪表联锁；②调节阀调校	10	未检查联锁扣5分				
				未检查调节阀调校扣5分				
		①检查水联运试泵、排水；②氮气吹扫干净；③确认装置开车步骤	15	未检查水联运试泵、排水扣5分				
				未用氮气吹扫干净扣5分				
				装置开车步骤错误扣5分				
		编制装置开车方案	20	未编制出装置开车方案，扣20分				
				编制出的开车方案少项目，扣10分				
		风险评估及确认开车方案是否符合要求	5	未进行风险评估及确认开车方案是否符合要求扣5分				
3	使用工具	使用工具	2	工具使用不正确扣2分				
		维护工具	3	工具乱摆乱放扣3分				
4	安全及其他	按国家法规或企业规定		违规一次总分扣5分；严重违规停止操作			—	
		在规定时间内完成操作		每超时1min总分扣5分，超时5min停止操作			—	
合　计			100					

试题4：优化操作方案的编制

（考核时间：45min）

序号	考核内容	考核要点	配分	评分标准	检测结果	扣分	得分	备注
1	准备工作	穿戴劳保用品	3	穿戴不规范扣3分				
		工具、用具准备	2	工、用具选择不正确扣2分				
2	实施措施	制定优化操作方案的目标	10	未答出本项不得分				
		检查工艺指标不符合项：①检查装置的温度、压力、流量；②检查运行机泵的电流、压力、润滑是否正常；③确认仪表指示的流量、温度、压力、液位是否正确	30	未检查装置的温度、压力、流量扣10分				
				未检查运行机泵的电流、压力、润滑扣10分				
				未确认仪表指示的流量、温度、压力、液位是否正确扣10分				

续表

序号	考核内容	考核要点	配分	评分标准	检测结果	扣分	得分	备注
		检查装置运行质量：①装置负荷；②装置物耗、能耗状况；③中间产品和成品质量指标；④设备开工率	20	未检查装置负荷扣5分				
				未检查装置物耗、能耗状况扣5分				
				未检查中间产品和成品质量指标扣5分				
				未检查设备开工率扣5分				
		①根据装置运行状况，确定优化操作的参数；②进行可行性分析；③制定优化操作方案；④进行经济效益分析及风险评估	30	未确定出优化操作参数的扣8分				
				未进行可行性分析扣7分				
				未制定出优化操作方案扣8分				
				未进行经济效益分析及风险评估扣7分				
3	使用工具	使用工具	2	工具使用不正确扣2分				
		维护工具	3	工具乱摆乱放扣3分				
4	安全及其他	按国家法规或企业规定		违规一次总分扣5分；严重违规停止操作			—	
		在规定时间内完成操作		每超时1min总分扣5分，超时5min停止操作			—	
合计			100					

试题5：生产技术难题的处理和解决(现场模拟)

(考核时间：45min)

序号	考核内容	考核要点	配分	评分标准	检测结果	扣分	得分	备注
1	准备工作	穿戴劳保用品	3	穿戴不规范扣3分				
		工具、用具准备	2	工、用具选择不正确扣2分				
2	操作步骤	检查分析工艺指标控制存在的难题：①检查装置的液位、温度、压力、流量控制情况；②检查运行机泵的电流、压力、润滑、密封是否正常；③确认仪表指示的流量、温度、压力、液位是否正确，调节阀是否好用	15	未检查装置的温度、压力、流量扣5分				
				未检查运行机泵的电流、压力、润滑扣5分				
				未确认扣5分				

续表

序号	考核内容	考核要点	配分	评分标准	检测结果	扣分	得分	备注
		检查分析装置运行质量存在的难题：①装置物耗、能耗状况；②中间产品和成品质量指标；③设备开工率	15	未检查装置物耗、能耗状况扣5分				
				未检查中间产品和成品质量指标扣5分				
				未检查设备开工率扣5分				
		分析装置工况调整存在的难题：①装置负荷调整；②参数配比；③塔、釜、罐、换热器以及机泵等设备的切换操作	15	未分析装置负荷调整存在的难题扣5分				
				未分析参数配比存在的问题扣5分				
				未分析切换操作存在的难题扣5分				
		①确定装置生产技术难题；②分析装置生产技术难题产生的原因	20	未确定装置生产技术难题扣10分				
				未分析原因扣10分				
		生产技术难题的处理和解决：①对解决生产技术难题进行可行性分析；②提出解决生产技术难题的方法；③解决生产技术难题；④检查解决生产技术难题的方法是否符合要求	25	未进行可行性分析扣6分				
				未提出解决生产技术难题的方法扣6分				
				未解决生产技术难题扣7分				
				未检查解决生产技术难题的方法是否符合要求扣6分				
3	使用工具	使用工具	2	工具使用不正确扣2分				
		维护工具	3	工具乱摆乱放扣3分				
4	安全及其他	按国家法规或企业规定		违规一次总分扣5分；严重违规停止操作			—	
		在规定时间内完成操作		每超时1min总分扣5分，超时5min停止操作			—	
		合　计	100					

试题6：装置置换清洗方案的审定

（考核时间：30min）

序号	考核内容	考核要点	配分	评分标准	检测结果	扣分	得分	备注
1	准备工作	工具、用具准备	5	工具选择不正确，扣5分				

续表

序号	考核内容	考核要点	配分	评分标准	检测结果	扣分	得分	备注
2	审定过程	①审定置换前公用工程条件是否满足；②审定置换清洗工艺条件是否满足；③审定清洗前化学清洗剂条件是否满足	15	未识别和审定各种设备的图标，扣5分				
				未识别、审定各工艺管线的方向标识、尺寸标识，扣5分				
				未识别、审定位号、联锁的标识，扣5分				
		①审定置换时间进度安排是否合理；②审定清洗时间进度安排是否合理；③审定置换清洗组织机构及具体负责人	15	未审定置换时间是否合理扣5分				
				未审定清洗时间是否合理扣5分				
				未审定置换清洗组织机构及具体负责人扣5分				
		①审定置换清洗安全措施是否制定；②审定置换清洗风险评价及识别；③审定置换清洗确认制度是否完善	15	未审定置换清洗安全措施，扣5分				
				未审定置换清洗风险评价及识别，扣5分				
				未审定置换清洗确认制度，扣5分				
		①审定置换清洗环境措施是否制定；②审定置换清洗环境因素评价及识别	10	未审定置换清洗环境措施扣5分				
				未审定置换清洗环境因素评价及识别扣5分				
		①审定需置换清洗设备管线是否正确；②审定各设备置换清洗压力；③审定置换清洗盲板状态；④审定置换清洗后分析确认	30	未审定置换清洗设备管线是否正确，扣7分				
				未审定各设备置换清洗压力，扣8分				
				未审定置换清洗盲板状态，扣8分				
				未审定置换清洗后分析确认，扣7分				
		①能审定方案的可行性；②能审定方案的完整性	10	未审定可行性，扣5分				
				未审定完整性，扣5分				

续表

序号	考核内容	考核要点	配分	评分标准	检测结果	扣分	得分	备注
3	安全及其他	按国家法规或企业规定		违规一次总分扣3分；严重违规停止操作			—	
		在规定时间内完成操作		每超时1min总分扣3分，超时5min停止操作			—	
合　计			100					

试题7：装置停车方案的审定

（考核时间：30min）

序号	考核内容	考核要点	配分	评分标准	检测结果	扣分	得分	备注
1	准备工作	穿戴劳保用品	3	穿戴不规范扣3分				
		工具、用具准备	2	工具选择不正确扣2分				
2	操作程序	组织机构	5	没有组织机构扣5分				
		进度安排	5	没有进度安排扣5分				
		停工前准备：①与相关车间联系；②公用工程准备；③机电仪准备	15	没有与相关车间联系扣5分				
				没有公用工程准备扣5分				
				没有机电仪准备扣5分				
		停工操作：①制定正确的停工顺序；②制定正确的停工步骤；③制定操作确认单	20	没有制定正确的停工顺序扣7分				
				没有制定正确的停工步骤扣7分				
				没有制定操作确认单扣6分				
		停工过程危险源、环境因素识别与控制：①进行危险源与环境因素识别；②制定消减与控制措施	10	没有进行危险源与环境因素识别扣5分				
				没有制定消减与控制措施扣5分				
		应急处理措施：①负责人；②撤离方式；③撤离路线	10	没有负责人扣3分				
				没有撤离方式扣3分				
				没有撤离路线扣4分				
		制定辅助方案：①制定公用工程停送方案；②制定原料及三剂储存方案；③制定机电仪投运方案；④制定车间(厂)际管线处理方案	10	没有制定公用工程停送方案扣3分				
				没有制定原料及三剂储存方案扣3分				
				没有制定机电仪投运方案扣2分				
				没有制定车间(厂)际管线处理方案扣2分				

续表

序号	考核内容	考核要点	配分	评分标准	检测结果	扣分	得分	备注
		制定排料方案：①制定排料流程；②确定原料操作步骤及操作时间；③确定责任人及注意事项	5	没有制定排料流程扣2分				
				没有确定原料操作步骤及操作时间扣2分				
				没有确定责任人及注意事项扣1分				
		环境应急预案：①负责人；②撤离方式；③撤离路线	10	没有负责人扣3分				
				没有撤离方式扣3分				
				没有撤离路线扣4分				
		制定清洗及吹扫置换方案	5	没有制定清洗方案扣2分				
				没有制定吹扫置换方案扣3分				
3	安全及其他	按国家法规或企业规定		违规一次总分扣5分；严重违规停止操作			—	
		在规定时间内完成操作		每超时1min总分扣5分，超时5min停止操作			—	
合　计			100					

试题8：装置紧急停车方案的编制（笔试）

（考核时间：45min）

序号	考核内容	考核要点	配分	评分标准	检测结果	扣分	得分	备注
1	准备工作	穿戴劳保用品	3	穿戴不规范扣3分				
		工具、用具准备	2	工具选择不正确扣2分				
2	操作程序	组织机构	5	没有组织机构扣5分				
		进度安排	5	没有进度安排扣5分				
		人员分工	5	没有人员分工扣5分				
		停工前准备：①与相关车间联系；②公用工程准备；③机电仪准备	15	没有与相关车间联系扣5分				
				没有公用工程准备扣5分				
				没有机电仪准备扣5分				
		停工操作：①制定正确的停工顺序；②制定正确的停工步骤	20	没有制定正确的停工顺序扣10分				
				没有制定正确的停工步骤扣10分				
		停工过程危险源、环境因素识别与控制：①进行危险源与环境因素识别；②制定消减与控制措施	10	没有进行危险源与环境因素识别扣5分				
				没有制定消减与控制措施扣5分				

续表

序号	考核内容	考核要点	配分	评分标准	检测结果	扣分	得分	备注
		应急处理措施：①负责人；②撤离方式；③撤离路线	10	没有负责人扣3分				
				没有撤离方式扣3分				
				没有撤离路线扣4分				
		制定公用工程停送方案：①停用时间；②引进时间；③操作步骤及注意事项	10	没有停用时间扣2分				
				没有引进时间扣2分				
				没有操作步骤及注意事项扣6分				
		制定原料、三剂储存方案	5	没有原料、三剂储存方案扣5分				
		制定机电仪投运方案	5	没有制定机电仪投运方案扣5分				
		制定车间际(厂际)管线处理方案	5	没有车间员工培训扣5分				
3	安全及其他	按国家法规或企业规定		违规一次总分扣5分；严重违规停止操作			—	
		在规定时间内完成操作		每超时1min总分扣5分，超时5min停止操作			—	
合　计			100					

试题9：管壳式换热器的验收(现场模拟)

(考核时间：30min)

序号	考核内容	考核要点	配分	评分标准	检测结果	扣分	得分	备注
1	准备工作	穿戴劳保用品	3	穿戴不规范扣3分				
		工具、用具准备	2	工具选择不正确扣2分				
2	操作程序	设备投用运行一周，各项指标达到技术要求或能满足生产需要。换热器使用中的压差、温差、耐压都合乎设计要求	30	未确认换热器使用中压差合乎设计要求扣10分				
				未确认换热器使用中温差合乎设计要求扣10分				
				未确认换热器使用中耐压值合乎设计要求扣10分				
		设备防腐、保温完整无缺，达到换热器完好标准要求，安全附件是否完好	20	未检查防腐情况扣10分，检查时漏掉一处扣2分				
				未检查保温情况缺陷扣10分，检查时漏掉一处扣2分				

续表

序号	考核内容	考核要点	配分	评分标准	检测结果	扣分	得分	备注
		接受下列技术资料：①设计变更材料代用通知单及材质零部件合格证；②检修记录；③焊缝质量检验报告；④试验记录	40	未接受设计变更材料代用通知单及材质零部件合格证扣 10 分				
				未接受检修记录扣 10 分				
				未接受焊缝质量检验报告扣 10 分				
				未接受试验记录扣 10 分				
3	使用工具	正确使用工具	2	工具使用不正确扣 2 分				
		正确维护工具	3	工具乱摆乱放扣 3 分				
4	安全及其他	按国家法规或企业规定		违规一次总分扣 5 分；严重违规停止操作			—	
		在规定时间内完成操作		每超时 1min 总分扣 5 分，超时 5min 停止操作			—	
	合　计		100					

试题 10：组织编制装置检修计划（笔试）

（考核时间：45min）

序号	考核内容	考核要点	配分	评分标准	检测结果	扣分	得分	备注
1	准备工作	穿戴劳保用品	3	穿戴不规范扣 3 分				
		工具、用具准备	2	工具选择不正确扣 2 分				
2	操作程序	组织相关人员确定设备检修的内容	5	未确定设备检修内容扣 6 分				
		计划编制要点并组织编制计划的基础资料：①编制好设备检修技术规程，制定切合实际的检修间隔期和检修定额；②设备检查评级中发现的问题，列入计划；③机电仪应作到统一安排	20	未编制好设备检修技术规程，制定切合实际的检修间隔期和检修定额扣 8 分				
				未查出设备检查评级中发现的问题，列入计划扣 7 分				
				未将机电仪应做到统一安排扣 5 分				
		计划编制程序：①根据设备运行情况提出修理计划，报相关部门；②编制备品备件计划，报相关部门；③计划编制时间符合管理规定	30	未根据设备运行情况提出修理计划，报相关部门扣 10 分				
				未编制备品备件计划，报相关部门扣 10 分				
				未按计划编制时间符合管理规定扣 10 分				

续表

序号	考核内容	考核要点	配分	评分标准	检测结果	扣分	得分	备注
		计划编制格式：①__年度主要设备修理计划进度表；②__年度大修理工程工料计划；③__年度大修工程计划汇总表	30	未按进度表修理扣10分				
				未按工程工料计划大修扣10分				
				未按汇总表大修扣10分				
		对编制好的计划进行审查和确认	5	未编制好计划扣5分				
3	使用工具	使用工具	2	工具使用不正确扣2分				
		维护工具	3	工具乱摆乱放扣3分				
4	安全及其他	按国家法规或企业规定		违规一次总分扣5分；严重违规停止操作			—	
		在规定时间内完成操作		每超时1min总分扣5分，超时5min停止操作			—	
		合　　计	100					

试题11：物耗高原因分析（笔试）

（考核时间：30min）

序号	考核内容	考核要点	配分	评分标准	检测结果	扣分	得分	备注
1	准备工作	穿戴劳保用品		穿戴不规范扣3分			—	
		工具、用具准备		工具选择不正确扣2分			—	
2	操作程序	装置运行工况分析： 装置运行负荷对物耗的影响；装置运行平稳状况对物耗的影响	10	未考虑运行负荷对物耗的影响扣5分				
				未考虑装置运行平稳状况对物耗的影响扣5分				
		装置运行工艺参数的影响分析：操作温度的影响；操作压力的影响；工艺参数配比的影响；放空系统的影响；脱水及不正常排放的影响；设备及管线泄漏的影响；仪表失灵的影响	70	未考虑操作温度的影响扣10分				
				未考虑操作压力的影响扣10分				
				未考虑工艺参数配比的影响扣10分				
				未考虑放空系统的影响扣10分				
				未考虑脱水及不正常排放的影响扣10分				
				未考虑设备及管线泄漏的影响扣10分				
				未考虑仪表失灵的影响扣10分				

续表

序号	考核内容	考核要点	配分	评分标准	检测结果	扣分	得分	备注
		原料及三剂影响分析：原料组成变化的影响；三剂失活的影响	10	未考虑原料组成变化的影响扣5分				
				未考虑三剂失活的影响扣5分				
		储存及运输影响分析：储存影响分析；运输影响分析	10	未考虑储存影响扣5分				
				未考虑运输影响扣5分				
3	使用工具	使用工具		工具使用不正确扣2分			—	
		维护工具		工具乱摆乱放扣3分			—	
4	安全及其他	按国家法规或企业规定		违规一次总分扣5分；严重违规停止操作			—	
		在规定时间内完成操作		每超时1min总分扣5分，超时5min停止操作			—	
合计			100					

试题12：能耗高原因分析(笔试)

(考核时间：30min)

序号	考核内容	考核要点	配分	评分标准	检测结果	扣分	得分	备注
1	准备工作	穿戴劳保用品		穿戴不规范扣3分			—	
		工具、用具准备		工具选择不正确扣2分			—	
2	操作程序	①蒸汽：包括低压蒸汽、伴热蒸汽；②水：包括循环水、脱氧水、脱盐水、伴热热水；③氮气；④电；⑤压缩空气：包括仪表空气	20	未答出蒸汽扣4分				
				未答出水扣4分				
				未答出氮气扣4分				
				未答出电扣4分				
				未答出压缩空气扣4分				
		水用量影响分析：①检查、确认工艺水用量；②检查、确认密封水及机泵冷却水用量；③在保证泵稳定运行的前提下，检查、确认其机械密封水(脱盐水)用量	15	未确认工艺水用量扣5分				
				未检查、确认检查、确认密封水及机泵冷却水用量扣5分				
				未确认机械密封水(脱盐水)用量扣5分				
		蒸汽用量影响分析：①检查、确认各蒸汽加热系统运行良好；②根据装置负荷变化和设备工况检查是否及时调整蒸汽用量；③在保证产品质量的前提下，检查确认回流比及回流温度	15	未检查、确认各蒸汽加热系统运行良好扣5分				
				未检查是否及时调整蒸汽用量扣5分				
				未检查确认回流比及回流温度扣5分				

续表

序号	考核内容	考核要点	配分	评分标准	检测结果	扣分	得分	备注
		伴热蒸汽用量影响分析：①检查、确认伴热蒸汽系统运行良好；②在天气温度上升的情况下，在保证产品质量和稳定运行的前提下检查是否减少或关闭相关设备与管线的伴热蒸汽	10	未检查各级伴热蒸汽系统扣5分				
				未根据天气变化调整伴热蒸汽扣5分				
		氮气用量影响分析：①在正常运行时，检查确认补氮阀门开度适量；②检查确认补氮管线运行良好；③检查确认冬季管线吹扫时严格控制时间	10	正常生产时未确认补氮阀扣5分				
				补氮时量不适中扣3分				
				未检查确认管线吹扫时间扣2分				
		循环水用量影响分析：①检查、确认各循环水冷却系统，确保稳定运行；②在天气温度低的时候，在保证产品质量和稳定运行的前提下，检查确认是否将循环水用量适当减少	10	未检查循环水工况扣5分				
				未检查确认循环水量调整情况进行调整扣5分				
		用电消耗的影响分析：①检查确认是否根据装置负荷的变化，及时停用用电设备；②检查确认对有备用的用电设备，采取有备用状态	10	未检查确认停用用电设备扣5分				
				未检查确认备机状态扣5分				
		压缩空气影响分析：①检查确认压缩空气系统无漏点；②检查生产工艺运行稳定情况，无异常波动造成仪表调节频繁	10	未检查确认压缩空气系统无漏点扣5分				
				未检查生产工艺运行稳定情况扣5分				
3	使用工具	使用工具		工具使用不正确扣2分			—	
		维护工具		工具乱摆乱放扣3分			—	
4	安全及其他	按国家法规或企业规定		违规一次总分扣3分；严重违规停止操作			—	
		在规定时间内完成操作		每超时1min总分扣5分，超时5min停止操作			—	
		合　计	100					

试题 13：催化剂活性下降的原因分析(笔试)

(考核时间：30min)

序号	考核内容	考核要点	配分	评分标准	检测结果	扣分	得分	备注
1	准备工作	穿戴劳保用品		穿戴不规范扣 3 分			—	
		工具、用具准备		工具选择不正确扣 2 分			—	
2	操作程序	掌握催化剂性质：掌握催化剂物理性质；掌握催化剂化学性质	20	未掌握催化剂物理性质扣 10 分				
				未掌握催化剂化学性质扣 10 分				
		装置运行工艺参数的影响分析：操作温度的影响；操作压力的影响；工艺参数配比的影响；载体变化对催化剂活性的影响	40	未考虑操作温度的影响扣 10 分				
				未考虑操作压力的影响扣 10 分				
				未考虑工艺参数配比的影响扣 10 分				
				未考虑载体变化对催化剂活性的影响扣 10 分				
		装置运行工况分析：装置运行负荷对催化剂的影响；催化剂使用周期对活性的影响	20	未考虑装置运行负荷对催化剂的影响扣 10 分				
				未考虑催化剂使用周期对活性的影响扣 10 分				
		原料及其他助剂影响分析：检查原料中是否含有使催化剂失活物质；检查助剂中是否含有使催化剂失活物质	20	未检查原料中是否含有使催化剂失活物质扣 10 分				
				未检查助剂中是否含有使催化剂失活物质扣 10 分				
3	使用工具	使用工具		工具使用不正确扣 2 分			—	
		维护工具		工具乱摆乱放扣 3 分			—	
4	安全及其他	按国家法规或企业规定		违规一次总分扣 5 分；严重违规停止操作			—	
		在规定时间内完成操作		每超时 1min 总分扣 5 分，超时 5min 停止操作			—	
		合　计	100					

试题 14：产品收率低的原因分析(笔试)

(考核时间：30min)

序号	考核内容	考核要点	配分	评分标准	检测结果	扣分	得分	备注
1	准备工作	穿戴劳保用品		穿戴不规范扣 3 分			—	
		工具、用具准备		工具选择不正确扣 2 分			—	

续表

序号	考核内容	考核要点	配分	评分标准	检测结果	扣分	得分	备注
2	操作程序	掌握影响产品收率的因素：①装置运行工况的影响；②工艺参数设置的影响；③设备仪表运行情况的影响；④原料及三剂的影响	20	未答出①扣5分				
				未答出②扣5分				
				未答出③扣5分				
				未答出④扣5分				
		装置运行工艺参数的影响分析：①操作温度是否有超高情况；②操作压力是否有超高情况；③各塔、罐液位是否有超高情况；④流量及放空系统是否有异常波动情况	32	未答出①扣8分				
				未答出②扣8分				
				未答出③扣8分				
				未答出④扣8分				
		装置运行工况分析：①装置运行负荷是否合理；②是否存在非计划停车	14	未答出①扣7分				
				未答出②扣7分				
		原料及其三剂影响分析：①分析原料组成变化对收率的影响；②分析催化剂是否失活，助剂是否失效	14	未答出①扣7分				
				未答出②扣7分				
		设备、仪表运行情况影响分析：①设备有无泄漏；②仪表是否失灵；③阀门是否内漏	20	未答出①扣7分				
				未答出②扣7分				
				未答出③扣6分				
3	使用工具	使用工具		工具使用不正确扣2分			—	
		维护工具		工具乱摆乱放扣3分			—	
4	安全及其他	按国家法规或企业规定		违规一次总分扣5分；严重违规停止操作			—	
		在规定时间内完成操作		每超时1min总分扣5分，超时5min停止操作			—	
合计			100					

试题15：反应器超温着火的处理(现场模拟)

(考核时间：25min)

序号	考核内容	考核要点	配分	评分标准	检测结果	扣分	得分	备注
1	准备工作	穿戴劳保用品	3	穿戴不规范扣3分				
		工具、用具准备	2	工具选择不正确扣2分				

续表

序号	考核内容	考核要点	配分	评分标准	检测结果	扣分	得分	备注
2	处理程序	报警	11	未及时报警扣 6 分				
				未报告调度及相关人员扣 5 分				
		佩戴防护器械	11	佩戴错误扣 5 分				
				未佩戴防护器械扣 6 分				
		查明火源	23	未迅速查清反应器着火部位扣 8 分				
				未查出泄漏介质扣 8 分				
				物料来源未检查扣 7 分				
		火灾扑救	29	未关闭切断阀扣 10 分				
				未进行紧急泄压扣 10 分				
				未立即进行扑救扣 9 分				
		防止火势扩大	16	未及时作出工艺处理意见扣 4 分				
				处理决策错误扣 8 分				
				未向消防人员介绍现场情况扣 4 分				
3	使用工具	使用工具	2	工具使用不正确扣 2 分				
		维护工具	3	工具乱摆乱放扣 3 分				
4	安全及其他	按国家法规或企业规定		违规一次总分扣 5 分；严重违规停止操作			—	
		在规定时间内完成操作		每超时 1min 总分扣 5 分，超时 3min 停止操作			—	
		合　计	100					

否定项说明：若出现违章操作或发生事故等情况，该题为零分。

试题 16：事故预案的编制(笔试)

（考核时间：5min）

序号	考核内容	考核要点	配分	评分标准	检测结果	扣分	得分	备注
1	准备工作	穿戴劳保用品	3	穿戴不规范扣 3 分				
		工具、用具准备	2	工具选择不正确扣 2 分				
2	操作程序	封面	5	没有封面扣 5 分				
		目录	5	没有目录扣 5 分				
		前言	5	没有前言扣 3 分				

续表

序号	考核内容	考核要点	配分	评分标准	检测结果	扣分	得分	备注
		车间基本情况：①概况；②工艺过程；③主要设备；④主要原料、产品、中间产品、副产品和产量；⑤气防和消防器材、设施	10	没有概况扣2分				
				没有工艺过程扣2分				
				没有主要设备扣2分				
				没有主要原料、产品、中间产品、副产品和产量扣2分				
				没有气防和消防器材、设施扣2分				
		危险目标	5	没有危险目标扣5分				
		应急救援组织机构和职责划分：①车间应急组织机构；②车间应急组织机构人员联络方式；③应急处置原则	10	没有车间应急组织机构扣3分				
				没有人员联络方式扣3分				
				没有应急处置原则扣4分				
		报警和通讯联络：①报警程序；②报警和通讯联络方式	5	没有报警程序扣5分				
				没有报警和通讯联络方式扣5分				
		预案响应条件	5	没有预案响应条件扣5分				
		人员紧急疏散、撤离：①负责人；②撤离方式；③撤离路线	5	没有负责人扣1分				
				没有撤离方式扣2分				
				没有撤离路线扣2分				
		危险区的隔离：①设定依据；②设定的一般原则；③事故现场隔离方法；④隔离措施	5	没有设定依据扣1分				
				没有设定的一般原则扣1分				
				没有事故现场隔离方法扣2分				
				没有隔离措施扣1分				
		受伤人员现场救治	5	没有现场救治扣5分				
		应急救援保障	5	没有应急救援保障扣5分				
		应急培训：①车间员工培训；②相关应急人员的培训；③应急指挥机构培训	10	没有车间员工培训扣4分				
				没有相关应急人员的培训扣3分				
				没有应急指挥机构培训扣3分				

续表

序号	考核内容	考核要点	配分	评分标准	检测结果	扣分	得分	备注
		演练	10	没有演练扣 10 分				
3	使用工具	使用工具	2	工具使用不正确扣 2 分				
		维护工具	3	工具乱摆乱放扣 3 分				
4	安全及其他	按国家法规或企业规定		违规一次总分扣 5 分；严重违规停止操作			—	
		在规定时间内完成操作		每超时 1min 总分扣 5 分，超时 5min 停止操作			—	
合　计			100					

试题 17：延长催化剂使用寿命的措施(现场模拟)

（考核时间：30min）

序号	考核内容	考核要点	配分	评分标准	检测结果	扣分	得分	备注
1	准备工作	穿戴劳保用品	3	穿戴不规范扣 3 分				
		工具、用具准备	2	工具选择不正确扣 2 分				
2	实施步骤	掌握催化剂性质：①掌握催化剂物性②掌握催化剂化学性质	10	未掌握催化剂物性扣 5 分				
				未掌握催化剂化学性质扣 5 分				
		工艺参数优化措施：①操作温度优化；②操作压力优化；③反应原料配比优化；④原料的停留时间优化	40	未将操作温度优化扣 10 分				
				未将操作压力优化扣 10 分				
				未将反应原料配比优化扣 10 分				
				未将原料的停留时间优化扣 10 分				
		原料组成及其他助剂优化：①原料中降低杂质优化；②增加催化剂表面积优化；③催化剂再生	30	未将原料中降低杂质优化扣 10 分				
				未将增加催化剂表面积优化扣 10 分				
				未将催化剂再生扣 10 分				
		工况优化：根据催化剂活性情况合理调整装置负荷	10	未将工况优化扣 10 分				
3	使用工具	使用工具	2	工具使用不正确扣 2 分				
		维护工具	3	工具乱摆乱放扣 3 分				

续表

序号	考核内容	考核要点	配分	评分标准	检测结果	扣分	得分	备注
4	安全及其他	按国家法规或企业规定		违规一次总分扣5分；严重违规停止操作			—	
		在规定时间内完成操作		每超时1min总分扣5分，超时3min停止操作			—	
合　　计			100					

否定项说明：若出现违章操作或发生事故等情况，该题为零分。

试题18：技术改造图的审定(笔试)

（考核时间：30min）

序号	考核内容	考核要点	配分	评分标准	检测结果	扣分	得分	备注
1	准备工作	工具、用具准备	5	工具选择不正确，扣5分				
2	审定内容	①能识别和审定各种设备的图标；②能识别、审定各工艺管线的方向标识、尺寸标识；③能识别、审定位号、联锁的标识	15	未识别和审定各种设备的图标，扣5分				
				未识别、审定各工艺管线的方向标识、尺寸标识，扣5分				
				未识别、审定位号、联锁的标识，扣5分				
		①能识别技术改造图是对装置的哪个部分进行的改造；②能识别、审定技术改造图对哪些设备进行了改造；③能识别、审定技术改造图对哪些工艺管线进行了改造；④能识别、审定技术改造图对哪些仪表、联锁进行了改造	20	未识别改造部分，扣5分				
				未识别、审定改造的设备，扣5分				
				未识别、审定工艺管线，扣5分				
				未识别、审定仪表、联锁，扣5分				
		①能识别、审定材料表上的各种代码；②能识别、审定材料在技术改造图上的位置；③能识别、审定材料表的材料数量是否与图纸上一致；④能审定各设备、管线的具体部件与图纸上是否一致	20	未识别、审定代码，扣5分				
				未识别材料位置，扣5分				
				未识别、审定数量，扣5分				
				未识别、审定具体部件，扣5分				

续表

序号	考核内容	考核要点	配分	评分标准	检测结果	扣分	得分	备注
		①能识别技术改造图的空间分布；②能对改造装置的工艺布局合理性进行审定；③能对改造装置的安装和检修的合理性进行审定	15	未识别空间分布，扣5分				
				未审定工艺布局合理性，扣5分				
				未审定安装和检修合理性，扣5分				
		①能审定关键设备的性能参数是否完整；②能审定关键设备的具体部件是否符合改造要求	10	未审定性能参数完整性，扣5分				
				未审定关键设备的具体部件符合改造要求，扣5分				
		①能审定技术改造图的可行性；②能审定技术改造图的经济性；③能审定技术改造图的完整性	15	未审定可行性扣5分				
				未审定经济性扣5分				
				未审定完整性扣5分				
3	安全及其他	按国家法规或企业规定		违规一次总分扣3分；严重违规停止操作			—	
		在规定时间内完成操作		每超时1min总分扣5分，超时5min停止操作			—	
	合　计		100					

试题19：全系统物料衡算(笔试)

(考核时间：60min)

序号	考核内容	考核要点	配分	评分标准	检测结果	扣分	得分	备注
1	准备工作	工具、用具准备	2	未自带工具扣2分				
2	数据采集	数据采集方法正确，数据无遗漏	20	采集方法错误扣10分				
				采集数据漏一项扣5分				
3	核算过程	单位换算正确	5	单位换算错误扣5分				
		核算过程数学描述准确，数据代入完整，核算步骤无遗漏，核算结果正确	40	应用公式错扣20分				
				数据代入错误扣5分				
				核算步骤漏一项扣5分				
				核算答案错误扣10分				
4	核算结果分析	核算结果分析内容完整，数据差异分析透彻，提出改进措施得当有意义	30	系统物料进入与采出、物料损耗内容不清楚扣5分				
				进入与采出物料出现差异的原因分析不正确扣15分				

续表

序号	考核内容	考核要点	配分	评分标准	检测结果	扣分	得分	备注
				无改进措施扣10分				
				改进措施不完整扣5分				
				改进措施错误扣10分				
5	卷面情况	卷面整洁，字迹端正	3	卷面不整洁扣1分，字迹不端正扣2分				
6	其他	在规定时间内完成操作		每超时1min总分扣5分，超时3min停止操作			—	
合　计			100					

试题20：全系统热量衡算(笔试)

(考核时间：60min)

序号	考核内容	考核要点	配分	评分标准	检测结果	扣分	得分	备注
1	准备工作	工具、用具准备	2	未自带工具扣2分				
2	数据采集	数据采集方法正确，数据无遗漏	20	采集方法错误扣10分				
				采集数据漏一项扣5分				
3	核算过程	单位换算正确	5	单位换算错误扣5分				
		核算过程数学描述准确，数据代入完整，核算步骤无遗漏，核算结果正确	40	应用公式错扣20分				
				数据代入错误扣5分				
				核算步骤漏一项扣5分				
				核算答案错误扣10分				
4	核算结果分析	核算结果分析内容完整，数据差异分析透彻，提出改进措施得当有意义	30	系统物料进入与输出、热量损耗内容不清楚扣5分				
				进入与采出热量出现差异的原因分析不正确扣15分				
				无改进措施扣10分				
				改进措施不完整扣5分				
				改进措施错误扣10分				
5	卷面情况	卷面整洁，字迹端正	3	卷面不整洁扣1分，字迹不端正扣2分				
6	其他	在规定时间内完成操作		每超时1min总分扣5分，超时3min停止操作			—	
合　计			100					

试题21：组织QC小组质量攻关（笔试）

（考核时间：30min）

序号	考核内容	考核要点	配分	评分标准	检测结果	扣分	得分	备注
1	准备工作	工具、用具准备	5	工具选择不正确，扣5分				
2	操作程序	攻关立项：①确定攻关命题；②确定攻关方向	20	未确定攻关命题扣10分				
				未确定攻关方向扣10分				
		攻关措施：①攻关数据采集；②攻关工艺参数的改进；③管理措施的优化；④攻关设备方面的改进或改造	30	未采集攻关数据扣7分				
				未将攻关参数改进或参数改进错误扣8分				
				未将措施优化或措施错误扣7分				
				未进行攻关设备方面的改进或改造扣8分				
		攻关记录：①确定攻关数据采集点；②制定攻关记录表格	20	未确定攻关数据采焦点，扣5分				
				数据不能真空反映攻关效果扣5分				
				未制定攻关记录表格扣5分				
				表格中没有攻关日、周、月总结扣5分				
		攻关计划：①编制攻关月计划；②月计划下发到化工班组	15	未编制攻关月计划，扣5分				
				月计划中不包含攻关月目标和措施扣5分				
				月计划未下发到化工班组，扣5分				
		攻关总结：①攻关总结内容全面、真实；②攻关总结上交技术部门及下达到化工班组	10	未编写攻关总结或总结内容不全面、不真实，扣5分				
				攻关总结未上传下达，扣5分				
3	安全及其他	按国家法规或企业规定		违规一次总分扣3分；严重违规停止操作			—	
		在规定时间内完成操作		每超时1min总分扣5分，超时5min停止操作			—	
合计			100					

试题22：节能降耗措施组织实施(现场模拟)

(考核时间：45min)

序号	考核内容	考核要点	配分	评分标准	检测结果	扣分	得分	备注
1	准备工作	穿戴劳保用品	3	穿戴不规范扣3分				
		工具、用具准备	2	工具、用选择不正确扣2分				
2	操作程序	①蒸汽：包括低压蒸汽、伴热蒸汽；②水：包括循环水、脱氧水、脱盐水、伴热热水；③氮气；④电；⑤仪表空气及压缩空气	5	未答出蒸汽扣1分				
				未答出水扣1分				
				未答出氮气扣1分				
				未答出电扣1分				
				未答出仪表空气及压缩空气扣1分				
		减少水用量：①检查、确认工艺水用量；②检查、确认密封水及机泵冷却水用量；③在保证泵稳定运行的前提下，减少其机械密封水(脱盐水)用量	15	未确认工艺水用量扣5分				
				未检查、确认检查、确认密封水及机泵冷却水用量扣5分				
				未减少机械密封水(脱盐水)用量扣5分				
		减少蒸汽用量：①检查、确认各蒸汽加热系统运行良好；②根据装置负荷变化和设备工况及时调整蒸汽用量；③在保证产品质量的前提下，适当调整回流比及回流温度	15	未检查、确认各蒸汽加热系统运行良好扣5分				
				未及时调整蒸汽用量扣5分				
				未适当调整回流比及回流温度扣5分				
		减少伴热蒸汽用量：①检查、确认伴热蒸汽系统运行良好；②根据装置负荷变化和设备工况及时调整用量，并协调各级蒸汽之间的平衡；③在天气温度上升的情况下，在保证产品质量和稳定运行的前提下减少或关闭相关设备与管线的伴热蒸汽	15	未检查各级伴热蒸汽系统扣4分				
				未根据负荷变化调整扣4分				
				未根据设备工况进行调整和平衡扣4分				
				未根据天气变化调整伴热蒸汽扣3分				
		减少氮气用量：①在正常运行时，检查确认补氮阀门开度适量；②检查确认补氮管线运行良好；③冬季管线吹扫时严格控制时间	10	正常生产时未确认补氮阀扣5分				
				补氮时量不适中扣3分				
				未严格控制管线吹扫时间扣2分				

续表

序号	考核内容	考核要点	配分	评分标准	检测结果	扣分	得分	备注
		减少循环水用量：①检查、确认各循环水冷却系统，确保稳定运行；②在温度低的时候，在保证产品质量和稳定运行的前提下，将循环水用量适当减少	10	未检查循环水工况扣5分				
				未根据变化对循环水进行调整扣5分				
		减少用电消耗：①根据装置负荷的变化，及时停用用电设备；②对有备用的用电设备，尽量采取有备用状态，避免全部运行状态	10	未及时停用用电设备扣5分				
				对有备用的用电设备，未采取有备用状态扣5分				
		减少用仪表空气、压缩空气消耗：①平稳装置操作，降低仪表调节频率；②消除仪表空气、压缩空气的漏点	10	未答出①扣5分				
				未答出②扣5分				
3	使用工具	使用工具	2	工具使用不正确扣2分				
		维护工具	3	工具乱摆乱放扣3分				
4	安全及其他	按国家法规或企业规定		违规一次总分扣3分；严重违规停止操作			—	
		在规定时间内完成操作		每超时1min总分扣5分，超时5min停止操作			—	
		合　计	100					

试题23：撰写技术论文（笔试）

（考核时间：30min）

序号	考核内容	考核要点	配分	评分标准	检测结果	扣分	得分	备注
1	准备工作	工具、用具准备		工具选择不正确，扣5分			—	
2	操作步骤	论文选题	10	未确定论文选题扣10分				
		数据及资料收集：①数据收集全面、科学；②数据采集方法正确；③资料收集方法正确，资料科学先进	30	未答出①扣10分				
				未答出②扣10分				
				未答出③扣10分				
		撰写摘要	10	未撰写摘要扣10分				
		关键词	10	无关键词扣10分				
		按技术论文编写模式撰写正文	20	未按技术论文编写模式撰写正文扣20分				
		作者及英文摘要	10	无作者及英文摘要扣10分				
		列出参考文献	10	未列出扣10分				

续表

序号	考核内容	考核要点	配分	评分标准	检测结果	扣分	得分	备注
3	安全及其他	按国家法规或企业规定		违规一次总分扣3分；严重违规停止操作			—	
		在规定时间内完成操作		每超时1min总分扣5分，超时5min停止操作			—	
合　计			100					

试题24：编制优化操作方案(笔试)

（考核时间：45min）

序号	考核内容	考核要点	配分	评分标准	检测结果	扣分	得分	备注
1	准备工作	穿戴劳保用品		穿戴不规范扣3分			—	
		工具、用具准备		工、用具选择不正确扣2分			—	
2	编制优化操作方案	检查工艺指标存在的问题：①检查装置的温度、压力、流量；②检查运行机泵的电流、压力、润滑是否正常；③确认仪表指示的流量、温度、压力、液位是否正确，调节阀是否好用	30	未检查装置的温度、压力、流量扣10分				
				未检查运行机泵的电流、压力、润滑扣10分				
				未确认仪表指示的流量、温度、压力、液位是否正确，调节阀是否好用扣10分				
		检查影响装置运行质量的主要因素：①装置负荷；②装置物耗、能耗状况；③中间产品和成品质量指标；④非计划停车次数	40	未检查装置负荷扣10分				
				未检查装置物耗、能耗状况扣10分				
				未检查中间产品和成品质量指标扣10分				
				未检查非计划停车次数扣10分				
		确认装置需要优化操作，提出存在的问题	10	未答出本项不得分				
		①对解决问题进行可行性分析；②提出优化操作方案及达到的效果；③进行经济效益分析及风险评估；④检查方案编制是否符合要求	20	未进行可行性分析扣5分				
				未提出优化操作方案扣5分				
				未进行经济效益分析及风险评估扣5分				
				未检查方案编制是否符合要求扣5分				

续表

序号	考核内容	考核要点	配分	评分标准	检测结果	扣分	得分	备注
3	安全及其他	按国家法规或企业规定		违规一次总分扣5分；严重违规停止操作			—	
		在规定时间内完成操作		每超时1min总分扣5分，超时5min停止操作			—	
		合　　计	100					

试题25：组织技术改造实施（现场模拟）

（考核时间：45min）

序号	考核内容	考核要点	配分	评分标准	检测结果	扣分	得分	备注
1	准备工作	穿戴劳保用品	3	穿戴不规范扣3分				
		工具、用具准备	2	工具用具选择不正确扣2分				
2	操作程序	技术改造实施的各项准备工作：①技术改造方案的准备；②技术改造图的准备；③人员准备；④物资准备；⑤机、电、仪等辅助车间准备	20	未做技术改造方案的准备扣4分				
				未做技术改造图的准备扣4分				
				未做人员准备扣4分				
				未做物资准备扣4分				
				未做机、电、仪等辅助车间准备扣4分				
		技术改造实施：①采取新技术的实施；②采取新流程的实施；③原料及“三剂”优化的实施；④改进设备的安装；⑤改进电气的安装；⑥改进仪表的安装	30	未采取新技术的实施扣5分				
				未采取新流程的实施扣5分				
				未做原料及“三剂”优化的实施扣5分				
				未做改进设备的安装扣5分				
				未做改进电气的安装扣5分				
				未做改进仪表的安装扣5分				
		技术改造验收及总结：①装置试压、试漏、吹扫、置换工作；②设备、仪表、电气、工艺方面的检查；③联动试车工作；④装置标定工作；⑤编制标定报告并经审批	25	未做装置试压、试漏、吹扫、置换工作扣5分				
				未做设备、仪表、电气、工艺方面的检查扣5分				
				未做联动试车工作扣5分				
				未做装置标定工作扣5分				
				未做编制标定报告并经审批扣5分				

续表

序号	考核内容	考核要点	配分	评分标准	检测结果	扣分	得分	备注
		后续工作：①工艺参数重新设置；②操作规程及其他规程的重新编写；③编写的规程经工厂相关部门审批后打印下发并登记	15	未将工艺参数重新设置扣5分				
				未将操作规程及其他规程的重新编写扣5分				
				未将编写的规程经工厂相关部门审批后打印下发并登记扣5分				
3	使用工具	使用工具	2	工具使用不正确扣2分				
		维护工具	3	工具乱摆乱放扣3分				
4	安全及其他	按国家法规或企业规定		违规一次总分扣3分；严重违规停止操作			—	
		在规定时间内完成操作		每超时1min总分扣5分，超时5min停止操作			—	
合计			100					

试题26：组织本装置优化生产(现场模拟)

（考核时间：45min）

序号	考核内容	考核要点	配分	评分标准	检测结果	扣分	得分	备注
1	准备工作	穿戴劳保用品	3	穿戴不规范扣3分				
		工具、用具准备	2	工具、用具选择不正确扣2分				
2	操作程序	方案准备：①制定优化生产方案；②优化生产方案经审批通过；③落实优化生产实施时间；④落实优化生产实施责任人	24	未制定优化生产方案扣6分				
				未优化生产方案经审批通过扣6分				
				未落实优化生产实施时间扣6分				
				未落实优化生产实施责任人扣6分				
		优化生产实施：①装置工艺指标的优化措施实施；②装置工艺参数配比的优化实施；③装置负荷的优化实施。④降低装置物耗措施的实施；⑤降低装置能耗措施的实施；⑥确保产品质量措施的实施	36	未做装置工艺指标的优化措施实施扣6分				
				未做装置工艺参数配比的优化实施扣6分				
				未做装置负荷的优化实施扣6分				
				未做降低装置物耗措施的实施扣6分				
				未做降低装置能耗措施的实施扣6分				

续表

序号	考核内容	考核要点	配分	评分标准	检测结果	扣分	得分	备注
				未做确保产品质量措施的实施扣6分				
		优化生产验收及总结：①装置物耗降低情况验收；②装置能耗降低情况验收；③产品质量优级品率的验收；④编制优化生产工作总结；⑤找出不足，制定下期优化生产目标	30	未做装置物耗降低情况验收扣6分				
				未做装置能耗降低情况验收扣6分				
				未做产品质量优级品率的验收扣6分				
				未做编制优化生产工作总结扣6分				
				未找出不足，制定下期优化生产目标扣6分				
3	使用工具	使用工具	2	工具使用不正确扣2分				
		维护工具	3	工具乱摆乱放扣3分				
4	安全及其他	按国家法规或企业规定		违规一次总分扣3分；严重违规停止操作			—	
		在规定时间内完成操作		每超时1min总分扣5分，超时5min停止操作			—	
合计			100					

试题27：员工理论和操作技能培训(笔试)

（考核时间：45min）

序号	考核内容	考核要点	配分	评分标准	检测结果	扣分	得分	备注
1	准备工作	穿戴劳保用品	3	穿戴不规范扣3分				
		工、用具准备	2	工、用具选择不正确扣2分				
2	编制优化操作方案	调查摸底：①下发员工调查表；②员工需培训知识统计；③紧密联系公司工厂培训要求及重点	15	未下发员工调查表扣5分				
				员工需培训知识未统计扣5分				
				未紧密联系公司工厂培训要求及重点扣5分				
		制定员工培训方案和计划：①制定员工培训方案；②制定员工培训计划；③落实员工培训责任人；④确定员工培训教师	20	未制定员工培训方案扣5分				
				未制定员工培训计划扣5分				

续表

序号	考核内容	考核要点	配分	评分标准	检测结果	扣分	得分	备注
				未落实员工培训责任人扣5分				
				未确定员工培训教师扣5分				
		组织培训计划的实施：①编制员工培训教案；②安排培训教师及培训场地；③组织员工参加培训；④员工填写培训签到及培训笔记	40	未编制员工培训教案扣10分				
				未安排培训教师及培训场地扣10分				
				未组织员工参加培训扣10分				
				员工未填写培训签到及培训笔记扣10分				
		培训效果评价验收与总结：①定期组织员工进行培训内容考试；②根据考试情况进行培训效果评价；③针对培训工作特色、不足进行培训总结	20	未定期组织员工进行培训内容考试扣7分				
				未根据考试情况进行培训效果评价扣7分				
				未针对培训工作特色、不足进行培训总结扣6分				
3	安全及其他	按国家法规或企业规定		违规一次总分扣5分；严重违规停止操作			—	
		在规定时间内完成操作		每超时1min总分扣5分，超时5min停止操作			—	
合计			100					

试题28：员工培训总体计划实施（笔试）

（考核时间：45min）

序号	考核内容	考核要点	配分	评分标准	检测结果	扣分	得分	备注
1	准备工作	穿戴劳保用品	3	穿戴不规范扣3分				
		工具、用具准备	2	工、用具选择不正确扣2分				
2	编制优化操作方案	资料准备：①将培训总体计划按单元、岗位进行分解，制定具体实施计划；②按单元、岗位编制培训教案；③具体实施计划与培训教案报工厂相关部门审批	15	未将培训总体计划按单元、岗位进行分解，制定具体实施计划扣5分				
				未按单元、岗位编制培训教案扣5分				
				未将具体实施计划与培训教案报工厂相关部门审批扣5分				

续表

序号	考核内容	考核要点	配分	评分标准	检测结果	扣分	得分	备注
		外部联络：①联系培训教室；②联系培训教师；③通知厂负责培训人员具体培训时间、地点；④通知员工参加培训	20	未联系培训教室扣5分				
				未联系培训教师扣5分				
				未通知厂负责培训人员具体培训时间、地点扣5分				
				未通知员工参加培训扣5分				
		组织培训计划的实施：①培训教师备课；②组织员工签到；③现场听课，考查培训教师讲课内容、员工听讲情况；④员工填写培训笔记	40	未培训教师备课扣10分				
				未组织员工签到扣10分				
				未现场听课，考查培训教师讲课内容、员工听讲情况扣10分				
				员工未填写培训笔记扣10分				
		培训效果评价验收与总结：①定期组织员工进行培训内容考试；②根据考试情况进行培训效果评价；③针对培训工作特色、不足进行培训总结	20	未定期组织员工进行培训内容考试扣7分				
				未根据考试情况进行培训效果评价扣7分				
				未针对培训工作特色、不足进行培训总结扣6分				
3	安全及其他	按国家法规或企业规定		违规一次总分扣5分；严重违规停止操作			—	
		在规定时间内完成操作		每超时1min总分扣5分，超时5min停止操作			—	
合计			100					